中国国家标准汇编

434

GB 24284～24336

（2009年制定）

中国标准出版社　编

中国标准出版社

北京

图书在版编目（CIP）数据

中国国家标准汇编：2009 年制定．434：GB 24284～24336/中国标准出版社编．—北京：中国标准出版社，2010

ISBN 978-7-5066-6007-5

Ⅰ．①中… Ⅱ．①中… Ⅲ．①国家标准-汇编-中国-2009 Ⅳ．①T-652.1

中国版本图书馆 CIP 数据核字（2010）第 166520 号

中国标准出版社出版发行
北京复兴门外三里河北街 16 号
邮政编码：100045

网址 www.spc.net.cn
电话：68523946 68517548
中国标准出版社秦皇岛印刷厂印刷
各地新华书店经销

*

开本 880×1230 1/16 印张 38 字数 1 113 千字
2010 年 10 月第一版 2010 年 10 月第一次印刷

*

定价 220.00 元

ISBN 978-7-5066-6007-5

出 版 说 明

1.《中国国家标准汇编》是一部大型综合性国家标准全集。自1983年起，按国家标准顺序号以精装本、平装本两种装帧形式陆续分册汇编出版。它在一定程度上反映了我国建国以来标准化事业发展的基本情况和主要成就，是各级标准化管理机构，工矿企事业单位，农林牧副渔系统，科研、设计、教学等部门必不可少的工具书。

2.《中国国家标准汇编》收入我国每年正式发布的全部国家标准，分为"制定"卷和"修订"卷两种编辑版本。

"制定"卷收入上一年度我国发布的、新制定的国家标准，顺延前年度标准编号分成若干分册，封面和书脊上注明"20××年制定"字样及分册号，分册号一直连续。各分册中的标准是按照标准编号顺序连续排列的，如有标准顺序号缺号的，除特殊情况注明外，暂为空号。

"修订"卷收入上一年度我国发布的、修订的国家标准，视篇幅分设若干分册，但与"制定"卷分册号无关联，仅在封面和书脊上注明"20××年修订-1,-2,-3,……"字样。"修订"卷各分册中的标准，仍按标准编号顺序排列(但不连续)；如有遗漏的，均在当年最后一分册中补齐。需提请读者注意的是，个别非顺延前年度标准编号的新制定的国家标准没有收入在"制定"卷中，而是收入在"修订"卷中。

读者配套购买《中国国家标准汇编》"制定"卷和"修订"卷则可收齐上一年度我国制定和修订的全部国家标准。

3. 由于读者需求的变化，自1996年起，《中国国家标准汇编》仅出版精装本。

4. 2009年我国制修订国家标准共3 158项。本分册为"2009年制定"卷第434分册，收入国家标准GB 24284～24336的最新版本。

中国标准出版社

2010年8月

目　录

ICS 71.100.30
G 89

GB

中华人民共和国国家标准

GB 24284—2009

大型焰火燃放安全技术规程

Regulation of safety and technology for fireworks show

2009-07-24 发布　　　　2009-09-01 实施

中华人民共和国国家质量监督检验检疫总局
中国国家标准化管理委员会　发布

前言

本标准的全部技术内容为强制性。

本标准是在公共安全行业标准GA 183—2005《焰火晚会烟花爆竹燃放安全规程》实施多年的基础上，结合国家相关法规和烟花爆竹燃放安全、管理的需要而制定的。

本标准的附录A、附录B为资料性附录。

本标准由中华人民共和国公安部提出。

本标准由中华人民共和国公安部社会公共安全应用基础标准化技术委员会归口。

本标准由中华人民共和国公安部治安管理局负责解释。

本标准负责起草单位：中华人民共和国公安部治安管理局。

本标准参加起草单位：浏阳市东信烟花集团有限公司、江西省李渡烟花集团有限公司、熊猫烟花集团股份有限公司、湖南景泰烟花有限公司、浏阳市大瑶棠花出口花炮厂、浏阳市辉旗烟花燃放有限公司、浏阳市牛石出口礼花厂、合浦和丰出口烟花股份有限公司、湖南庆泰烟花制造有限公司、浏阳市达浒花炮艺术焰火燃放集团有限公司、浏阳世纪红烟花制造销售有限公司、浏阳市官渡烟花集团有限公司、浏阳市文家市玩具烟花出口厂、浙江省桐庐县花炮厂。

本标准主要起草人：黄茶香、罗建社、黎仲畦、刘刚、危成焰、黄明章、闫正斌、李军刚、田勇浩。

本标准为首次发布。

大型焰火燃放安全技术规程

1 范围

本标准规定了大型焰火燃放的等级划分及要求、燃放要求、安全管理和安全评估。

本标准适用于大型焰火燃放作业。

2 规范性引用文件

下列文件中的条款通过本标准的引用而成为本标准的条款。凡是注日期的引用文件，其随后所有的修改单(不包括勘误的内容)或修订版均不适用于本标准，然而，鼓励根据本标准达成协议的各方研究是否可使用这些文件的最新版本。凡是不注日期的引用文件，其最新版本适用于本标准。

GB 10631 烟花爆竹 安全与质量

GB 19593 烟花爆竹 组合烟花

GB 19594 烟花爆竹 礼花弹

GB 19595 烟花爆竹 引火线

GB 20208 烟花爆竹 礼花弹发射炮筒

3 术语和定义

下列术语和定义适用于本标准。

3.1

大型焰火燃放 fireworks show

在指定场地和规定时间，有组织并经编排设计，由专业人员燃放一定数量礼花弹、组合烟花、架子烟花、舞台焰火等烟花爆竹产品的作业。

3.2

燃放作业 operation

与燃放有关的设备安装、产品装填、线路连接、点火系统检测、点火控制等作业。

3.3

点火设备 firing equipment

利用电流控制点火的设备。

3.4

电点火头 electrical match

由脚线、桥丝、滴状点火药、保护漆和短路套组成的点火元件。

3.5

覆盖半径 explosion radius

单个烟花产品爆炸后最大覆盖面的半径。

3.6

安全距离 safety distance

从燃放点边缘到观众、建筑物、重要场所等之间的最短水平距离。

3.7

内部距离 inside distance

产品或产品组之间的最小间距。

4 等级划分及要求

4.1 等级划分

按照所燃放礼花弹及组合烟花的规格和数量将大型焰火燃放划分为Ⅰ、Ⅱ、Ⅲ、Ⅳ、Ⅴ五级，具体见表1，表1规定条件之外的其他烟花不作等级划分。

表1 大型焰火燃放等级划分

单位为发

等级	条件(符合下列条件之一)	
Ⅰ	10号以上(含10号)礼花弹	3号以上(含3号)礼花弹总数>5 000
Ⅱ	8号以下(含8号)礼花弹	3号至8号礼花弹总数≤5 000
Ⅲ	6号以下(含6号)礼花弹	3号至6号礼花弹总数≤4 000
Ⅳ	4号以下(含4号)礼花弹	3号至4号礼花弹总数≤3 000
Ⅴ	不含礼花弹的其他烟花，组合烟花≥5 000或舞台焰火、架子烟花	

4.2 各等级大规格礼花弹数量要求

Ⅰ级焰火燃放：8号以上礼花弹不应超过礼花弹总数的15%，其中12号以上礼花弹不应超过礼花弹总数的2%，10号礼花弹不应超过礼花弹总数的3%，大号礼花弹规定数量可用小号礼花弹代替；Ⅱ级焰火燃放：8号礼花弹不应超过礼花弹总数的5%；Ⅲ级焰火燃放：6号礼花弹不应超过礼花弹总数的20%；Ⅳ、Ⅴ级焰火燃放不作规定。

4.3 其他

4.3.1 非封闭舞台焰火燃放仅能燃放舞台架子烟花(含瀑布)、舞台喷花(含花束、喷花)、舞台旋转(有轴)烟花、烟雾类、单发彗星。

4.3.2 升空类、旋转升空类烟花的升空高度、旋转范围及跌落物应满足GB 10631等标准规定的相关安全要求。

5 燃放要求

5.1 资质

承担大型焰火燃放作业的单位应具有相应的大型焰火燃放资质。

5.2 人员

5.2.1 燃放作业单位的现场负责人、安全管理人员、技术人员，以及承担燃放作业的有药安装、装填、点火、检测等作业人员应具有燃放作业证。

5.2.2 Ⅰ级焰火燃放应有一名高级专业技术人员到现场指导；Ⅱ级焰火燃放应有一名中级以上(含中级)专业技术人员到现场指导；Ⅲ、Ⅳ、Ⅴ级焰火燃放应有一名初级以上(含初级)专业技术人员到现场指导；专业技术人员应是烟花爆竹燃放相关专业人员。

5.2.3 焰火燃放应设现场专职安全员和专职保管员。

5.2.4 未成年人、其他妨碍或影响燃放安全的人员不应从事焰火燃放作业。

5.3 场地

5.3.1 应满足相应等级要求且坚实、平整，其他有关要求参见《烟花爆竹安全管理条例》。

5.3.2 安全距离应符合表2要求，礼花弹基本安全参数参见附录A；表2中安全距离可视具体情况根据产品种类由评估专家在±30%内增减，有安全防护措施(如屏障)时，可视具体情况由评估专家评估确定。

表 2　安全距离

单位为米

目　标	产品种类及规格										
	12 号礼花弹	10 号礼花弹	8 号礼花弹	7 号礼花弹	6 号礼花弹	5 号礼花弹	4 号礼花弹	3 号礼花弹和吐珠类	组合烟花和吐珠类(单筒内径≤50.8 mm)	架子烟花	舞台焰火
观众(≥)	300	280	220	200	180	150	120	100	50	30	
建筑物(≥)	160	140	130	110	100	80	60	45	35		
重要场所(≥)	600	560	440	400	360	300	240	200	100	60	100

注 1：安全距离仅指在地面和水面上燃放的安全距离。

注 2：建筑物系指露天无人、无易燃、无易爆物的建筑物。

注 3：重要场所是指《烟花爆竹安全管理条例》规定的场所。

5.3.3　内部距离应符合表 3 规定。

表 3　内部距离规定

单位为米

型　号　规　格	内部距离(≥)
组合烟花	0.2
组合烟花组间距	0.5
同时升空的组合烟花组间距	10.0
7 号及 8 号发射炮筒	0.2
10 号及 10 号以上发射炮筒	1.5
6 号以下(含 6 号)礼花弹发射炮筒组	0.2(发射炮筒间距不小于 0.04 时组间距应不小于 0.1)
8 号以下(含 8 号)礼花弹发射炮筒组	1.0
10 号及 10 号以上礼花弹发射炮筒组	1.5
安全疏散通道	1.0

5.3.4　燃放现场应确保安全疏散通道畅通，不应在非承重建筑物顶、桥梁、水库堤坝、车站、码头等燃放礼花弹。

5.3.5　特殊要求的焰火燃放应经 3 名高级专业技术人员组成的专家组确认后方可燃放。

5.4　舞台焰火燃放要求

5.4.1　不应在全封闭场地燃放。

5.4.2　安装应牢固。

5.4.3　单发彗星(吐珠)、无烟花束产品焰火着火点周围 5 m 范围内不应有易燃物，其他产品焰火着火点周围 2 m 范围内不应有易燃物。

5.4.4　所有产品之间不应用引火线连接，应用电点火头引燃，不应用手工点火。

5.5　作业方案

5.5.1　大型焰火燃放作业应有燃放作业方案，燃放作业方案由技术设计方案和组织实施方案组成。

5.5.2　技术设计方案由作业单位负责制定，组织实施方案由主办单位负责组织制定。

5.5.3　技术设计方案应包括下列内容：

a)　大型焰火燃放等级、时间、地点及活动主题相应的编组文字说明；

b)　拟燃放产品的种类与数量，礼花弹产品的规格和数量；

c)　燃放场地及拟燃放产品布置示意简图；

d)　燃放器材的基本情况及点火方式；

e) 燃放实施方案，其内容包括人员分工及职责、操作规程、现场安全管理措施和应急预案等；

f) 安全距离与安全警戒范围。

5.5.4 组织实施方案应包括下列内容：

a) 根据大型焰火燃放等级，设置相应的组织机构，承担安全警戒、交通管制、消防和事故应急处理等职责；

b) 现场人员分工、岗位和职责；

c) 烟花爆竹产品及有关器材运输和临时储存、保管的安全措施；

d) 实施有药施工、燃放和清场期间的安全保卫措施；

e) 事故应急处理措施等。

5.5.5 技术设计方案由设计人员签字确认后，应经作业单位设计审核人员审核和单位技术领导批准，Ⅰ、Ⅱ级焰火燃放技术设计方案应由高级专业技术人员审核。

5.5.6 组织实施方案应经主办单位负责人审核批准。

5.6 产品、设备及辅助材料和工具

5.6.1 产品应符合 GB 10631、GB 19593、GB 19594 要求，并经省级以上主管部门认定的相关检验机构检验合格。

5.6.2 引火线及电点火头应符合 GB 19595 和相应标准要求。

5.6.3 设备应满足相应燃放等级要求，质量合格。

5.6.4 发射炮筒应满足一筒一弹和 GB 20208 的要求，并经检验合格。

5.6.5 辅助材料和工具应满足燃放安全要求。

5.7 安装发射炮筒

5.7.1 发射炮筒应采取双层钢管、木架等固定架固定或将发射炮筒高度的三分之一用砂土固定。

5.7.2 发射炮筒、组合烟花底部与地面应平实接触，所接触的地面硬度一致。需倾斜发射时，筒底的空隙应用木块等硬质材料填实，发射点至倾斜方向观众及周围物的距离应大于对应礼花弹（8 号以下）发射高度的 1.5 倍；8 号以上（含 8 号）不宜倾斜发射。

5.7.3 发射炮筒固定示意图参见附录 B。固定发射炮筒应符合以下规定：

a) 发射炮筒安装应稳固、松紧适度，保证燃放过程当中不倒筒、不散架；

b) 7 号、8 号发射炮筒应按内部距离单独固定；

c) 10 号以上发射炮筒应单个独立固定；

d) 每一固定发射炮筒的独立架固定发射炮筒数应符合表 4 要求。

表 4 每一固定发射炮筒的独立架固定发射炮筒数规定

单位为发

型号规格	每一固定发射炮筒的独立架固定发射炮筒数（≤）
3 号礼花弹发射筒	100
4 号礼花弹发射筒	80
5 号礼花弹发射筒	40
6 号礼花弹发射筒	30
7 号礼花弹发射筒	20
8 号礼花弹发射筒	12
10 号以上礼花弹发射筒	4 （当只有 1 发时，地面固定面积应≥0.5 m^2）

5.7.4 发射炮筒安装完毕后、装填前，现场负责人、技术人员、安全员应逐个进行检查验收，检查内容包括发射炮筒和架子的稳定性、角度、发射炮筒间距等。

5.8 装填、连接、检测

5.8.1 装填、连接、检测作业现场应设置明显的工作区标识，且主办方应安排专人警戒；待装填的焰火产品应采取安全防护措施。

5.8.2 礼花弹装填应满足以下要求：

a) 产品装填前不应连接电点火头（有接驳器且有短路措施的除外）；

b) 发射炮筒内不应有水或其他残留物，一筒一弹，且不应重复填弹；

c) 礼花弹装填时应轻轻填至相应规格的发射炮筒底，不应倒置；

d) 受潮、漏药、开裂等的礼花弹不应装填；

e) 产品装填后，应及时对发射炮筒口采取防潮、防火措施。

5.8.3 架子烟花的搭架由专业人员施工，架子应稳定牢固，架高不宜超过 30 m。

5.8.4 其他产品固定与安装应满足以下要求：

a) 吐珠类产品的固定应牢固，倾斜发射时，其安全距离应满足其发射高度 1.5 倍的要求；

b) 水上烟花应根据水面宽度确定发射角度，以确保焰火产品在设计的安全水域区展现效果；

c) 特殊设计的产品燃放应满足安全要求。

5.8.5 引火线连接应正确牢固，并采取防水、防火措施；裁切引火线时，应使用锋利的刀片。

5.8.6 安装布线结束后，应对点火系统进行检测；检测时，无关人员应撤至安全区域。

5.9 点火

5.9.1 确认燃放现场符合安全要求后，方可点火。

5.9.2 Ⅰ、Ⅱ、Ⅲ、Ⅳ级焰火燃放的点火应采用点火设备远距离点火，Ⅰ、Ⅱ级焰火燃放的宜采用程控系统点火。

5.9.3 采用无线点火时，应事先向有关部门申请专用频段。

5.9.4 点火控制区应有安全防护措施，保证一定的安全距离。

5.10 暂停或终止燃放

实施燃放作业时遇有下列情况，应暂停或终止燃放：

a) 现场风向突然改变，可能危及观赏人员；

b) 风力超过 6 级或可能危及安全区内建筑物、电力通讯设施和公众安全；

c) 突然下雨，起雾等，妨碍燃放正常进行；

d) 发生膛炸、低炸、筒口炸等危及人身安全的意外情况；

e) 现场燃放作业负责人认为有必要暂停或终止燃放的情况。

6 安全管理

6.1 燃放作业人员应穿符合安全要求的作业服装，佩戴明显标志；燃放及清场时，应戴安全帽。

6.2 燃放作业人员应按章操作，酒后不应上岗。

6.3 安全员应负责现场安全监督和检查。

6.4 焰火产品的包装应符合安全要求方可运输。

6.5 在燃放现场允许利用结构坚固、无火源、无人居住的房屋、工棚或车辆等作为燃放所需焰火产品的临时储存保管点，并应遵守下列规定：

a) 由现场保管员或专人负责看管；

b) 严禁同室保管与焰火产品无关的物品。

6.6 清场应符合下列要求：

a) 燃放作业结束后，操作人员要及时关闭点火系统，切断电源；30 min 后方可进行现场检查清场，清场时应有专人负责警戒，防止无关人员进入燃放现场；

b) 清场时应先检查礼花弹燃放区，发现哑弹或其他未引燃的烟花时，应由燃放技术人员处理；

c) 焰火燃放剩余产品应在燃放现场安全拆除电点火头，成箱包装后回收。

6.7 组织指挥与安全警戒应符合以下要求：

a) 组织指挥，组织实施大型焰火燃放，应设指挥部，统一负责燃放、安全警戒、交通管制、消防、救护及事故应急处理等指挥工作。

b) 安全警戒包括：

1) 大型焰火燃放的警戒范围和时间、交通管制的地段和时间、消防设备的设置地点和位置，由指挥部根据技术设计方案和组织实施方案及现场环境特点确定。

2) 所有进入燃放现场的通道和入口区都应当配备人员警戒。

3) 执行警戒任务的人员，应按时上岗，认真履行职责。在未接到解除警戒命令前，不准离岗。

4) 指挥长收到确认安全报告后，方可下达解除警戒命令。

5) 明确要求在燃放作业现场及周边地区设置有人值守的安全应急通道，以保障应急车队的畅通。

7 安全评估

7.1 Ⅰ级焰火燃放及不满足本标准规定安全条件的焰火燃放应进行安全评估。

7.2 安全评估应由主办单位委托有资质的评估机构进行。

7.3 安全评估应包括下列内容：

a) 作业单位的资质；

b) 技术设计方案和组织实施方案；

c) 所燃放的焰火产品及燃放器材的安全性、可靠性；

d) 点火系统及点火方式的安全性、可靠性；

e) 燃放现场周围环境和气象条件的安全性；

f) 安全距离与警戒范围确定的科学性和可靠性；

g) 安全警戒、交通管制、消防救援与事故应急处理等安全保卫措施的周密性、科学性。

7.4 专家组或评估机构应对大型焰火燃放作出符合、基本符合或不符合安全条件的结论及待改进的意见。

7.5 根据安全评估报告需要对技术设计方案与组织实施方案进行调整修改的，作业单位与主办单位应进行调整修改。

附　录　A
（资料性附录）
礼花弹基本安全参数

A.1　礼花弹基本安全参数参见表A.1。

表A.1　礼花弹基本安全参数

单位为米

项　　目	规　　格							
	76 mm（3号）	102 mm（4号）	127 mm（5号）	152 mm（6号）	178 mm（7号）	203 mm（8号）	254 mm（10号）	305 mm（12号）
升空高度	90～100	110～120	130～140	150～160	170～180	190～200	210～230	240～260
覆盖半径	25～30	35～40	45～55	55～65	65～75	75～85	85～95	95～105

附 录 B
（资料性附录）
礼花弹发射炮筒固定示意图

B.1 3号、4号发射炮筒固定示意图见图B.1。

单位为毫米

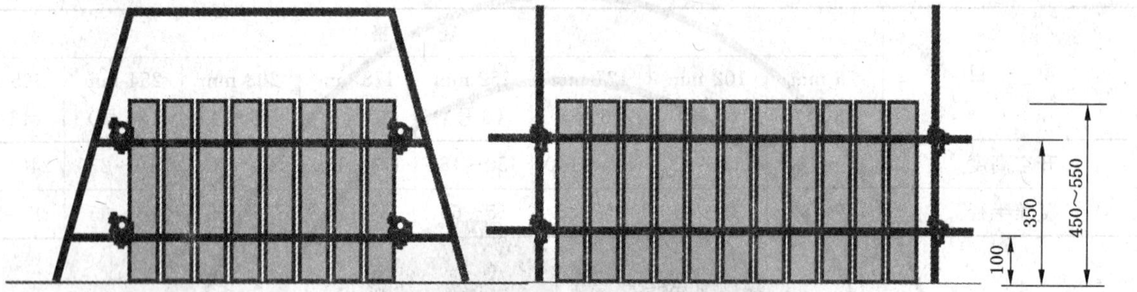

图 B.1 3号、4号发射炮筒固定示意图

B.2 5号、6号发射炮筒固定示意图见图B.2。

单位为毫米

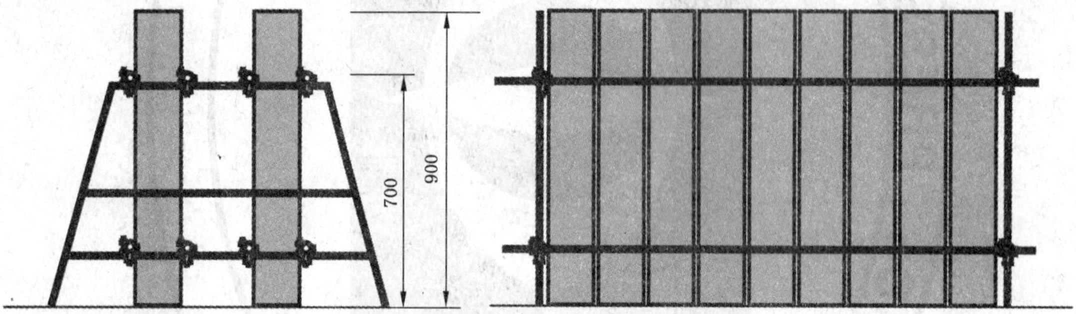

图 B.2 5号、6号发射炮筒固定示意图

B.3 7号、8号发射炮筒固定示意图见图B.3。

单位为毫米

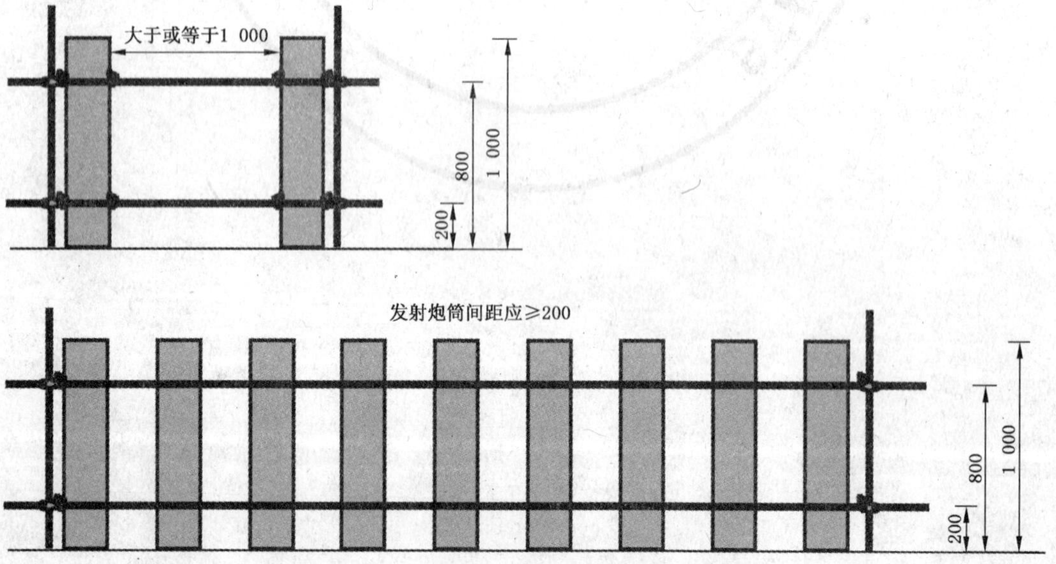

图 B.3 7号、8号发射炮筒固定示意图

B.4 10号以上发射炮筒固定示意图见图 B.4。

单位为毫米

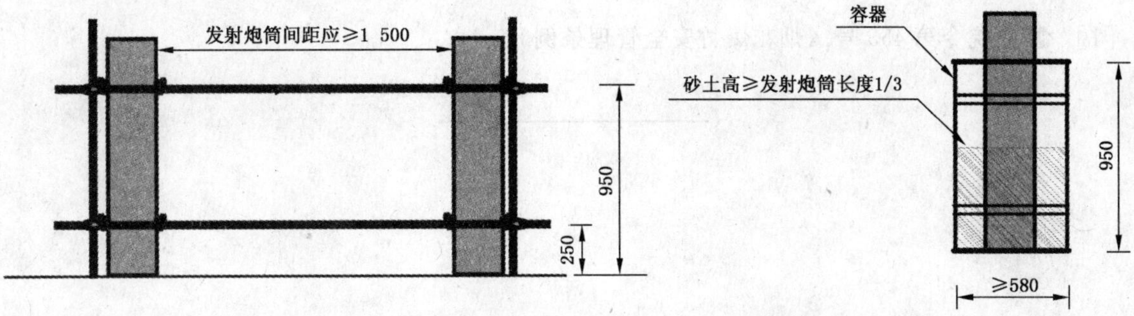

图 B.4 10号以上发射炮筒固定示意图

参 考 文 献

[1] 国务院令第 455 号.《烟花爆竹安全管理条例》.

ICS 85.060
Y 32

中华人民共和国国家标准

GB/T 24285—2009

晒图原纸

Base paper for diazotype

2009-07-31 发布　　　　2010-03-01 实施

中华人民共和国国家质量监督检验检疫总局
中国国家标准化管理委员会　发布

前　言

本标准在轻工行业标准 QB/T 2429—2006《晒图原纸》的基础上制定。

本标准由中国轻工业联合会提出。

本标准由全国造纸工业标准化技术委员会(SAC/TC 141)归口。

本标准起草单位:中国制浆造纸研究院、国家纸张质量监督检验中心、中国造纸协会标准化专业委员会。

本标准主要起草人:邓知明。

本标准由全国造纸工业标准化技术委员会负责解释。

晒 图 原 纸

1 范围

本标准规定了晒图原纸的分类、要求、试验方法、检验规则和标志、包装、运输、贮存。

本标准适用于涂覆重氮盐感光药液后制成晒图纸的原纸。

2 规范性引用文件

下列文件中的条款通过本标准的引用而成为本标准的条款。凡是注日期的引用文件，其随后所有的修改单(不包括勘误的内容)或修订版均不适用于本标准，然而，鼓励根据本标准达成协议的各方研究是否可使用这些文件的最新版本。凡是不注日期的引用文件，其最新版本适用于本标准。

GB/T 450 纸和纸板 试样的采取及试样纵横向、正反面的测定(GB/T 450—2008，ISO 186：2002，MOD)

GB/T 451.1 纸和纸板尺寸及偏斜度的测定

GB/T 451.2 纸和纸板定量的测定(GB/T 451.2—2002，eqv ISO 536：1995)

GB/T 451.3 纸和纸板厚度的测定(GB/T 451.3—2002，idt ISO 534：1988)

GB/T 456 纸和纸板平滑度的测定(别克法)(GB/T 456—2002，idt ISO 5627：1995)

GB/T 457—2008 纸和纸板 耐折度的测定(ISO 5626：1993，MOD)

GB/T 460—2008 纸 施胶度的测定

GB/T 462 纸、纸板和纸浆 分析试样水分的测定(GB/T 462—2008；ISO 287：1985，MOD；ISO 638：1978，MOD)

GB/T 1540 纸和纸板吸水性的测定(可勃法)(GB/T 1540—2002，ISO 535：1991，NEQ)

GB/T 1541 纸和纸板 尘埃度的测定

GB/T 1545 纸、纸板和纸浆 水抽提液酸度或碱度的测定(GB/T 1545—2008，ISO 6588：1981，MOD)

GB/T 2828.1 计数抽样检验程序 第1部分：按接收质量限(AQL)检索的逐批检验抽样计划(GB/T 2828.1—2003，ISO 2859-1：1999，IDT)

GB/T 7974 纸、纸板和纸浆亮度(白度)的测定 漫射/垂直法(GB/T 7974—2002，neq ISO 2470：1999)

GB/T 8943.2 纸浆、纸和纸板 铁含量的测定(GB/T 8943.2—2008，ISO 779：2001，MOD)

GB/T 10342 纸张的包装和标志

GB/T 10739 纸、纸板和纸浆试样处理和试验的标准大气条件(GB/T 10739—2002，eqv ISO 187：1990)

GB/T 12914 纸和纸板 抗张强度的测定(GB/T 12914—2008；ISO 1924-1：1992，MOD；ISO 1924-2：1992，MOD)

3 分类

晒图原纸为卷筒纸。

4 要求

4.1 晒图原纸的技术指标应符合表1或合同规定。

表 1

<table>
<tr><th colspan="4">指　标　名　称</th><th>单　位</th><th>规　定</th></tr>
<tr><td colspan="3">定量</td><td></td><td>g/m^2</td><td>78±3.0</td></tr>
<tr><td colspan="3">横幅定量差</td><td>≤</td><td>g/m^2</td><td>3.0</td></tr>
<tr><td colspan="3">紧度</td><td>≥</td><td>g/cm^3</td><td>0.73</td></tr>
<tr><td colspan="3">耐折度(纵横平均)</td><td>≥</td><td>次</td><td>55</td></tr>
<tr><td colspan="3">抗张指数(纵向)</td><td>≥</td><td>N·m/g</td><td>50.5</td></tr>
<tr><td colspan="3">亮度(白度)</td><td>≥</td><td>%</td><td>93.0</td></tr>
<tr><td colspan="4">平滑度(正反面平均)</td><td>s</td><td>30～50</td></tr>
<tr><td colspan="4">吸水性(正反面平均)</td><td>g/m^2</td><td>15.0～20.0</td></tr>
<tr><td colspan="4">水抽提液 pH</td><td>—</td><td>4.0～5.5</td></tr>
<tr><td colspan="3">铁含量</td><td>≤</td><td>mg/kg</td><td>80.0</td></tr>
<tr><td colspan="3">施胶度(正反面平均)</td><td>≥</td><td>s</td><td>35</td></tr>
<tr><td rowspan="4">尘埃度</td><td colspan="2">总数</td><td>≤</td><td rowspan="4">个/m^2</td><td>84</td></tr>
<tr><td rowspan="3">其中</td><td>>0.1 mm^2～0.7 mm^2</td><td>≤</td><td>80</td></tr>
<tr><td>>0.7 mm^2～1.5 mm^2</td><td>≤</td><td>4</td></tr>
<tr><td colspan="2">>1.5 mm^2</td><td>不应有</td></tr>
<tr><td colspan="4">交货水分</td><td>%</td><td>5.0±1.0</td></tr>
</table>

4.2　卷筒纸宽度为 630 mm、880 mm、930 mm 或符合合同规定。

4.3　卷筒纸宽度偏差应不超过±3 mm，卷筒直径为(750±50)mm，或符合合同规定。

4.4　晒图原纸的纤维组织应均匀，纸面应平整，不应有褶子、皱纹、条痕、透光点、斑点等外观质量缺陷。

4.5　晒图原纸的色调应一致，每批纸不应有明显差别。

4.6　晒图原纸的切边应整齐、洁净，卷筒端面应平整，不应有裂口，锯齿形应不超过 3 mm，弓形应不超过 15 mm。

4.7　每卷接头应不超过 2 个。

5　试验方法

5.1　试样的采取按 GB/T 450 进行，试样的大气处理按 GB/T 10739 进行。

5.2　定量、横幅定量差按 GB/T 451.2 测定。测定横幅定量差时，沿横向均匀切取 0.1 m^2 试样，每个样品连续取 5 层试样。幅宽 630 mm 的每层取 3 个试样；幅宽 880 mm 的每层取 4 个试样；幅宽930 mm 的每层取 5 个试样。计算试样的最大值与最小值之差。

5.3　紧度按 GB/T 451.3 测定。

5.4　耐折度按 GB/T 457—2008 中肖伯尔法测定。

5.5　抗张指数按 GB/T 12914 测定，仲裁时按恒速拉伸法测定。

5.6　水抽提液 pH 按 GB/T 1545 测定，采用热抽提。

5.7　亮度(白度)按 GB/T 7974 测定。

5.8　平滑度按 GB/T 456 测定。

5.9　吸水性按 GB/T 1540 测定，吸水时间为 30 s。

5.10　铁含量按 GB/T 8943.2 测定。

5.11　施胶度按 GB/T 460—2008 中液体渗透法测定。

5.12 尘埃度按 GB/T 1541 测定，出现 0.7 mm^2～1.5 mm^2 尘埃时，应至少检验 1 m^2。

5.13 交货水分按 GB/T 462 测定。

5.14 尺寸偏差按 GB/T 451.1 测定。

5.15 外观质量采用目测。

6 检验规则

6.1 以一次交货的数量为一批，但每批应不多于 90 个卷筒。

6.2 生产厂应保证所生产的晒图原纸的质量符合本标准或合同要求。每卷纸内应附有一份产品合格证。

6.3 计数抽样检验程序按 GB/T 2828.1 规定进行。样本单位为卷。接收质量限(AQL)：吸水性为 4.0，定量、横幅定量差、紧度、耐折度、亮度(白度)、平滑度、抗张指数、水抽提液 pH、铁含量、施胶度、尘埃度、交货水分、尺寸偏差、外观质量为 6.5。采用正常检验二次抽样，检验水平为一般检验水平Ⅱ，其抽样方案见表 2。

表 2

批量/卷	正常检验二次抽样方案　一般检验水平Ⅱ				
	样本量	AQL 值为 4.0		AQL 值为 6.5	
		Ac	Re	Ac	Re
2～25	2	—	—	0	1
	3	0	1	—	—
26～90	3	0	1	—	—
	5	—	—	0	2
	5(10)	—	—	1	2

6.4 可接收性的确定：第一次检验的样品数量应等于该方案给出的第一样本量。如果第一样本中发现的不合格品数小于或等于第一接收数，应认为该批是可接收的；如果第一样本中发现的不合格品数大于或等于第一拒收数，应认为该批是不可接收的。如果第一样本中发现的不合格品数介于第一接收数与第一拒收数之间，应检验由方案给出样本量的第二样本并累计在第一样本和第二样本中发现的不合格品数。如果不合格品累计数小于或等于第二接收数，则判定该批是可接收的；如果不合格品累计数大于或等于第二拒收数，则判定该批是不可接收的。

6.5 需方若对产品质量有异议，应在到货后一个月内通知供方对该产品进行共同检验，如不符合本标准或合同的规定，则判为批不合格，由供方负责处理；如符合本标准或合同的规定，则判为批合格，由需方负责处理。

7 标志、包装、运输、贮存

7.1 晒图原纸的包装和标志按 GB/T 10342 的规定进行，或按合同要求。

7.2 运输时应使用带篷、防雨、防潮、洁净的运输工具，不应与有污染的物质及易燃物放在一起。

7.3 搬运和装卸时应注意避免损坏包装，不应将纸卷从高处扔下。

7.4 晒图原纸应妥善保管，不应露天存放，贮存时应防止雨、雪和地面潮湿的影响。卷筒堆垛时应直立放置，以免堆垛横卧时底层纸卷被压扁；若需横卧堆垛时，应用弧形垫板垫起，横卧堆垛高度应不超过三层。

ICS 85.060
Y 32

中华人民共和国国家标准

GB/T 24286—2009

黑色不透光包装纸

Black light-proof packaging paper

2009-07-31 发布　　2010-03-01 实施

中华人民共和国国家质量监督检验检疫总局
中国国家标准化管理委员会　发布

前　言

本标准的附录 A、附录 B 和附录 C 均为规范性附录。

本标准由中国轻工业联合会提出。

本标准由全国造纸工业标准化技术委员会(SAC/TC 141)归口。

本标准起草单位:中国制浆造纸研究院、国家纸张质量监督检验中心、中国造纸协会标准化专业委员会。

本标准主要起草人:邓知明。

本标准由全国造纸工业标准化技术委员会负责解释。

黑色不透光包装纸

1 范围

本标准规定了黑色不透光包装纸的分类、要求、试验方法、检验规则和标志、包装、运输、贮存。

本标准适用于照相纸、电影胶片、X射线胶片和120胶卷等感光材料防光包装用纸。

2 规范性引用文件

下列文件中的条款通过本标准的引用而成为本标准的条款。凡是注日期的引用文件，其随后所有的修改单(不包括勘误的内容)或修订版均不适用于本标准，然而，鼓励根据本标准达成协议的各方研究是否可使用这些文件的最新版本。凡是不注日期的引用文件，其最新版本适用于本标准。

GB/T 450 纸和纸板 试样的采取及试样纵横向、正反面的测定(GB/T 450—2008，ISO 186:2002，MOD)

GB/T 451.1 纸和纸板尺寸及偏斜度的测定

GB/T 451.2 纸和纸板定量的测定(GB/T 451.2—2002，eqv ISO 536:1995)

GB/T 451.3 纸和纸板厚度的测定(GB/T 451.3—2002，idt ISO 534:1988)

GB/T 456 纸和纸板平滑度的测定(别克法)(GB/T 456—2002，idt ISO 5627:1995)

GB/T 459 纸和纸板伸缩性的测定(GB/T 459—2002，eqv ISO 5635:1978)

GB/T 462 纸、纸板和纸浆 分析试样水分的测定(GB/T 462—2008；ISO 287:1985，MOD；ISO 638:1978，MOD)

GB/T 1540 纸和纸板吸水性的测定 可勃法(GB/T 1540—2002，neq ISO 535:1991)

GB/T 2828.1 计数抽样检验程序 第1部分：按接收质量限(AQL)检索的逐批检验抽样计划(GB/T 2828.1—2003，ISO 2859-1:1999，IDT)

GB/T 10342 纸张的包装和标志

GB/T 10739 纸、纸板和纸浆试样处理和试验的标准大气条件(GB/T 10739—2002，eqv ISO 187:1990)

GB/T 12914 纸和纸板 抗张强度的测定(GB/T 12914—2008；ISO 1924-1:1992，MOD；ISO 1924-2:1992，MOD)

JJG 245 光照度计检定规程

3 分类

3.1 按照用途的不同，黑色不透光包装纸分为Ⅰ型、Ⅱ型两种型号。同一型号按照质量等级可分为优等品和合格品。

Ⅰ型，用于照相纸、电影胶片、X射线胶片等防光包装纸；

Ⅱ型，用于120胶卷防光包装纸。

3.2 黑色不透光包装纸为卷筒纸，也可按订货合同规定生产平板纸。

4 要求

4.1 黑色不透光包装纸的技术指标应符合表1的规定或按订货合同规定。

表 1

指标名称		单位	规定			
			Ⅰ型		Ⅱ型	
			优等品	合格品	优等品	合格品
定量		g/m^2	80±4.0 100±5 130±6		—	
厚度 ≥		μm	—	—	118	130
裂断长(纵横向平均) ≥		m	3 700	2 800	—	—
抗张强度(纵向) ≥		kN/m	—	—	3.70	3.20
吸水性 ≤		g/m^2	40.0	50.0	40.0	50.0
伸缩率(横向) ≤		%	—	—	2.7	3.6
平滑度(正反面平均) ≥		s	60	30	180	60
孔眼	≤0.3 mm^2 ≤	个/(82 mm×120 mm)	2	3	不应有	3
	>0.3 mm^2		不应有			
不透光性(不增加密度的单面连续曝光时间)		min	30	20	12	
对感光层的化学作用(与对照比较)密度增加 ≤		%	0.10		0.10	
交货水分		%	5.0～8.0			

4.2 卷筒纸宽度为 530 mm 或按订货合同规定。宽度偏差应不超过±3 mm。

4.3 Ⅱ型纸可以是全黑色，或按订货合同规定生产一面黑色，另一面为黄色等其他颜色。

4.4 纸的切边应整齐、洁净。卷筒端面应平整。每卷纸的接头应不超过 4 个，并应有明显标记，接头处不得粘上另一层纸。

4.5 纸张表面不应有明显的褶子、皱纹、裂口、杂质等影响使用的外观纸病，也不应有污染被包装材料的掉粉掉毛现象。

5 试验方法

5.1 试样的处理和检验按 GB/T 10739 进行。

5.2 试样的采取按 GB/T 450 进行。

5.3 尺寸偏差按 GB/T 451.1 测定。

5.4 定量按 GB/T 451.2 测定。

5.5 厚度按 GB/T 451.3 测定。

5.6 裂断长和抗张强度按 GB/T 12914 测定，仲裁时按 GB/T 12914 中恒速拉伸法测定。

5.7 吸水性按 GB/T 1540 测定，吸水时间为 60 s。

5.8 伸缩率按 GB/T 459 测定。

5.9 平滑度按 GB/T 456 测定。

5.10 孔眼按附录 A 测定。

5.11 不透光性按附录 B 测定。

5.12 对感光层的化学作用(与对照比较)密度增加按附录 C 测定。

5.13 交货水分按 GB/T 462 测定。

6 检验规则

6.1 以一次交货为一批，但不多于30 t。

6.2 生产厂应保证交货产品符合本标准的规定，每筒(件)纸交货时应附有产品合格证。

6.3 计数抽样检验程序按GB/T 2828.1规定进行，样本单位为筒(件)。接收质量限(AQL)：厚度、裂断长、抗张强度、孔眼、不透光性、对感光层的化学作用为4.0，定量、伸缩率、吸水性、平滑度、交货水分、尺寸偏差、外观为6.5。采用正常检验二次抽样，检查水平为特殊检查水平S-2，其抽样方案见表2。

表2

批量/筒(件)	正常检查二次抽样方案　特殊检查水平S-2				
	样本量	AQL值为4.0		AQL值为6.5	
		Ac	Re	Ac	Re
≤150	2	—	—	0	1
	3	0	1	—	—
≥151	3	0	1	—	—
	5	—	—	1	2
	5(10)	—	—	1	2

6.4 可接收性的确定：第一次检验的样品数量应等于该方案给出的第一样本量。如果第一样本中发现的不合格品数小于或等于第一接收数，应认为该批是可接收的；如果第一样本中发现的不合格品数大于或等于第一拒收数，应认为该批是不可接收的。如果第一样本中发现的不合格品数介于第一接收数与第一拒收数之间，应检验由方案给出样本量的第二样本并累计在第一样本和第二样本中发现的不合格品数。如果不合格品累计数小于或等于第二接收数，则判定该批是可接收的；如果不合格品累计数大于或等于第二拒收数，则判定该批是不可接收的。

6.5 需方有权按本部分的规定进行验收检验。检验时应先检查外部包装，然后从中取样进行检验。如果检验结果与标准不符，需方应在到货后三个月内(或按订货合同规定)通知供方共同取样进行复验，如仍不合格，则判为批不合格，由供方负责处理；如合格，则判为批合格，由需方负责处理。

7 标志、包装、运输、贮存

7.1 产品的包装与标志应按GB/T 10342进行，或符合订货合同的规定。

7.2 产品运输时，应使用有篷而洁净的运输工具，不应将纸件从高处扔下。

7.3 产品应妥善保管，防止雨、雪、潮湿以及有害物质的影响。

附 录 A
（规范性附录）
孔眼测定方法

A.1 原理

在规定的发光强度照射下，光线穿过不透光纸上细小的孔眼，使感光材料感光。按规定进行显影、定影，产生的黑点用标准尘埃对比图判定孔眼大小，以个/(82 mm×120 mm)表示。

A.2 试剂和材料

A.2.1 显影液，D-72(1∶1)显影液。

A.2.2 定影液，F-5 定影液。

A.2.3 感光胶片，规格为 82 mm×120 mm 或 164 mm×120 mm，GB21°的散页感光胶片。

A.2.4 冲洗套药，C-41。

A.3 仪器和设备

A.3.1 光源：照度 500 lx，色温 5 500 K±500 K。

注：使用黑白胶片时，色温可不作规定。

A.3.2 复印框架，规格为 180 mm×240 mm。

A.3.3 秒表(或定时钟)。

A.3.4 显影盘、定影盘。

A.3.5 恒温水浴。

A.3.6 水洗槽。

A.3.7 量筒。

A.3.8 干燥箱。

A.3.9 照度计：勒克斯计，应符合 JJG 245 一级照度计规定。

A.3.10 标准尘埃对比图。

A.4 试样的采取和温湿处理

按 GB/T 450 和 GB/T 10739 规定进行。

A.5 试验步骤

A.5.1 切取 140 mm×200 mm 的试样 3 张，并均折叠成 100 mm×140 mm。

A.5.2 在暗室内抽取 3 张感光胶片，分别夹入 3 张试样内，使试样完全遮盖住感光胶片。

A.5.3 将夹好胶片的试样置于复印框架(A.3.2)的玻璃底下，使胶片的乳剂面朝向玻璃面。

A.5.4 将上述复印框架垂直置于符合规定的光源(A.3.1)下，光源与复印框架相距 1 m，曝光 1 min。

A.5.5 将已曝光胶片取出，在液温为(20±5)%的显影液(A.2.1)中显影 4 min(显影时，注意均匀搅拌)。显影后取出，冲洗多余的显影液，放入液温(20±5)℃的定影液(A.2.2)中定影 10 min，定影好的胶片在流水中冲洗 5 min。

A.5.6 将胶片放入干燥箱内烘干。

A.5.7 取出胶片，在亮室内以标准尘埃对比图检查其黑点数，比较黑点面积。

A.6 结果的表示

A.6.1 若胶片黑点数或黑点面积超过本标准的规定，则判定该试样为不合格。

A.6.2 平行判定 3 个试样，其中 2 个试样不合格则判定该项目为不合格。若其中 1 个试样不合格，则应另行取 3 个试样重新试验。若重新试验的结果仍有 1 个试样不合格，则判定该项目为不合格。

A.7 彩色胶片试验

A.7.1 需要时，可做彩色胶片测定试验。

A.7.2 做彩色胶片试验时，A.5.5 中应改用冲洗套药(A.2.4)，并按其规定的工艺进行显影、定影。

A.7.3 其他均按本附录进行。

附 录 B
（规范性附录）
纸张不透光性测定方法

B.1 原理

在规定的光源强度照射下，防光性能差的包装纸将使感光胶片感光，胶片密度增加与对照胶片（即未曝光的胶片）进行比较，确定纸张的不透光性。

B.2 试剂及材料

B.2.1 显影液，D-72（1∶1）显影液。
B.2.2 定影液，F-5 定影液。
B.2.3 感光胶片，规格为 82 mm×120 mm 或 164 mm×120 mm，GB21°的散页感光胶片。

B.3 仪器

B.3.1 光源：照度 500 lx，色温 5 500 K±500 K。
注：使用黑白胶片，色温可不作规定。
B.3.2 复印框架，规格为 180 mm×240 mm。
B.3.3 秒表（或定时钟）。
B.3.4 显影盘、定影盘。
B.3.5 恒温水浴。
B.3.6 水洗槽。
B.3.7 量筒。
B.3.8 干燥箱。
B.3.9 照度计：勒克斯计，应符合 JJG 245 一级照度计规定。
B.3.10 密度计，CMT 透射密度计。测量范围 0～4.00D，准确度±0.02D，重复性±0.01D。

B.4 试样的采取和温湿处理

按 GB/T 450 和 GB/T 10739 规定进行。

B.5 试验步骤

B.5.1 切取 140 mm×200 mm 的试样 3 张，并均折叠成 100 mm×140 mm。
B.5.2 在暗室内抽取 3 张感光胶片（B.2.3），分别夹入 3 张试样内，使试样完全遮盖住感光胶片。
B.5.3 将夹好胶片的试样置于复印框架（B.3.2）的玻璃底下，使胶片的乳剂面朝向玻璃面。
B.5.4 将上述复印框架（B.3.2）垂直置于符合规定的光源（A.3.1）下，光源与复印框架相距 1 m，曝光时间按表 1 的规定进行。
B.5.5 将已曝光胶片取出，在液温为（20±5）%的显影液（B.2.1）中显影 4 min（显影时，注意均匀搅拌）。显影后取出，冲洗多余的显影液，放入液温（20±5）℃的定影液（B.2.2）中定影 10 min，定影好的胶片在流水中冲洗 5 min。
B.5.6 将胶片放入干燥箱内烘干。
B.5.7 取出胶片，用密度计（B.3.10）测定胶片的密度。
B.5.8 同时用对照胶片（未曝光胶片）平行进行 B.5.5 至 B.5.7 的操作。

B.6 结果的表示

B.6.1 将3个曝光胶片的密度分别与对照胶片(未曝光胶片)的密度进行比较,若曝光胶片的密度比对照胶片的密度增加,则判定该曝光胶片为不合格。

B.6.2 若2个曝光胶片不合格,则判定该项目为不合格;若其中1个曝光胶片不合格,则应另行取3个试样重新试验,若重新试验的结果仍有1个不合格,则判定该项目为不合格。

附 录 C
（规范性附录）
纸张对感光层的化学作用测定方法

C.1 原理

纸张在一定条件下与感光层紧密接触，然后按常规显影、定影。若纸张对感光层无化学作用则对照密度不变。

C.2 试剂及材料

C.2.1 显影液，D-72(1∶1)显影液。

C.2.2 定影液，F-5 定影液。

C.2.3 感光胶片，规格为 82 mm×120 mm 或 164 mm×120 mm，GB21°的散页感光胶片。

C.3 仪器

C.3.1 光源：照度 500 lx，色温 5 500 K±500 K。

注：使用黑白胶片，色温可不作规定。

C.3.2 复印框架，规格为 180 mm×240 mm。

C.3.3 秒表(或定时钟)。

C.3.4 显影盘、定影盘。

C.3.5 恒温水浴。

C.3.6 水洗槽。

C.3.7 量筒。

C.3.8 干燥箱。

C.3.9 恒温恒湿箱。

C.3.10 照度计：勒克斯计，应符合 JJG 245 一级照度计规定。

C.3.11 密度计，CMT 投射密度计，测量范围 0～4.00D；准确度±0.02D，重复性±0.01D。

C.4 试样的采取和温湿处理

按 GB/T 450 和 GB/T 10739 规定进行。

C.5 试验步骤

C.5.1 在暗室内将 3 个试样盖住 3 个胶片(乳剂面)的一半，在两块平板玻璃中间夹紧，放置在相对湿度 8.0%～8.5%、温度(50±2)℃的恒温恒湿箱内 96 h。

C.5.2 达到规定时间后取出，并用针划出记号，按附录 A 中 A.5.5、A.5.6 规定显影、定影、干燥。

C.5.3 用密度计(C.3.11)测定被盖住部分与未被盖住部分的密度，并比较其密度。

C.6 结果的表示

C.6.1 若被试样盖住部分比未被盖住部分的密度增加，超过表 1 的规定，则判定该试验胶片不合格。

C.6.2 若2个试验胶片不合格，则判定该项目为不合格；若其中1个试验胶片不合格，则应另行取3个试样重新试验，若重新试验的结果仍有1个不合格，则判定该项目为不合格。

ICS 85.060
Y 32

中华人民共和国国家标准

GB/T 24287—2009

伸性纸袋纸

Extensible bag paper

2009-07-31 发布　　　　2010-03-01 实施

中华人民共和国国家质量监督检验检疫总局
中国国家标准化管理委员会　发布

前　言

本标准是在轻工业行业标准 QB/T 1460—2006《伸性纸袋纸》的基础上制定。

本标准由中国轻工业联合会提出。

本标准由全国造纸工业标准化技术委员会归口。

本标准起草单位：中国制浆造纸研究院、福建青山纸业股份有限公司、国家纸张质量监督检验中心、中国造纸协会标准化专业委员会。

本标准主要起草人：张青、黄宽桔、李芳梅、吴景蓉。

本标准由全国造纸工业标准化技术委员会负责解释。

伸性纸袋纸

1 范围

本标准规定了伸性纸袋纸、半伸性纸袋纸的术语和定义、分类、要求、试验方法、检验规则和标志、包装、运输、贮存。

本标准适用于经过伸性装置处理后的供水泥、化工产品等包装用的伸性纸袋纸、半伸性纸袋纸。

2 规范性引用文件

下列文件中的条款通过本标准的引用而成为本标准的条款。凡是注日期的引用文件，其随后所有的修改单(不包括勘误的内容)或修订版均不适用于本标准，然而，鼓励根据本标准达成协议的各方研究是否可使用这些文件的最新版本。凡是不注日期的引用文件，其最新版本适用于本标准。

GB/T 450 纸和纸板 试样的采取及试样纵横向、正反面的测定(GB/T 450—2008，ISO 186:2002，MOD)

GB/T 451.1 纸和纸板尺寸及偏斜度的测定

GB/T 451.2 纸和纸板定量的测定(GB/T 451.2—2002，eqv ISO 536:1995)

GB/T 455 纸和纸板撕裂度的测定(GB/T 455—2002，eqv ISO 1974:1990)

GB/T 458—2008 纸和纸板 透气度的测定(GB/T 458—2008；ISO 5636-2:1984，MOD；ISO 5636-3:1992，MOD；ISO 5356-5:2003，MOD)

GB/T 462 纸、纸板和纸浆 分析试样水分的测定(GB/T 462—2008；ISO 287:1985，MOD；ISO 638:1978，MOD)

GB/T 1540 纸和纸板吸水性的测定 可勃法(GB/T 1540—2002，neq ISO 535:1991)

GB/T 2828.1 计数抽样检验程序 第1部分：按接收质量限(AQL)检索的逐批检验抽样计划(GB/T 2828.1—2003，ISO 2859-1:1999，IDT)

GB/T 10342 纸张的包装和标志

GB/T 10739 纸、纸板和纸浆试样处理和试验的标准大气条件(GB/T 10739—2002，eqv ISO 187:1990)

GB/T 12914 纸和纸板 抗张强度的测定(GB/T 12914—2008；ISO 1924-1:1992，MOD；ISO 1924-2:1992，MOD)

3 术语和定义

下列术语和定义适用于本标准。

3.1

伸性纸袋纸 extensible bag paper

使用一些不同于制造皱纹纸的方法，通常在纸机干燥部应用伸性装置对纸袋纸进行微起皱处理，使纸张的纵向伸长率成倍增加，从而形成一种具有高吸收能量性质的可拉伸纸。各种定量和等级的可伸性纸用于制造多层纸袋、包装、加工、层合、包覆等。习惯上将纵向伸长率大于5.5%的称为伸性纸袋纸。

3.2

半伸性纸袋纸 half extensible bag paper

使用一些不同于制造皱纹纸的方法，通常在纸机干燥部应用伸性装置对纸袋纸进行微起皱处理，使纸张的纵向伸长率成倍增加，从而形成一种具有高吸收能量性质的可拉伸纸。各种定量和等级的可伸性纸用于制造多层纸袋、包装、加工、层合、包覆等。习惯上将纵向伸长率低于5.5%的称为半伸性纸袋纸。

4 分类

4.1 伸性纸袋纸根据经过伸性装置处理的程度分为伸性纸袋纸、半伸性纸袋纸。

4.2 伸性纸袋纸、半伸性纸袋纸为卷筒纸。

4.3 伸性纸袋纸、半伸性纸袋纸按质量分为优等品、一等品、合格品三个等级。

5 要求

5.1 伸性纸袋纸的技术指标应符合表1规定，半伸性纸袋纸的技术指标应符合表2规定。

表1

指标名称			单位	规定		
				优等品	一等品	合格品
定量			g/m²	70.0±3.0,75.0±3.0,80.0±3.0,90.0±3.0 100±4.0,105±4,110±4		
横幅定量差		≤	%	5.0	6.0	8.0
撕裂指数(纵向)		≥	mN·m²/g	12.0	11.0	10.0
透气度		≥	μm/(Pa·s)	3.40		
吸水性		≤	g/m²	35.0		
抗张指数	纵向	≥	N·m/g	50.0	48.0	45.0
	横向			30.0	26.0	24.0
伸长率(纵向)		≥	%	5.5		
抗张能量吸收指数	纵向	≥	J/g	2.20	2.00	1.80
	横向			1.30	1.20	1.00
交货水分			%	9.0±1.5		

表2

指标名称			单位	规定		
				优等品	一等品	合格品
定量			g/m²	70.0±3.0,75.0±3.0,80.0±3.0,90.0±3.0 100±4.0,105±4,110±4		
横幅定量差		≤	%	5.0	6.0	8.0
吸水性		≤	g/m²	35.0		
透气度		≥	μm/(Pa·s)	3.40		
撕裂指数(纵向)		≥	mN·m²/g	12.0	11.0	10.0
抗张指数	纵向	≥	N·m/g	50.0	48.0	45.0
	横向			30.0	26.0	24.0
伸长率(纵向)		≥	%	3.5～5.5		
抗张能量吸收指数	纵向	≥	J/g	1.50	1.40	1.20
	横向			1.20	1.10	1.00
交货水分			%	9.0±1.5		

5.2 纸的厚薄应均匀，不应有破口、裂口、褶子、浆疙瘩等影响制袋或使用的外观纸病；卷筒内部纸病应不超过4%。

5.3 卷筒宽度为(1 020±5)mm、(1 015±5)mm或(800±5)mm，卷筒直径为800 mm、880 mm、1 000 mm、1 100 mm、1 200 mm，其偏差应不超过±50 mm，如有特殊要求可根据协议规定。

5.4 卷筒两端应平整，形成的锯齿形或凹凸面应不超过5 mm，弓形应不超过15 mm。自纸芯起20 mm以外，不应为了卷纸平整而卷入碎纸片。

5.5 纸张应卷在干燥硬实的纸芯上，纸芯内径为75 mm～80 mm。纸芯不应有扭结或压扁现象。每卷纸的接头：优等品应不超过1个，一等品、合格品应不超过2个，接头处应用胶带纸粘牢，并做出明显标记。

6 试验方法

6.1 试样的采取按GB/T 450进行，试样的处理和试验的标准大气按GB/T 10739进行。

6.2 尺寸按GB/T 451.1测定。

6.3 交货水分按GB/T 462测定。

6.4 定量及横幅定量差按GB/T 451.2测定，每个纸幅的横幅定量差的检测点应大于6个。

6.5 撕裂指数按GB/T 455测定。

6.6 抗张指数、伸长率、抗张能量吸收指数按GB/T 12914测定，仲裁时按GB/T 12914中恒速拉伸法测定。

6.7 吸水性按GB/T 1540测定，吸水时间为60 s。

6.8 透气度按GB/T 458—2008中肖伯尔法测定。

6.9 卷筒内部纸页外观缺陷检查：去除卷筒纸外部受污损的纸层后，切取3层～6层，将每层裁切成200 mm×250 mm的试样，取连续的试样100张以上，挑出有外观缺陷的试样并计数。计算具有外观缺陷的试样在全部试样中所占的比例，计算结果应准确至1‰。

7 检验规则

7.1 供方应保证产品符合本标准要求，每件产品应附有一份检验合格证。

7.2 铁路运输时，以一个车皮为一个抽样批；采取其他运输形式时，以一次交货为一批，但应不多于60 t。数量大时可分批抽样，分别进行检验和处理。

7.3 计数抽样检验程序按GB/T 2828.1规定进行，接收质量限(AQL)：纵向撕裂指数、纵向伸长率、抗张能量吸收指数为4.0；定量、透气度、交货水分、抗张指数、吸水性、外观缺陷、横幅定量差、尺寸为6.5。采用正常检验二次抽样，检验水平为特殊检验水平S-2，其抽样方案见表3。

表3

批量/卷	正常检验二次抽样方案　特殊检验水平S-2				
	样本量	AQL值为4.0		AQL值为6.5	
		Ac	Re	Ac	Re
2～150	2	—	—	0	1
	3	0	1	—	—
151～1 200	3	0	1	—	—
	5	—	—	0	2
	5(10)	—	—	1	2

7.4 可接收性的确定:第一次检验的样品数量应等于该方案给出的第一样本量。如果第一样本中发现的不合格品数小于或等于第一接收数,应认为该批是可接收的。如果第一样本中发现的不合格品数大于或等于第一拒收数,应认为该批是不可接收的。如果第一样本中发现的不合格品数介于第一接收数与第一拒收数之间,应检验由方案给出样本量的第二样本并累计在第一样本和第二样本中发现的不合格品数。如果不合格品累计数小于或等于第二接收数,则判定该批是可接收的;如果不合格品累计数大于或等于第二拒收数,则判定该批是不可接收的。

7.5 需方有权按本标准检查产品质量,若对产品质量有异议,应在到货后三个月内(或按合同规定)通知供方共同取样复检,若不符合本标准规定,则判为批不合格,由供方负责处理;若符合本标准规定,则判为批合格,由需方负责处理。

8 标志、包装、运输、贮存

8.1 按 GB/T 10342 规定包装,卷筒纸产品应用三层以上纸袋纸作为外包装,两头用聚丙烯塑料带或钢带扎紧。

8.2 产品或其包装上的标识应标明产品名称、规格、质量等级、生产日期、生产厂名称、厂址和采用标准编号。

8.3 产品应妥善保管,严防受潮。纸卷在运输过程中,应使用有篷而洁净的运输工具。

8.4 不应将纸卷从高处扔下。

ICS 85-010
Y 30

GB

中华人民共和国国家标准

GB/T 24288—2009

纸和纸板　主波长和兴奋纯度的测定 D65/10°漫反射法

Paper and board—Determination of dominant wavelength and excitation purity—D65/10°diffuse reflectance method

2009-07-31 发布　　　2010-03-01 实施

中华人民共和国国家质量监督检验检疫总局
中国国家标准化管理委员会　发布

前 言

本标准的附录 A 为规范性附录。

本标准由中国轻工业联合会提出。

本标准由全国造纸工业标准化技术委员会归口。

本标准起草单位：中国制浆造纸研究院、国家纸张质量监督检验中心、中国造纸协会标准化专业委员会。

本标准主要起草人：张清文。

本标准由全国造纸工业标准化技术委员会负责解释。

纸和纸板　主波长和兴奋纯度的测定 D65/10°漫反射法

1　范围

本标准规定了用消除光泽的漫反射法测定纸和纸板主波长和兴奋纯度。

本标准适用于未加入荧光染料或颜料的纸和纸板。当仪器光源照射在试样上的紫外辐射量调准至与 GB/T 7973 规定的授权实验室提供的在 CIE 照明体 D65 条件下的荧光参比标准一致时，本标准可用于测定含有荧光增白剂的纸和纸板。

2　规范性引用文件

下列文件中的条款通过本标准的引用而成为本标准的条款。凡是注日期的引用文件，其随后所有的修改单(不包括勘误的内容)或修订版均不适用于本标准，然而，鼓励根据本标准达成协议的各方研究是否可使用这些文件的最新版本。凡是不注日期的引用文件，其最新版本适用于本标准。

GB/T 450　纸和纸板　试样的采取及试样纵横向、正反面的测定(GB/T 450—2008，ISO 186：2002，MOD)

GB/T 7973—2003　纸、纸板和纸浆　漫反射因数的测定(漫射/垂直法)(ISO 2469：1994，NEQ)

GB/T 10739　纸、纸板和纸浆试样处理和试验的标准大气条件(GB/T 10739—2002，eqv ISO 187：1990)

3　术语和定义

下列术语和定义适用于本标准。

3.1

反射因数 R　reflectance factor R

由一物体反射的辐通量与相同条件下完全反射漫射体所反射的辐通量之比，以百分数表示。

注：如果物体是半透明的，背衬会影响反射因数。

3.2

内反射因数 R_∞　intrinsic reflectance factor R_∞

试样层数达到不透光，即测定结果不再随试样层数加倍而发生变化时的反射因数。

3.3

CIE 1964 补充标准色度系统　CIE 1964 supplementary standard colorimetric system

由 CIE1964 年所规定的色匹配函数 $\bar{x}_{10}(\lambda)$、$\bar{y}_{10}(\lambda)$、$\bar{z}_{10}(\lambda)$表示的色度系统也叫 10°视场 X_{10}、Y_{10}、Z_{10}色度系统。

3.4

三刺激反射因数 R_x、R_y、R_z　tristimulus luminous reflectance factor R_x、R_y、R_z

采用符合 GB/T 7973 规定的色度计，在 CIE 1964 补充标准色度系统的光谱特性条件下测定的反射因数。

3.5

三刺激值 X、Y、Z　tristimulus values X、Y、Z

在给定的三色系统中，与所研究的刺激颜色相匹配的三个参考色刺激的量。

注：在本标准中，用 CIE 1964(10°)标准观察者和 CIE 标准照明体 D65 定义三色系统。

3.6

色品坐标 chromaticity coordinates

各刺激值与三刺激值总和之比，在 X_{10}、Y_{10}、Z_{10} 色度系统中，用 x_{10}、y_{10}、z_{10} 表示色品坐标。

3.7

主波长 dominant wavelength

当把单色光刺激和特定的白光刺激以适当的比例相加时，能够达到与特定的白光刺激相匹配时的单色光刺激的波长。

3.8

补色波长 complementary wavelength

当把试验色刺激和某单光刺激以适当的比例相加时，能够达到与特定的白光刺激相匹配时的单色光刺激的波长。

3.9

兴奋纯度 excitation purity

在特定的无彩刺激与某单色刺激相加后，与某试验色刺激达到颜色匹配时，无彩刺激和单色光刺激的混合比率。

4 原理

在规定的条件下，用三刺激滤光片式光度计或简易型光谱光度计分析试样上的反射光，就可计算出颜色的主波长和兴奋纯度。

5 仪器

5.1 反射光度计

几何特性、光学特性及光谱特性应符合 GB/T 7973 的规定。

5.2 滤光片或功能

对于滤光片式光度计，滤光片与仪器本身的光学特性组合给出的总体响应等效于被测试样在 CIE 照明体 D65 及 CIE 1964 补充标准色度系统下的 CIE 三刺激值 X_{10}、Y_{10}、Z_{10}。

对于简易型光谱光度计，其中一个功能允许按加权系数计算被测试样在 CIE 照明体 D65 及 CIE 1964 补充标准色度系统下的 CIE 三刺激值 X_{10}、Y_{10}、Z_{10}。

5.3 参比标准

按 GB/T 7973 规定的参比标准校准仪器。应经常校准工作标准，以保证标定值的准确。

有效并经常使用最新校准的参比标准，以保证仪器与参比仪器一致。

如果有理由怀疑仪器的线性误差大，或测定结果与颜色匹配和观察者函数的真值偏差超过允许值，应考虑采用特制的参比标准。

5.4 工作标准

经常使用最新经过校准的参比标准按照 GB/T 7973—2003 附录 B 规定校准仪器，以保证仪器与参比仪器相一致。

5.5 黑筒

在所有的波长范围内，其反射因数与名义值的差值应不超过 0.2%。黑筒应开口朝下放置在无尘的环境中或盖上防护盖。

6 试样采取

如果评价一批样品，应按 GB/T 450 进行试样采取。如果评价不同类型的样品，应保证所取样品具有代表性。

7 试样制备

避开水印、尘埃及明显缺陷，切取约 100 mm×100 mm 的方形试样。将不少于 10 张试样叠在一起，形成试样叠，且正面朝上。试样叠的层数应能保证当试样数量加倍后，反射因数不会因试样层数的增加而改变。然后在试样叠的上、下两面，各另衬一张试样，以防止试样被污染，或受到不必要的光照及热辐射。

在最上面试样的一角上做出记号，以标明试样及其正面，或区分试样的正反面。

如果能够区分试样的正面和网面，应将试样的正面朝上；如果不能区分，如夹网纸机生产的纸张，则应保证试样的同一面朝上。

8 步骤

取下试样叠的保护层，不要用手触摸试样的测试区。按照仪器的操作方法操作仪器，测定第一张试样的 CIE 三刺激值 X_{10}、Y_{10}、Z_{10}，或三刺激反射因数 R_x、R_y、R_z，读取并记录测定值，应准确至 0.05 单位。如仪器能直接读出色品坐标 x_{10}、y_{10}，可直接记录该结果。取下已测试样放在试样叠的下面，重复测定，直至 10 张试样测定完毕。如果需要，应重复以上步骤，测定试样的另一面。

9 结果计算及表示

9.1 作图法

9.1.1 由式(1)、式(2)、式(3)计算试样的三刺激值 X_{10}、Y_{10}、Z_{10}，计算结果修约至 0.1。

$$X_{10}=0.768\,42R_x+0.179\,71R_z \quad\cdots\cdots(1)$$

$$Y_{10}=R_y \quad\cdots\cdots(2)$$

$$Z_{10}=1.073\,24R_z \quad\cdots\cdots(3)$$

式中：

X_{10}、Y_{10}、Z_{10}——试样的三刺激值；

R_x、R_y、R_z——试样的三刺激反射因数。

9.1.2 由式(4)、式(5)、式(6)计算试样的色品坐标 x_{10}、y_{10}、z_{10}：

$$x_{10}=\frac{X_{10}}{X_{10}+Y_{10}+Z_{10}} \quad\cdots\cdots(4)$$

$$y_{10}=\frac{Y_{10}}{X_{10}+Y_{10}+Z_{10}} \quad\cdots\cdots(5)$$

$$z_{10}=\frac{Z_{10}}{X_{10}+Y_{10}+Z_{10}}=1-x_{10}-y_{10} \quad\cdots\cdots(6)$$

式中：

x_{10}、y_{10}、z_{10}——试样的色品坐标；

X_{10}、Y_{10}、Z_{10}——试样的三刺激值。

计算结果修约到 0.001。

9.1.3 在色品图(见图 1)上分别标出试样和标准照明体的色品点，连接两点作一条直线，并从试样色品点向外延长与光谱轨迹相交，该点在光谱轨迹上的波长称为主波长 λ_D。不是所有的试样都有主波长，在色品图上光谱两端与照明体的色品点作直线，直线的一端与紫红区轨迹直线相交，无法确定其主波长。因而将这一直线向另一侧延长与光谱轨迹相交，其交点就是该试样的补色主波长 λ_c，或用负数表示，以示它与主波长的区别。

9.1.4 按式(7)或式(8)计算兴奋纯度 P_e：

在色品图(见图 1)上，O 点代表照明体色品点，M 代表试样的色品点，L 代表光谱轨迹上的色品点。

$$P_e=\frac{OM}{OL}=\frac{x-x_n}{x_\lambda-x_n} \quad\cdots\cdots(7)$$

$$\text{或 } P_e = \frac{OM}{OL} = \frac{y - y_n}{y_\lambda - y_n} \quad \cdots\cdots\cdots\cdots\cdots\cdots (8)$$

式中：

P_e——兴奋纯度；

x, y——试样的色品坐标；

x_n, y_n——标准照明体的色品坐标，$x_n = 0.313\ 8$，$y_n = 0.331\ 0$；

x_λ, y_λ——光谱轨迹上或连续光谱两端直线上的色品点的坐标。

计算结果修约至小数点后两位。

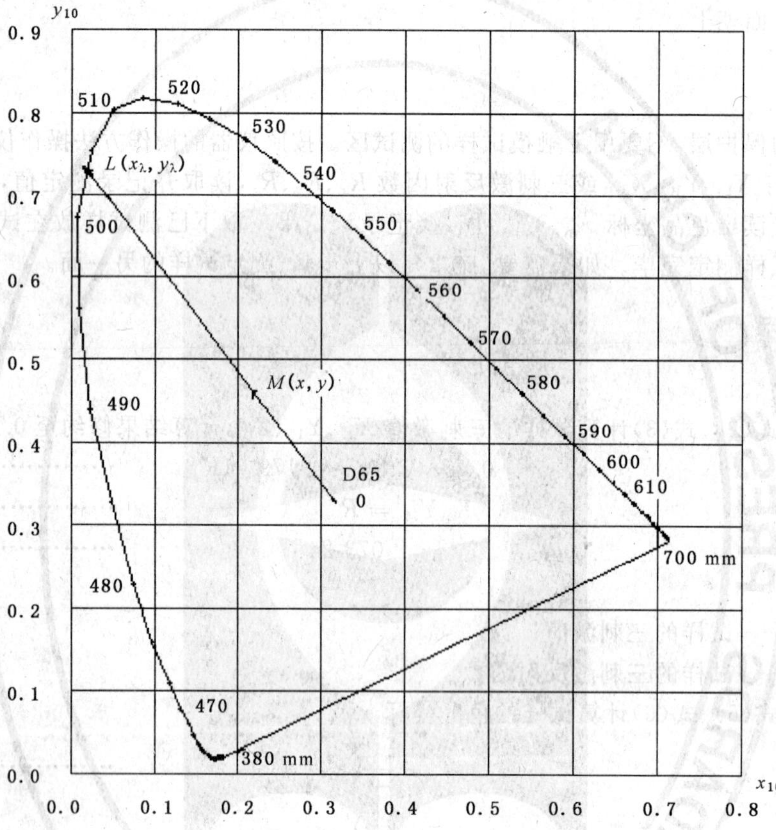

图 1 CIE1964 色品图

9.2 计算法

根据色品图上连接标准照明体色品点与试样色品点的直线斜率，查附录 A 中表 A.1，确定直线与光谱轨迹的交点定出主波长 λ_D 或补色主波长 λ_c，结果准确至 1 nm。

按式(7)或式(8)计算兴奋纯度。计算结果修约至小数点后两位。

9.3 如仪器能读出主波长 λ_D 或补色主波长 λ_c 和兴奋纯度 P_e，可直接记录结果。主波长或补色主波长结果准确至 1 nm，兴奋纯度保留两位小数。

10 试验报告

试验报告应包括以下内容：

a) 对本国家标准编号的引用；

b) 试验日期和地点；

c) 样品的准确识别及试验的正反面；

d) 使用的仪器型号，光源及几何条件；

e) 偏离本标准的任何试验条件。

附 录 A
（规范性附录）
CIE1964 色品图标准照明体 D65 恒定主波长线的斜率

CIE1964 色品图标准照明体 D65 恒定主波长线的斜率见表 A.1。

表 A.1

波长 λ/nm	$\frac{x-x_n}{y-y_n}$	$\frac{y-y_n}{x-x_n}$	波长 λ/nm	$\frac{x-x_n}{y-y_n}$	$\frac{y-y_n}{x-x_n}$
380	0.425 59		409	0.441 03	
381	0.425 81		410	0.442 14	
382	0.426 03		411	0.443 35	
383	0.426 24		412	0.444 67	
384	0.426 49		413	0.445 99	
385	0.426 74		414	0.447 43	
386	0.427 05		415	0.448 91	
387	0.427 32		416	0.450 46	
388	0.427 65		417	0.452 03	
389	0.428 01		418	0.453 74	
390	0.428 40		419	0.455 46	
391	0.428 80		420	0.457 27	
392	0.429 25		421	0.459 13	
393	0.429 71		422	0.461 03	
394	0.430 19		423	0.463 04	
395	0.436 07		424	0.465 13	
396	0.431 22		425	0.467 27	
397	0.431 81		426	0.469 48	
398	0.432 38		427	0.471 73	
399	0.433 02		428	0.474 03	
400	0.433 67		429	0.476 43	
401	0.434 36		430	0.478 87	
402	0.435 08		431	0.481 35	
403	0.435 78		432	0.483 84	
404	0.436 53		433	0.486 33	
405	0.437 31		434	0.488 90	
406	0.438 12		435	0.491 57	
407	0.439 04		436	0.494 30	
408	0.439 98		437	0.497 23	

表 A.1(续)

波长 λ/nm	$\frac{x-x_n}{y-y_n}$	$\frac{y-y_n}{x-x_n}$	波长 λ/nm	$\frac{x-x_n}{y-y_n}$	$\frac{y-y_n}{x-x_n}$
438	0.500 29		472	1.009 51	0.990 58
439	0.503 56		473		0.924 66
440	0.507 11		474		0.857 12
441	0.510 74		475		0.788 16
442	0.514 44		476		0.717 76
443	0.518 24		477		0.646 05
444	0.522 22		478		0.572 86
445	0.526 40		479		0.498 21
446	0.530 84		480		0.422 07
447	0.535 64		481		0.343 23
448	0.540 85		482		0.261 54
449	0.546 52		483		0.178 47
450	0.552 78		484		0.095 28
451	0.559 27		485		0.012 78
452	0.565 80		486		−0.068 35
453	0.572 56		487		−0.147 64
454	0.579 71		488		−0.224 87
455	0.587 47		489		−0.299 89
456	0.595 98		490		−0.372 71
457	0.605 54		491		−0.446 16
458	0.616 37		492		−0.522 19
459	0.628 70		493		−0.599 68
460	0.642 86		494		−0.677 74
461	0.658 06		495		−0.755 43
462	0.673 52		496		−0.832 08
463	0.689 95		497		−0.906 92
464	0.707 87		498	−1.021 09	−0.979 35
465	0.728 13		499	−0.953 48	−1.048 79
466	0.751 47		500	−0.897 12	
467	0.778 67		501	−0.848 21	
468	0.810 66		502	−0.803 83	
469	0.849 11		503	−0.763 37	
470	0.895 00		504	−0.726 38	
471	0.948 10	1.054 74	505	−0.692 44	

表 A.1（续）

波长 λ/nm	$\frac{x-x_n}{y-y_n}$	$\frac{y-y_n}{x-x_n}$	波长 λ/nm	$\frac{x-x_n}{y-y_n}$	$\frac{y-y_n}{x-x_n}$
506	−0.661 28		540	−0.092 60	
507	−0.632 68		541	−0.075 39	
508	−0.606 47		542	−0.057 71	
509	−0.582 49		543	−0.039 56	
510	−0.560 69		544	−0.020 90	
511	−0.540 67		545	−0.001 66	
512	−0.521 93		546	0.018 22	
513	−0.504 15		547	0.038 74	
514	−0.487 17		548	0.060 00	
515	−0.470 75		549	0.082 06	
516	−0.454 76		550	0.104 95	
517	−0.439 13		551	0.128 73	
518	−0.423 73		552	0.153 56	
519	−0.408 53		553	0.179 43	
520	−0.393 50		554	0.206 40	
521	−0.378 61		555	0.234 52	
522	−0.363 83		556	0.263 82	
523	−0.349 12		557	0.294 38	
524	−0.334 37		558	0.326 23	
525	−0.319 60		559	0.359 43	
526	−0.304 79		560	0.394 01	
527	−0.289 94		561	0.430 44	
528	−0.275 01		562	0.469 07	
529	−0.260 11		563	0.510 04	
530	−0.245 23		564	0.553 42	
531	−0.230 47		565	0.599 30	
532	−0.215 80		566	0.647 82	
533	−0.201 15		567	0.699 06	
534	−0.186 43		568	0.753 06	
535	−0.171 61		569	0.809 95	
536	−0.156 56		570	0.869 69	
537	−0.141 21		571	0.932 76	
538	−0.125 49		572	0.999 90	1.000 10
539	−0.109 32		573	1.071 39	0.933 37

表 A.1(续)

波长 λ/nm	$\frac{x-x_n}{y-y_n}$	$\frac{y-y_n}{x-x_n}$	波长 λ/nm	$\frac{x-x_n}{y-y_n}$	$\frac{y-y_n}{x-x_n}$
574		0.871 44	608		0.038 53
575		0.813 91	609		0.030 30
576		0.760 42	610		0.022 47
577		0.710 57	611		0.015 00
578		0.664 17	612		0.007 91
579		0.620 89	613		0.001 21
580		0.580 50	614		−0.005 16
581		0.542 61	615		−0.011 22
582		0.506 88	616		−0.016 94
583		0.473 26	617		−0.022 38
584		0.441 57	618		−0.027 52
585		0.411 67	619		−0.032 37
586		0.383 46	620		−0.036 96
587		0.356 93	621		−0.041 25
588		0.331 95	622		−0.045 14
589		0.308 40	623		−0.048 72
590		0.286 32	624		−0.052 05
591		0.265 47	625		−0.055 15
592		0.245 77	626		−0.058 10
593		0.227 17	627		−0.060 97
594		0.209 54	628		−0.063 74
595		0.192 85	629		−0.066 52
596		0.177 04	630		−0.069 31
597		0.161 98	631		−0.072 10
598		0.147 72	632		−0.074 83
599		0.134 12	633		−0.077 48
600		0.121 20	634		−0.080 06
601		0.108 91	635		−0.082 55
602		0.097 27	636		−0.084 99
603		0.086 19	637		−0.087 34
604		0.075 70	638		−0.089 63
605		0.065 70	639		−0.091 84
606		0.056 19	640		−0.093 97
607		0.047 13	641		−0.096 08

表 A.1（续）

波长 λ/nm	$\frac{x-x_n}{y-y_n}$	$\frac{y-y_n}{x-x_n}$	波长 λ/nm	$\frac{x-x_n}{y-y_n}$	$\frac{y-y_n}{x-x_n}$
642		−0.098 15	671		−0.123 07
643		−0.100 14	672		−0.123 35
644		−0.102 10	673		−0.123 61
645		−0.103 98	674		−0.123 85
646		−0.105 76	675		−0.124 07
647		−0.107 45	676		−0.124 28
648		−0.109 02	677		−0.124 48
649		−0.110 44	678		−0.124 65
650		−0.111 73	679		−0.124 82
651		−0.112 86	680		−0.124 97
652		−0.113 82	681		−0.125 12
653		−0.114 63	682		−0.125 25
654		−0.115 34	683		−0.125 36
655		−0.115 96	684		−0.125 45
656		−0.116 51	685		−0.125 53
657		−0.117 01	686		−0.125 60
658		−0.117 49	687		−0.125 66
659		−0.118 00	688		−0.125 73
660		−0.118 52	689		−0.125 79
661		−0.119 05	690		−0.125 83
662		−0.119 57	691		−0.125 90
663		−0.120 03	692		−0.125 96
664		−0.120 49	693		−0.126 03
665		−0.120 92	694		−0.126 07
666		−0.121 34	695		−0.126 13
667		−0.121 70	696		−0.126 16
668		−0.122 07	697		−0.126 20
669		−0.122 42	698		−0.126 22
670		−0.122 75	699		−0.126 24

ICS 85-010
Y 30

中华人民共和国国家标准

GB/T 24289—2009

纸和纸板 镜面光泽度的测定 平行光束75°,DIN法

Paper and board—Measurement of specular gloss—75° gloss with a parallel beam, DIN method

(ISO 8254-2:2003,Paper and board—Measurement of specular gloss-part 2:75° gloss with a parallel beam,DIN method,MOD)

2009-07-31 发布 2010-03-01 实施

中华人民共和国国家质量监督检验检疫总局
中国国家标准化管理委员会 发布

前　言

本标准修改采用 ISO 8254-2:2003《纸和纸板　镜面光泽度的测定　第 2 部分:平行光束 75°光泽度,DIN 法》(英文版)。

本标准与国际标准 ISO 8254-2:2003 相比,主要技术差异如下:

——在国际标准中要求每张试样测定 4 个方向的值,改为每张试样纵向和横向各测定 1 次;

——引用标准 GB/T 450—2008《纸和纸板　试样的采取及试样纵横向、正反面的测定》修改采用 ISO 186:2002;

——引用标准 GB/T 8941—2007《纸和纸板　镜面光泽度的测定(20°　45°　75°)》修改采用 ISO 8254-1:1999 和 ISO 8254-3:2004;

——引用标准 GB/T 10739—2002《纸、纸板和纸浆试样处理和试验的标准大气条件》等效采用 ISO 187:1990。

本标准的附录 A 为规范性附录。

本标准由中国轻工业联合会提出。

本标准由全国造纸工业标准化技术委员会归口。

本标准起草单位:中国制浆造纸研究院、国家纸张质量监督检验中心、中国造纸协会标准化专业委员会。

本标准主要起草人:王振、张清文。

纸和纸板　镜面光泽度的测定
平行光束 75°，DIN 法

1　范围

本标准规定了一种平行光束以 75°入射角测定纸和纸板镜面光泽度的方法。

本标准适用于光泽度低于 65 的平板纸和纸板。光泽度低于 20 的纸和纸板可优先选用本标准。

本标准还可测定含有光学增亮剂的材料。

2　规范性引用文件

下列文件中的条款通过本标准的引用而成为本标准的条款。凡是注日期的引用文件，其随后所有的修改单（不包括勘误的内容）或修订版均不适用于本标准，然而，鼓励根据本标准达成协议的各方研究是否可使用这些文件的最新版本。凡是不注日期的引用文件，其最新版本适用于本标准。

GB/T 450　纸和纸板　试样的采取及试样纵横向、正反面的测定（GB/T 450—2008，ISO 186：2002，MOD）

GB/T 8941　纸和纸板　镜面光泽度的测定（20°　45°　75°）（GB/T 8941—2007；ISO 8254-1：1999，MOD；ISO 8254-3：2004，MOD）

GB/T 10739　纸、纸板和纸浆试样处理和试验的标准大气条件（GB/T 10739—2002，eqv ISO 187：1990）

3　术语和定义

下列术语和定义适用于本标准。

3.1

特征曲线　indicatrix

在接收器上作为照度而测定的反射光的角度分配。

3.2

反射计　reflectometer

用于测定光反射量的仪器。

3.3

反射值　reflectometer value

镜面光泽度　specular gloss

对于一个给定的入射角，由孔径（A.2.1）限定的固定角度测定的变量，与反射特征曲线的积分成正比，等于样品测定值与 5.2.2 定义的光泽度基准测定值之比的 100 倍。

4　原理

平行光束以与法线成 75°入射角，照射到试样上，在给定孔径限定的固定角范围内，反射角等于入射角来测定反射值。反射计的量值由黑色玻璃板或具有特定反射率的石英楔形板的反射来校准。

5　仪器

5.1　反射计

反射计应包括下列主要部分：平行光管、反平行光管、光源装置、光电接收器和试样夹持装置，见附录 A。

5.2 光泽度标准

用零光泽度标准和反射值在80～100的高光泽度标准校准反射计。该高光泽度标准可以是基准光泽度标准或是光泽度工作标准。用给定反射值的中间光泽度标准来检查仪器的准确性。

注：受环境影响，光泽度标准的反射值可能会发生变化。所以，光泽度标准每年应至少检查一次。

5.2.1 零光泽度标准

零光泽度标准是一种理想情况的光泽度标准，即吸收所有照在上面的光。实际使用中，该光泽度标准是衬有黑色天鹅绒或呢绒的黑阱。

5.2.2 光泽度基准

光泽度基准是一种可以通过它的反射率由Fresnel等式来计算反射值的光泽度标准。黑色玻璃板反射值规定为100，或在586.7 nm波长下具有额定折射率$n=1.567$的熔凝石英楔形板。黑色玻璃板或在586.7 nm波长下具有已知3位小数的折射率的熔凝石英楔形板均可作为光泽度基准。根据ISO 10110-5，在(600±100)nm波长范围内，由一种光学干涉方法测定玻璃板或石英楔形板平面应在2个条纹/cm。如果折射率n不等于1.567，则反射值R按式(1)进行计算：

$$R = 100 \cdot K \qquad \cdots\cdots(1)$$

式中：

$$K(n,\varepsilon_1)=\frac{\left[\dfrac{n^2\cos\varepsilon_1-(n^2-\sin^2\varepsilon_1)^{1/2}}{n^2\cos\varepsilon_1+(n^2-\sin^2\varepsilon_1)^{1/2}}\right]^2+\left[\dfrac{(n^2-\sin^2\varepsilon_1)^{1/2}-\cos\varepsilon_1}{(n^2-\sin^2\varepsilon_1)^{1/2}+\cos\varepsilon_1}\right]^2}{\left[\dfrac{1.567^2\cos\varepsilon_1-(1.567^2-\sin^2\varepsilon_1)^{1/2}}{1.567^2\cos\varepsilon_1+(1.567^2-\sin^2\varepsilon_1)^{1/2}}\right]^2+\left[\dfrac{(1.567^2-\sin^2\varepsilon_1)^{1/2}-\cos\varepsilon_1}{(1.567^2-\sin^2\varepsilon_1)^{1/2}+\cos\varepsilon_1}\right]^2} \qquad \cdots(2)$$

当$\varepsilon_1=75°$时：

$$K(n,75°)=1.890\cdot\left(\left[\frac{0.258\,8\cdot n^2-(n^2-0.933\,0)^{1/2}}{0.258\,8\cdot n^2+(n^2-0.933\,0)^{1/2}}\right]^2+\left[\frac{(n^2-0.933\,0)^{1/2}-0.258\,8}{(n^2-0.933\,0)^{1/2}+0.258\,8}\right]^2\right) \qquad \cdots\cdots(3)$$

注：建议折射率应由严格的总反射角来确定，即：使用Abbé折射仪。

5.2.3 光泽度工作标准

任何清洁的、无荧光的、反射值为80～100的平整表面都可作为工作光泽度标准。应采取必要的措施，以确保来自光泽度标准背面的并到达测定表面的光反射可忽略不计，可将光泽度标准制成楔形或使之不透明，非测定表面应是无光泽的。为与光泽度基准建立量值关系，应采用符合附录A的反射计系统。当该光泽度标准在两个垂直方向及对角线方向进行测定时，其测定值的差异应不超过±1个单位，否则光泽度工作标准应给定入射光照射特定方向的反射值，且该光泽度工作标准应只在该方向上使用。

5.2.4 中光泽度标准

中光泽度标准是反射值0～100的光泽度标准，由计量部门校准。

本标准中，要求中光泽度标准反射值20左右。

注1：光泽度标准的表面不应与硬的仪器相接触，否则会损坏其表面。光泽度标准通常放在反射计的盒子里。每次应在光泽度标准的相同位置进行测定。应使用软布仔细清洁光泽度标准以避免其表面损坏。

注2：由于环境的影响，光泽度标准的反射值可能会发生变化，所以光泽度标准应每年检查一次。

6 试样制备

6.1 按GB/T 450规定取样，并按GB/T 10739进行试样的处理和测定。

6.2 避开水印、斑点及可见纸病，在抽取的样品上沿纸页横幅均匀切取100 mm×100 mm试样5张。如需两面测定，则应切取10张试样，并标明正反面。试样应保持清洁，不应用手接触试验面。

如果试验区域的面积(见第A.1章)小于100 mm²，最少切取的试样量应增加，在这种情况下，最少试样量由式(4)来确定：

$$N = 5 \cdot \frac{100}{A} \qquad \cdots\cdots(4)$$

式中：

A——实际试验的面积，单位为平方毫米(mm^2)；

N——最少试样量，修约至相邻的较大整数。

7 仪器校准

7.1 将零光泽度标准(5.2.1)放在仪器的试样托上，通过零点调节装置将反射值调节为 0.0±0.1 测量单位。

7.2 将光泽度基准(5.2.2)或光泽度工作标准(5.2.3)放在仪器的试样托上，通过校准装置调节反射值，使其读数与光泽度标准或光泽度工作标准所给定的值相一致。

7.3 将反射值大约为 20 的中光泽度标准(5.2.4)放在仪器的试样托上，测定其反射值，测定结果与光泽度标准所给定的差值应在 0.5 以内。

如果测量值超出所给定值的允许范围，在仪器得到正确调整之前，应用本标准进行测定。

注：误差可能源于以下几种情况：

——反射计的光学系统不符合本标准；

——仪器在量程范围内不是线性的；

——中间光泽度标准损坏。

7.4 经常进行检查仪器的校准情况，以确保仪器的稳定性。

8 试验步骤

8.1 使用夹持装置，将试样的试验面对准测试孔，保证试样表面在照射的范围完全平整，避免任何表面缺陷，纵向和横向各测定一次，然后换一张试样测定同一面，直至测完 5 张试样。如需两面的光泽度，则另取 5 张试样，按上述相同的步骤测定试样的另一面。

8.2 每一面取纵向和横向的平均值作为光泽度的测定结果。如需两面的光泽度，则分别计算 5 张试样的正面和反面光泽度的平均值，或根据需要计算其标准偏差和变异系数。

9 结果的计算和表示

计算试样每一试验面的平均反射值和标准偏差，修约至整数。

如果需要，分别计算纵向和横向的平均反射值和标准偏差。

10 试验报告

试验报告应包括以下项目：

a) 对本国家标准编号的引用；

b) 试样的标识和说明；

c) 报告光泽度测定结果的平均值，或分别报告正面和反面的光泽度平均值；

d) 根据需要，报告测定结果的标准偏差和变异系数；

e) 偏离本标准的任何试验条件。

附 录 A
（规范性附录）
仪器的描述

A.1 反射计值的设计

按照本标准，用于测定反射值的仪器应按本标准描述的特性进行设计：

图 A.1 为光系统示意简图，简图的平面与光入射角的平面平行。该平面是平行光管和非平行光管的光轴平面，入射角 ε_1，反射角 ε_2，与试样垂直的法线 N。

平行光管 L_1 应给出一束具有中心线的平行光束，以入射角 ε_1 照射到试样上。

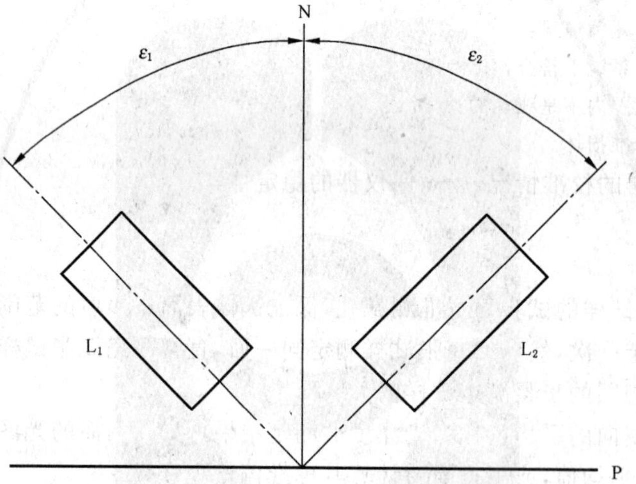

N——垂直于表面的法线；

P——试样；

L_1——照明平行光管（简称：平行光管）；

L_2——探测反平行光管（简称：反平行光管）；

ε_1——入射角；

ε_2——反射角。

图 A.1 测定几何条件示意图（截面平行于入射平面）

光系统的详细描述见图 A.2。安装向场透镜（FL）焦点平面上的圆形光源聚光器光阑（LFB），由向场透镜（FL）和物镜（OL）聚焦在试样表面。

注：由于平行光管与法线的角度 $\varepsilon_1 \neq 0$，因此，在试样上产生一个边缘不清晰的椭圆形的光区域。

灯的照明体部分（W）（例如，白炽灯泡的灯丝）由聚光透镜（K）作为一个放大的图像聚光在光源孔径光阑（BAB）的平面上。它具有一个矩形的横截面，它的边缘是平行的，且垂直于入射平面。横截面在物镜（OL）的焦点平面上，作为来自于该物镜呈现平行光束的光源；其孔隙角度由光源孔径光阑（BAB）的边缘长度和物镜（OL）的焦点长度来确定。由于这些长度（与入射平面平行和垂直）是不相同的，所以有不同的孔径光阑角结果：σ_{1P} 和 σ_{1S}（见表 A.1），这里，$\sigma_{1P} < \sigma_{1S}$，下标字母 P 和 S 表示平面平行于（P）和垂直于（S）光入射平面。下标数字 1 和 2 分别表示平行光管和反平行光管。

由焦点反平行光管 L_2（图 A.1）以反射角 ε_2 测定反射的照射作用。反平行光管 L_2 的设置类似于光源反平行光管 L_1，具备以下参数与之不同点如下：

a) 测量区域面积光阑（MFB）的孔径（见图 A.2）小于光源聚光器光阑（LFB）的孔径，以保证测量的区域面积在光源照射的区域面积之内。光阑的开口是圆形的。光源照射区域的面积应至少是试样表面结构最大元素的5倍。表面结构元素的典型值约为20 mm^2，照射区域的光照应该是均匀的。当光源聚光器光阑(LFB)以及光源孔阑(BAB)的光，分布符合GB/T 8941所描述的条件时就可达到上述要求；

b) 接收器孔径光阑角 σ_2 大于光源孔径角 σ_1（见表A.1）；

c) 反平行光管装置一个光电接收器(E)，以替代照明灯(W)（见图A.2）。如果光电接收器(E)的直径足够大，则可以避免晕映图像，可以不必安装聚光透镜(K)。

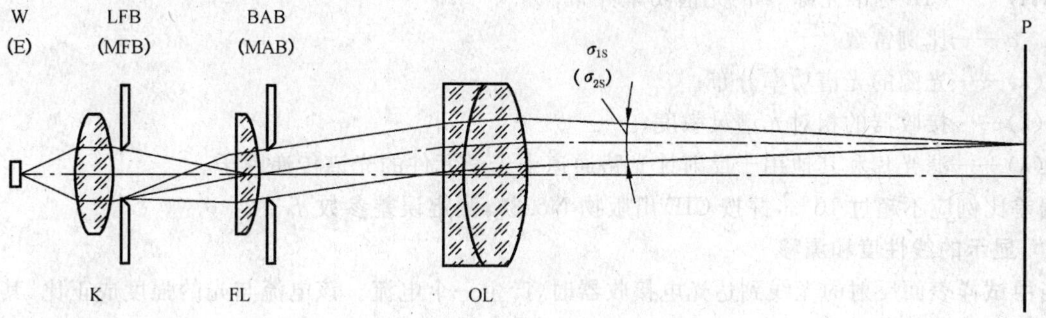

W——白炽灯；
E——光电接收器；
K——聚光透镜；
LFB——光源聚光器光阑；
MFB——测量区域面积光阑；
FL——向场透镜；
BAB——光源孔径光阑；
MAB——测量孔径光阑；
σ_{1S}——平面垂直于光学入射平面的光源孔径角；
(σ_{2S})——平面垂直于光学入射平面的接收器孔径角；
P——试样；
OL——物镜。

图A.2 平行光管和反平行光管的基本结构。平面垂直于入射平面，包括光学平行光管/接收器光轴。

A.2 反射计的性能参数

反射计应具备零点调节以及反射值 $R>0$ 校准功能。

A.2.1 角度尺寸和允许偏差

允许偏差应符合表A.1的规定。

表A.1

设计项目	缩写	最小值	最大值
入射角	ε_1	74.9°	75.1°
反射角[a]	ε_2	$\varepsilon_1-0.1°$	$\varepsilon_1+0.1°$
光源孔径光阑角	σ_1		
——平行于入射角	σ_{1P}	0.9°	1.1°
——垂直于入射角	σ_{1S}	2.4°	2.6°
接收器孔径光阑角	σ_2		
——平行于入射角	σ_{2P}	1.8°	2.0°
——垂直于入射角	σ_{2S}	3.4°	3.6°
[a] 由仪器制造商根据所使用的入射角来调整反射角。			

A.2.2 光谱匹配

照射在试样上光的光谱功率分布 S_λ 应等效于 CIE 标准光源 A。接收器的相对光谱灵敏度 $s(\lambda)$ 应按照光学系统的传递因子 $\tau(\lambda)$ 调整为符合相对光谱照明功率 $V(\lambda)$，因此：

$$V(\lambda) \cdot S(\lambda, A) = a \cdot S(\lambda) \cdot \tau(\lambda) \cdot s(\lambda) \qquad \cdots\cdots\cdots\cdots (A.1)$$

式中：

$V(\lambda)$——光谱照明功率；

$S(\lambda, A)$——CIE 标准光源 A 的光谱功率分布；

a——比例常数；

$S(\lambda)$——光源的光谱功率分布；

$s(\lambda)$——接收器的相对光谱灵敏度；

$\tau(\lambda)$——滤光片和其他用于反射计光路通道上光学元件的光谱传递因子。

偏差比例应不超过 10%，并按 CIE 出版物 No.38，测定误差参数 f_1。

A.2.3 显示的线性度和漂移

当由试样表面反射的光线到达光电接收器时，产生一个电流。该电流与光的强度成正比，其比例误差应不超过 0.5%。

12 h 之内，反射计值的漂移应不超过测定值的 1% 或一个反射单位的 0.1，取较大的值。

对于大的漂移，应缩短校准的间隔时间。

A.2.4 偏振光

来自于光源平行光管的光，应尽可能不含任何偏振光。偏振光应 $P \leqslant 0.2$，P 由式(A.2)定义：

$$P = \frac{P_{max} - P_{min}}{P_{max} + P_{min}} \qquad \cdots\cdots\cdots\cdots (A.2)$$

式中：

P_{max}——最大反射计值，当反射计通过在仪器中加入用偏振光滤光片来测得，按偏振光对试样的影响来调整；

P_{min}——相应的最小反射计值。

光电接收器应与偏振光无关的反射光。

A.3 试样夹持装置

试样应由夹持装置夹住，以使其在照明区域的表面呈一个平面。通常这个平面应垂直于光源平行光管和反平行光管的光轴间夹角的中线。可通过一个抽气板来进行平面调整。抽气孔的直径应足够小，以使试样不产生变形。

ICS 85-010
Y 30

中华人民共和国国家标准

GB/T 24290—2009

造纸用成形网、干燥网测量方法

Measurement of paper machine forming wire and dryer

2009-07-31 发布　　2010-03-01 实施

中华人民共和国国家质量监督检验检疫总局
中国国家标准化管理委员会　发布

前　言

本标准是在原轻工业行业标准 QB/T 3533—1999《造纸用聚酯网测定方法》的基础上制定。

本标准由中国轻工业联合会提出。

本标准由全国造纸工业标准化技术委员会归口。

本标准起草单位:中国造纸学会脱水器材专业委员会、江苏金呢工程织物股份有限公司、上海金熊造纸网毯有限公司、河北鹌煌网业股份有限公司、安徽华辰造纸网股份有限公司、广东新会中新网业有限公司、中国制浆造纸研究院。

本标准主要起草人:胡博能、韩静芬、周积学、盛长新、王海明、丁家祥、郭纪宗、王群兴。

本标准由全国造纸工业标准化技术委员会负责解释。

造纸用成形网、干燥网测量方法

1 范围

本标准规定了造纸用多层成形网、干燥网的经(纬)密度、抗张强度、定力伸长率、透气量、滤水度、厚度、脱水指数(DI)和纤维支撑指数(FSI)的测定及计算方法。

本标准适用于造纸用成形网和干燥网。

2 经(纬)密度的测定及开孔率的计算

2.1 仪器:经(纬)密度仪,测量范围 50 mm,分度 1 mm。

2.2 试验步骤:取一块网样,首先鉴别经纬方向,将标尺调为 0 的经(纬)密度仪压在网样上,将标线对准某一根经(纬)线的中心位置。旋转螺钮,移动标线,借助于目视放大镜中的标线可数出 50 mm 的网面所包含的经(纬)线的根数,然后除以 5,即为经(纬)密度,以根/cm 表示。

2.3 开孔率按式(1)计算:

$$A = \frac{(l_1 - d_1 n_1)(l_2 - d_2 n_2)}{l_1 \times l_2} \times 100\% \qquad \cdots\cdots(1)$$

式中:

A——开孔率,%;

l_1——测定经密度的长度,单位为毫米(mm);

l_2——测定纬密度的长度,单位为毫米(mm);

d_1——经线直径,单位为毫米(mm);

d_2——纬线直径,单位为毫米(mm);

n_1——经线根数,根/l_1;

n_2——纬线根数,根/l_2。

计算结果准确至 0.1%。

2.4 网孔尺寸按式(2)计算:

$$A_\Delta = \left(\frac{l_1}{n_1} - d_1\right)\left(\frac{l_2}{n_2} - d_2\right) \qquad \cdots\cdots(2)$$

式中:

A_Δ——网孔尺寸,$b \times l$,宽×长,单位为平方毫米(mm^2);

l_1——测定经密度的长度,单位为毫米(mm);

l_2——测定纬密度的长度,单位为毫米(mm);

d_1——经线的直径,单位为毫米(mm);

d_2——纬线直径,单位为毫米(mm);

n_1——经线根数,根/l_1;

n_2——纬线根数,根/l_2。

计算结果准确至 0.001 mm。

2.5 经(纬)密度值在同一正常网样上，横向任取 3 点测定经密度，纵向任取 3 点测定纬密度，分别计算平均值，计算结果准确至 0.1 根/cm，作为该网经(纬)密度的标准值。

3 抗张强度和伸长率的测定

3.1 抗张力试验机

抗张力试验机参数如下：

a) 量程 10 kN；

b) 两试样夹头距离 500 mm；

c) 测定抗张强度及伸长率的拉伸速度为 100 mm/min。

3.2 试样的采取及制备

3.2.1 每个造纸用成形网、干燥网应取 3 个尺寸为 600 mm(经向)×20 mm(纬向)的试样。

3.2.2 试样应横向取样，相互错开，不应沿纵向连续取样。

3.3 试验步骤

3.3.1 检查试验机上的夹头的夹距是否为 500 mm±1 mm，然后夹好试样。

3.3.2 按断裂负荷的 1%±0.25% 施加预负荷，然后开始施加负荷使试样拉平，直至试样断裂。

3.3.3 若发现试样滑移，或在夹头中和距夹头边缘 5 mm 以内发生断裂，其测定结果无效。

3.4 结果计算

3.4.1 网子强度 F，单位为牛顿每厘米(N/cm)，按式(3)计算：

$$F=\frac{f}{l} \qquad \cdots\cdots(3)$$

式中：

F——抗张强度，单位为牛顿每厘米(N/cm)；

f——试样断裂时的抗张力，单位为牛顿(N)；

l——试样宽度，单位为厘米(cm)。

结果准确至 1 N/cm。

3.4.2 在开始施加负荷时，同时开动记录仪器，绘制应力应变曲线，然后查出定力伸长率和断裂伸长率。

4 透气量的测定

4.1 透气量的定义

在 100 Pa 或 124.5 Pa 的压差条件下，单位时间内垂直透过单位面积造纸网的气流量，以 $m^3/(m^2\cdot h)$或 $ft^3/(ft^2\cdot m)$(CFM)表示。

4.2 仪器

4.2.1 透气量测定仪，测量范围 7.20 $m^3/(m^2\cdot h)$～21 600 $m^3/(m^2\cdot h)$(0 CFM～1 400 CFM)。

4.2.2 取样尺寸约 ϕ100 mm。

4.3 试验步骤

取 3 个直径约为 100 mm 的网样，分别置于仪器的测量面上。按规定调节好试验条件，然后进行测定，读出仪器上的显示值。如果测定值超出仪器的显示值，可测定 50 Pa 或 30 Pa 的透气量，但应在试验报告中说明。

4.4 结果计算

4.4.1 若仪器显示值的单位为米·秒(m·s)，应按式(4)进行计算：

$$P=P_1\times 3\,600 \qquad \cdots\cdots(4)$$

式中：

P——透气量，单位为立方米每平方米小时[$m^3/(m^2 \cdot h)$]；

P_1——仪器的显示值，单位为米·秒（m·s）；

3 600——换算常数。

计算结果应准确至 1.0 $m^3/m^2 \cdot h$，以 3 个测定值的平均值表示试验结果。

4.4.2 若仪器显示值的单位为 1/CFM，应按式(5)进行计算：

$$P = P_2 \times 15.8 \quad \cdots\cdots(5)$$

式中：

P——透气量，单位为立方米每平方米小时[$m^3/(m^2 \cdot h)$]；

P_2——仪器的显示值，单位为 1/CFM；

15.8——换算常数。

计算结果应准确至 1 $m^3/m^2 \cdot h$，以 3 个测定值的平均值表示试验结果。

5 滤水度的测定

5.1 滤水度的定义

在规定的恒定压差下，5 L 水流过单位面积造纸网所需要的时间，以秒每 5 升（s/5 L）表示。

5.2 仪器

5.2.1 滤水度测定仪，测量范围：压差 1 500 Pa、聚酯网滤水直径为 20 mm。

5.2.2 秒表，精度 0.01 s。

5.3 试样的采取及制备

用剪刀取 3 个 ϕ25 mm 的圆形试样（应间隔一定距离）。

5.4 试验步骤

5.4.1 应采用净化自来水，并保持水温在 20 ℃±2 ℃。

5.4.2 调整水压为 1 500 Pa，使水通过溢流管流入水槽，打开挡水板，同时按下秒表，测定水注满特定容器的所需时间，然后将其换算成相当于 5 L 水流过 ϕ20 mm 网子（抄纸面向上）的时间，即透水度，s/5 L。

5.5 结果计算

5.5.1 透水度按式(6)计算：

$$Q = \frac{t}{V} \times 5 \quad \cdots\cdots(6)$$

式中：

Q——透水性能，单位为秒每 5 升（s/5 L）；

t——透水时间，单位为秒（s）；

V——容器容量，单位为升（L）；

5——常数。

5.5.2 每个网样应做 2 次测定，测定偏差应小于 0.5 s，否则无效。更换另一个网样测定时，应取下网样用清水仔细冲洗。

6 厚度的测定

6.1 仪器

数显千分尺，精度 0.001 mm。

6.2 取样

采用经（纬）密度测定时使用的试样。

6.3 试验步骤

将校准后的数显千分尺放置在平稳的台面上，按清零键设定相对零点。取一块试样，放入数显千分尺的两测量面之间。轻轻向内旋动移动丝杠，使试样以适当的压力（3 N～5 N）夹在两量面之间，读取显示数值。

6.3.1 在同样的试验条件下，同一试样应至少测定3次。

6.3.2 在2块试样测定结束后，分别计算其平均值。以2块试样的6个测定值的平均值表示试验结果，计算结果应准确至0.001 mm。

7 脱水指数（DI）的计算

7.1 脱水指数（DI）的定义

DI（Drainage Index），是成形网透气量和纬线有效系数的计算值，与成形网的结构、纬线密度和透气量有关。

7.2 脱水指数（DI）按式（7）计算：

$$DI = (Ui \times Ni \times ni \times 2.54 \times Q/Rvt)/1\,000 \qquad (7)$$

式中：

DI——脱水指数；

Ui——纬线支撑点；

Ni——纬线密度，单位为根每厘米（根/cm）；

ni——面层纬线比；

Q——透气量，以 CFM 表示；

Rvt——经线重复数。

结果应准确至0.1。

8 纤维支撑指数（FSI）的计算

8.1 纤维支撑指数（FSI）的定义

FSI（Fiber Supporting Index），用于评价成形网对纤维起有效支撑点数的计算值，与成形网的结构、经线密度和纬线密度有关。

8.2 纤维支撑指数（FSI）按式（8）计算：

$$FSI = 2/3(Nv \times nv \times 2.54 \times Uv/Rit) + 3/4(Ni \times ni \times 2.54 \times Ui/Rvt) \qquad (8)$$

式中：

FSI——纤维支撑指数；

Nv——经线密度，单位为根每厘米（根/cm）；

nv——面层经线比；

Uv——经线支撑点；

Ni——纬线支撑点；

ni——纬线密度，单位为根每厘米（根/cm）；

Ui——面层纬线比；

Rit——纬线重复数；

Rvt——经线重复数。

结果应准确至1。

9 试验报告

试验报告应包括以下内容：

a） 对本国家标准编号的引用；

b） 测定项目及测定结果；

c） 对试样的必要说明；

d） 任何偏离本标准的情况。

ICS 85-010
Y 30

中华人民共和国国家标准

GB/T 24291—2009

纸和纸板 卷筒纸芯内径的规定

Paper and board—
Specification for internal diameters of cores for reels

(ISO 13542:2006,MOD)

2009-07-31 发布 2010-03-01 实施

中华人民共和国国家质量监督检验检疫总局
中国国家标准化管理委员会 发布

前　言

本标准修改采用 ISO 13542:2006《纸和纸板　卷筒纸芯内径的规定》(英文版)。

本标准与 ISO 13542:2006 相比主要差异如下：

——引用标准 GB/T 22906.4—2008 修改采用 ISO 11093-4:1997；

——增加"第 3 章术语和定义"，对术语"内径"进行了定义；

——对技术内容的叙述按条文进行了编辑性修改。

本标准由中国轻工业联合会提出。

本标准由全国造纸工业标准化技术委员会归口。

本标准起草单位：中华人民共和国青岛出入境检验检疫局、中华人民共和国山东出入境检验检疫局、中国制浆造纸研究院。

本标准主要起草人：王涛、玄龙德、赵晓明、陈青。

本标准由全国造纸工业标准化技术委员会负责解释。

纸和纸板　卷筒纸芯内径的规定

1　范围

本标准规定了卷筒纸及纸板的纸芯内径尺寸和公差。

本标准适用于一般贸易中卷筒纸和纸板所使用的纸芯。

本标准不适用于特殊用途的纸芯。

2　规范性引用文件

下列文件中的条款通过本标准的引用而成为本标准的条款。凡是注日期的引用文件，其随后所有的修改单(不包括勘误的内容)或修订版均不适用于本标准，然而，鼓励根据本标准达成协议的各方研究是否可使用这些文件的最新版本。凡是不注日期的引用文件，其最新版本适用于本标准。

GB/T 22906.4　纸芯的测定　第4部分：尺寸的测定(GB/T 22906.4—2008，ISO 11093-4:1997，MOD)

3　术语和定义

下列术语和定义适用于本标准。

3.1

内径　internal diameter

纸芯内圆的直径尺寸。

4　内径尺寸及测量

4.1　卷筒纸芯内径应符合表1的规定。

表1　　单位为毫米

内径	公差	内径	公差
10	+0.5 0	76	+1.2 0
12	+0.5 0	100	+1.4 0
18	+0.5 0	120	+1.6 0
25	+0.5 0	150	+1.6 0
30	+0.5 0	200	+2.0 0
40	+0.5 0	250	+2.5 0
50	+0.5 0	300	+3.0 0
60	+0.5 0	400	+3.0 0
70	+1.0 0	—	—

4.2　任意相互垂直的两个内径偏差的规定：内径小于70 mm时，偏差应不超过0.5 mm；内径不小于70 mm时，偏差应不超过1.5 mm。

4.3 尺寸的测量应按 GB/T 22906.4 进行。

5 试验报告

试验报告应包括如下内容：

a) 对本国家标准编号的引用；

b) 内径尺寸；

c) 测定尺寸所用的方法。

ICS 85.060
Y 32

中华人民共和国国家标准

GB/T 24292—2009

卫生用品用无尘纸

Sanitary product—Air-laid

2009-07-31 发布　　2010-03-01 实施

中华人民共和国国家质量监督检验检疫总局
中国国家标准化管理委员会　发布

前言

本标准的附录 A、附录 B 为规范性附录。

本标准由中国轻工业联合会提出。

本标准由全国造纸工业标准化技术委员会归口。

本标准起草单位：中华人民共和国北京出入境检验检疫局、金佰利（中国）有限公司、博爱（中国）膨化芯材有限公司、中国制浆造纸研究院、国家纸张质量监督检验中心。

本标准主要起草人：李红、杨静、石雯、蔡剑仑。

本标准由全国造纸工业标准化技术委员会负责解释。

卫生用品用无尘纸

1 范围

本标准规定了卫生用品用无尘纸(以下简称“无尘纸”)的分类、技术要求、试验方法、检验规则及标志、包装、运输和贮存的要求。

本标准适用于加工一次性使用卫生用品的无尘纸,包括含有高吸收性树脂的合成无尘纸和不含高吸收性树脂的普通无尘纸,不包括由无纺布、PE膜等材料复合而成的复合无尘纸。

2 规范性引用文件

下列文件中的条款通过本标准的引用而成为本标准的条款。凡是注日期的引用文件,其随后所有的修改单(不包括勘误的内容)或修订版均不适用于本标准,然而,鼓励根据本标准达成协议的各方研究是否可使用这些文件的最新版本。凡是不注明日期的引用文件,其最新版本适用于本标准。

GB/T 450 纸和纸板 试样的采取及试样纵横向、正反面的测定(GB/T 450—2008,ISO 186:2002,MOD)

GB/T 451.2 纸和纸板定量的测定(GB/T 451.2—2002,eqv ISO 536:1995)

GB/T 462 纸、纸板和纸浆 分析试样水分的测定(GB/T 462—2008;ISO 287:1985,MOD;ISO 638:1978,MOD)

GB/T 1541 纸和纸板尘埃度的测定

GB/T 7974 纸、纸板和纸浆亮度(白度)的测定 漫射/垂直法(GB/T 7974—2002,neq ISO 2470:1999)

GB/T 10739 纸、纸板和纸浆试样处理和试验的标准大气条件(GB/T 10739—2002,eqv ISO 187:1990)

GB/T 12914 纸和纸板 抗张强度的测定(GB/T 12914—2008;ISO 1924-1:1992,MOD;ISO 1924-2:1994,MOD)

GB 15979—2002 一次性使用卫生用品卫生标准

3 分类

3.1 无尘纸按规格分为盘纸、方包纸(平切纸)。

3.2 无尘纸按品种分为普通无尘纸和合成无尘纸。

4 技术要求

4.1 无尘纸技术指标应符合表1或合同的规定。

表1 无尘纸技术指标

指标名称		单位	规定
定量偏差		%	±10
宽度偏差		mm	±3
厚度偏差		mm	±0.4
纵向抗张指数	≥	N·m/g	1.5
亮度(白度)		%	75.0～90.0

表 1（续）

指标名称		单位	规定
吸水倍率 ≥		倍	2.0
pH		—	4.0～9.0
交货水分 ≤		%	10
尘埃度	总数 ≤	个/m^2	20
	0.2 mm^2～1.0 mm^2 ≤		20
	1.0 mm^2～2.0 mm^2 ≤		1
	大于 2.0 mm^2		不应有
直径允许偏差		mm	$^{+50}_{-100}$
接头 ≤	盘纸	个/盘	2
	方包纸(平切纸)	个/包	14
注：含高分子吸收树脂的合成无尘纸不考核吸水倍率。 方包纸(平切纸)不考核直径偏差。			

4.2 按合同要求可生产各种规格的无尘纸。

4.3 无尘纸的卫生指标应符合 GB 15979—2002 中的妇女经期卫生用品要求。

4.4 无尘纸分切端面应平整，不应有明显死折、残缺、破损、透明点、污染物、硬质块、浆团等纸病和杂质。

4.5 无尘纸应无任何异味、无毒、无害。

4.6 无尘纸盘纸单盘水平提起轴芯时，端面变形应不大于 3 mm。

4.7 无尘纸盘纸的纸芯应无破损、无变形。

4.8 无尘纸的纸面接头应使用与纸面宽度相同、有明显标记、便于识别的胶带进行有效连接。

4.9 废弃的卫生用品不应作为无尘纸的原材料或其半成品。

5 试验方法

5.1 试样的采取和处理

试样的采取按 GB/T 450 进行，试样的处理盒测定按 GB/T 10739 进行。

5.2 定量偏差

定量按 GB/T 451.2 测定，定量偏差按式(1)计算，结果修约至 1%。

$$定量偏差 = \frac{实际定量 - 标称定量}{标称定量} \times 100\% \quad \cdots\cdots(1)$$

5.3 宽度偏差

测量实际宽度，根据标称宽度计算宽度偏差，准确至整数。计算方法见式(2)。

$$宽度偏差 = 实际宽度 - 标称宽度 \quad \cdots\cdots(2)$$

5.4 厚度偏差

厚度偏差按附录 A 测定，计算方法见式(3)。

$$厚度偏差 = 实际厚度 - 标称厚度 \quad \cdots\cdots(3)$$

5.5 纵向抗张指数

纵向抗张指数按 GB/T 12914 测定，仲裁时按 GB/T 12914 中恒速拉伸法测定。结果保留至三位有效数字。

5.6 亮度(白度)

亮度(白度)按 GB/T 7974 测定。

5.7 **吸水倍率**

取一条试样，称其质量约 5 g(吸前质量)。用夹子垂直夹住试样的一端(≤2 mm)。将试样连同夹子完全浸入约 10 cm 深的(23±1)℃蒸馏水中，轻轻压住试样，使其完全浸没 60 s，然后提起夹子，使试样完全离开水面。垂直悬挂 90 s 后，称其质量(吸后质量)，按式(4)计算吸水倍率。按同样方法测定 5 个试样，取 5 个试样的平均值作为测定结果，准确至一位小数。

$$\text{吸水倍率} = \frac{\text{吸后质量} - \text{吸前质量}}{\text{吸前质量}} \qquad \cdots\cdots (4)$$

5.8 **pH**

pH 按附录 B 测定。

5.9 **交货水分**

交货水分按 GB/T 462 测定。

5.10 **尘埃度**

尘埃度按 GB/T 1541 测定。

5.11 **直径允许偏差**

测量实际盘纸直径，计算方法见式(5)。

$$\text{直径允许偏差} = \text{实际直径} - \text{标称直径} \qquad \cdots\cdots (5)$$

5.12 **卫生指标**

卫生指标按 GB 15979—2002 中的 7.1.3 测定。

6 检验规则

6.1 生产企业应保证所生产的无尘纸符合本标准或合同的规定，以一次交货数量为一批，每批产品应附有产品合格证。

6.2 如果无尘纸的微生物指标不合格，则判定该批是不可接收的。

6.3 计数抽样检验程序按 GB/T 2828.1 规定进行。无尘纸样本单位为卷或件。接收质量限(AQL)：厚度偏差、抗张指数、pH、吸水倍率 AQL 为 4.0，定量偏差、宽度偏差、亮度、交货水分、尘埃度、直径允许偏差、接头、端面变形、外观 AQL 为 6.5。采用正常检验二次抽样，检验水平为特殊检验水平 S-3。其抽样方案见表 2。

表 2 抽样方案

批量/卷(件)	正常检验二次抽样方案 特殊检验水平 S-3				
	样本量	AQL 值为 4.0		AQL 值为 6.5	
		Ac	Re	Ac	Re
2～50	2	—	—	0	1
	3	0	1	—	—
51～150	3	0	1	—	—
	5	—	—	0	2
	5(10)	—	—	1	2
151～500	5	—	—	0	2
	5(10)	—	—	1	2
	8	0	2	—	—
	8(16)	1	2	—	—
501～3 200	8	0	2	0	3
	8(16)	1	2	3	4

6.4 可接收性的确定:第一次检验的样品数量应等于该方案给出的第一样本量。如果第一样本中发现的不合格品数小于或等于第一接收数,应认为该批是可接收的;如果第一样本中发现的不合格品数大于或等于第一拒收数,应认为该批是不可接收的。如果第一样本中发现的不合格品数介于第一接收数与第一拒收数之间,应检验由方案给出样本量的第二样本并累计在第一样本和第二样本中发现的不合格品数。如果不合格品累计数小于或等于第二接收数,则判定该批是可接收的;如果不合格品累计数大于或等于第二拒收数,则判定该批是不可接收的。

6.5 需方若对产品质量持有异议,可在到货后三个月内通知供方共同复验或委托共同商定的检验部门进行复验。复验结果若不符合本标准或合同的规定,则判定为批不可接收,由供方负责处理;若符合本标准的规定,则判定为批可接收,由需方负责处理。

7 标志、包装、运输和贮存

7.1 产品标志及包装

7.1.1 产品包装上应标明以下内容:

a) 产品名称;

b) 企业名称、地址、联系方式;

c) 定量、规格、数量、净重;

d) 生产日期和保质期或生产批号和限期使用日期。

7.1.2 与无尘纸直接接触的包装材料应清洁、无毒、无害。无尘纸不应裸露,以保证产品不受污染。

7.1.3 每批无尘纸应附产品质量检验报告和合格证。

7.2 产品运输及贮存

7.2.1 包装上应标明运输及贮存条件。

7.2.2 无尘纸在运输过程中应使用具有防护措施的工具,防止重压、尖物碰撞及日晒雨淋。

7.2.3 无尘纸应保存在干燥通风、不受阳光直接照射的室内,防止雨雪淋袭和地面湿气的影响,不应与有污染或有毒化学品一起贮存。

7.2.4 超过保质期的无尘纸,经重新检验合格后方可限期使用。

附　录　A
（规范性附录）
厚度偏差的测定

A.1　厚度仪器

仪器的技术参数如下：

a）　测量范围：0～9 mm；

b）　显示分辨率：0.01 mm；

c）　测量准确度：0.01 mm；

d）　测量头下降速度：<3 mm/s；

e）　接触压力：0.25 kPa～0.50 kPa；

f）　接触面积：(20±0.2)cm^2；

g）　测量面平面度误差：≤0.005 mm；

h）　两测量面间平行度误差：≤0.01 mm。

A.2　试验步骤

将测量块置于测量头下方的中间位置，使测量头的触点位于测量块的中心点上，将厚度仪回零。将试样放在测量块下方的居中位置，并将试样和测量块置于测量头下方，使测量头触点位于测量块的中心点上，待 3 s 后立即读数。

A.3　测定

测量实际厚度，每条试样测定三点数据，取其算术平均值作为测定结果。根据标称厚度计算厚度偏差，精确至 0.01 mm。

附 录 B
（规范性附录）
pH 的测定

B.1 仪器和试剂

B.1.1 仪器

B.1.1.1 带复合电极的 pH 计。

B.1.1.2 天平，最大量程 500 g，感量 0.1 g。

B.1.1.3 温度计，精确度为±0.1 ℃。

B.1.1.4 烧杯，100 mL。

B.1.1.5 量筒，100 mL 和 50 mL。

B.1.1.6 容量瓶，1 000 mL。

B.1.1.7 不锈钢剪刀。

B.1.2 试剂

B.1.2.1 蒸馏水或去离子水，pH 为 6.5～7.2。

B.1.2.2 标准缓冲溶液：25 ℃时 pH 为 6.86 的缓冲溶液（磷酸二氢钾和磷酸氢二钠混合液）。所用试剂应为分析纯，缓冲溶液至少一个月重新配制一次。

配制方法：称取磷酸二氢钾（KH_2PO_4）3.39 g 和磷酸氢二钠（Na_2HPO_4）3.54 g，置于 1 000 mL 容量瓶中，用蒸馏水（或去离子水）刻度，摇匀备用。

B.2 试验步骤

在常温下，称取 1 g 试样，置于 100 mL 烧杯内。加入蒸馏水（或去离子水）50 mL，用玻璃棒搅拌，10 min 后将复合电极放入烧杯中读取 pH 数值。

B.3 试验结果的计算

每种样品测定两个试样，取其算术平均值作为测定结果，准确至 0.1pH 单位。

B.4 注意事项

每次使用 pH 计前应用标准缓冲溶液（B.1.2.2）进行校准，校准方法详见仪器使用说明书。每个试样测定完毕后，应立即用蒸馏水（或去离子水）洗净电极。

ICS 91.060
Y 71

中华人民共和国国家标准

GB/T 24293—2009

数控恒温水嘴

Digital thermostatic faucet

2009-07-31 发布　　　　2010-03-01 实施

中华人民共和国国家质量监督检验检疫总局
中国国家标准化管理委员会　发布

前言

本标准与EN817:2008《卫浴用龙头　机械混合阀(PN10)通用技术要求》的一致性程度为非等效，同时参考了ASSE 1016—2005《淋浴器与浴缸/淋浴器自动补偿阀的性能要求》、EN1111:1998《温控水嘴(PN10)通用技术要求》、EN1287:1999《低水压温控水嘴通用技术条件》等国外先进标准的有关内容。

本标准的附录A、附录B、附录C、附录D、附录E、附录F为规范性附录，附录G、附录H为资料性附录。

本标准由中国轻工业联合会提出。

本标准由全国五金制品标准化技术委员会建筑五金分技术委员会归口。

本标准负责起草单位:申鹭达集团有限公司。

本标准参加起草单位:国家轻工业建筑五金质量监督检测中心、辉煌水暖集团有限公司、中宇建材集团有限公司、宁波埃美柯铜阀门有限公司、广州摩恩水暖器材有限公司、浙江世进水控股份有限公司、鹤山市康立源卫浴实业有限公司、国家陶瓷及水暖卫浴产品质量监督检验中心、国家建筑材料工业建筑五金水暖产品质量监督检验测试中心、国家排灌水及节水设备产品质量监督检验中心、国家建筑卫生陶瓷质量监督检测中心、佛山市南海区标准化研究与促进中心、上海建筑五金工业研究所有限公司。

本标准主要起草人:洪光明、谢明舜、王建业、蔡吉林、郑雪珍、陈伟开、林岳华、黄记源、林华福、史红卫、朱双四、段先湖、杨毅宁、洪建城、陈志强、曾玉琴、林补生、曾天生、周明芳、周礼、黄小艺、梅大安、忻成梁。

数控恒温水嘴

1 范围

本标准规定了数控恒温水嘴(以下简称“水嘴”)的术语和定义、分类和标记、使用条件、要求、试验方法、检验规则及标志、包装、运输、贮存。

本标准适用于公称压力不大于 0.6 MPa、热水温度不大于 85 ℃,安装在盥洗室(洗手间、浴室)、厨房、医院、宾馆等使用场所,出水温度受预设温度控制的数控恒温水嘴。

2 规范性引用文件

下列文件中的条款通过本标准的引用而成为本标准的条款。凡是注日期的引用文件,其随后所有的修改单(不包括勘误的内容)或修订版均不适用于本标准,然而,鼓励根据本标准达成协议的各方研究是否可使用这些文件的最新版本。凡是不注日期的引用文件,其最新版本适用于本标准。

GB/T 1176 铸造铜合金技术条件

GB/T 2423.1 电工电子产品基本环境试验规程 第2部分:试验方法 试验A:低温试验方法

GB/T 2423.2 电工电子产品基本环境试验规程 第2部分:试验方法 试验B:高温试验方法

GB/T 2423.3 电工电子产品基本环境试验规程 第2部分:试验方法 试验Cab:恒定湿热试验

GB/T 2828.1 计数抽样检验程序 第1部分:按接收质量限(AQL)检索的逐批检验抽样计划

GB/T 2829 周期检查计数抽样程序及抽样表(适用于对过程稳定性检验)

GB 4208 外壳防护等级(IP代码)

GB/T 5121(所有部分) 铜及铜合金化学分析方法

GB/T 5231 加工铜及铜合金化学成分和产品形状

GB/T 5270 金属基体上的金属覆盖层 电沉积层和化学沉积层 附着强度试验方法评述

GB/T 6461—2002 金属覆盖层 对底材为阴极的覆盖层腐蚀试验后的电镀试样的评级

GB/T 7306.1 55°密封管螺纹 第1部分:圆柱内螺纹与圆锥外螺纹

GB/T 7306.2 55°密封管螺纹 第2部分:圆锥内螺纹与圆锥外螺纹

GB/T 7307 55°非密封管螺纹

GB/T 9286 色漆和清漆 漆膜的划格试验

GB/T 10125 人造气氛腐蚀试验 盐雾试验

GB/T 12600 金属覆盖层 塑料上镍+铬电镀层

GB 14536.1—2008 家用和类似用途电自动控制器 第1部分:通用要求

GB/T 17219 生活饮用水输配水设备及防护材料的安全性评价标准

GB 18145 陶瓷片密封水嘴

GB/T 23448 卫生洁具 软管

HG/T 3090 模压和压出的橡胶制品外观质量的一般规定

HG/T 3091 橡胶密封件 给、排水管及污水管道用接口密封圈 材料规范

HG/T 3097 橡胶密封件 110 ℃以下热水供应管道的管接口密封圈 材料规范

3 术语和定义

下列术语和定义适用于本标准。

3.1

数控恒温水嘴　digital thermostatic faucet

当进水(冷、热水)压力或温度在一定范围内变化,出水温度和流量由控制器控制、能在显示屏上显示水温并保持稳定的水嘴。

3.2

控制器　controller

由传感器、判别、智能化逻辑处理、驱动等电子电路组成,由电磁阀或电机阀控制水自动通断的封闭整件。

3.3

整机　equipment

由控制器、电动阀门(包括电磁阀或电机阀或流量阀)、电源(包括直流、交流及其他能源)、温控阀及水暖等部件组成的装置。

3.4

分体式　split type

控制器、电动阀门和电源是分开安装的水嘴为分体式。

3.5

一体式　composite type

控制器、电动阀门和电源都在水嘴体内部的为一体式。

3.6

待机能耗　consumed power in stand-by

水嘴等待状态的能耗,用功率表示。

交流:W;

直流:mW。

3.7

工作能耗　consumed power in working

水嘴工作时的能耗,用功率表示。

交流:W。

3.8

温控阀　thermostatic valve

进水温度和压力在一定的范围内变化时,能自动调节冷水和热水的进水量,使出水温度稳定在一定范围的装置。

3.9

微型水力发电机　micro-hydro generator

利用水嘴出水时的动能发电,提供水嘴工作时用电及电池电量不足时充电的一种装置。

3.10

使用寿命　durability

水嘴经一定冷热水交变试验周期后,其使用性能仍符合本标准要求,其周期数即为水嘴使用寿命。

3.11

低水压水嘴　low pressure faucets

在0.01 MPa～0.10 MPa低水压下使用的数控恒温水嘴。

3.12

普通水压水嘴　normal pressure faucets

在0.1 MPa～0.6 MPa普通水压下使用的数控恒温水嘴。

3.13

触摸装置　touching device

由显示屏、触摸按钮等部件组成的供使用者开、关出水及调节出水温度、流量和出水方向的装置。

3.14

初始温度　initial temperature

由系统设置的每次开机时的出水温度。

3.15

响应时间　response time

触发脉冲前沿时间。

4　分类和标记

4.1　产品分类

4.1.1　按温控类型分类

可分为恒温、恒压及恒温恒压三类，其代号见表1。

表1

温控类型	恒温	恒压	恒温恒压
代号	T	P	TP

4.1.2　按供电方式分类

可分为交流供电、直流供电、微型水力发电机供电及其他供电方式等四类，其代号见表2。

表2

供电方式	交流供电	直流供电	微型水力发电机供电	其他供电方式
代号	J	Z	W	Q

4.1.3　按结构型式分类

可分为分体式、一体式等两类，其代号见表3。

表3

结构型式	分体式	一体式
代号	F	Y

4.1.4　按安装形式分类

可分为明装、暗装等两类，其代号见表4。

表4

安装形式	明装	暗装
代号	M	A

4.1.5　按使用场合不同分类

可分淋浴、浴缸、洗涤、面盆、净身器及其他等六类，其代号见表5。

表5

使用场合	淋浴	浴缸	洗涤	面盆	净身器	其他
代号	L	Y	X	M	J	Q

4.1.6　按使用压力分类

可分为普通水压、低水压等两类，其代号见表6。

表 6

使用压力	普通水压	低水压
代号	—	D
注：普通水压代号不标示。		

4.2 产品型号和标记

4.2.1 型号

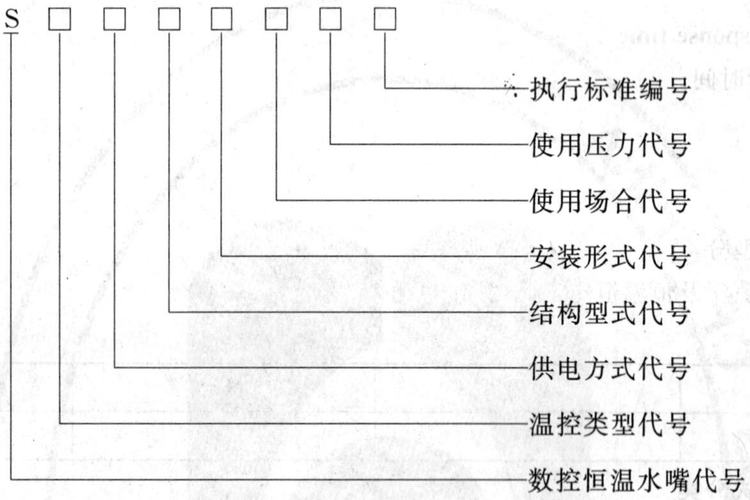

4.2.2 标记示例

数控恒温直流分体式明装淋浴水嘴　　STZFML　GB/T 24293—2009

数控恒温直流一体式明装淋浴水嘴　　STZYML　GB/T 24293—2009

数控衡压直流一体式暗装淋浴水嘴　　SPZYAL　GB/T 24293—2009

数控恒温衡压直流分体式明装淋浴水嘴　　STPZFML　GB/T 24293—2009

数控恒温衡压直流一体式暗装淋浴水嘴　　STPZYAL　GB/T 24293—2009

5 使用条件

水嘴在下列条件下应能正常使用：

a) 环境温度：1 ℃～45 ℃；

b) 环境相对湿度(RH)≤98%；

c) 工作压力：T类为0.05 MPa～0.60 MPa，超过0.6 MPa要加装减压阀；P类为静压0.5 MPa～1.0 MPa，动压0.5 MPa；低水压温控水嘴为0.01 MPa～0.10 MPa。

d) 介质使用温度：冷水温度4 ℃～29 ℃、热水温度55 ℃～85 ℃。

6 要求

6.1 材质

6.1.1 产品所有与饮用水直接接触的材料应符合GB/T 17219的规定。

6.1.2 产品所使用的与水直接接触的材料，在本标准规定的使用条件下，不应对水质造成污染，不允许使用未经防腐处理的易腐蚀材料，如锌合金等。

6.1.3 铜件材料应符合GB/T 1176、GB/T 5231的规定。

6.1.4 橡胶材料应符合HG/T 3091、HG/T 3097的规定。

6.1.5 塑料材料应耐热、耐老化。

6.2 加工与装配

6.2.1 安装连接螺纹应符合 GB/T 7306.1、GB/T 7306.2 或 GB/T 7307 的规定。

6.2.2 安装连接螺纹应能承受扭力矩:公称尺寸 DN15,扭力矩(61±1)N·m;公称尺寸 DN20,扭力矩(88±1)N·m。经扭力矩试验后无裂纹、损坏。

6.2.3 螺纹表面不应有凹痕、断牙等明显缺陷,表面粗糙度 Ra 不大于 3.2 μm。

6.2.4 铸件表面不应有明显的砂眼、缩孔、裂纹、气孔等缺陷。

6.2.5 橡胶件表面质量应符合 HG/T 3090 中相应的规定。

6.2.6 塑料表面不应有明显的填料斑、溢料、缩痕、翘曲和熔接痕。也不应有明显的擦伤、划伤和污垢。

6.2.7 产品内腔不应有残留杂质。

6.2.8 触摸装置面板上的标识应简洁易懂,按钮或触摸键明显、分离清晰。

6.2.9 冷热水进水标志应清晰,用蓝色或字母"C"表示冷水,用红色或字母"H"表示热水。冷水水嘴标志在右,热水水嘴标志在左。

6.2.10 与水嘴配接的软管应符合 GB/T 23448 的规定。

6.2.11 水嘴的安装结构尺寸见附录 A 及附录 B 的规定,配套水暖产品的安装规格尺寸应符合 GB 18145 的规定。

6.3 外观质量

6.3.1 电镀表面光泽均匀,不应有脱皮、龟裂、烧焦、露底、剥落、黑斑及明显麻点等缺陷。

6.3.2 喷涂表面组织细密、光滑均匀,不应有流挂、露底等缺陷。

6.3.3 抛光表面应光滑,不应有明显毛刺、划痕现象。

6.3.4 涂镀层表面按 GB/T 10125 进行 24 h 酸性盐雾试验后,达到 GB/T 6461—2002 中的 10 级要求。

6.3.5 镀层按 GB/T 5270、GB/T 12600,涂层按 GB/T 9286 经附着力试验后,不应出现鼓泡、起皮或脱落现象。

6.4 性能要求

6.4.1 使用要求

6.4.1.1 欠电压显示功能

电源能量不足时,指示灯亮,15 min 后自动关闭。

6.4.1.2 水嘴流量

在动态水压为(0.30±0.02)MPa、出水温度在(38±2)℃时,普通水压水嘴的流量:

a) 淋浴器、面盆、洗涤水嘴(不带附件)在 7.2 L/min~38.0 L/min;

b) 电热器水嘴在 6.0 L/min~16.0 L/min;

c) 浴缸水嘴流量(不带附件)不小于 20 L/min。

在动态水压为(0.010±0.005)MPa、出水温度在(38±2)℃时,低水压水嘴的流量:

a) 面盆水嘴在 4.8 L/min~16.0 L/min;

b) 淋浴器和洗涤盆水嘴在 6.0 L/min~16.0 L/min;

c) 浴缸水嘴流量不小于 15 L/min。

6.4.1.3 冷水失供时的出水温度及出水量

设定混合出水温度为(38±2)℃。

当冷水温度为(20±5)℃、热水温度为(65±5)℃、普通水嘴水压为(0.35±0.03)MPa,低水压水嘴水压为(0.020±0.002)MPa 条件下，应符合如下要求：

冷水关闭后，前(5.0±0.5)s 内出水量≤200 mL，出水温度应<49 ℃；

冷水关闭后，若前(5.0±0.5)s 内出水量>200 mL，则出水温度应≤42 ℃；

而且其后 30 s 内的出水量应≤300 mL。

恢复冷水供应后混合出水温度与所设定温度偏差应≤2 ℃。

6.4.1.4 最高出水温度

当冷水温度为 4 ℃～29 ℃、热水温度为 55 ℃～85 ℃条件下，最高出水温度应限制在 49 ℃以下，达 49 ℃时自动关机。

6.4.1.5 超时用水控制

每当重新使用时，达到系统设置的时间后，能自动关机。

注：供需双方在合同中注明要求时，供方设置超时用水控制时间。

6.4.1.6 初始温度设定

初始温度设定后，每当重新使用时，出水温度及其显示值均为初始设定出水温度(38±2)℃。

6.4.1.7 使用寿命

P 类 5 万周期、T 类 3 万周期、TP 类 3 万周期、换向阀 3 万周期后，应符合 6.4.3、6.4.4 和 6.4.1.3 的规定。

6.4.1.8 触摸装置

使用寿命周期内，触摸装置显示清晰、触摸按钮响应时间应不大于 200 ms。

6.4.1.9 整机能耗

水嘴直流待机能耗≤0.3 mW，交流待机能耗≤3 W、工作动态能耗≤5 W。

6.4.2 阀体强度性能

应符合表 7 的规定。

表 7

检测部位	电磁阀(或电机阀或流量阀)状态	出水孔状态	冷水测试条件		要求
			压力/MPa	保压时间/s	
进水部位	关闭	打开	2.50±0.05	60±5	无永久变形 无损坏
出水部位	打开	封闭	0.40±0.02	60±5	

6.4.3 密封性能

6.4.3.1 T 类、P 类和 TP 类水嘴的静压密封试验应符合表 8 的规定。

表 8

检测部位	电磁阀(或电机阀或流量阀)状态	出水口状态	用室温水进行试验			用室温空气进行试验		
			试验条件		要求	试验条件		要求
			压力/MPa	时间/s		压力/MPa	时间/s	
进水部位	关闭	打开	1.60±0.05	60±5	温控装置所有操作范围内无渗漏	0.60±0.03	20±3	无气泡
出水部位	打开	封闭	0.40±0.02	60±5	温控装置所有操作范围内无渗漏	0.20±0.01	20±3	无气泡
注：当水嘴可完全浸入水中时，可用室温空气进行试验，用水压进行或用气压在水中进行试验是等效的。								

6.4.3.2　自动复位换向阀密封性能试验应符合表 9 的规定。

表 9

检测部位	操作步骤	换向阀位置	出水口状态	普通水压水嘴试验用压力/MPa	低水压水嘴试验用压力/MPa	时间/s	要求
自动复位换向阀	1	换向阀处于浴缸放水位置	出水口全开(淋浴出水口安装标准液压阻尼器)	动压 0.40±0.02	动压 0.080±0.004	60±5	淋浴出水口无渗漏
	2	换向阀处于淋浴放水位置		动压 0.40±0.02	动压 0.080±0.004		浴缸出水口无渗漏
	3	换向阀仍处于淋浴放水位置		动压 0.050±0.005	动压 0.020±0.001		换向阀无移动,浴缸出水口无渗漏
	4	换向阀仍处于淋浴放水位置		停止供水	停止供水		换向阀自动回到浴缸位,淋浴口无渗漏
	5	换向阀处于浴缸放水位置	出水口全开卸下阻尼器	动压 0.050±0.005	动压 0.020±0.001		淋浴出水口无渗漏
注：若产品无浴缸位置仅为顶喷及手提花洒的双淋浴器，则步骤 1 及 5 中的浴缸应为手提花洒，若产品为浴缸与顶喷花洒及手提花洒组合的淋浴器，则应重复步骤 1 到 5 以检测另一淋浴位。							

6.4.4　出水温度稳定性

6.4.4.1　稳定性要求

进水压力和温度变化时出水温度应在规定的范围之内。

各类水嘴在冷热水失供恢复供应后,混合水出水温度与所设定温度偏差应≤2 ℃。

6.4.4.2　T 类水嘴

供水温度不变,冷热水供水压力之一变化 20%时,在开始 5 s 内(图 1),出水温度的脉冲峰值超过最初设定值+3 ℃的时间不应超过 1.5 s,出水温度脉冲峰值超出设定值−5 ℃的时间不应超过 1 s。供水压力不变,热水进水温度上升速度约 3 ℃/min 由 60 ℃升至 73 ℃,出水温度与设定温度偏差应≤2 ℃。

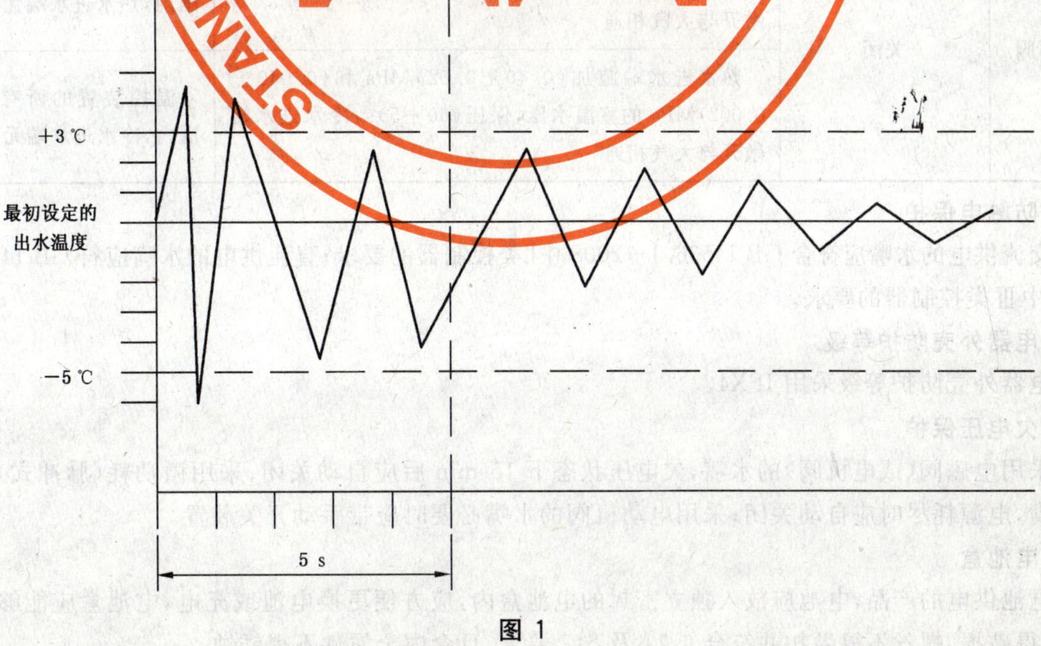

图 1

6.4.4.3 **P类水嘴**

供水温度不变，冷热水供水压力之一变化50%时，在开始5 s内(图2)，出水温度的脉冲峰值超过最初设定值±2 ℃的时间应≤1 s，5 s以后出水温度与设定出水温度偏差应≤2 ℃。

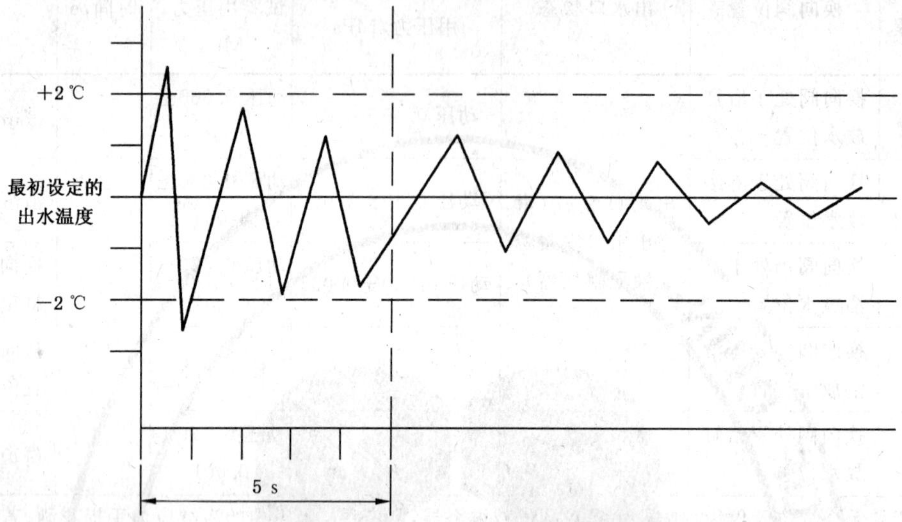

图2

6.4.4.4 **TP类水嘴**

按T、P类测试应同时符合T、P类标准。

6.5 止回阀的密封性能

在冷水和热水进水口处安装止回阀的水嘴，其密封性能试验应符合表10的规定。

表10

检测部位	电磁阀(或电机阀或流量阀)状态	试验条件	要求
止回阀	关闭	冷水进水端施加(0.40±0.02)MPa和(0.040±0.002)MPa的室温水压，保压(60±5)s，热水进水端敞开与大气相通	温控装置的所有操作范围内，热水进水端无渗漏
		热水进水端施加(0.40±0.02)MPa和(0.040±0.002)MPa的室温水压，保压(60±5)s，冷水进水端敞开与大气相通	温控装置的所有操作范围内，冷水进水端无渗漏

6.6 防触电保护

交流供电的水嘴应符合GB 14536.1—2008中Ⅱ类控制器的要求；直流供电的水嘴应符GB 14536.1—2008中Ⅲ类控制器的要求。

6.7 电器外壳防护等级

电器外壳防护等级采用IPX4。

6.8 欠电压保护

采用电磁阀(或电机阀)的水嘴，欠电压状态下15 min后应自动关闭；采用微功耗(脉冲式)电磁阀的水嘴，电源耗尽时应自动关闭；采用电动机阀的水嘴必要时应带手动开关装置。

6.9 电池盒

电池供电的产品，电池应放入独立密封的电池盒内，应方便更换电池或充电，电池盒应能够多次拆装，不得破损，螺丝不得滥扣并符合6.11及6.7要求，且盒内金属件不得锈蚀。

6.10　耐高温、低温度性能

温度试验分高温与低温试验。

高温试验：水嘴经高温试验后应符 6.6、6.7 的要求。

低温试验：水嘴经低温试验后应符合 6.6、6.7 的要求。

6.11　耐潮湿性能

水嘴经潮湿试验后应符合 6.6、6.7 的要求。

6.12　其他要求

具有微型水压发电机供电、水嘴噪声有限值要求的数控恒温水嘴可参见附录 G、附录 H 的要求。

7　试验方法

7.1　材质

材质由供应商提供质量保证书，有争议时黄铜按 GB/T 5121(所有部分)检测，其他按相应标准规定检测。

7.2　加工与装配

7.2.1　安装连接螺纹用相应精度螺纹量规检测。

7.2.2　水嘴连接螺纹用 3% 精度读数的扭力扳手检测，试验时间为 60 s，目测结果。

7.2.3　螺纹表面粗糙度用表面粗糙度样板对比目测。

7.2.4　螺纹表面、铸件表面、塑料表面、产品内腔、触摸装置面板、冷热水进水标志、电镀表面、喷涂表面、抛光表面(6.2.3、6.2.4、6.2.6、6.2.7、6.2.8、6.2.9、6.3.1、6.3.2、6.3.3)用目测。目测时应在自然散射光线下或在无反射光的白色透明光线下进行，光照不应低于 300 lx(相当于 40 W 日光灯下距离为 500 mm 的光照度)，目测距离为 300 mm，不应借助任何放大仪器。

7.2.5　橡胶表面质量按 HG/T 3090 规定的方法检测。

7.2.6　水嘴安装规格尺寸采用相应的量具检测。

7.2.7　与产品配套出厂的软管按 GB/T 23448 的规定检测。

7.3　外观质量

涂镀层耐腐性、附着力中的外观质量(6.3.4、6.3.5)按 GB/T 10125、GB/T 5270、GB/T 9286 和 GB/T 12600 的规定检测。

7.4　使用性能

7.4.1　超时用水控制

产品呈使用状态安装，普通水压水嘴从进水口引入(0.30±0.02)MPa 的动态水压，低水压温控水嘴从进水口引入 0.010 MPa～0.015 MPa，连续不断用水，在系统设置的时间内自动关机。

7.4.2　欠电压指示功能

产品呈使用状态安装，从进水口引入(0.30±0.02)MPa 的动态水压，电压降调额定电压的 80%，指示灯应给出指示，在 15 min 后产品应自动关闭。

7.4.3　阀体强度试验

7.4.3.1　进水部位强度试验

水嘴呈使用状态安装，关闭电磁阀(或电机阀或流量阀)，进水管施以规定的水压，保压规定的时间，观察进水部位有无变形及阀体应无渗漏。

7.4.3.2　出水部位强度试验

水嘴呈使用状态安装，打开电磁阀(或电机阀或流量阀)，堵住出水口，进水管施以规定的水压，保压规定的时间，观察水嘴有无变形及渗漏。

7.4.4 密封试验

7.4.4.1 水嘴的静压密封试验

7.4.4.1.1 进水部位静压密封试验

水嘴呈使用状态安装，打开出水口，关闭电磁阀（或电机阀或流量阀），两进水管同时施以规定的水压（或气压），保压规定的时间，观察上密封及进水各连接部位及出水口有无渗漏。

7.4.4.1.2 出水部位静压密封试验

水嘴呈使用状态安装，堵住出水口，打开电磁阀（或电机阀或流量阀），两进水管同时施以规定的水压（或气压），保压规定的时间，观察上密封及进水各连接部位有无渗漏。

7.4.4.2 自动复位换向阀密封试验

7.4.4.2.1 水嘴呈使用状态安装，淋浴出水口按附录C规定安装标准液压阻尼器，打开电磁阀（或电机阀或流量阀），使换向阀处于浴缸（或手提花洒）位，进水管施以规定水压，保压规定的时间，观察淋浴出水口有无渗漏。按上述试验方法做换向阀处于淋浴放水位置的密封试验。

7.4.4.2.2 换向阀仍处于淋浴放水位置，降低进水管压力至规定水压，保压规定的时间，观察浴缸（或手提花洒）出水口有无渗漏。然后关闭电磁阀（或电机阀或流量阀），换向阀自动复位至浴缸（或手提花洒）放水位置，观察淋浴出水口有无渗漏。

7.4.5 流量测试

7.4.5.1 普通水压水嘴

冷水用（20±5）℃，热水用（65±5）℃。水嘴呈使用状态安装，将出水口附件取下，进水口施以（0.30±0.02）MPa水压，形成稳定连续的水流，将出水温度调至（38±2）℃时测得的流量作为测量值。

7.4.5.2 低水压水嘴

冷水用（20±5）℃，热水用（65±5）℃。水嘴呈使用状态安装，将出水口附件取下，进水口施以0.010 MPa～0.015 MPa水压，形成稳定连续的水流，将出水温度调至（38±2）℃时测得的流量作为测量值。

7.4.6 使用寿命

按附录F的规定测试。

7.4.7 出水温度稳定性

按附录D的规定测试。

7.4.8 冷水失供时的出水温度、出水量试验及最高出水温度

按附录E的规定测试。

7.4.9 初始温度设定

各类水嘴在下列测试条件下分别关闭再重新开机1次，系统应显示为初始设定的出水温度值（38±2）℃：

T类水嘴的温度差分别为（冷水温度/热水温度）：4 ℃/55 ℃、29 ℃/55 ℃、4 ℃/85 ℃、29 ℃/85 ℃、20 ℃/65 ℃，压力差分别为（冷水水压/热水水压）：0.3 MPa/0.3 MPa、0.3 MPa/0.2 MPa、0.2 MPa/0.3 MPa。

P类水嘴的温度差为（冷水温度/热水温度）：20 ℃/65 ℃，压力差分别为（冷水水压/热水水压）：0.3 MPa/0.3 MPa、0.15 MPa/0.30 MPa、0.30 MPa/0.15 MPa。

TP类水嘴的温度差分别为（冷水温度/热水温度）：4 ℃/55 ℃、29 ℃/55 ℃、4 ℃/85 ℃、29 ℃/85 ℃、20 ℃/65 ℃，压力差分别为（冷水水压/热水水压）：0.1 MPa/0.6 MPa、0.6 MPa/0.1 MPa、0.15 MPa/0.30 MPa、0.30 MPa/0.15 MPa。

7.4.10 整机能耗测试

7.4.10.1 交流供电的水嘴按使用要求接通电源、水源，在电源输入端串接电流表，并接电压表，分别测量出水嘴待机和工作时的电流和电压值，测量3次，取其平均值，其乘积应满足6.4.1.9的要求。

7.4.10.2 直流供电水嘴的待机能耗:按使用要求接通电源、水源在电源输入端串接电流电压表,测量出水嘴待机时的电流和电压值,测量3次,取其平均值,其乘积应满足6.4.1.9的要求。

7.4.11 触摸装置

7.4.11.1 标示显示

在光照不低于300 lx(相当于40 W日光灯下距离为500 mm的光照度),目测距离为300 mm,不应借助任何放大仪器下,目测显示装置上各种标示显示清晰。

7.4.11.2 响应时间

触摸按钮响应时间用示波仪检测,应符合6.4.1.8的规定。

7.5 止回阀

水嘴呈使用状态安装,关闭电磁阀(或流量阀或电机阀),从一端进水管施以规定的水压,保压规定的时间,另一端进水管敞开,观察该进水口有无渗漏。另一端进水管要重复进行试验。

7.6 防触电保护试验

水嘴的防触电保护试验应按GB 14536.1—2008中Ⅱ类、Ⅲ类防触电保护相关要求进行。

7.7 电器外壳防护等级试验

电器外壳防护等级按GB 4208中有关防护等级IPX4的规定进行检测。

7.8 欠电压保护

采用电磁阀的水嘴,接通电源、水源,使水嘴出水,电压降至额定电压的80%,应符合6.8要求;采用微功耗(脉冲式)电磁阀的水嘴,用可调电源替换电池组,使水嘴正常工作,逐渐下调电源电压至最小,此过程中水嘴应符合6.8要求;采用电机阀的水嘴应符合6.8要求,能够通过手动或自动停止出水。

7.9 电池盒

按照产品使用说明书的要求对电池盒进行3次拆装,经7.11试验后,符合6.9要求。

7.10 耐高温、低温试验

高温试验:按GB/T 2423.1规定进行,将水嘴置于(55±2)℃试验箱内存储4 h后,置于室温恢复2 h应符合6.10中的高温试验要求。

低温试验:按GB/T 2423.2进行,将水嘴置于(−10±3)℃试验箱内存储4 h后,置于室温恢复2 h应符合6.10中的低温试验要求。

7.11 潮湿试验

按GB/T 2423.3规定进行,将水嘴置于低温箱内,开启加热电源使温度达到(40±2)℃,1 h后开始加湿,使相对湿度达到(93±3)%,保持48 h,试验后取出样品在正常环境下恢复2 h。应符合6.11的要求。

8 检验规则

8.1 出厂检验

出厂检验按GB/T 2828.1的规定进行,采用正常检验一次抽样,检验水平为一般检验水平Ⅰ,其出厂检验项目、不合格类别、接收质量限(AQL)按表11的规定。

表 11

检验项目	要求	试验方法	不合格类别	接收质量限(AQL)
管螺纹精度	6.2.1	7.2.1	B	4.0
最高出水温度	6.4.1.4	7.4.8		
初始温度设定	6.4.1.6	7.4.9		
密封性	6.4.3	7.4.4		
止回阀的密封性能	6.5	7.5		

表 11 (续)

检验项目	要求	试验方法	不合格类别	接收质量限(AQL)
安装连接螺纹扭力矩	6.2.2	7.2.2	C	6.5
螺纹表面质量	6.2.3	7.4.7		
铸件表面质量	6.2.4	7.2.4		
橡胶件表面质量	6.2.5	7.2.5		
塑料件表面质量	6.2.6	7.2.4		
产品内腔要求	6.2.7	7.2.4		
触摸装置面板标识	6.2.8	7.2.4		
水嘴标志	6.2.9	7.2.4		
安装结构尺寸	6.2.11	7.2.6		
电镀表面质量	6.3.1	7.2.4		
喷涂表面质量	6.3.2	7.2.4		
抛光产品表面质量	6.3.3	7.2.4		
触摸装置显示	6.4.1.8	7.4.11.1		

8.2 型式检验

8.2.1 型式检验的样本在提交出厂检验合格批中抽取,其项目包括本标准的全部要求。

8.2.2 型式检验按 GB/T 2829 规定,采用判别水平为Ⅲ,一次抽样方案;其型式检验项目、不合格类别、样本数、判别数组、不合格质量水平(RQL)按表 12 规定。

表 12

检验项目	要求	试验方法	不合格类别	样本数	判别数组 Ac	判别数组 Re	RQL
材质	6.1	7.1	B	5	0	1	40
冷水失供时的出水温度及出水量	6.4.1.3	7.4.8					
使用寿命	6.4.1.7	7.4.6					
触摸装置响应时间	6.4.1.8	7.4.11.2					
阀体强度	6.4.2	7.4.3					
出水温度稳定性	6.4.4	7.4.7					
防触电保护	6.6	7.6					
电器外壳防护等级	6.7	7.7					
欠电压保护	6.8	7.8					
电池盒	6.9	7.9					
耐高温、低温性能	6.10	7.10					
耐潮湿性能	6.11	7.11					

表 12（续）

检验项目	要求	试验方法	不合格类别	样本数	判别数组 Ac	判别数组 Re	RQL
涂镀层耐腐性、附着力	6.3.4,6.3.5	7.3、7.2.4	C	3	0	1	65
欠电压显示功能	6.4.1.1	7.4.2					
水嘴流量	6.4.1.2	7.4.5					
初始温度设定	6.4.1.6	7.4.9					
超时用水控制	6.4.1.5	7.4.1					
整机能耗	6.4.1.9	7.4.10					

8.2.3 有下列情况之一，进行型式检验：

a) 新产品或老产品转厂生产的试制定型鉴定；

b) 当生产的产品在设计、工艺、生产设备、管理等方面有较大改变可能影响产品性能时；

c) 正常生产时，定期或积累一定产量后，应周期性进行一次检验；

d) 停产半年以上的产品恢复生产时；

e) 出厂检验结果与上次型式检验有较大差别时；

f) 国家质量监督检验部门提出进行型式试验的要求。

9 标志、包装、运输、贮存

9.1 标志

9.1.1 产品标志

产品应有明显清晰、不易涂改及可见的标志。标志内容如下：

a) 制造商或商标；

b) 产品必须有可辨认的定位标记（如冷、热）或作为调节温度的方法。

9.1.2 包装标志

产品包装标志内容如下：

a) 产品名称、型号、规格、执行标准编号；

b) 制造厂名和厂址；

c) 制造日期；

d) 商标；

e) 质量（毛重、净重）、件数；

f) 外形尺寸（长×宽×高）。

9.2 包装

9.2.1 每件产品应单独包装，确保产品间不发生碰撞。每件产品应附有合格证和使用说明书，合格证上应有检验员代号和检验日期。有附件的产品应附有清单。

9.2.2 产品包装应牢固，不破损，其单件质量应符合有关运输规定。

9.3 运输

产品在运输中应防止日晒雨淋、轻装轻卸、避免冲击，不得与腐蚀性物品混运。

9.4 贮存

产品应保存在通风良好干燥的室内，不得与腐蚀物品混放。

附 录 A
（规范性附录）
水嘴的安装及规格尺寸

A.1 数控温控面盆水嘴的安装示意，见图 A.1。

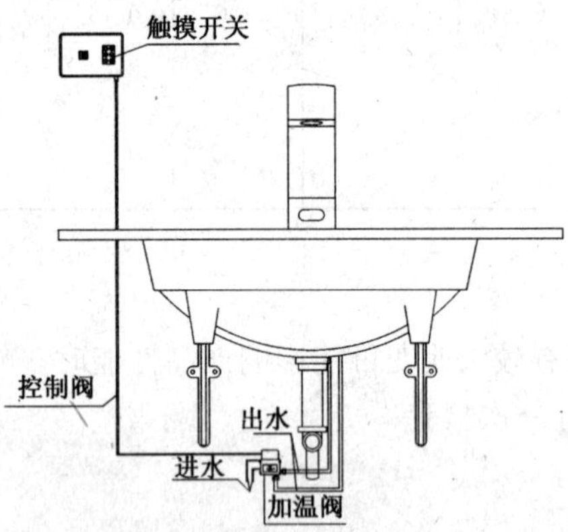

a)

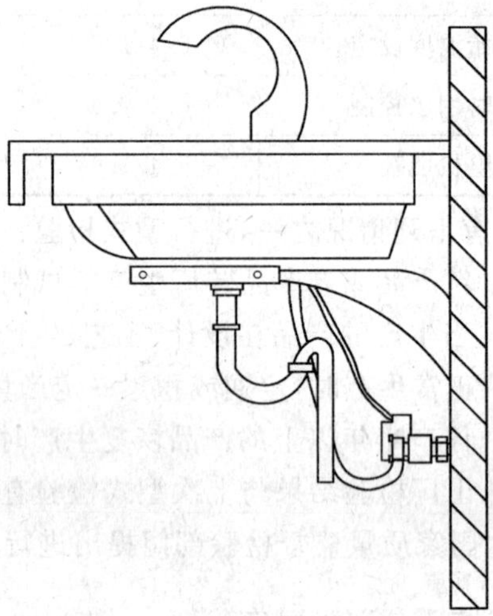

b)

图 A.1

A.2 数控温控淋浴水嘴的规格尺寸见图 A.2 的要求。

单位为毫米

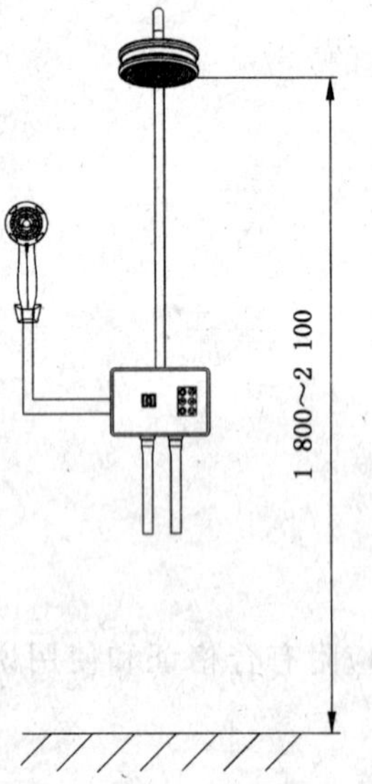

a)

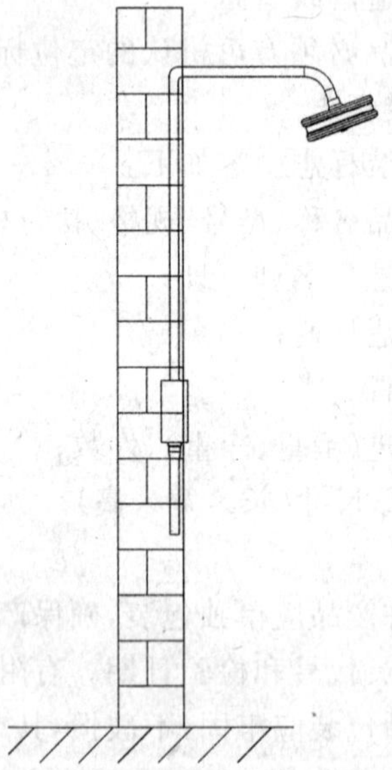

b)

图 A.2

附　录　B
（规范性附录）
水嘴连接末端尺寸

水嘴连接末端尺寸见图 B.1、表 B.1 的要求。

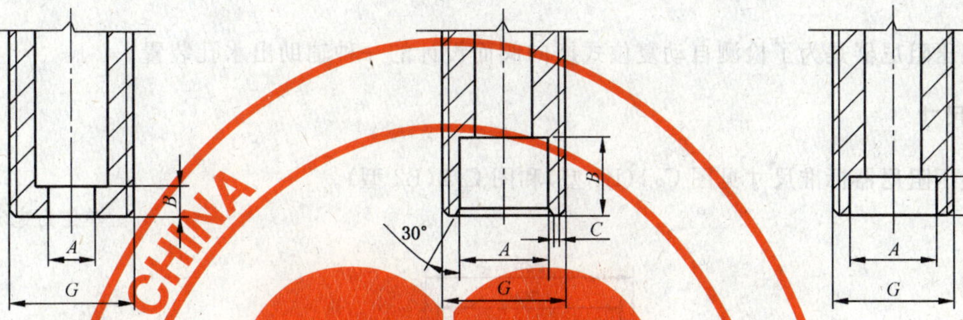

a)　　　b)　　　c)

图 B.1

表 B.1

单位为毫米

图　号	螺纹尺寸代号	A	B	C
a)	G1/2 B	ϕ12.3	≥5	—
b)	G1/2 B	ϕ15.2	≥13	≥0.3
c)	G1/2 B	ϕ14.7	≥6.4	—
	G3/4 B	ϕ19.9	≥6.4	—

附 录 C
（规范性附录）
标准液压阻尼器

C.1 功能

标准液压阻尼器是为了检测自动复位式换向阀而设计的一种辅助出水孔装置。

C.2 结构尺寸

标准液压阻尼器标准尺寸见图 C.1(B1 型)和图 C.2(B2 型)。

单位为毫米

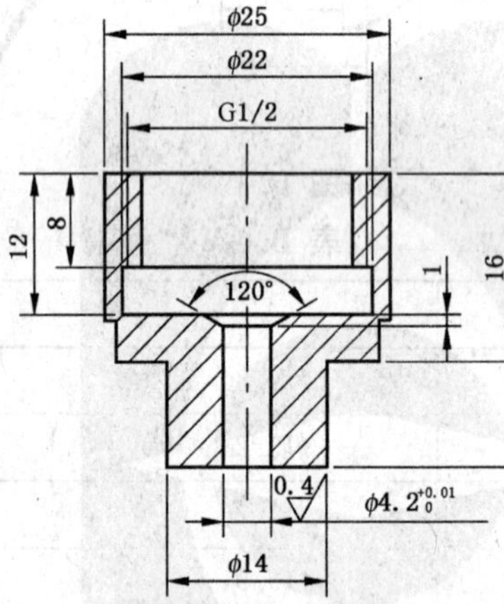

图 C.1 （B1 型）

单位为毫米

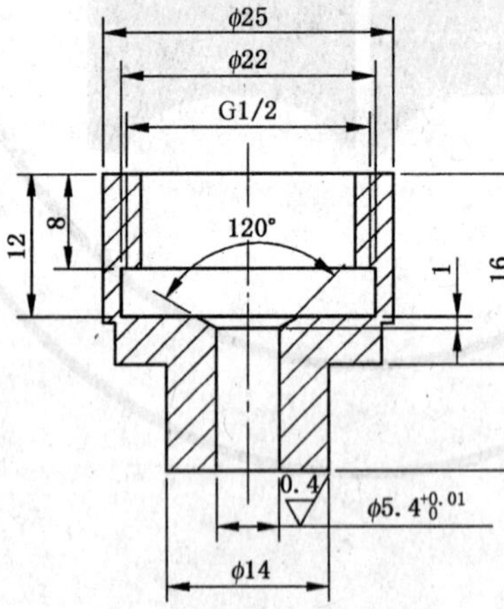

图 C.2 （B2 型）

C.3 要求

B1 型标准液压阻尼器在 0.3 MPa 动压下的流量为 15 L/min，B2 型标准液压阻尼器在 0.2 MPa 动压下的流量为 9 L/min。

附 录 D
（规范性附录）
出水温度稳定性测试方法

D.1 适用范围

确定进水温度和压力变化引起的出水温度变化范围。

D.2 样品安装

按照图 D.1 安装样品，打开所有的截止阀和节流阀。初始测试条件设置如下：

a) 普通水压水嘴冷、热供水压力均为(0.30±0.03)MPa；
低水压水嘴冷、热水供水压力均为 0.1 MPa，并保持这个压力；

b) 热水温度为 65 ℃～73 ℃，冷水温度 15 ℃～20 ℃，冷热水的最小温度差为 44 ℃；
设定图 D.1 中 T3 处的出水温度为(38±2)℃；

c) 调节节流阀，将流量减小到(9.5±1.0)L/min，水流稳定流 1 min 后进行测试。

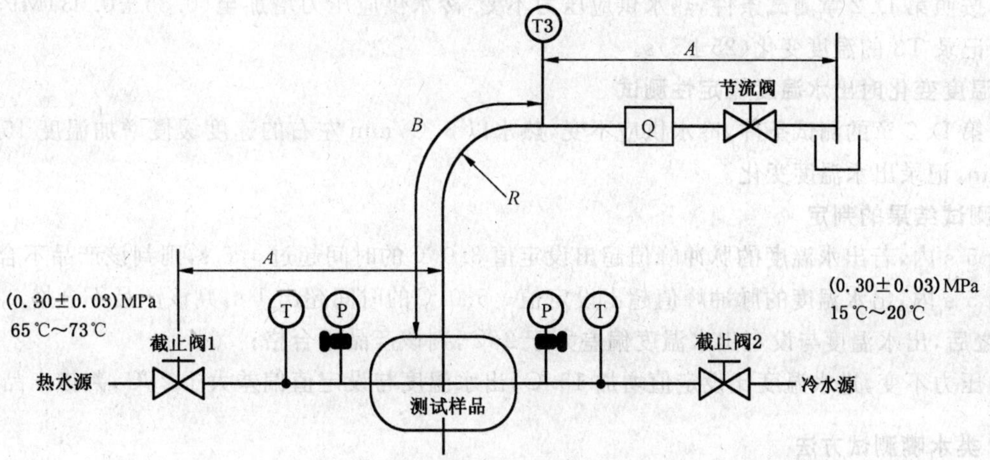

A=(600±50)mm，B=(914±13)mm；
Q——流量计；
P——压力表；
T——温度计；
R——中线半径≥60 mm。

图 D.1

D.3 P 类水嘴测试方法

D.3.1 压力变化时出水温度稳定性测试

按照图 D.1 安装，压力变化应在 1 s 内完成，温度每 0.05 s 测量并记录一次。

a) 按照第 D.2 章测试条件，冷水供应压力不变，热水供应压力减小到 0.15 MPa，观察并记录 T3 处的温度变化(25±5)s；

b) 按照第 D.2 章测试条件，冷水供应压力不变，热水供应压力增加到 0.45 MPa，观察并记录 T3 处的温度变化(25±5)s；

c) 按照第 D.2 章测试条件，热水供应压力不变，冷水供应压力减小到 0.15 MPa，观察并记录 T3

处的温度变化(25±5)s;

d) 按照第D.2章测试条件,热水供应压力不变,冷水供应压力增加到0.45 MPa,观察并记录T3处的温度变化(25±5)s。

D.3.2 测试结果的判定

开始5 s内,若出水温度的脉冲峰值超出设定值±2.0 ℃且时间大于1 s,则判定该产品不合格;

5 s之后,若出水温度与设定出水温度偏差大于2 ℃,则判定该产品不合格(见6.4.4.3中图2)。

D.4 T类水嘴测试方法

D.4.1 压力变化时出水温度稳定性测试

按照图D.1安装水嘴样品,压力变化应在1 s内完成。出水温度要每0.25 s记录一次平均值。

a) 按照第D.2章测试条件,冷水供应压力不变,热水供应压力减小至(0.24±0.02)MPa,观察并记录T3的温度变化(25±5)s;

b) 按照第D.2章测试条件,冷水供应压力不变,热水供应压力增加至(0.36±0.03)MPa,观察并记录T3的温度变化(25±5)s;

c) 按照第D.2章测试条件,热水供应压力不变,冷水供应压力减小至(0.240±0.024)MPa,观察并记录T3的温度变化(25±5)s;

d) 按照第D.2章测试条件,热水供应压力不变,冷水供应压力增加至(0.36±0.03)MPa,观察并记录T3的温度变化(25±5)s。

D.4.2 温度变化时出水温度稳定性测试

恢复第D.2章的测试条件,冷水供应不变,热水以3 ℃/min左右的速度缓慢增加温度15 ℃,最后保持2 min,记录出水温度变化。

D.4.3 测试结果的判定

开始5 s内,若出水温度的脉冲峰值超出设定值3.0 ℃的时间超过1.5 s,则判该产品不合格;

开始5 s内,出水温度的脉冲峰值超出设定值−5.0 ℃的时间超出1 s,判该产品不合格;

5 s之后,出水温度与设定出水温度偏差大于2 ℃,判该产品不合格;

供水压力不变,进水温度比设定值增加15 ℃,出水温度与设定值偏差大于2 ℃,判该产品不合格。

D.5 TP类水嘴测试方法

D.5.1 压力变化对出水温度的影响

按D.3.1和D.4.1的测试方法进行,进水温度变化对出水温度的影响按D.4.2的方法进行。

D.5.2 测试结果的判定

见图2。

开始5 s内,若出水温度的脉冲峰值超出设定值±2.0 ℃的时间超过1 s,则判该产品不合格;

5 s之后,出水温度与最初设定出水温度偏差大于2 ℃,则判该产品不合格;

热水温度增加15 ℃后,出水温度与设定值偏差大于2 ℃,判该产品不合格。

附 录 E
（规范性附录）
冷水失供时的出水温度、出水量试验（所有型号）

E.1 适用范围

确定数控恒温水嘴在冷水失供时，在(5.0±0.5)s 内应将出水量减小到 200 mL，出水温度应低于 49 ℃（若出水量大于 200 mL，则出水温度应低于 42 ℃），其后 30 s 的出水量应低于 300 mL。出水温度达 49 ℃时系统应能自动关机。

E.2 试验步骤

按照图 E.1 安装水嘴样品。1 s 内关闭冷水，观察并记录前 5 s 和其后 30 s 内的出水量和温度。

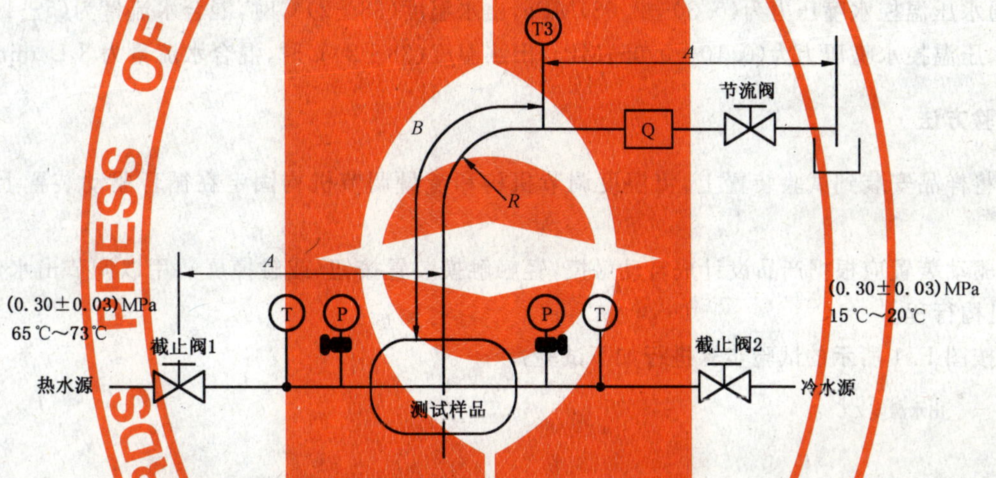

A=(600±50)mm，*B*=(914±13)mm；
Q——流量计；
P——压力表；
T——温度计；
R——中线半径≥60 mm。

图 E.1

E.3 试验结果的判定

冷水关闭后，在前(5.0±0.5)s 内，出水量应不大于 200 mL，出水温度低于 49 ℃；若前(5.0±0.5)s 内出水量大于 200 mL，出水温度应低于 42 ℃。其后 30 s 内的出水应不大于 300 mL，如出水温度达 49 ℃则系统自动关机。

附 录 F
（规范性附录）
水嘴的寿命试验

F.1 范围

本附录适用于水嘴及热敏元件的寿命试验。

F.2 试验条件

试验的样品按生产厂家的说明书要求进行安装，对样品不产生强加的额外附加应力。使测试设备达到实际使用条件，在其正常的操作范围内运作自如。

进水冷水温度为 15 ℃～20 ℃、热水温度为 65 ℃～73 ℃，冷热水温差不小于 44 ℃。

普通水压温控水嘴压力为(0.30±0.03)MPa，出水温度(38±2)℃时，混合水流量为(5±1)L/min。

低水压温控水嘴压力为(0.10±0.05)MPa，出水温度(38±2)℃时，混合水流量为 3 L/min。

F.3 试验方法

F.3.1 将样品安装到试验装置上，将温度调节机构和流量调节机构固定在循环驱动装置上，接上冷热水。

F.3.2 驱动装置应根据产品设计成自动触摸，轻触触摸装置按钮(或触摸屏)，用以调节出水温度及流量调节机构行程。

F.3.3 按图 F.1 所示的试验步骤进行如下试验：

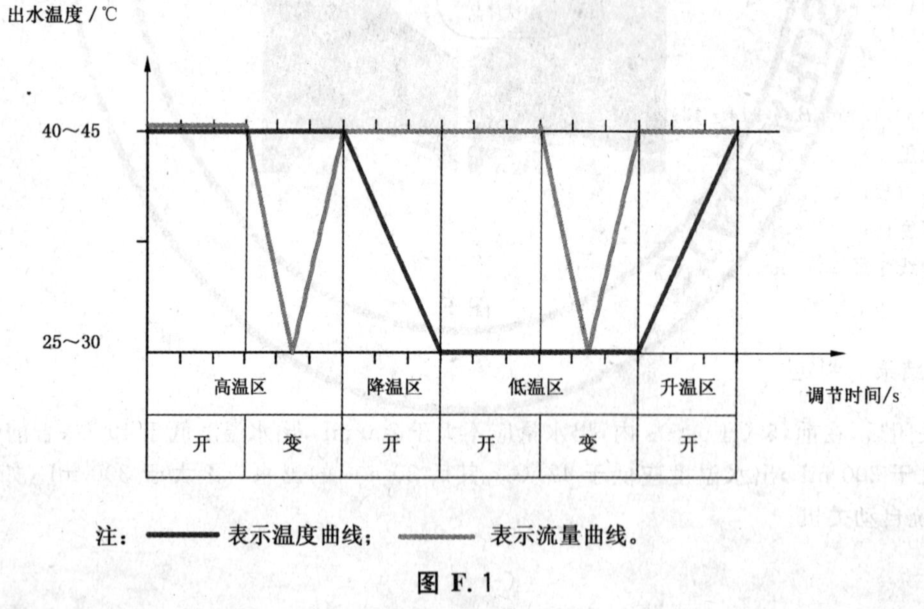

注：━━ 表示温度曲线；━━ 表示流量曲线。

图 F.1

a) 温度调节机构将出水温度调至 40 ℃～45 ℃，停留 3 s 后流量调节机构在(3±1)s 内完成一次 90%g 开关行程的开关动作；

b) 温度调节机构在(3±1)s 内将水温度调至 25 ℃～30 ℃，停留 3 s 后流量调节机构在(3±1)s 内完成一次 90%开关行程的开关动作；

c) 温度调节机构在(3±1)s 内将出水温度调至 40 ℃～45 ℃。

至此，完成一次试验循环周期。

对无独立流量控制机构的水嘴，只做温度调节机构的试验。

F.4　试验结果的判定

水嘴完成循环试验后，各项性能指标符合6.4的要求，则该产品合格。

附 录 G
（资料性附录）
微型水动力发电机技术要求

G.1 范围

进水动压不小于 0.1 MPa 时，水嘴出水的动力驱动微型水动力发电机产生电能，提供水嘴工作所需控制用电、显示用电及对供电池电量充电。

G.2 技术要求

G.2.1 输出电压进水动压不小于 0.1 MPa 时，输出电压 DC 为 7.0 V～8.5 V。

G.2.2 进水动压不小于 0.1 MPa，输出电流不小于 80 mA。

G.2.3 微型水动力发电机所需流量：动态压力为(0.30±0.02)MPa，出水温度为(38±2)℃时，不大于 8 L/min。

G.2.4 带微型水力发电机的水嘴流量：动态压力为(0.30±0.02)MPa，出水温度为(38±2)℃下不小于 4.2 L/min，动态压力为(0.10±0.01)MPa，出水温度为(38±2)℃下不大于 9 L/min。

G.2.5 使用寿命：使用条件符合本标准第 5 章规定时，使用寿命为启闭次数不小于 1×10^5 次。

附 录 H
（资料性附录）
水嘴噪声限值及测试方法

H.1 水嘴噪声限值

水嘴在 0.3 MPa 压力下的噪声声压级应符合表 H.1 的规定。

表 H.1

等级	Lap/dB(A)
Ⅰ	≤20
Ⅱ	20<Lap≤30
U(未分级)	≥30

H.2 测试方法

水嘴噪声的测试方法按 ISO 3822-1:1999、ISO 3822-2:1995 和 ISO 3822-4:1995 的要求进行。

参 考 文 献

[1] ISO 3822-1:1999 声学 供水系统中设备和器具所产生的噪声的实验室测试 第1部分:测量方法

[2] ISO 3822-2:1995 声学 供水系统中设备和器具所产生的噪声的实验室测试 第2部分:水嘴安装和操作条件

[3] ISO 3822-4:1995 声学 供水设施的装置和设备发射的噪声的实验室测试 第4部分:专用器件的安装和工作条件

ICS 35.040
L 80

中华人民共和国国家标准化指导性技术文件

GB/Z 24294—2009

信息安全技术
基于互联网电子政务信息安全实施指南

Information security technology—Guide of implementation for internet-based E-government information security

2009-07-30 发布　　2010-02-01 实施

中华人民共和国国家质量监督检验检疫总局
中国国家标准化管理委员会　发布

前　言

本指导性技术文件的附录A、附录B和附录C是资料性附录。

本指导性技术文件由全国信息安全标准化技术委员会(SAC/TC 260)提出并归口。

本指导性技术文件起草单位:解放军信息工程大学电子技术学院、中国电子技术标准化研究所。

本指导性技术文件主要起草人:陈性元、杜学绘、王超、张东巍、胡啸、王鲁、张红旗、曹利峰、钱雁斌。

引　言

互联网已成为重要的信息基础设施，积极利用互联网进行我国电子政务建设，既能提高效率、扩大服务的覆盖面，又能节约资源、降低成本。利用开放的互联网开展电子政务建设，面临着计算机病毒、网络攻击、信息泄漏、身份假冒等安全威胁和风险，应该高度重视信息安全。

为推进互联网在我国电子政务中的应用，指导基于互联网电子政务信息安全保障工作，特制定本指导性技术文件。本指导性技术文件确立了基于互联网电子政务系统信息安全保障的总体架构，对基于互联网电子政务所涉及的信息安全技术、信息安全管理、信息安全实施等提出了相关要求。

本指导性技术文件主要适用于地市级(含以下)政府单位基于互联网开展非涉及国家秘密的电子政务建设。

信息安全技术 基于互联网电子政务信息安全实施指南

1 范围

本指导性技术文件确立了基于互联网电子政务信息安全保障总体架构，为基于互联网电子政务所涉及的信息安全技术、信息安全管理、信息安全工程建设等方面安全要求的实施提供指导。

本指导性技术文件主要对统一的安全政务网络平台、安全政务办公平台、可信公共服务平台和安全支撑平台的建设提出规范与要求。对于相关政务部门专有的业务系统，其安全防护根据明确责任、各负其责的原则，由主管部门采取适当的安全措施，本指导性技术文件不涉及对它的安全要求。

本指导性技术文件适用于地市级(含以下)政府单位，基于互联网开展不涉及国家秘密的电子政务信息安全建设，为管理人员、工程技术人员、信息安全产品提供者进行信息安全建设提供管理和技术参考。

2 规范性引用文件

下列标准中的条款通过本指导性技术文件的引用而成为本指导性技术文件的条款。凡是注日期的引用文件，其随后所有的修改单(不包括勘误的内容)或修订版均不适用于本指导性技术文件，然而，鼓励根据本指导性技术文件达成协议的各方研究是否可使用这些文件的最新版本。凡是不注日期的引用文件，其最新版本适用于本指导性技术文件。

GB/T 2887 电子计算机场地通用规范

GB 17859—1999 计算机信息系统 安全保护等级划分准则

GB/T 17902.2 信息技术 安全技术 带附录的数字签名 第2部分:基于身份的机制(GB/T 17902.2—2005,ISO/IEC 14888-2:1999,IDT)

GB/T 17902.3 信息技术 安全技术 带附录的数字签名 第3部分:基于证书的机制(GB/T 17902.3—2005,ISO/IEC 14888-3:1998,IDT)

GB/T 19714 信息技术 安全技术 公钥基础设施 证书管理协议

GB/Z 19717 基于多用途互联网邮件扩展(MIME)的安全报文交换(GB/Z 19717—2005,RF 2630,NEQ)

GB/T 19771 信息技术 安全技术 公钥基础设施 PKI组件最小互操作规范

GB/T 20269 信息安全技术 信息系统安全管理要求

GB/T 20271 信息安全技术 信息系统通用安全技术要求

GB/T 20275 信息安全技术 入侵检测系统技术要求和测试评价方法

GB/T 20280 信息安全技术 网络脆弱性扫描产品测试评价方法

GB/T 20281 信息安全技术 防火墙技术要求和测试评价方法

GB/T 20282 信息安全技术 信息系统安全工程管理要求

GB/T 20518 信息安全技术 公钥基础设施 数字证书格式

GB/T 20945 信息安全技术 信息系统安全审计产品技术要求和测试评价方法

GB/T 20984 信息安全技术 信息安全风险评估规范

GB/Z 20985 信息技术 安全技术 信息安全事件管理指南(GB/Z 20985—2007,ISO/IEC TR 18044:2004,MOD)

GB/T 22081　信息技术　安全技术　信息安全管理实用规则(GB/T 22081—2008,ISO/IEC 27002:2005,IDT)

GB/T 22239　信息安全技术　信息系统安全等级保护基本要求

GB/T 22240　信息安全技术　信息系统安全等级保护定级指南

GB/T 24363—2009　信息安全技术　信息安全应急响应计划规范

ISO/IEC 18028-4:2005　信息技术　安全技术　IT网络安全　远程访问安全

ISO/IEC 18028-5:2006　信息技术　安全技术　IT网络安全　使用VPN技术实现跨网域安全通信

3　术语和定义

下列术语和定义适用于本指导性技术文件。

3.1

分域控制　control by difference realms

将基于互联网电子政务系统划分为内部数据处理区域、公开数据处理区域、安全服务区域和安全管理区域,制定安全策略,提供基于安全域的接入控制、域间信息安全交换等安全机制。

3.2

分类防护　defence by difference information class

根据基于互联网电子政务系统的信息属性,将信息分为公开、内部共享和内部受控等类别,并根据信息类别采取不同的安全措施。

3.3

内部数据处理区域　inside data processing realm

仅向政务办公人员开放的政务办公系统及其数据的所在区域。

3.4

公开数据处理区域　publicity data processing realm

向公众开放的公共服务系统及其数据的所在区域。

3.5

安全管理区域　security management realm

仅向系统安全管理人员开放的安全管理系统及其数据的所在区域。

3.6

安全服务区域　security service realm

为用户提供安全服务的系统及其数据的所在区域。

4　缩略语

下列缩略语适用于本指导性技术文件。

CDMA	码分多址访问(Code Division Multiple Access)
DHCP	动态主机配置协议(Dynamic Host Configuration Protocol)
DNS	域名系统(Domain Name System)
FTP	文件传输协议(File Transfer Protocol)
GPRS	通用分组无线服务(General Packet Radio Service)
HTTP	超文本传输协议(HyperText Transfer Protocol)
IP	互联网协议(Internet Protocol)
LAN	局域网(Local Area Network)
NAT	网络地址转换(Network Address Translation)
PKI	共钥基础设施(Public Key Infrastructure)

POP3 邮局协议版本3(Post Office Protocol—Version 3)

TCP 传输控制协议(Transmission Control Protocol)

UDP 用户数据报协议(User Datagram Protocol)

VPN 虚拟专用网(Virtual Private Network)

WLAN 无线局域网(Wireless Local Area Networks)

xDSL 数字用户线路(Digital Subscriber Line)

5 基于互联网电子政务安全需求与实施原则

5.1 威胁分析

基于互联网电子政务网络相对于电子政务专网模式风险更大，这些风险主要来自于身份假冒、信息窃取、内容篡改、病毒侵袭等造成的破坏。基于互联网的电子政务面临的信息安全威胁主要有：

a) 身份假冒、口令窃取威胁。身份鉴别是网络安全的基本要求，互联网拥有大量用户，系统很难分辨哪些是合法用户，哪些是非法用户，存在身份假冒等威胁。一旦政务办公人员的身份被假冒，将影响到政府的办公系统，一旦政务网站信息发布员或专家的身份被别有用心者假冒，将无法保证发布信息的真实可信。

b) 信息窃取或篡改威胁。基于互联网电子政务系统存在大量不宜公开的内部信息，如政务办公系统的待办公文等，互联网作为高度开放的网络，内部数据在传输过程中极易被窃取和监听，内部数据要面对高水平黑客和别有用心者，信息泄漏的威胁更大。

c) 系统面临恶意攻击的威胁。基于互联网建设电子政务系统，遭到恶意攻击的风险更大，特别是为企业和百姓服务的系统，允许从互联网上直接访问，虽然提高了服务范围，方便了大众，但是相对局域网而言，也面临着更多来自互联网的威胁。若不能保持服务窗口的良好稳定运行，势必对系统的可用性造成威胁，影响政府形象。

d) 病毒传播和扩散威胁。互联网上存在大量的资源和服务，人们在获取资源和享受服务的同时，也极易将病毒带回来。如今，病毒种类多、更新速度快，常常呈指数级的速度扩散，这将影响依托互联网建设的政务网络中的终端、服务器的正常运行。

5.2 安全需求

在基于互联网电子政务系统建设过程中，除需要考虑内部安全以外，还要应对来自互联网攻击的防范，其安全需求主要包括：

a) 需要实现安全接入与安全互联，在互联网上构建安全的电子政务网络；

b) 需要实现强的安全认证、授权管理与访问控制机制，确保电子政务系统的安全访问；

c) 需要采取分类分域控制措施，加强综合防范和安全管理，进行不同类别信息和系统的有效保护。

5.3 实施原则

基于互联网电子政务信息安全风险应对的基本原则包括：

a) 涉密信息不上网。基于互联网电子政务系统不得传输、处理、存储涉及国家秘密的信息。涉及国家秘密信息的保护应遵照国家涉密信息保护的相关规定。

b) 适度安全、综合防范。基于互联网的电子政务建设应当根据应用系统的安全需求，合理配置信息安全资源，采取适当的安全措施，进行有效的安全管理，从管理、技术等各个方面进行综合防范。

c) 分域控制、分类防护。实施分域边界防护和域间访问控制，保证信息的安全隔离和安全交换；针对不同类别的信息采用不同的安全防护措施。

d) 明确责任、各负其责。按照谁主管谁负责、谁运行谁负责的要求，各部门各单位全面负责所属电子政务系统的安全管理工作。要明确建设单位、运行维护单位、用户单位的安全责任，并切实落实。

6 基于互联网电子政务安全保障总体架构

6.1 政务系统安全架构

基于互联网的电子政务系统包括面向政府工作人员的政务办公应用和面向公众的公共服务应用。其系统的安全建设，通过构建安全支撑平台、安全政务网络平台、安全政务办公平台、可信公共服务平台和管理制度体系，来保障电子政务信息的保密性、完整性、可用性、真实性和可控性。基于互联网电子政务系统的基本安全架构如图1所示。

<table>
<tr><td rowspan="2">安全支撑平台</td><td>安全政务办公平台</td><td>可信公共服务平台</td><td rowspan="2">管理制度体系</td></tr>
<tr><td colspan="2">安全政务网络平台</td></tr>
<tr><td colspan="4">互联网</td></tr>
</table>

图 1 基于互联网电子政务系统安全架构

互联网是构建电子政务网络所利用的基础设施。

安全政务网络平台是依托互联网，通过采用商用密码、防火墙和 VPN 技术，将各接入单位安全互联起来的电子政务网络。

安全支撑平台提供安全互联、接入控制、统一身份鉴别、授权管理、恶意代码防范、入侵检测、安全审计、桌面安全等安全支撑。

安全政务办公平台、可信公共服务平台构成了电子政务的安全应用，既是安全支撑平台的保护对象，又是基于互联网实施电子政务的主体。

管理制度体系是基于互联网电子政务长期有效运行的保证，包括建设管理、使用管理、维护管理、安全管理、数据管理、应急管理等规章制度。

6.2 政务网络结构

图2给出了地市级基于互联网电子政务网络的典型结构。

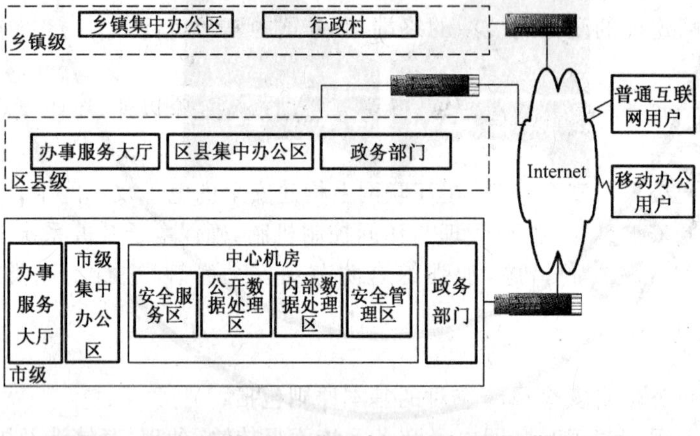

图 2 地市级基于互联网电子政务网络典型组成

市级区域通常包括电子政务中心机房、办事服务大厅、市级集中办公区和其他政务部门等。电子政务中心机房是电子政务系统与数据、安全管理与服务系统的集中地，根据中心机房所包含的应用系统和数据的类型，将其划分为公开数据处理区域、内部数据处理区域、安全服务区域、安全管理区域四个区域。办事服务大厅是市级单位向全市公众提供集中行政审批等服务的场所。其他政务部门是指直接与互联网安全连接的其他行政单位。

区县级区域通常包括办事服务大厅、区县级集中办公区和其他政务部门等。

乡镇级区域通常包括乡镇集中办公区和行政村等。

移动办公用户是通过装有 VPN 客户端的终端，远程安全接入电子政务系统的政务办公用户。

普通互联网用户是通过互联网访问电子政务门户网站或接受公共服务的公众用户。

不同的地市级基于互联网电子政务网络结构可能存在差异，可参照图 2 进行建设，如附录 A 中的某市基于互联网电子政务网络结构。地市级以下政务网络结构可减去市级区域后参照地市级网络结构进行建设。

6.3 安全系统组成

6.3.1 安全支撑平台系统结构

电子政务安全支撑平台是基于互联网电子政务系统运行的安全保障。电子政务安全支撑平台依托公钥基础设施所提供的数字证书等服务，通过综合采用以密码为核心的安全技术，实现安全互联、接入控制与边界防护、区域安全、桌面安全、应用安全、安全服务和安全管理，形成一体化的分类分域安全防护体系。电子政务安全支撑平台的系统结构如图 3 所示。

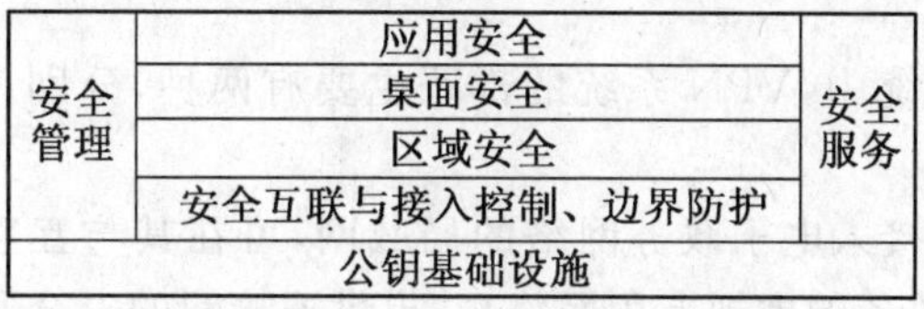

图 3 电子政务安全支撑平台系统结构

6.3.2 公钥基础设施

公钥基础设施主要是为用户和实体提供数字证书服务，要按照国家的有关规定，选用依法建设的证书服务系统，地市级不宜建设自己的认证中心。公钥基础设施采用的 PKI 技术要求能够保证系统的互联互通和将来的功能扩展，满足 GB/T 19714、GB/T 19771 和 GB/T 20518 的相应要求。

6.3.3 安全互联与接入控制、边界防护

安全互联与接入控制、边界防护主要是实现区域间的安全互联，为各区域提供网络边界防护，为政务办公用户提供远程安全接入控制。采用的主要安全技术包括商用密码、VPN、防火墙等技术，将市、区县、乡镇三级政府和移动办公用户的网络与终端通过互联网安全接入与互联。

6.3.4 区域安全

区域安全主要是按照“明确责任、各负其责”的原则，相关部门根据安全需要为各区域提供网络安全保障。采用的主要安全技术包括入侵检测、漏洞扫描、安全审计、网页防篡改、防病毒等技术，实现区域所需的安全防护与控制。

6.3.5 桌面安全

桌面安全主要是为互联网上的政务办公终端提供恶意代码防范、基于个人主机的访问控制、传输安全、存储安全、电子邮件安全和安全审计等综合安全防护措施。采用的主要安全技术包括防恶意代码、登录认证、访问控制、电子邮件安全和安全存储等，实现各类终端的使用操作安全。

6.3.6 应用安全

应用安全主要是为电子政务应用系统提供信息分类分域存储、统一身份管理、授权管理、访问控制和分类防护等安全措施。采用的主要安全技术包括加密技术、数字签名技术、统一身份鉴别技术、授权管理与访问控制技术、信息分类防护技术、基于工作流的访问控制技术和网页防篡改技术等，实施应用系统及相关信息的安全保护。

6.3.7 安全管理

安全管理主要是为电子政务系统提供授权管理、安全设备管理、安全策略、安全审计、检测评估等措施。采用的主要安全技术包括授权管理技术、VPN 安全管理技术、审计管理技术、应急处理技术、漏洞扫描技术等，构成技术管理平台。

6.3.8 安全服务

安全服务主要是为各类用户提供单点登录、系统补丁下载、恶意代码库升级等在线服务。采用的主要安全技术为统一身份鉴别、恶意代码防范技术，提供安全服务功能。

6.4 安全系统配置

6.4.1 VPN系统

6.4.1.1 功能与系统组成

VPN系统完成区域间安全互联、移动安全接入等功能，通过集成防火墙功能可共同完成分域控制与网络边界防护等功能，VPN系统通常包括VPN安全设备、VPN客户端和VPN安全管理设备三个组件。VPN安全设备是区域间安全互联的必选配置。

VPN安全设备通常部署于局域网与互联网的边界处，当用户终端需要通过互联网进入政务网络时，通常需要加配VPN客户端。VPN安全管理设备部署于安全管理区域，对整个政务网络上VPN安全设备进行设备状态、安全策略、安全审计等管理。

6.4.1.2 VPN系统部署

在基于互联网电子政务系统中，VPN系统的部署主要有两种，分别用于网络安全互联、终端安全接入。

a) 网络安全互联。需要接入电子政务网络的局域网，可在其与互联网的连接处部署VPN安全设备，通过建立电子政务的虚拟专用网络，并提供连接间的安全通道，实现网络安全互联。

b) 终端安全接入。直接通过互联网访问政务办公系统的终端，可安装VPN客户端，与VPN安全设备建立安全通道，实现移动政务办公。

6.4.2 统一身份管理与授权管理系统

统一身份管理与授权管理系统完成统一用户管理。身份管理和授权管理是访问控制的前提，身份管理对用户的身份进行标识与鉴别；授权管理对用户访问资源的权限进行标识与管理。它是基于互联网电子政务系统的必选配置。

统一身份管理与授权管理系统作为安全管理中心的一部分，部署于安全管理区域。

6.4.3 桌面安全系统

桌面安全系统提供主机恶意代码防范、PC防火墙、桌面存储安全、电子邮件安全、安全审计等一体化终端安全保护，保护网上政务办公终端的安全。桌面安全系统分为基本桌面安全和增强桌面安全两类。

基本桌面安全完成主机恶意代码防范、PC防火墙、安全审计等功能，是基于互联网电子政务系统的必选配置。

增强桌面安全在基本桌面安全的基础上，增加了桌面存储安全和电子邮件安全等功能，是基于互联网电子政务系统的可选配置。

用于政务办公的计算机不应安装与工作无关的软件。

6.4.4 恶意代码防范系统

恶意代码防范系统旨在发现病毒、木马等恶意代码的入侵，并阻止其在政务系统上的传播和破坏。

在政务终端、服务器和相应部位上应安装和运行恶意代码防范系统并及时更新，定期进行恶意代码扫描和清除，防范恶意代码在网络上的扩散。

6.4.5 网页防篡改系统

网页防篡改系统能够发现网页攻击或篡改，当网页受到破坏时可进行恢复。它是基于互联网电子政务网站系统的必选配置。

网页防篡改系统可与被保护系统部署于同一个区域，通常用于保护通过互联网为用户提供公共服务的系统，如公开数据处理区域的政府门户网站。

6.4.6 安全审计系统

安全审计系统为基于互联网电子政务系统安全事件管理提供事中记录、事后追踪的手段，它是基于互联网电子政务系统的必选配置。

安全审计系统主要由审计数据采集引擎和审计数据分析部件组成。审计数据采集引擎通常部署于被审计的设备中；审计数据分析部件通常部署于安全管理区域。

6.4.7 入侵检测系统

入侵检测系统通过对计算机网络或计算机系统中的信息进行收集和分析,从中发现违反安全策略的行为和被攻击的迹象。它是基于互联网电子政务系统的可选配置。

入侵检测系统包括入侵检测网络引擎和入侵检测控制台两部分。入侵检测网络引擎应部署于电子政务系统的网络数据交汇处,入侵检测控制台部署于安全管理区域。

6.4.8 漏洞扫描系统

漏洞扫描系统是对主机和网络系统进行扫描、检测,并进行风险管理的工具,用于发现主机和网络系统的安全漏洞,并评估主机和网络系统的安全风险。它是基于互联网电子政务系统的可选配置。

漏洞扫描系统部署于安全管理区域。

6.4.9 应急响应与备份恢复

应急响应与备份恢复提供应对各种突发事件的发生所做的准备以及在事件发生后所采取的措施。基于互联网电子政务应急响应与备份恢复机制的保护对象是重要电子政务系统和重要数据,能实现对网络安全运行情况的全方位监测、响应与恢复,应根据电子政务系统的重要程度进行系统配置。

6.5 密码要求

密码安全产品的使用以及产品所使用的密码算法应符合国家有关规定。

7 系统分类分域控制机制

7.1 概述

基于互联网电子政务信息安全保障应遵循信息安全等级保护有关标准和规定,具体定级和保护应按 GB 17859、GB/T 20271、GB/T 22240 和 GB/T 22239 的相应要求执行。

根据信息的重要程度和不同类别,采取不同的保护措施,实施分类防护;根据系统和数据的重要程度,进行分域存放,实施分域保护和域间安全交换,实施分域控制。

7.2 政务信息和应用分类

7.2.1 信息分类

基于互联网电子政务系统中信息分为公开信息和内部信息两类。

a) 公开信息。在互联网上可以向公众完全开放的政务信息。

b) 内部信息。内部信息是只被政务人员访问的信息,主要包括政府单位不宜公开的工作信息、企业的商业秘密、个人隐私等。

内部信息分为内部公开和内部受控信息两种。内部公开信息是允许所有政务人员访问的信息。内部受控信息是允许授权的政务人员才能访问的信息。

7.2.2 应用分类

基于互联网电子政务系统的政务应用主要分为政务办公、公共服务等。

a) 政务办公。政府部门内部的业务处理,如政府部门间的公文流转、公文交换、公文处理、办公管理和数据共享等。安全防护的重点主要包括对政务人员的身份鉴别、政务资源的授权访问和数据传输保护等方面。

b) 公共服务。面向社会公众提供信息公开、在线办事、互动交流等服务。安全防护的重点应放在系统和信息的完整性和可用性方面,特别要防范对数据的非法修改。

7.3 信息分类防护措施

信息分类防护是指系统的防护措施应面向它所处理的信息,根据不同类别的信息采取不同的保护措施。

7.3.1 公开信息防护

对公开信息的保护应保证信息的完整性和可用性。

7.3.2 内部公开信息防护

对于内部公开信息的保护可采用口令或数字证书进行身份鉴别等手段，允许系统内政务人员通过身份鉴别访问内部公开信息，防止系统内非政务人员的非法访问。

7.3.3 内部受控信息防护

对于内部受控信息的保护应采用数字证书认证、自主访问控制和加密等手段，防止非授权人员的访问和数据泄漏。

7.4 系统分域控制措施

7.4.1 安全域划分

按照电子政务应用系统信息和应用分类的安全需求，划分为内部数据处理区域和公开数据处理区域；根据安全系统的功能不同，划分为安全管理区域和安全服务区域。基于互联网电子政务安全域划分如图 4 所示。

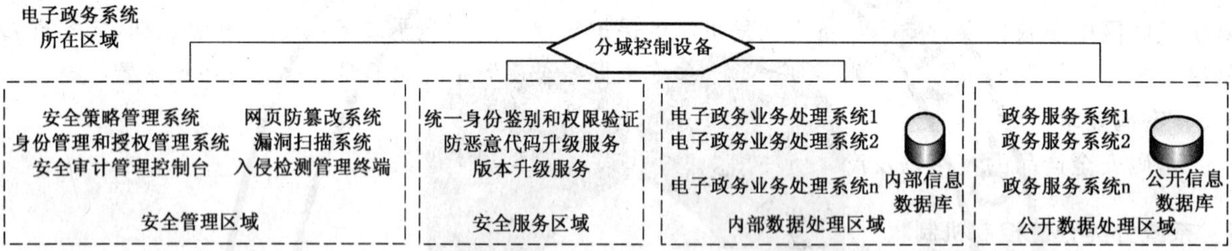

图 4 基于互联网电子政务安全域划分

a) 公开数据处理区域。公开数据是提供给公众访问的数据。公开数据处理区域用来承载处理公开信息的电子政务应用系统及其数据库，处理对公众和企业开放的服务，如政策发布、政府网站或便民服务等。

b) 内部数据处理区域。内部数据是仅允许系统内部人员访问的数据。内部数据处理区用来承载处理内部信息的电子政务应用系统及其数据库，处理政府内部和部门之间的业务。

c) 安全管理区域。安全管理区域面向电子政务系统安全管理人员，承载安全管理中心等，为全网的电子政务系统提供统一的资源管理、权限管理、策略管理、审计管理和安全可视化管理等。

d) 安全服务区域。安全服务区域作为安全管理中心的一部分，为所有的电子政务系统用户，提供共性安全支撑服务，如防恶意代码库升级、统一身份鉴别和权限验证等。

7.4.2 分域控制

7.4.2.1 用户接入控制

电子政务核心区域部署的分域控制设备对内部四个安全域的访问行为进行基于策略的访问控制，实现用户接入控制。用户接入控制如图 5 所示。

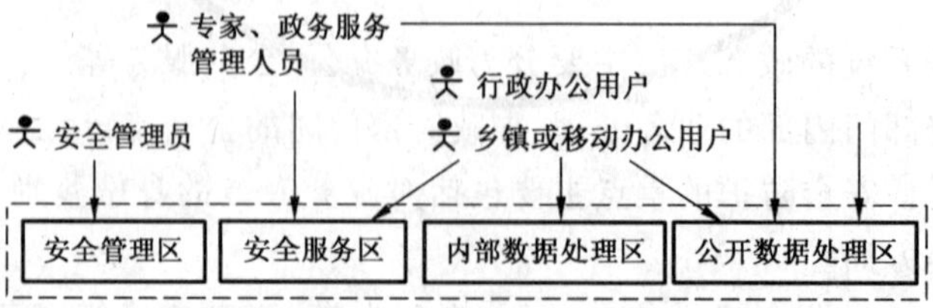

图 5 用户接入控制示意图

用户接入控制策略如下：

a) 公开数据处理区域允许公众直接访问；

b) 内部数据处理区域仅允许政府单位办公人员和其他授权用户访问；

c) 安全管理区域仅允许安全管理人员访问；

d) 安全服务区域提供与安全相关的服务，允许政府单位办公人员、注册用户访问。

7.4.2.2 域间信息安全交换

当存放于内部数据处理区域的数据和公开数据处理区域实施交换时，应符合访问控制策略，防止内部数据的泄漏和破坏。

8 安全技术要求

8.1 网络互联、接入控制与边界防护

8.1.1 VPN技术

VPN技术要求可遵照ISO/IEC 18028-4和ISO/IEC 18028-5的相应要求，基于互联网电子政务应满足如下基本要求：

a) 互联安全。为电子政务各区域间建立安全通道提供保证，提供机密性、完整性和抗重放攻击等安全机制。

b) 移动安全接入。支持各种类型的终端设备安全接入政务网络，实现移动安全政务办公。

c) 接入控制。支持基于用户的接入控制功能，保证用户按照接入控制策略接入正确区域。

d) 分域控制。当VPN安全设备部署于中心机房，实施各安全域间的信息流向控制时，具有分域控制功能，系统分域控制机制可参照7.4.2。

e) 网络适应性。VPN安全设备支持与NAT设备兼容，支持网桥模式/网关模式；支持静态地址、DHCP、拨号等多种网络地址获取类型。VPN客户端支持电话拨号、LAN宽带、xDSL、WLAN、CDMA、GPRS等多种互联网接入方式。

8.1.2 VPN安全管理

基本要求如下：

a) 基本功能要求。支持多种接入方式下的安全隧道管理；支持VPN防火墙策略配置管理；支持基于网络数据流的审计日志管理。

b) VPN设备统一管理要求。支持系统中所有VPN的统一管理，包括策略的统一设置和系统配置。

c) 端用户统一管理要求。支持VPN客户端的统一管理，包括在线监视和接入审计。

d) 分域控制管理要求。支持安全域的划分和分域控制策略管理。

e) 用户接入控制管理要求。支持基于用户的接入控制管理。

f) 安全审计。支持网络数据流审计，具有关键操作审计功能。

8.1.3 防火墙

防火墙技术可遵照GB/T 20281的相应要求，基于互联网电子政务满足如下基本要求：

a) 分域控制。当防火墙部署在中心机房用于进行分区安全防护和区间安全交换时，具备分域控制功能，分域控制机制可参照7.4.2。

b) 物理端口数量要求。实施分域控制的防火墙具有四个以上的物理端口，以便于进行安全域的划分。

c) 安全审计。具有完整的日志记录及良好的日志分析能力。

d) 自身防护。具有自身保护能力，能防范常见的网络攻击。

8.2 区域安全

8.2.1 网络入侵检测

网络入侵检测技术可遵照GB/T 20275相应要求，基于互联网电子政务满足如下基本要求：

a) 数据探测。具有实时获取受保护网段内的数据包的能力。至少应监视基于互联网电子政务系统常用IP、TCP、UDP、HTTP、FTP、POP3、DNS等协议。

b) 行为检测。网络入侵检测系统至少对常见攻击行为进行监控；具有发现IP碎片重组，TCP流重组等常见躲避或欺骗检测行为的能力；具有对高频度发生的相同安全事件进行合并告警，并能够避免告警风暴。

c) 流量检测。网络入侵检测系统监视整个网络或者某一特定协议、地址、端口的报文流量和字节流量。

d) 响应与结果处理。当系统检测到入侵时，实时发出安全警告，可生成详尽的检测结果报告以及解决方案建议。

e) 性能。产品将误报率和漏报率控制在应用许可的范围，不能对正常使用产生较大影响。

8.2.2 安全审计

安全审计可以遵照 GB/T 20945 的相应要求，基于互联网电子政务满足如下基本要求：

a) 数据采集与分析。对重点区域的网络通信事件进行采集；应能记录内部数据处理区域的政务业务处理系统的访问日志，应能记录安全管理区域的操作日志。

b) 审计策略。对可审计跟踪的事件按用户可理解的方式进行分类，方便用户浏览和策略定制；同时将可审计事件的重要程度划分为不同的级别，对不同级别的事件采取不同的处理方式。为用户提供可自主定制的审计策略定制功能。

c) 审计记录存储。至少采取一种安全机制，保护审计记录数据免遭未经授权的删除或修改；任何对审计记录数据的删除或修改都要生成系统自身安全审计记录。

d) 告警与响应。对于系统安全策略定义的紧急事件，要直接向报警处理器发送报警消息，并记录报警数据；要对报警记录采取相应的响应动作。

8.2.3 恶意代码防范

具体要求如下：

a) 恶意代码检测。能检测常见已知恶意代码，发现未知或可疑代码。

b) 恶意代码清理。能及时对检测出的恶意代码进行清理，将不能清除的恶意代码进行隔离。

c) 警报和日志。具有集中化的报警、日志报告功能，能生成统计分析报告，警告信息应该按严重程度分级，并且电子政务用户可自定义报警消息的内容。

d) 升级。提供多种升级方式，升级不影响正常的业务通信。

e) 系统兼容性。要求网络防恶意代码系统支持 Windows、Linux 和 Unix 等主流操作系统的各种版本。

8.2.4 网页防篡改

具体要求如下：

a) 篡改行为检测。支持所有类型文件的自动监控，支持断线/连线状态下篡改检测。

b) 网页恢复。支持连线状态下网页快速恢复，及时恢复正确网页。

c) 篡改分析。能够提供可疑篡改源 IP 列表、网站所有访问的信息、可疑请求查询等必要数据，供管理员进行统计分析。

d) 发布与同步。支持自动或手动方式精确同步和增量同步。支持集群、多机热备，自动执行多个 Web、应用服务器的同步；支持多虚拟主机、目录的并发同步。

e) 报警。支持多级报警级别设置，提供声音提示、电子邮件、手机短信、电话铃声报警模式。

f) 系统兼容性。支持 Windows、Linux 和 Unix 等主流操作系统。

8.3 桌面安全

8.3.1 防护功能

基于互联网电子政务系统的终端至少采用基本桌面安全措施，当电子政务终端在互联网上进行远程移动访问时，可采用增强桌面安全措施。具体要求如下：

a) 基本桌面安全功能具有主机恶意代码防范、PC 防火墙功能；

b) 增强桌面安全功能具有主机恶意代码防范、PC 防火墙、桌面存储安全、安全电子邮件和主机审计等功能；根据工作需要可对移动介质使用、端口输出等行为进行更为严格的控制。

8.3.2 与其他终端安全防护的兼容性

桌面安全组件要与其他终端安全系统兼容，终端身份标识载体配置能支持一 Key 多用，一个终端身份标识载体能支持终端的多种安全功能。

8.3.3 主机恶意代码防范

能够通过 VPN 系统及时远程升级恶意代码特征库，定期检查恶意代码，防止网络恶意代码的扩散。

8.3.4 PC 防火墙

具体要求如下：

a) 基本功能要求。实现对进出计算机的数据包进行安全过滤。

b) 统一策略配置要求。当启用专用防火墙时，支持用户策略的统一配置；当启用配置操作系统自带防火墙功能时，能够提供一个实用程序进行统一的策略配置和导入。保证政务终端实现基于策略的访问控制，同时使系统易用、易管理。

8.3.5 桌面存储安全

具体要求如下：

a) 易用性要求。支持与选用操作系统的无缝集成。

b) 解密安全要求。支持解密文件时断开网络连接，保证内部数据的安全。

c) 密钥管理要求。支持密钥的更新、撤销、备份等密钥管理功能。

8.3.6 电子邮件安全传输

安全电子邮件应该满足 GB/Z 19717 的相应要求，基于互联网电子政务满足如下基本要求：

a) 支持邮件传输的保密性、完整性、可鉴别性、抗抵赖性等安全服务。

b) 电子邮件安全群发要求。支持同一安全域内安全邮件的群发。

c) 电子邮件点对点安全互发要求。支持基于公钥技术的点对点邮件互发。

d) 密钥管理要求。支持密钥及用户证书的更新、撤销、备份等功能。

8.3.7 移动存储介质安全管理

根据工作需要可对重要终端或服务器中移动存储介质的使用进行严格控制，具体要求如下：

a) 移动存储介质认证。支持对移动存储介质是否注册进行认证。

b) 移动存储介质控制。可对注册或非注册的移动存储介质进行控制。

c) 集中策略设置。可在管理中心设置移动存储介质策略，对注册和非注册移动存储介质的注册、使用范围、使用方式等进行管理。

8.4 安全管理技术要求

8.4.1 统一身份管理

统一身份管理与授权管理的安全部署见 6.4.2，统一身份管理基本要求如下：

a) 用户统一标识与管理。保证用户具有唯一的标识，并采用统一的数据库对用户身份信息进行管理。

b) 用户身份鉴别方式。采用口令或证书等两种以上身份鉴别方式，并对其进行安全存储与管理。

c) 支持用户能够进行统一的身份鉴别。

d) 支持用户访问权限的统一管理。

8.4.2 统一授权管理

统一身份管理与授权管理的安全部署见 6.4.2，统一授权管理基本要求如下：

a) 授权策略管理。依据用户的职权属性和系统信息的安全属性，制定授权策略。

b) 自主访问控制策略管理。按照用户身份信息，基于授权策略建立访问控制列表。

c) 授权管理。按照分域控制、分类防护要求，按部门、按人员的职责确定其所访问的范围。

d) 授权的方便性。支持政务部门进行分层次授权，避免集中授权的复杂性，提高授权的准确性。

e) 与应用系统接口要求。提供与应用系统模块信息的同步接口;提供与授权信息的同步接口;提供授权信息的在线查询接口。

8.4.3 安全审计管理

8.4.4 安全审计系统

安全审计系统的部署参见 6.4.6,对其的基本要求如下:

a) 基本功能要求。支持政务信息系统访问行为的安全审计。

b) 网络数据流实时审计要求。支持基于网络数据流的安全审计;支持审计自动转储和审计在线查询。

c) 内部数据审计要求。支持对内部数据访问行为的安全审计。

d) 审计查阅要求。支持授权用户通过审计查阅工具进行审计数据的查询,审计数据应易于理解。

e) 完整性保护要求。支持审计日志数据的完整性保护。

f) 集中管理要求。支持各种安全设备审计数据的集中管理。

8.4.5 应急响应

8.4.6 应急响应与备份恢复

应急响应与备份恢复的部署参见 6.4.9,对其的基本要求如下:

a) 按照 GB/T 24363—2009 的相应要求,制定应急预案;

b) 根据应急预案定期进行应急演练;

c) 按照 GB/Z 20985 的相应要求,关注安全事件,进行事件处置,并保存完整的事件处置记录;

d) 支持关键服务和关键数据实时/非实时的备份/恢复策略。

8.5 安全服务

8.5.1 统一身份鉴别

基本要求如下:

a) 建立统一身份鉴别的数据库,支持证书方式、口令方式、证书与口令相结合的认证方式等。

b) 身份鉴别数据库应支持实时的身份鉴别,负责及时传递用户对身份信息的查询和鉴别。

c) 支持身份鉴别数据库的实时维护、更新和管理。

d) 支持公钥基础设施颁发的数字证书,提供透明的证书和证书状态查询功能。

e) 提供与应用系统的融合。支持认证信息与应用系统模块信息的同步,确保组织机构、用户、角色以及角色关系等信息的一致性;支持认证结果的在线查询;支持认证与授权的同步接口。

f) 实现安全的身份鉴别,避免在提供给用户的反馈信息中泄漏用户的鉴别信息,有效防止用户身份鉴别过程中的重放、第三方攻击等。

8.5.2 恶意代码防范

基本要求如下:

a) 要建立恶意代码数据库。

b) 支持远程用户进行恶意代码库的升级。支持特征代码库文件的自动下载和分发,实现恶意代码特征文件的自动更新;升级不应影响正常的业务通信,支持增量升级方式,减少网络带宽占用率;升级具备容错功能,当出现线路不稳定等因素时,防恶意代码系统可以自动校验、纠错和恢复,无需人工干预。

c) 进行恶意代码防范管理。保证及时升级主机的安全补丁,防止网络蠕虫爆发,不能升级的,应采取相应的规避措施;支持跨平台管理,能够统一管理不同操作系统下的恶意代码防范系统;支持对防恶意代码客户端统一的配置和管理;应对恶意代码可能侵入系统的途径进行监控。

d) 性能。应不占用过多的系统资源,不能影响正常的业务应用。

8.6 应用安全

8.6.1 政务办公安全

电子政务安全支撑平台应能支持政务办公的安全应用。针对政务办公系统的开发和实施,政务办公应具有如下安全功能：

a） 身份鉴别功能。支持基于第三方开发的统一用户管理，避免不同应用系统中用户信息不一致现象，可减少应用系统用户管理的随意性。

b） 访问控制功能。按照授权策略和用户访问权限进行访问控制。

c） 数据传输安全。政务办公平台的数据在互联网上进行传输时，应采用密码技术对其进行安全保护。

d） 安全审计功能。对政务办公关键运行操作应进行日志记录和安全事件分析。

e） 分域存储和分域控制功能。当政务办公子系统的类别不同、敏感程度不同，且需要进行安全交换时，应将不同类别的政务办公子系统进行分域存储，支持系统实施分域控制。具体分域控制参见7.4。

f） 信息分类防护功能。根据政务办公系统信息类别的不同，应支持信息的分类防护。具体信息分类防护机制参见7.3；对于普通工作人员可采用口令方式认证，对从事较高内部级别业务的用户采用证书方式进行强认证。

g） 数字签名。政务办公系统中，采用数字签名技术实现的电子印章应该满足GB/T 17902.2和GB/T 17902.3的相应规定。

h） 支持单点登录功能。提供统一的用户登录接口，避免重复认证，减少认证服务负担。

i） 支持统一授权管理。基于互联网电子政务系统应将应用系统权限进行统一管理，将分散授权变为集中授权；支持第三方统一授权管理，具有和统一授权管理系统的权限同步等必要接口。

j） 支持基于功能模块和工作流的访问控制。根据用户角色动态生成系统功能菜单，要求动态生成的功能菜单不少于三级；在具有工作流的应用系统中，应支持基于工作流的访问控制，根据流程中定义的权限，进一步对用户权限进行限制。

k） 执行重要操作的政务人员必须是持key用户，防止重要业务的操作权限被攻击者非法获取。

8.6.2 公共服务安全

基本要求如下：

a） 支持统一身份鉴别。对信息发布员、系统管理员和专家等用户，实施基于第三方开发的统一身份管理和统一身份鉴别，从事较高内部级别业务的用户采用证书方式认证，确保人员身份的真实性；对于企业用户和普通公众，可在应用系统中进行基于口令的身份鉴别。

b） 支持统一授权管理与访问控制。应支持第三方统一授权管理，支持基于功能权限的访问控制。

c） 支持数据分域存储和分域控制。当公共服务系统中的子系统需要与政务办公系统进行安全数据交换时，应将该子系统进行分域存储，并支持系统实施分域控制。具体分域控制参见7.4。

d） 支持内容发布审核。从信息的录入到发布进行内容把关和审批，保证信息发布的真实性和可信性。

e） 支持网页防篡改。通过部署的网页防篡改系统，防止攻击者对网站的攻击。

9 安全管理要求

9.1 综述

安全管理应该满足国家法律、法规及相关政策要求和相关标准，遵照GB/T 22081、GB/T 20269。

9.2 安全策略

基本要求如下：

a） 管理层制定清晰的策略方向，策略文档应说明管理承诺，并提出管理信息安全的途径；

b） 对涉及整个电子政务安全系统安全的分域控制策略、审计策略和入侵检测策略等关键策略要由管理层批准，进行统一管理，同时建立策略变更审批制度；

c） 在整个组织中颁发和维护信息安全策略。

9.3 安全管理制度

管理制度建设应与系统建设同步进行，应建立从建设管理、使用管理、维护管理、数据管理、安全管理到应急管理的安全管理制度体系。具体制度建设参见附录 B。

9.4 组织安全

基本要求如下：

a) 成立由单位领导人员参加的信息安全协调小组，以协调信息安全措施的实施，并由专门管理者负责与安全相关的活动；

b) 合理地分配信息安全的管理职责，每个管理员负责的领域要予以清晰地规定；

c) 建立授权管理制度，对各个应用系统使用权限的添加、设定、更改以及管理进行统一规定，规范统一身份管理和授权管理系统的使用和维护，建立授权变更审核制度，避免因授权错误对系统安全造成隐患；

d) 定期听取专家的安全建议。

9.5 数据安全

基本要求如下：

a) 建立信息保密审查制度，防止在基于互联网电子政务系统中存储、处理、传输国家秘密。

b) 制定数据管理制度，统一规范电子政务系统使用过程中的数据采集、传输、应用、发布、保存流程。

c) 文件归档管理。依据实际情况，结合政务办公系统流程，规范电子政务系统中的电子文件归档与管理工作，保障电子文件的真实性、完整性、有效性和安全性。

d) 针对政务办公等应用系统使用的各种数据库，制定数据库备份和恢复的操作流程。

9.6 人员安全

基本要求如下：

a) 要对参与系统管理的新成员进行认真考察；

b) 所有安全岗位的管理员和相关联的第三方用户需签署保密协议；

c) 管理者需对用户进行安全规程和正确使用方面的培训，包括正式的安全事件报告规程以及事件响应规程；

d) 对在岗人员要进行安全管理，对离岗人员进行离岗处置。

9.7 物理和环境安全

基本要求如下：

a) 关键和内部的业务信息处理设施应放置在物理环境安全的区域内；

b) 中心机房等关键安全区域的布置与建设要严格审核，全程监控，安装适当的安全监控设施；

c) 安全区域应进行适合的入口控制；

d) 对安全区域的访问者要予以监督，并记录进出时间；

e) 安全区域的选择和设计需考虑防止火灾、水灾和爆炸等自然或人为灾难，尽量降低事故发生时的损失。

9.8 设备安全

基本要求如下：

a) 对信息系统相关的各种设备（包括备份和冗余设备）、线路等指定专门的部门或人员定期进行维护管理；

b) 建立基于申报、审批和专人负责的设备安全管理制度，对信息系统的各种软硬件设备的选型、采购、发放和领用等过程进行规范化管理；

c) 对终端计算机、工作站、便携机、系统和网络等设备的操作和使用进行规范化管理，按操作规程实现关键设备（包括备份和冗余设备）的启动/停止、加电/断电等操作；

d) 确保信息处理设备必须经过审批才能带离机房或办公地点。

9.9 安全管理人员的配置与职责

9.9.1 安全管理员

颁发和维护系统信息安全策略;制定和实施信息安全计划;与主管定期联络并报告有关情况;对信息防护措施的实施和使用进行日常监督;启动和协助安全事故调查。

9.9.2 安全审计员

对组织机构的安全管理体系、信息系统的安全风险控制、管理过程的有效性和正确性进行审计;对审计过程进行控制,制定和规范审计的工作流程,将审计活动周期化,同时加强安全事件审计。

9.9.3 系统管理员

保障数据安全;明确说明需定期备份的重要业务信息、系统数据及软件等内容和备份周期;对数据备份和恢复的管理应保证其应有的安全性要求。

9.9.4 网络管理员

保障网络的正常连通;对重要网络设备和节点的运维应进行监控,及时地解决问题;对安全域的物理与环境安全提出建议。

9.10 安全评估

在基于互联网电子政务信息安全工程实施过程中,对该工程进行安全评估,具体要求应满足GB/T 20984 中的相应要求。具体评估事项与评估流程参见附录C。

10 信息安全工程实施

10.1 基于互联网电子政务信息安全工程流程

基于互联网电子政务信息安全工程的实施流程按照GB/T 20282 中关于工程实施的相应要求。基于互联网电子政务信息安全工程实施流程可被划分为6个阶段:需求分析、方案设计、系统实施与集成、系统试运行与完善、系统安全评估和正式运行等。同时强调了监理、培训和评估在基于互联网电子政务系统中的重要作用,其中监理针对系统实施与集成阶段、培训针对系统试运行与完善和正式运行阶段、评估针对系统正式运行阶段。基于互联网电子政务信息安全工程实施流程如图6所示。

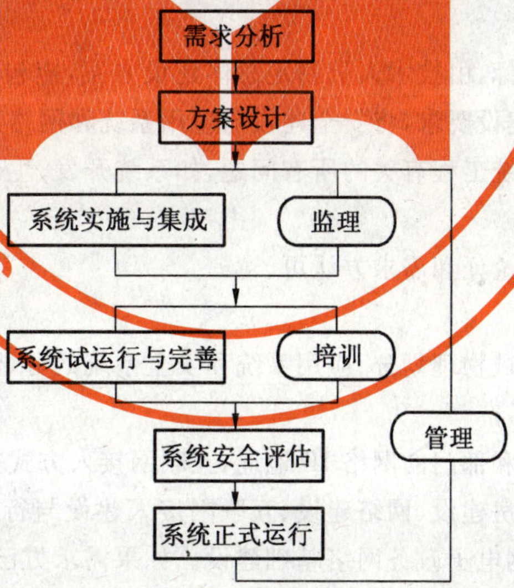

图6 基于互联网电子政务信息安全工程实施流程

10.2 需求分析

10.2.1 规划

信息系统的需求方应根据业务要求,结合自身的应用目标、安全需求以及建设规划的具体要求,编制信息系统安全工程的中长期规划。

中长期规划应指出信息系统建设中安全工程所要具备的能力。规划可以由投资者选定开发者或委托专家协助完成，并需经过专家组审核，以确保其适合业务和技术的发展，并与需求方的切实需要相符合。

10.2.2 需求分析

a) 电子政务现状与需求。了解目前各部门的电子政务现状，各部门对应用系统的建设需求，理顺部门间的信息系统关系。

b) 电子政务网络建设需求。掌握各部门网络建设现状，本地区互联网建设现状，为电子政务网络方案设计打下基础。

c) 信息资源现状与需求。了解各部门已建信息系统、新建信息系统的打算及已存在哪些安全防护措施。

d) 专业技术人员现状与需求。掌握各部门计算机专业人员的计算机应用能力，了解各部门对信息技术专业人才的需求。

e) 应用系统建设需求。了解电子政务应用系统的建设现状，对新建应用系统进行规划，并进行需求分析和可行性分析。

f) 安全需求分析。通过上述5项调查和分析，根据电子政务系统的现状和需求，在技术人员的协助下，由需求方提出基于互联网电子政务系统的安全目标和安全需求。

需求分析完成一份功能需求说明书。说明书得到工程参与各方的初步认可，对系统的功能、性能、互操作性、接口要求作出描述，还要给出系统是否达到这些要求的检验手段。建立起需求管理机制，以处理未来的要求，并对相关设计和测试资料进行确认。

10.2.3 系统定级

对基于互联网电子政务应用系统进行充分的分析，根据应用系统的相似程度和敏感程度，根据GB/T 22240的相应要求进行系统定级。

10.3 方案设计

10.3.1 总体建设方案的制定

根据需求方提出的安全目标，由技术人员制定总体建设方案，应包括网络建设、应用系统建设和安全系统建设，提出安全系统的建设要求，将安全建设与应用系统和网络建设同步规划、同步建设。

总体建设方案应调研与系统工程有关的所有问题，如系统开发、生产、运行、支持、认证，协调解决问题间的冲突。

总体建设方案需通过专家论证和需求方认可。

10.3.2 网络规划

对电子政务中心机房安全域物理划分、应用系统和安全系统的分域部署进行规划，以满足系统分类分域控制要求。

对各级电子政务应用单位和部门的网络IP地址、互联网接入方式等进行统一规划。

进行行政区中心区域的机房建设、网络建设、互联网接入建设与行政区地址规划等，在网络监理的指导下，完成行政区基于互联网电子政务网络基础建设。如果需求方已建设中心机房，则网络建设相对较为简单。

10.3.3 应用系统与安全系统总体设计

针对基于互联网电子政务系统的安全需求，从技术和管理两个方面设计安全防护解决方案，提出应用系统和安全系统的技术要求和系统指标，规划部署方案。设计方案需经过投资方以及专家组的评审。

协调数字证书与安全系统、应用系统的接口关系，进行应用系统与安全系统的安全接口设计，形成接口规范。

10.4　系统实施与集成

10.4.1　网络建设

根据"明确责任、各负其责"原则，各级电子政务建设单位依据总体建设方案的网络规划进行网络建设和改造，包括中心机房、部门局域网、互联网接入等。

10.4.2　安全系统和应用系统的改造与开发

根据建设方案和接口规范对安全系统和应用系统进行开发和改造，使其满足建设方案中的安全技术要求。

10.4.3　安全系统部署与调试

根据安全系统部署方案，进行系统安装和调试，配置系统安全策略。

10.4.4　应用系统部署与调试

根据应用系统部署方案，并进行应用系统安装和调试。

10.4.5　系统集成

进行安全系统和应用系统之间的接口调试，系统的综合部署与调试，进行安全符合性测试，实现统一身份鉴别、授权访问控制、分级分域管理与信息分类防护等。

10.4.6　联调联试

选择有代表性的单位和用户，制定有效的安全策略，进行流程定制，实现安全政务办公、信息安全共享和可信公共服务。

10.4.7　监理

主要任务是进行建设方案的释疑、实施与集成过程中的技术指导以及质量把关，特别是安全方案释疑和安全系统、应用系统与安全系统之间接口的质量把关，保证本阶段所有工作的有效性和正确性。

10.5　系统试运行与完善

在具有代表性的单位和部门中模拟实际情况，对基于互联网电子政务系统进行试用，发现并解决运行过程中的问题。

10.5.1　网络安全配置

进一步调试、规范和完善上一阶段中实现的各项网络安全配置，如重要安全设备和网络连接设备的参数与策略。

10.5.2　用户统一管理

收集政务人员基本信息，按照组织结构创建用户，实现统一用户管理；根据需要为用户制作和发放身份证书；完成系统角色创建和权限分配，完善统一授权管理。

10.5.3　系统安全管理

进一步调试、规范电子政务重点防护区域内各项系统安全配置，如中心机房的分域控制、数据安全交换。

10.5.4　安全制度体系建立

进行各项规章管理制度的制定与完善，建立基于互联网电子政务安全管理制度体系，具体事项可参见附录B。

10.5.5　培训

对基于互联网电子政务系统中各种类型的管理员进行有针对性的安全培训。开始对普通用户进行培训，用户较多的单位可进行分配培训。

10.6　系统安全评估

基于互联网电子政务系统投入正式运行前需对其进行安全符合性评估，确保各项安全机制符合等级保护要求，具体事项可参见附录C。

10.7　系统正式运行

10.7.1　系统运行和维护

系统投入正式运行后，需清除系统中各种临时数据，进行管理权交接，开发方不得随意更改各种安全策略和系统配置。

系统日常维护要严格落实各项安全管理制度和审批手续。

10.7.2 系统验收

系统投入使用后要在主管部门的主持下对基于互联网电子政务系统进行工程验收,并对应用系统和安全系统功能进行测试,论证安全需求被合理解决,确保解决安全问题的办法已被验证与证实。

附 录 A
（资料性附录）
某市基于互联网电子政务网络拓扑

某市的基于互联网电子政务网络拓扑如图 A.1 所示。

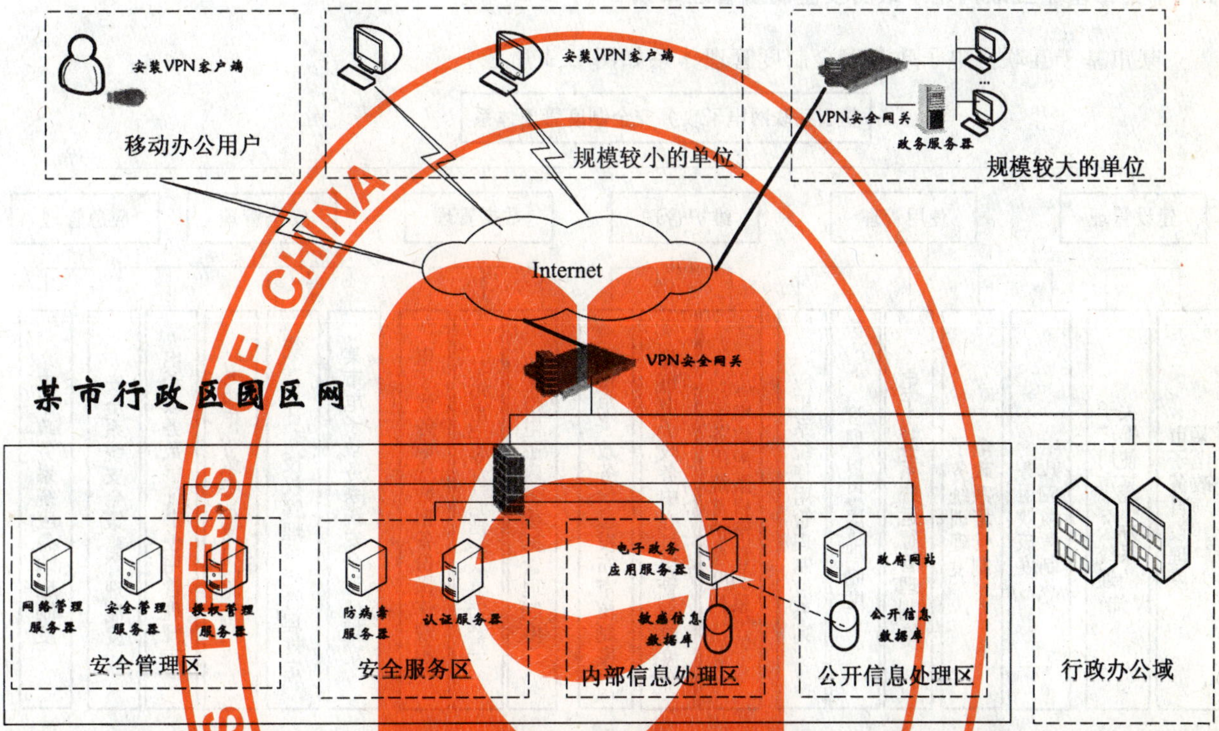

图 A.1 某市基于互联网电子政务网络拓扑

图 A.1 中下半部分是某市行政区园区网，市委、市政府、政协和人大的行政机构都集中在该区域，形成了行政办公区域。该市的中心机房也部署于行政园区网，电子政务应用系统部署于此，也是全市政务数据的存放地。

图 A.1 中上半部分是与中心区域互联的单位，包括移动办公用户、规模较小的单位（如乡镇与街道办事处）和规模较大的单位（如市属委办局），这些区域基于互联网，通过合理部署 VPN 系统，实现与行政园区网络的安全互联。

部署在中心区域的 VPN 安全设备可具有防火墙功能，将 VPN 功能和防火墙功能进行整体设计，兼备分域控制功能，可减少安全设备的投入。具有分域控制功能的 VPN 安全设备应部署于中心机房网络边界，四个内部端口分别连接内部数据处理区域、公开数据处理区域、安全管理区域和安全服务区域，便于实施用户接入控制和信息交换与访问控制，保证信息的安全隔离和安全交换。

附　录　B
（资料性附录）
某市基于互联网电子政务安全制度管理体系

B.1　某市基于互联网电子政务安全制度管理体系

某市基于互联网电子政务安全制度管理体系如图 B.1 所示。

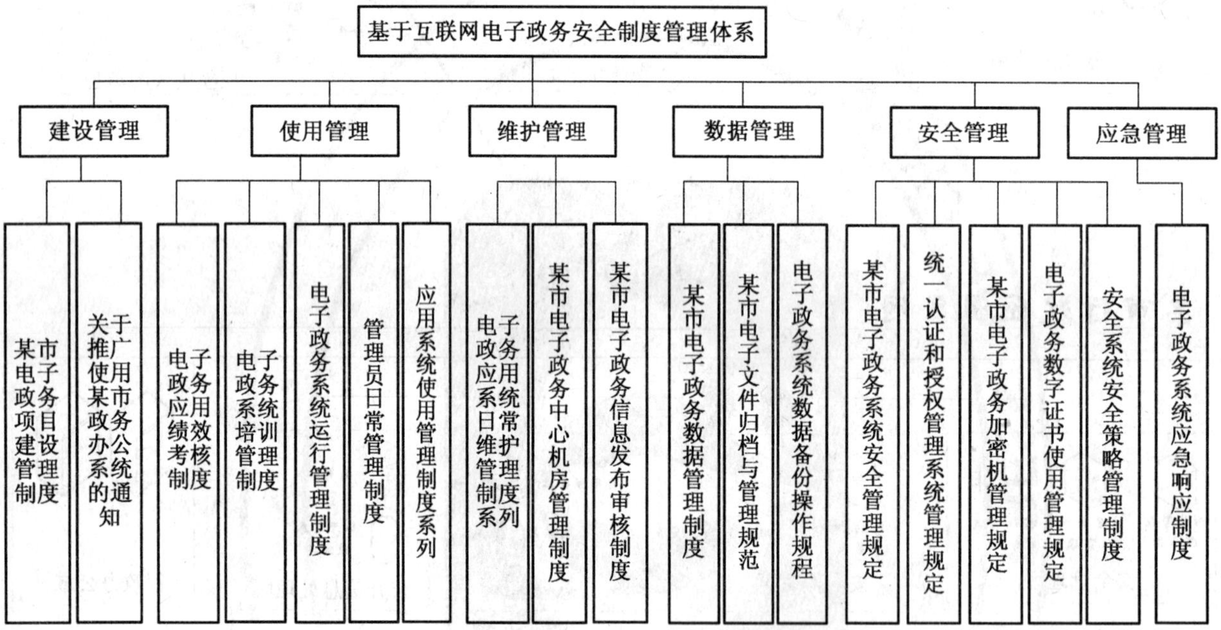

图 B.1　某市基于互联网电子政务安全制度管理体系

B.2　建设管理制度

某市在制度上落实了各阶段电子政务建设应遵循的统一安全要求，规定只有符合要求的方可纳入现有电子政务系统，对于原有电子政务系统应进行安全改造以满足安全性要求，避免新建应用系统安全性的不符合降低整个电子政务系统的安全性。建设管理制度主要包括：

a）《某市电子政务项目建设管理制度》；

b）《关于推广使用某市政务办公系统的通知》。

B.3　使用管理制度

使用管理制度主要用于规范全市电子政务办公系统的使用和管理，规范全体人员的工作行为，明确各类人员职责分工。使用管理制度主要包括：

a）《某市电子政务应用绩效考核制度》；

b）《某市电子政务系统培训管理制度》；

c）《某市电子政务系统使用管理制度》；

d）《管理员日常管理制度》；

e）《某市政务办公系统使用管理制度》；

f）《某市行政审批系统使用管理制度》。

B.4 维护管理制度

主要指对整个电子政务系统支撑环境的管理和维护，重点在于采取有效措施维护系统的稳定运行，包括运行环境、网络系统、主机系统、视音频传输系统、数据库系统等的配置、故障检测、升级、恢复等。维护管理制度主要包括：

a) 《某市电子政务中心机房维护管理制度》；

b) 《某市电子政务系统信息发布管理制度》；

c) 《某市政务办公系统日常维护管理制度》；

d) 《某市项目审批系统日常维护管理制度》；

e) 《某市政府网站日常维护管理制度》；

f) 《某市统一认证授权管理系统日常维护管理制度》。

B.5 数据管理制度

主要面向各类应用产生、处理和使用的数据信息、语音信息、图像信息、视频系统的管理及维护，重点在于对各类信息的归档、存储、转换、发布、访问、应用、备份与恢复等操作。数据管理制度主要包括：

a) 《某市电子政务数据管理制度》；

b) 《某市电子文件归档与管理规范》；

c) 《某市电子政务数据备份操作规程》。

B.6 安全管理制度

为加强某市电子政务网络与信息系统安全，规范各种主机系统的运行维护，规范网络及安全设备的日常管理，加强安全策略管理，根据我国现行颁布的计算机信息网络管理、安全管理、保密管理等有关条例和规定，结合我市电子政务系统对网络与信息系统安全需求，制定了安全管理制度。安全管理制度主要包括：

a) 《某市电子政务系统安全管理规定》；

b) 《某市统一认证和授权管理系统管理规定》；

c) 《某市电子政务 VPN 系统管理规定》；

d) 《某市电子政务 usb-key 管理规定》；

e) 《安全系统安全策略管理规定》。

B.7 应急管理制度

开展应急处理工作的必要性毋庸置疑，某市建立了全面的、可操作的应急处理体系，并制定出工作纲要及相应的管理办法，在系统遭遇断电、大规模恶意代码爆发、系统入侵、关键设备失效等紧急情况出现时，能够快速找到问题，进行立即恢复。应急管理制度主要包括《电子政务系统应急响应制度》。

附　录　C
（资料性附录）
某市基于互联网电子政务信息安全实施评估流程

C.1　评估事项

某市基于互联网电子政务信息安全评估针对文档体系、网络部署情况、整体运行情况进行全面系统的安全评估，评估结束后给出信息安全评估报告。评估涉及以下内容：

a） 评估内容，包括技术文档、管理文档及其实施情况；

b） 评估范围，包含安全管理区域、内部数据处理区域、公开数据处理区域、安全服务区域和办公区等在内的整个电子政务系统及其网络；

c） 评估对象，包含路由器、核心交换机、VPN 产品、防火墙、入侵检测管理服务器、恶意代码防范服务器、审计管理服务器、统一认证服务器、各种电子政务应用服务器和数据库服务器等各种安全设备和网络设备以及重要服务器；

d） 系统和网络。

C.2　评估流程

某市基于互联网电子政务信息安全评估流程主要包括系统识别、物理安全评估、现场技术实施评估、现场管理评估、技术测试、系统整改与安全评估结论等，评估流程如图 C.1 所示。

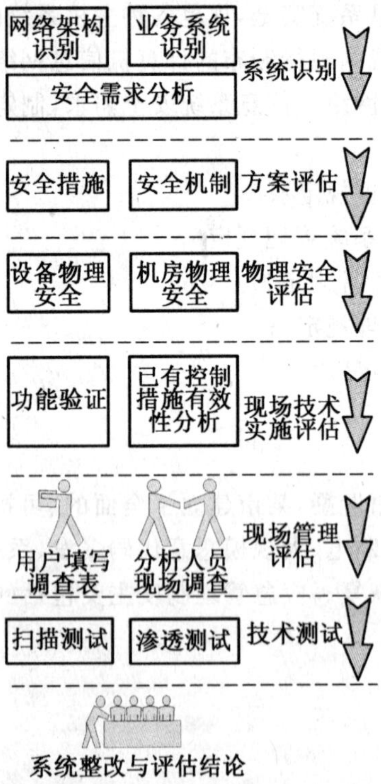

图 C.1　某市基于互联网电子政务信息安全评估流程

C.2.1　系统识别

系统识别包括网络架构识别、业务系统识别和安全需求分析等三个部分。系统识别阶段对安全需求进行分析，确定安全评估范围。

C.2.2 方案评估

针对系统建设方案和集成方案，从信息安全保障的功能与安全机制等方面对方案的合理性进行详细的分析；评估安全管理文档体系是否完整，能否满足电子政务运行要求；评估方案中是否存在安全设计缺陷。

C.2.3 物理安全评估

对设备物理安全及系统部署情况进行安全评估。

C.2.4 现场技术实施评估

技术实施要求与信息系统提供的安全机制有关，主要通过在信息系统中部署软硬件并正确的配置其安全功能来实现，现场技术实施评估是指对系统实施过程中的策略配置、业务安全措施进行核查，核查安全技术实施是否达到技术方案要求，是否满足《基于互联网电子政务信息安全实施指南》的相应规定。

C.2.5 现场管理评估

管理安全要求与信息系统中各种角色参与的活动有关，主要通过控制各种角色的活动，从政策、制度、规范、流程以及记录等方面做出规定来实现。现场管理评估是指从人员、环境、管理等方面对安全的落实情况进行评估，核查是否达到管理方案要求。

C.2.6 技术测试

采用安全扫描软件对安全漏洞进行远程的检测和评估。采用攻击软件对系统、网络进行渗透攻击，从而对系统的安全性进行全面评估。

C.2.7 安全评估结论

针对评估中的不足提出系统整改方案并予以实施，给出最终的安全评估报告。

C.3 方案评估

对基于互联网电子政务系统的建设方案和系统集成方案等是否符合指南要求进行评估。具体评估内容参照本指导性技术文件的安全技术要求和安全管理要求。

C.4 物理安全评估

宜按照 GB/T 2887 等描述的相关要求，对设备物理安全及系统部署情况进行安全评估。评估内容包括：

a) 是否确保中心机房的机柜、交换机等安全设备不存在不同安全域的交叉混用现象，物理结构划分应有利于分域管理；

b) 是否实现办公区和业务区逻辑隔离。

C.5 现场技术实施评估

C.5.1 网络安全

C.5.1.1 结构安全

具体评估事项包括：

a) 是否保证关键网络设备的业务处理能力满足基本业务需要；

b) 是否保证接入网络和核心网络的带宽满足基本业务需要；

c) 是否保证各级行政部门能够利用互联网基础设施，实施电子政务工程；

d) 是否实现部门和单位间网络逻辑隔离，降低内部攻击风险；

e) 是否绘制与当前运行情况相符的网络拓扑结构图。

C.5.1.2 访问控制

具体评估事项包括：

a) 是否在网络边界部署访问控制设备，启用访问控制功能；

b） 是否根据访问控制列表对源地址、目的地址、源端口、目的端口和协议等进行检查，以允许/拒绝数据包出入；

c） 是否通过访问控制列表对系统资源实现允许或拒绝用户访问，控制粒度至少为用户组。

C.5.1.3 网络设备防护

具体评估事项包括：

a） 是否对登录网络设备的用户进行身份鉴别；

b） 是否具有登录失败处理功能。可采取结束会话、限制非法登录次数和当网络登录连接超时自动退出等措施；

c） 是否在对网络设备进行远程管理时，采取了必要措施防止鉴别信息在网络传输过程中被窃听。

C.5.1.4 传输安全

是否确保电子政务数据在互联网传输中的保密性、完整性。通过在 VPN 前的网络边界处进行抓包分析，核查移动办公用户、各政务部门、乡镇、办事处在访问内部区的业务时是否进行传输加密保护。

C.5.1.5 安全审计

是否提供基本的网络审计功能，支持基于主机的审计、基于用户的审计等。

C.5.2 主机安全

C.5.2.1 操作系统安全

具体评估事项包括：

a） 是否使用正版操作系统，应用最新的操作系统补丁；

b） 是否关闭多余端口。

C.5.2.2 身份鉴别

是否对登录用户进行身份标识和鉴别。

C.5.2.3 访问控制

具体评估事项包括：

a） 是否启用访问控制功能，依据安全策略控制用户对资源的访问；

b） 是否限制默认账户的访问权限、重命名系统默认账户、修改这些账户的默认口令；

c） 是否及时删除多余的、过期的账户，避免共享账户的存在。

C.5.2.4 入侵防范

操作系统是否遵循最小安装的原则，仅安装需要的组件和应用程序，并保持系统补丁及时得到更新。

C.5.2.5 恶意代码防范

是否安装防恶意代码软件，并及时更新防恶意代码软件版本和恶意代码库。

C.5.3 应用安全

C.5.3.1 身份鉴别

具体评估事项包括：

a） 是否提供专用的登录控制模块对登录用户进行身份标识和鉴别；

b） 是否提供登录失败处理功能，可采取结束会话、限制非法登录次数和自动退出等措施；

c） 是否启用身份鉴别和登录失败处理功能，并根据安全策略配置相关参数。

C.5.3.2 访问控制

具体评估事项包括：

a） 是否提供访问控制功能控制用户组/用户对系统功能和用户数据的访问；

b） 是否由授权主体配置访问控制策略，并严格限制默认用户的访问权限。

C.5.3.3 通信完整性

是否采用约定通信会话方式的方法保证通信过程中数据的完整性。

C.5.3.4 软件容错

是否提供数据有效性检验功能，保证通过人机接口输入或通过通信接口输入的数据格式或长度符合系统设定要求。

C.5.4 数据安全及备份恢复

C.5.4.1 数据完整性

是否能够检测到重要用户数据在传输过程中完整性受到破坏。

C.5.4.2 备份和恢复

具体评估事项包括：

a) 是否能够对重要信息进行备份和恢复；

b) 电子政务网络核心业务区是否有双链路备份。

C.5.5 业务安全评估

C.5.5.1 政务办公安全评估

具体评估事项包括：

a) 系统中所有页面是否提供权限检查，保证非法用户无法绕过认证系统进入应用系统；

b) 用户退出应用系统时是否能够及时清除用户登录会话信息；

c) 对用户权限的改变是否能够在系统中及时得到体现；

d) 是否保证用户权限的改变可以及时体现，未授权用户无法使用未授权的菜单；

e) 关键业务是否检测数字证书，符合分级保护要求；

f) 系统部署是否符合分级分域部署要求。

C.5.5.2 公共服务可信核查

具体评估事项包括：

a) 系统部署是否符合分级分域部署要求；

b) 对用户权限的改变是否能够在系统中及时得到体现；

c) 是否保证信息发布的真实性；

d) 是否提供网页防篡改措施。

C.6 现场管理实施评估

C.6.1 安全管理制度

C.6.1.1 管理制度

是否建立日常管理活动中常用的安全管理制度。

C.6.1.2 制定和发布

具体评估事项包括：

a) 是否指定或授权专门的人员负责安全管理制度的制定；

b) 是否将安全管理制度以某种方式发布到相关人员手中。

C.6.2 安全管理机构

C.6.2.1 岗位设置

是否设立系统管理员、网络管理员、安全管理员等岗位，并定义各个工作岗位的职责。

C.6.2.2 人员配备

是否配备系统管理员、网络管理员、安全管理员等。

C.6.2.3 授权和审批

是否根据各个部门和岗位的职责，明确授权审批部门及批准人，对系统投入运行、网络系统接入和重要资源的访问等关键活动进行审批。

C.6.3 人员安全管理

C.6.3.1 员工录用

具体评估事项包括：

a) 是否指定或授权专门的部门或人员负责员工录用；

b) 是否对被录用人的身份和专业资格等进行审查,并确保其具有基本的专业技术水平和安全管理知识。

C.6.3.2 员工离岗

具体评估事项包括:

a) 是否立即终止由于各种原因离岗员工的所有访问权限;

b) 是否取回各种身份证件、钥匙、徽章等以及机构提供的软硬件设备。

C.6.3.3 安全意识教育和培训

具体评估事项包括:

a) 是否对各类员工进行安全意识教育和岗位技能培训;

b) 是否告知员工相关的安全责任和惩戒措施。

C.6.3.4 外部人员访问管理

是否确保在外部人员访问受控区域前得到授权或审批。

C.6.4 系统运维管理

C.6.4.1 环境管理

具体评估事项包括:

a) 是否指定专门的部门或人员定期对机房供配电、空调、温湿度控制等设施进行维护管理;

b) 是否对机房的出入、服务器的开机或关机等工作进行管理;

c) 是否建立机房安全管理制度,对有关机房物理访问,物品带进、带出机房和机房环境安全等方面的管理作出规定。

C.6.4.2 资产管理

是否编制与信息系统相关的资产清单,包括资产责任部门、重要程度和所处位置等内容。

C.6.4.3 介质管理

具体评估事项包括:

a) 是否确保介质存放在安全的环境中,对各类介质进行控制和保护;

b) 是否对介质归档和查询等过程进行记录,并根据存档介质的目录清单定期盘点。

C.6.4.4 设备管理

具体评估事项包括:

a) 是否对信息系统相关的各种设备、线路等指定专门的部门或人员定期进行维护管理;

b) 是否建立基于申报、审批和专人负责的设备安全管理制度,对信息系统的各种软硬件设备的选型、采购、发放和领用等过程进行规范化管理。

C.6.4.5 网络安全管理

具体评估事项包括:

a) 是否指定人员对网络进行管理,负责运行日志、网络监控记录的日常维护和报警信息分析和处理工作;

b) 是否定期进行网络系统漏洞扫描,对发现的网络系统安全漏洞进行及时的修补。

C.6.4.6 系统安全管理

具体评估事项包括:

a) 是否根据业务需求和系统安全分析确定系统的访问控制策略;

b) 是否定期进行漏洞扫描,对发现的系统安全漏洞进行及时的修补;

c) 是否安装系统的最新补丁程序,并在安装系统补丁前对现有的重要文件进行备份。

C.6.4.7 恶意代码防范管理

是否提高所有用户的防恶意代码意识,告知及时升级防恶意代码软件,在读取移动存储设备上的数据以及网络上接收文件或邮件之前,先进行恶意代码检查,对外来计算机或存储设备接入网络系统之前也应进行恶意代码检查。

C.6.4.8 安全事件处置

安全事件的处置满足 GB/Z 20985 的相应要求，评估事项包括：

a) 是否及时报告所发现的安全弱点和可疑事件，任何情况下用户均不应尝试验证弱点；

b) 是否制定安全事件报告和处置管理制度，规定安全事件的现场处理、事件报告和后期恢复的管理职责。

C.7 技术测试

使用测试工具对基于互联网电子政务系统进行安全扫描和渗透测试。

C.7.1 检测范围

测试范围应包括电子政务应用平台的安全防护设备和应用服务器，涉及的区域应包括安全管理区域、内部数据处理区域、公开数据处理区域、安全服务区域和办公区。

C.7.2 检测方法

C.7.2.1 安全扫描

通过收集系统的信息来自动检测远程或者本地主机安全性脆弱点。通过使用安全扫描，可以了解被检测端的大量信息。通过这些信息，可以了解到远程主机所存在的安全问题，从而能够及时修补系统存在的安全隐患。相关网络脆弱性扫描产品的功能与技术要求可以按照 GB/T 20280 的相应规定。

C.7.2.2 渗透测试

渗透测试是对安全扫描结果的进一步验证。渗透测试被设计用于描述安全机制的有效性和对攻击者的控制能力，从一个攻击者的角度出发对目标的安全性进行考察。

C.7.3 扫描测试

C.7.3.1 扫描测试点

应该包括内网检测点和外网检测点在内的多个扫描测试点。

C.7.3.2 扫描对象

具体包括：

a) 边界防护设备。主要包括 VPN 安全设备、防火墙和装有 VPN 客户端的移动安全接入终端。

b) 重要服务器。主要包括安全管理区域服务器、内部数据处理区域服务器、公开数据处理区域服务器和安全服务区域服务器。

C.7.3.3 扫描工具

具体包括：

a) 主机漏洞扫描工具。通过在主机本地的代理程序对系统配置、注册表、系统日志、文件系统或数据库活动进行监视扫描，搜集它们的信息，然后与系统的漏洞库进行比较，如果满足匹配条件，则认为安全漏洞存在。

b) 网络漏洞扫描工具。通过远程检测目标主机 TCP/IP 不同端口的服务，记录目标给予的应答，来搜集目标主机上的各种信息，然后与系统的漏洞库进行匹配，如果满足匹配条件，则认为安全漏洞存在；或者通过模拟黑客的攻击手法对目标主机进行攻击，如果模拟攻击成功，则认为安全漏洞存在。

C.7.4 渗透测试

渗透测试建立在扫描测试的基础上，针对开放的服务及发现的漏洞，利用工具对目标实施攻击，测评其是否能够提升攻击者的权限或能否对目标机的正常运行产生影响。渗透测试点与测试范围与扫描测试相同。渗透测试可能会对系统造成巨大损害，实际测试时应慎重，尤其对正式运行的系统要适度运行。

C.8 系统整改与评估结论

系统评估后应给出评估结论。并对于评估过程中出现的问题进行逐一整改，整改结果要经过评估人员的确认和复查。

参 考 文 献

[1] GB/T 9387.2—1995 信息系统 开放系统互连 基本参考模型 第2部分:安全体系结构(ISO 7498-2:1989,IDT)

[2] GB/T 19715.2—2005 信息技术 信息技术安全管理指南 第2部分:管理和规划信息技术安全(ISO/IEC 13335-2:1997,IDT)

[3] GB/T 20270—2006 信息安全技术 网络基础安全技术要求

[4] GB/T 20274.1—2006 信息安全技术 信息系统安全保障评估框架 第一部分:简介和一般模型

ICS 03.240
M 83

中华人民共和国国家标准

GB/T 24295—2009

住宅信报箱

Private mail boxes of residential buildings

2009-06-12 发布 2009-12-01 实施

中华人民共和国国家质量监督检验检疫总局
中国国家标准化管理委员会 发布

前　言

本标准的附录 A、附录 B 为规范性附录。

本标准由国家邮政局提出。

本标准由全国邮政业标准化技术委员会(SAC/TC 462)归口。

本标准起草单位:中国建筑标准设计研究院。

本标准主要起草人:张生友、蒋辰、张树君、陈璇、高镇海、吴南伟、朱茜、郭景。

本标准为首次发布。

住 宅 信 报 箱

1 范围

本标准规定了住宅信报箱的术语和定义、分类、标记和结构、规格尺寸、要求、试验方法、检验规则、标志、包装、运输、贮存。

本标准适用于安装于住宅或住宅区的信报箱的生产和检验。安装于其他场所的信报箱可参照使用。

2 规范性引用文件

下列文件中的条款通过本标准的引用而成为本标准的条款。凡是注日期的引用文件，其随后所有的修改单(不包括勘误的内容)或修订版均不适用于本标准，然而，鼓励根据本标准达成协议的各方研究是否可使用这些文件的最新版本。凡是不注日期的引用文件，其最新版本适用于本标准。

GB/T 2828.1 计数抽样检验程序 第1部分:按接受质量限(AQL)检索的逐批检验抽样计划(GB/T 2828.1—2003,ISO 2859-1:1999,IDT)

GB/T 2829 周期检验计数抽样程序及表(适用于对过程稳定性的检验)

GB/T 3280—2007 不锈钢冷轧钢板和钢带

GB/T 6807—2001 钢铁工件涂装前磷化处理技术条件

GB/T 9286—1998 色漆和清漆 漆膜的划格试验

GB/T 10357.5—1989 家具力学性能试验 柜类强度和耐久性

GB/T 13237—1991 优质碳素结构钢冷轧薄钢板和钢带

GB/T 13452.2—2008 色漆和清漆 漆膜厚度测定(ISO 2808:2007,IDT)

GB/T 13668—2003 钢制书柜、资料柜通用技术条件

3 术语和定义

下列术语和定义适用于本标准。

3.1

信报箱 private mail boxes

供用户接收信件、报刊及其他邮件的箱体。

3.2

信报箱格口 pigeonholes

信报箱内具有独立可开闭锁门，供放置用户信件、报刊及其他邮件的空间。

3.3

信报箱格口门 pigeonhole door

开启后能打开信报箱单个格口，具有独立可开闭锁的门。

3.4

投递口叶门 mail slot board

信报箱格口投递口内，可由人工或智能系统控制启闭的挡板。

3.5

信报箱总门 key door

开启后能打开信报箱多个格口，可将信件、报刊及其他邮件投入信报箱内任一格口的门。

3.6

信报箱框架总门　key frame door

开启后能打开信报箱多个投递口,可将信件、报刊及其他邮件投入信报箱内任一格口的门。

3.7

单口信报箱　single mail box

只有一个格口的信报箱。

3.8

单元信报箱　the unit of private mail boxes

由若干个格口构成的一体化信报箱,是组成信报箱群的基本单元。

3.9

信报箱群　group of private mail boxes

由两个及两个以上的单元信报箱组合而成的信报箱组合体。

3.10

开口式信报箱　ringent private mail boxes

每个格口有一敞开的投递口,投递邮件、报刊及其他邮件时,可直接从投递口投入的信报箱。

3.11

封闭式信报箱　close private mail boxes

无投递口或投递口平时关闭,投递邮件、报刊及其他邮件时,需要开启总门、框架总门、格口门或投递口叶门的信报箱。

3.12

嵌墙式信报箱　built-in type private mail boxes

整体或部分嵌入墙体内的信报箱。

3.13

附墙式信报箱　wall type private mail boxes

整体悬挂于墙体上的信报箱。

3.14

自立式信报箱　floor type private mail boxes

固定于地面上的信报箱。

3.15

普通信报箱　common private mail boxes

装有普通锁具,通过人工方式启闭箱门的信报箱。

3.16

智能信报箱　intelligent private mail boxes

应用计算机技术管理与控制,通过密码识别、射频识别、指纹识别、掌纹识别等智能识别方式获得开箱许可,格口门及投递口叶门能自动打开的信报箱。

3.17

抽屉式智能信报箱　drawer-like intelligent private mail boxes

抽屉格口阵列组成,在系统控制下,抽屉可以自动伸出与缩进的信报箱。

3.18

开门式智能信报箱　open door-like intelligent mail boxes

通过对电磁锁的控制,实现格口门的自动开启的信报箱。通常须手动关闭格口门。

3.19

系统控制箱　control boxes

智能信报箱内，装有智能识别模块及系统控制模块的箱体空间。

4　分类、标记和结构

4.1　分类

住宅信报箱按组合方式分为单口信报箱、单元信报箱和信报箱群。

住宅信报箱按控制方式分为普通信报箱和智能信报箱。

普通信报箱分为封闭式信报箱和开口式信报箱。其中封闭式信报箱包括总门封闭式信报箱、框架总门封闭式信报箱。

智能信报箱为封闭式信报箱。按开箱(门)方式分为抽屉式信报箱和开门式信报箱；认证方式有密码、射频识别、指纹识别、掌纹识别等。

4.1.1　类型和代号应符合表1的要求。

表1　信报箱类型和代号

<table>
<tr><th colspan="3">类　　型</th><th>代　号</th></tr>
<tr><td rowspan="3">普通信报箱</td><td rowspan="2">封闭式</td><td>总门封闭式</td><td>PZX</td></tr>
<tr><td>框架总门封闭式</td><td>PJX</td></tr>
<tr><td colspan="2">开口式</td><td>PKX</td></tr>
<tr><td rowspan="2">智能信报箱</td><td rowspan="2">封闭式</td><td>抽屉式</td><td>ZTX</td></tr>
<tr><td>开门式</td><td>ZMX</td></tr>
</table>

4.2　标记

4.2.1　方法

4.2.1.1　普通信报箱的标记由类型代号、材料、横向行数、纵向列数和安装方式组成。

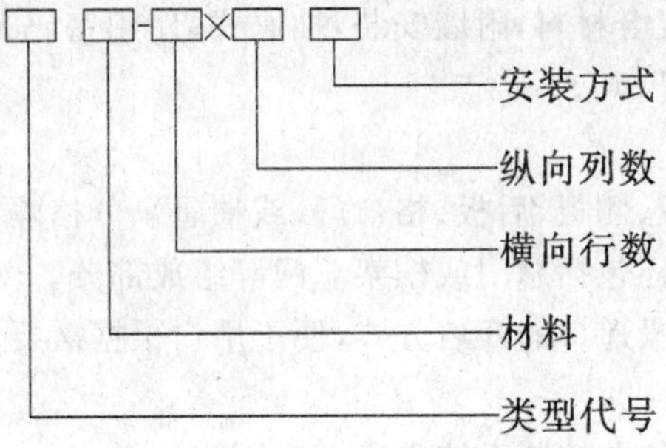

4.2.1.2　智能信报箱的标记由类型代号、材料、格口总数、安装方式和认证方式组成。

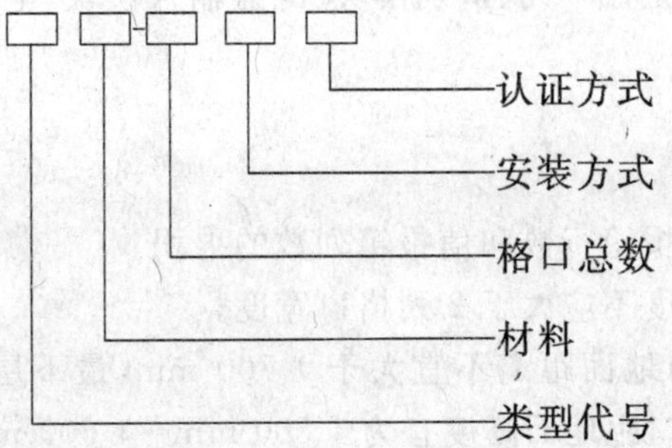

4.2.1.3　信报箱材料和代号见表2。

表 2　信报箱材料和代号

材　　料	代　　号
不锈钢	B
冷轧钢板	L
其他材料	T

4.2.1.4　信报箱安装方式和代号见表 3。

表 3　信报箱安装方式和代号

安装方式	代　　号
嵌墙式	Q
附墙式	F
自立式	Z

4.2.1.5　智能信报箱认证方式和代号见表 4。

表 4　智能信报箱认证方式和代号

认证方式	代　　号
密码	M
射频	S
指纹	Z_1
掌纹	Z_2

4.2.2　示例

一个横向为 4 行，纵向为 3 列，共 12 个格口单元，材料为不锈钢板，框架总门封闭式附墙安装的普通单元信报箱。标记为：PJXB-4×3F；

一个材料为不锈钢板、开口式自立安装的普通单口信报箱。标记为：PKXB-1×1Z。

一个包括 38 格口，材料为复合材料，附墙安装，抽屉式，使用密码及射频识别两张认证方式的智能单元信报箱。标记为：ZCXT-38FMS。

4.3　结构

4.3.1　信报箱箱体由顶板、底板、侧板、后板、格口门（或抽屉）、分格隔板等组成。框架式信报箱还包括框架等组成部分，封闭式信报箱还包括总门或框架总门等组成部分。

4.3.2　普通信报箱可灵活设置投递口的开启方式，便于用户根据需要，打开或关闭投递口，以构成开口式或封闭式信报箱。

4.3.3　智能信报箱由信报箱箱体及控制系统组成。

4.3.4　智能信报箱控制系统由主控单元、识别模块、键盘输入模块、电源模块、格口电路及其他扩展功能模块组成。

5　规格尺寸

5.1　普通信报箱格口总数为信报箱行数和信报箱列数的乘积。

5.2　一扇总门或框架总门的宽度不应大于 2 列格口宽度。

5.3　信报箱最上层格口顶部与地面距离不宜大于 1 700 mm，最下层格口底面与地面距离不宜小于 400 mm。其中单口信报箱投递口距地面高度宜为 1 500 mm～1 600 mm。

5.4　单元信报箱格口根据放置方式不同，分为横排式和纵排式两种规格；单口信报箱放置方式根据需要确定。格口空间尺寸示意图见图 1；格口内空间最小尺寸见表 5。

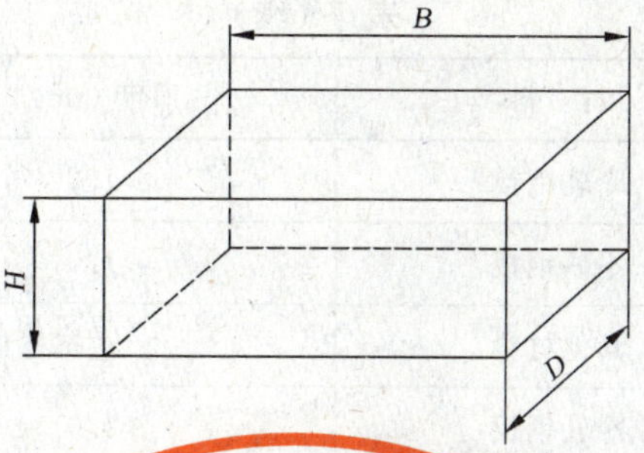

图 1 信报箱格口空间尺寸示意图

表 5 信报箱格口内尺寸

单位为毫米

规格	B(宽)	D(深)	H(高)
Ⅰ(横排式)	≥340	≥240	≥120
Ⅱ(纵排式)	≥240	≥340	

5.5 单元信报箱外框架厚度尺寸、总门(或框架总门)和门框间隙尺寸见表6。

表 6 信报箱框架厚度、总门(或框架总门)和门框间隙尺寸

单位为毫米

箱体框架厚度 d	总门框架厚度 d	门框间隙 Δ
20～30	20～30	1.5～2

5.6 信报箱投递口尺寸

投递口高为 23 mm,宽度宜与格口同宽。

5.7 信报箱外形尺寸

5.7.1 普通单元信报箱的外形及尺寸见附录 A。

5.7.2 智能单元信报箱的外形及尺寸见附录 B。

6 要求

6.1 外观和质量

6.1.1 信报箱内外各处应平整光滑,无开裂、划痕、毛刺和明显变形。

6.1.2 信报箱格口门和箱内格口单元上应标有醒目、整齐,与楼室门号相对应的编号,编号应有规律。格口门上宜设有观察邮件有无的观察孔或指示装置。

6.1.3 信报箱箱体任何部位不得印有经营性质的广告。

6.2 外形尺寸公差和形状位置公差

箱体外形尺寸公差和形状位置公差应符合 GB/T 13668—2003 中 4.3 的规定。

6.3 材料

6.3.1 信报箱箱体材料为不锈钢板、冷轧钢板等。非金属合成材料应具有阻燃性。信报箱箱体及配件可为同种材料或二种以上的不同材料组合而成。材料性能要求见表 7。

表 7 信报箱材料表

零部件名称	材 料	厚度/mm	材料标准号
框架	冷轧钢板	≥1.2	GB/T 13237—1991
	不锈钢板	≥1.0	GB/T 3280—2007
	其他材料	抗弯曲强度应大于 2 kg/dm²	

表7（续）

零部件名称	材　料	厚度/mm	材料标准号
门板	冷轧钢板	≥1.2	GB/T 13237—1991
	不锈钢板	≥1.0	GB/T 3280—2007
	其他材料	抗弯曲强度应大于 2 kg/dm²	
隔板	冷轧钢板	≥1.0	GB/T 13237—1991
	不锈钢板	≥0.8	GB/T 3280—2007
	其他材料	抗弯曲强度应大于 1 kg/dm²	
抽屉	冷轧钢板	≥0.8	
	不锈钢板	≥0.6	
	其他材料	抗弯曲强度应大于 1 kg/dm²	

6.4　表面涂层

6.4.1　不锈钢板

6.4.1.1　表面应光洁，色泽均匀，无焊接痕迹。

6.4.1.2　表面可进行镀钛等处理。

6.4.2　冷轧钢板

6.4.2.1　表面涂层厚度应大于 0.20 mm，涂层应色泽均匀，不允许有露底、流挂、起泡、皱纹等缺陷。

6.4.2.2　材料应进行磷化处理，并应符合 GB/T 6807—2001 中 2.6 和 2.8 的规定。

6.4.2.3　涂层理化性能

a)　涂层应具有耐腐蚀性，并应符合 GB/T 6807—2001 中 2.9 的规定。

b)　涂层从底层脱离的抗性应符合 GB/T 9286—1998 表 1 中试验结果分级的 2 级以上。

6.5　装配质量

6.5.1　信报箱框架、顶板、底板、侧板、后板、隔板之间可采用焊接或其他方式连接，连接处应牢固、可靠，外表平整，无焊瘤、夹渣。

6.5.2　信报箱箱体上应预留安装孔或其他安装装置，其位置、规格根据使用需要确定。

6.5.3　自立式安装的单口信报箱，宜设置配套的支撑装置，保证信报箱体和地面或其他安装面的可靠连接。

6.5.4　安装于室外无防雨设施的场所的开口信报箱应有防雨装置。

6.5.5　室外安装的信报箱应设置防雷接地装置。

6.6　门和锁

6.6.1　箱体的总门和锁、格口门和锁、抽屉格口开闭应灵活，无卡碰、刮擦、滞停现象。各轴孔及智能信报箱的传动机构应配合良好。

6.6.2　格口门应安装在箱体正面；格口门的开启方向宜一致；门间隙应均匀。

6.6.3　格口门和对应的隔板的间隙不应大于 3 mm，每个格口门开启时不得影响相邻格口内邮件的安全。

6.6.4　封闭式信报箱锁闭的总门、框架总门和格口门在受到 300 N 拉力时，开口式信报箱在受到 500 N 拉力时，格口门不应开启或损坏。

6.6.5　总门、框架总门和格口门应配置锁及钥匙，并应做到 2 000 个格口门锁不重号。

6.6.6　在连续开启 8 000 次时，总门、框架总门、格口门和门锁不应损坏。

6.6.7　每组信报箱（群）可根据用户要求设置退信格口。

6.7 智能信报箱功能

6.7.1 基本功能

a) 信报箱在设计时在箱体内应预留独立空间作为设备的应急检修空间，便于检修或更换零部件，该空间为封闭空间并加锁。

b) 用户身份识别通过后，相应信报箱(门)会自动开启，抽屉式信报箱还应有箱(门)延时(时间可设定)自动关闭功能。

c) 通过键盘输入用户信息，信息显示窗口应实现系统管理功能。

d) 用户可通过控制面板上键盘设定自己的信报箱用户密码后可以使用密码开箱。

e) 通过投递口叶门保持投递口处于封闭状态，以增加邮件安全性、并使用户免受垃圾邮件侵扰。只有具备投递权限，才能使用密码或其他识别认证方式自动打开投递口。

f) 投递口叶门在正常打开后，应具备延时自动关闭功能，延时时间根据系统所管理信报箱格口数或用户要求可以任意设定。

6.7.2 扩展功能

用户可根据需求增加以下功能，或定制其他新功能。

a) 射频识别、指纹识别、掌纹识别作为身份认证开启信报箱。

b) 每个格口有一个指示灯，提示用户是否有新的邮件。

c) 当用户信报箱内有新邮件，并在指定时间内没有取邮件，系统自动向用户移动电话发送短信，告知用户有新的邮件。

d) 配置后备电源，在停电时系统会自动启动后备电源，可连续工作 12 h，完全断电以后系统信息仍可长时间保留。

e) 系统可以自动记录近一段时间投递员投递开箱次数及时间和用户开箱次数及时间，并可通过相应接口下载这些数据。

f) 联网信息及数据管理。

6.7.3 识别认证技术指标

6.7.3.1 识别方式：射频识别、指纹识别、掌纹识别等。

6.7.3.2 拒识率≤1%。

6.7.3.3 误识率≤0.01%。

6.7.3.4 正常开箱率≥99%。

6.8 智能信报箱控制系统

6.8.1 控制系统应保证信报箱使用功能正确、可靠。

6.8.2 控制系统各模块及部件应安装可靠，布线应清楚并扎好固定。

6.8.3 控制系统应工作可靠，并允许多位用户同时使用，按先后顺序开启格口。

6.8.4 控制系统的数据和信息能长期保存，不受断电影响。

6.8.5 控制系统应通过国家电磁兼容安全认证。

6.9 智能信报箱电源适应性

电源电压在 AC220 V±10%时，信报箱的控制系统及功能应正常。

6.10 智能信报箱安全及可靠性

6.10.1 信报箱的任一格口无故障工作开箱(门)次数应不小于 2 500 次。

6.10.2 锁闭的信报箱格口门在受到 300 N 拉力时，不应有开启或损坏现象。

6.11 智能信报箱环境适应性

信报箱应在以下环境条件中正常使用，且不宜安装在室外：

温度：−10 ℃～45 ℃。

湿度：10%～90%。

工作大气压:86 kPa～106 kPa。

7 试验方法

7.1 外观及各焊接处检验

用目测法检验6.1和6.2信报箱体外观及各焊接处质量,其中用目测同时结合手触摸检查内体。

7.2 材料检验

用精度为0.01 mm的分厘尺检验6.3中材料的厚度,并检查相应材料合格证明。复合材料的抗弯曲强度按GB 10357.5—1989中6.3试验方法测定。

7.3 外形尺寸和间隙检验

用精度为0.01 mm的分厘尺检验箱体外形尺寸,用塞规检验门和框的间隙，应在规定误差之内。

7.4 形状位置公差检验

形状位置公差按GB/T 13668—2003中5.2～5.6的规定进行。

7.5 表面涂层检验

7.5.1 用目测法检验箱体表面处镀层或涂层质量。按GB/T 13452.2—2008中第5章的检测方法测量冷轧钢板涂层厚度。

7.5.2 对冷轧钢板在箱体表面涂复工艺前，按GB/T 6807—2001中3.1和3.3.1要求,对磷化膜层和磷化膜层耐腐蚀性能进行检验。

7.5.3 涂层理化性能检验

7.5.3.1 按GB/T 6807—2001中3.4,对涂层耐腐蚀性能进行检验。

7.5.3.2 按GB/T 9286—1998中第7章的规定，对涂层从底层脱离的抗性进行检验。

7.6 门和锁检验

7.6.1 重复开启门和锁。

7.6.2 用拉力机拉闭锁时的信报箱总门、框架总门和格口门。封闭式信报箱在数值达到300 N时或开口式信报箱在数值达到500 N,信报箱总门、框架总门和格口门应不开启、不损坏。

7.6.3 用观察法检查锁的结构。

7.6.4 用锁具疲劳试验机开启锁的次数达8 000次后再检验锁是否损坏。

7.7 防水检验

对露天安装在室外的封闭式普通信报箱应进行淋水试验。试验时模拟下雨环境调节水压,使流量达到(10 L±0.5 L)/min(压力为80 kPa～100 kPa)。试验持续时间应按箱体外表面积计算(不包括安装面积,计算误差在±10%以内)。时间为1 min/m^2,但最少为5 min。试验时将水流与铅垂方向成60°角,向箱体各面淋水。格口内应无渗水现象。

7.8 智能信报箱试验条件

试验环境为常温、常湿。

试验电源为电压AC220 V、频率50 Hz。

7.9 智能信报箱控制系统

控制系统用观察法检验。

7.10 智能信报箱电源适应性

7.10.1 将电源电压调到242 V,用观察法检查信报箱的整机功能;再将电源电压调到198 V,再用观察法检查信报箱的整机功能。

7.10.2 配备备用电源的信报箱,人为断电12 h,在此时间内检查信报箱任一格口门(抽屉)启闭是否正常。

7.11 智能信报箱安全及可靠性

7.11.1 采用控制系统自检程序,连续启闭格口门(抽屉)2 500次,或采用其他方式让格口门(抽屉)连续启闭 2 500 次，信报箱格口门应不损坏。

7.11.2 用拉力机拉锁闭时的信报箱格口门。在数值达到 300 N 时，信报箱格口门应不损坏。

7.11.3 信号识别误检率按下列方法检验：注册若干张钥匙卡，进行读卡开箱步骤，共执行 10 000 遍，误检不应超过一次。

7.12 智能信报箱环境适应性试验

7.12.1 低温试验

将信报箱电源断开后放入低温房内，使温度渐变到 −10 ℃，热平衡后保温 2 h，接通电源，按 7.8～7.11 检查信报箱的性能。

7.12.2 高温试验

将电源断开后放入高温房内，使温度渐变到 45 ℃，热平衡后保温 2 h，接通电源，按 7.8～7.11 检查信报箱的性能。

7.12.3 湿热试验

将信报箱放入湿热房内，使温度渐变到 40 ℃±2 ℃，热平衡后输入水汽使湿度达到 90%。保持 48 h，将设备移至室温环境中恢复 2 h，接通电源，按 7.8～7.11 检查信报箱的性能。

8 检验规则

信报箱的检验分为出厂检验和型式检验两种。

8.1 出厂检验

8.1.1 检验项目

焊接、材料、表面涂层、门和锁、外观质量、外形尺寸和形状位置公差、智能信报箱的控制系统、电源适应性。

8.1.2 抽样方法

以一次交货数量为一批。信报箱出厂检验的检验样品按 GB/T 2828.1 的规定，随机抽取，样品单位为只。抽样数量及检验项目合格质量水平见表 8。

表 8 信报箱出厂检验抽样方案、抽样数量及检验项目

抽样方案 批量(只)	出厂检验一次抽样方案							
	抽样数量(只)	Ac	Re	检验项目(1)	抽样数量(只)	Ac	Re	检验项目(2)
25～250	3	0	1	焊接 材料 表面涂层 门和锁 智能信报箱的控制系统和电源适应性	2	1	2	外观质量 外形尺寸和形状位置公差

8.1.3 判定规则

8.1.3.1 不合格品

每只样品按 8.1.1 中表 1 规定各项目检验。检验项目(1)中，如有一项或一项以上技术指标达不到要求，该产品为不合格品。检验项目(2)中，如有二项技术指标达不到要求，该产品为不合格品。

8.1.3.2 不合格批

抽样中的不合格品等于或大于不合格判定数(Re)，则抽样所代表的该批产品为不合格批。此时可对该批产品进行挑选，剔出不合格品后，再进行复检。进行复检时，应按 GB/T 2828.1 中加严检查一次抽样方案的规定进行，复检仍不合格，则整批产品不得出厂，并不允许再次提交。

8.2 型式检验

8.2.1 检验项目：

焊接、材料、表面涂层、门和锁、外观质量、外形尺寸和形状位置公差、控制系统、电源适应性、安全及可靠性、环境适应性。

8.2.2 产品有下列情况之一时应进行型式检验：

a) 新产品定型鉴定时；

b) 正式生产后，材料、工艺有较大改变时；

c) 正常生产时，每二年进行一次检验；

d) 停产半年以上又恢复生产时；

e) 出厂检验结果与上次型式检验有较大差异时；

f) 国家监督质量机构提出进行型式检验要求时。

8.2.3 抽样方法

型式检验的检验样本应从当前生产并经出厂检验的合格产品中按 GB/T 2829 的规定，随机抽取，样本单位为只。抽样数量及检验项目见表 9。

表 9 信报箱型式检验抽样方案、抽样数量及检验项目

<table>
<tr><th colspan="9">型式检验的二次抽样方案</th></tr>
<tr><th>批量
（只）</th><th>抽样数量
（只）</th><th>检验项目(1)</th><th colspan="2">判定组数</th><th>抽样数量
（只）</th><th>检验项目(2)</th><th colspan="2">判定组数</th></tr>
<tr><td rowspan="2">25～250</td><td>第一次抽样
3</td><td rowspan="2">焊接
材料
表面涂层
箱体和门锁</td><td>Ac
0</td><td>Re
1</td><td>第一次抽样
2</td><td rowspan="2">外观和颜色
外形尺寸和形状
位置公差</td><td>Ac
0</td><td>Re
1</td></tr>
<tr><td>第二次抽样
3</td><td>Ac
1</td><td>Re
2</td><td>第二次抽样
2</td><td>Ac
1</td><td>Re
2</td></tr>
</table>

8.2.4 判定规则

在第一次抽样本中，若不合格品数小于或等于第一合格判定数(Ac)，则型式检验合格。若不合格品数大于或等于第一不合格判定数(Re)，则型式检验不合格。若不合格品数大于第一合格判定数(Ac)同时又小于第二不合格判定数(Re)时，则需要第二次抽样。若第一次抽样和第二次抽样的不合格品总数小于或等于第二合格判定数(Ac)，则型式检验合格。若第一次抽样和第二次抽样的不合格品总数大于或等于第二不合格判定数(Re)，则型式检验不合格。

9 标志、包装、运输和贮存

9.1 标志

9.1.1 信报箱箱体上应附有生产厂和监制单位的标志牌。生产厂标志牌上应有型号、生产日期。

9.1.2 信报箱外包装箱的明显位置上应标志以下内容：

a) 产品标准编号；

b) 产品名称、型号、规格等代号及外形尺寸(长×宽×高)；

c) 生产厂的名称；

d) 生产日期和重量；

e) 防潮标志。

9.2 包装

9.2.1 信报箱外包装材料应符合包装材料标准的要求。

9.2.2 箱体与箱体之间应有软性材料充垫好。

9.2.3 包装箱内应装有合格证，其上注明：产品编号、产品名称及标准编号、生产日期、质量检查员姓名或代号。

9.3 运输

9.3.1 包装的信报箱在运输时应防止碰撞和重压并避免潮湿。

9.3.2 搬运过程中应轻拿轻放，严禁摔、扔、碰击。

9.4 贮存

9.4.1 信报箱应放在干燥通风的环境中贮存。

附 录 A
（规范性附录）
普通单元信报箱的外形及尺寸图

A.1 总门封闭式普通单元信报箱

外形尺寸为信报箱箱体和总门框架厚度、门宽（或高）、间隙尺寸之和，深度见第5.4表2。

图A.1为2列6行总门封闭式信报箱外形尺寸：

$$W = 2b + 5d + 6\Delta \quad \cdots\cdots(A.1)$$

$$H = 6h + 9d + 14\Delta \quad \cdots\cdots(A.2)$$

式中：

W——总宽度，单位为毫米(mm)；

H——总高度，单位为毫米(mm)；

b——格口门宽度，单位为毫米(mm)；

h——格口门高度，单位为毫米(mm)；

d——框架厚度，单位为毫米(mm)；

Δ——间隙，单位为毫米(mm)。

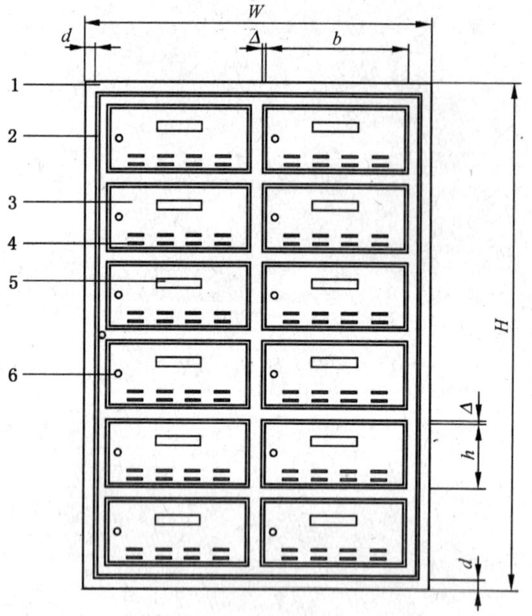

1——箱体；

2——总门；

3——格口门；

4——观察孔(可选)；

5——编号；

6——锁具。

图A.1 总门封闭式普通单元信报箱立面

图 A.2　总门封闭式普通单元信报箱示意图

A.2　框架总门封闭式普通单元信报箱

外形尺寸为信报箱箱体和总门框架厚度、门宽(或高)、间隙尺寸之和，深度见第 5.4 表 2。

图 A.3 为 3 列 6 行框架总门封闭式信报箱外形尺寸：

$$W = 3b + 7d + 9\Delta \quad \cdots\cdots (A.3)$$

$$H = 6h + 9d + 14\Delta \quad \cdots\cdots (A.4)$$

式中：

W——总宽度，单位为毫米(mm)；

H——总高度，单位为毫米(mm)；

b——格口门宽度，单位为毫米(mm)；

h——格口门高度，单位为毫米(mm)；

d——框架厚度，单位为毫米(mm)；

Δ——间隙，单位为毫米(mm)。

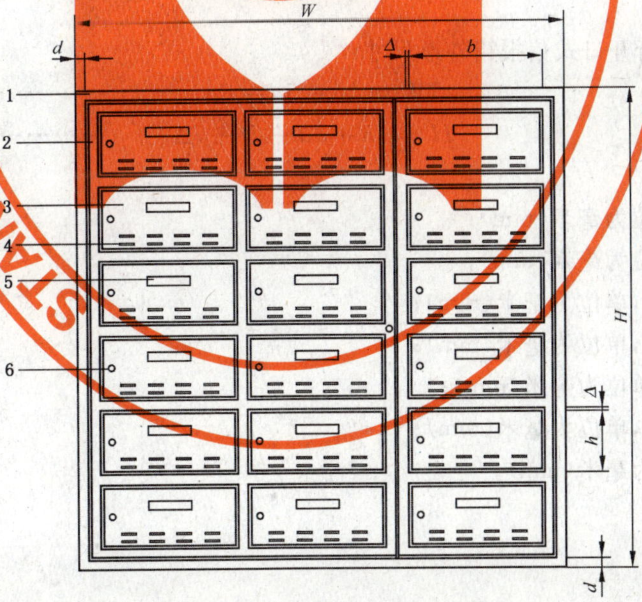

1——箱体；

2——框架总门；

3——格口门；

4——观察孔(可选)；

5——编号；

6——锁具。

图 A.3　框架总门封闭式普通单元信报箱正立面图

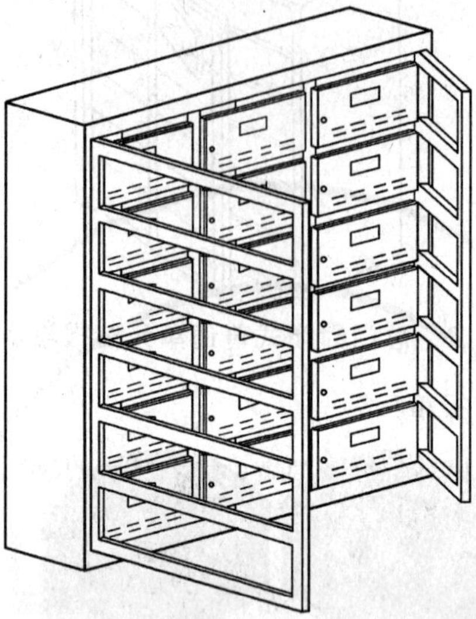

图 A.4　框架总门封闭式普通单元信报箱示意图

A.3　开口式单元信报箱外形尺寸

外形尺寸为信报箱箱体和框架厚度、格口门宽(或高)、投信口高、间隙尺寸之和,深度见第 5.4 表 5。

图 A.5 为 4 列 7 行开口式信报箱外形尺寸:

$$W = 4b + 5d + 8\Delta \quad \cdots\cdots\cdots\cdots(A.5)$$

$$H = 7h + 8d + 7t + 7\Delta \quad \cdots\cdots\cdots\cdots(A.6)$$

式中:

W——总宽度,单位为毫米(mm);

H——总高度,单位为毫米(mm);

b——格口门宽度,单位为毫米(mm);

h——格口门高度,单位为毫米(mm);

d——框架厚度,单位为毫米(mm);

t——投递口高度,单位为毫米(mm);

Δ——间隙,单位为毫米(mm)。

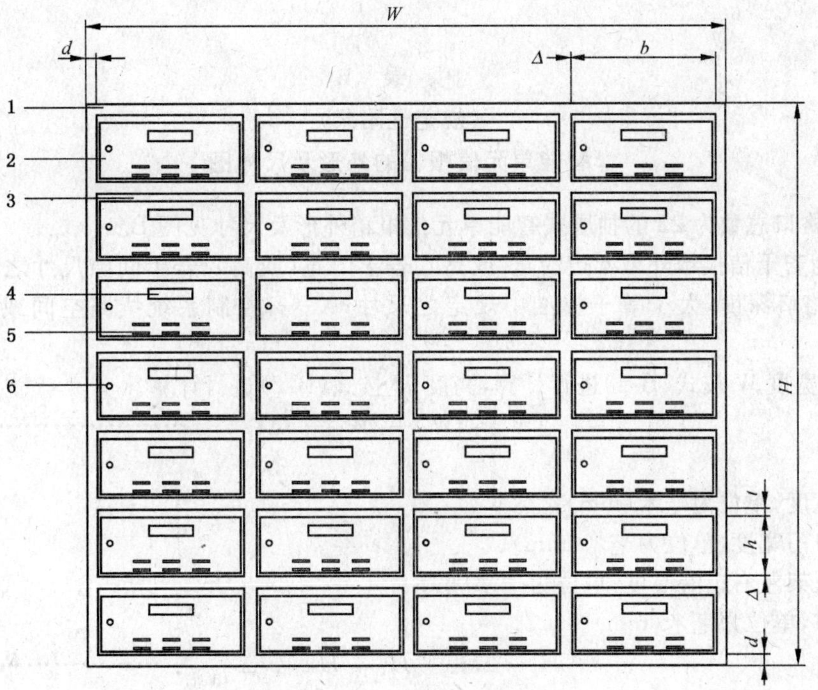

1——箱体；

2——格口门；

3——投递口；

4——编号；

5——观察孔(可选)；

6——锁具。

图 A.5　开口式普通单元信报箱正立面图

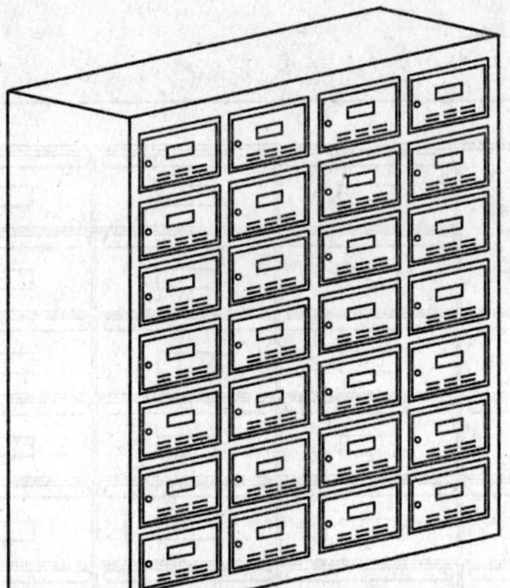

图 A.6　开口式普通单元信报箱示意图

附　录　B
（规范性附录）
智能单元信报箱的外形及尺寸图

B.1　4列6行格口总数为22的抽屉式智能单元信报箱外形及尺寸见图B.1。

外形尺寸为若干信报箱外框架边沿宽（或高）、若干门宽（或高）、若干间隙尺寸之和，深度为 $D+X$（D——信报箱格口深度，大于等于标准中规定之尺寸；X——控制系统线路空间或机械传动空间尺寸）。

图B.1中，宽度 W 按式(B.1)进行计算，高度 H 按式(B.2)进行计算。

$$W = 4W_1 + 2W_2 + 5\Delta \qquad \text{(B.1)}$$

式中：

W——总宽度，单位为毫米(mm)；

W_1——格口门宽度，单位为毫米(mm)；

W_2——外框架左右边沿厚度，单位为毫米(mm)；

Δ——间隙，单位为毫米(mm)。

$$H = 6H_2 + H_1 + H_3 + 7\Delta \qquad \text{(B.2)}$$

式中：

H——总高度，单位为毫米(mm)；

H_1——外框上边沿高度，单位为毫米(mm)；

H_2——格口门高度，单位为毫米(mm)；

H_3——外框下边沿高度，单位为毫米(mm)；

Δ——间隙，单位为毫米(mm)。

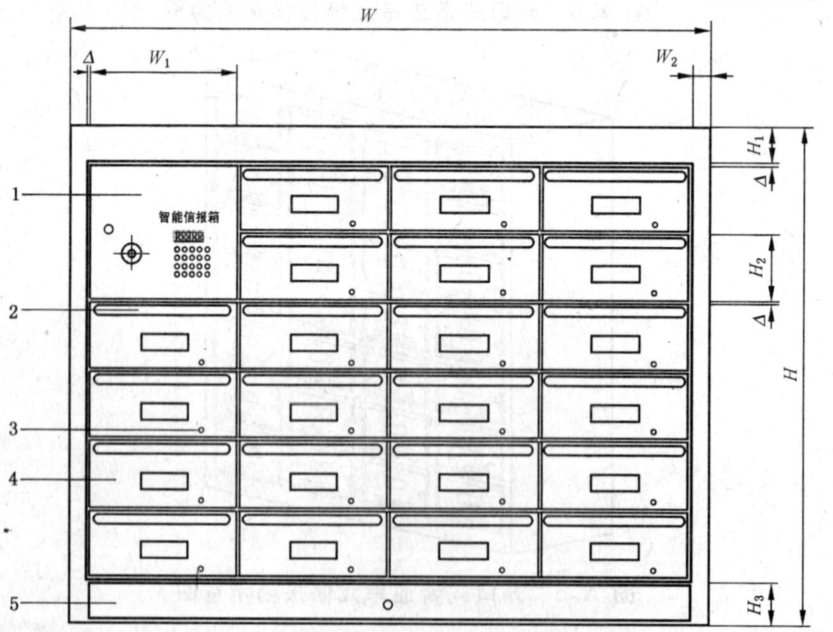

1——系统控制箱；
2——投递口叶门；
3——指示灯（可选）；
4——信报箱抽屉；
5——应急检修槽。

图B.1　抽屉式智能单元信报箱正立面图

B.2 4列6行格口总数为22的开门式智能单元信报箱外形尺寸见图B.2。

外形尺寸为若干信报箱外框架边沿宽(或高)、若干门宽(或高)、竖隔板宽、检修槽宽(或高)、若干间隙尺寸之和,深度为大于等于标准中规定之尺寸。

图B.2中,宽度W按式(B.3)进行计算,高度H按式(B.4)进行计算。

$$W = 4W_1 + W_2 + 2W_3 + 2W_4 + 8\Delta \quad \cdots\cdots(B.3)$$

式中:

W——总宽度,单位为毫米(mm);

W_1——格口门宽度,单位为毫米(mm);

W_2——竖隔板宽度,单位为毫米(mm);

W_3——纵向应急检修槽宽度,单位为毫米(mm);

W_4——外框架左右边沿厚度,单位为毫米(mm);

Δ——间隙,单位为毫米(mm)。

$$H = H_1 + 6H_2 + 2H_3 + 8\Delta \quad \cdots\cdots(B.4)$$

式中:

H——总高度,单位为毫米(mm);

H_1——横向应急检修槽高度,单位为毫米(mm);

H_2——格口门高度,单位为毫米(mm);

H_3——外框架上下边沿高度,单位为毫米(mm);

Δ——间隙,单位为毫米(mm)。

1——应急检修槽;

2——系统控制箱;

3——投递口叶门;

4——指示灯(可选);

5——格口门。

图B.2 开门式智能单元信报箱正立面图

ICS 29.030
K 14

中华人民共和国国家标准

GB/T 24296—2009/IEC 60404-8-9:1994

烧结软磁材料技术条件

Standard specifications for sintered soft magnetic materials

(IEC 60404-8-9:1994, Magnetic materials—
Part 8: Specifications for individual materials—
Section 9: Standard specification for sintered soft magnetic materials, IDT)

2009-09-30 发布　　　　2010-02-01 实施

中华人民共和国国家质量监督检验检疫总局
中国国家标准化管理委员会　发布

前　言

本标准等同采用 IEC 60404-8-9:1994《磁性材料　第8部分:单项材料规范　第9节:烧结软磁材料的标准规范》。

为便于使用,本标准做了下列编辑性修改:

——“本国际标准”一词改为“本标准”;

——用小数点“.”代替作为小数点的逗号“,”。

本标准由中国电器工业协会提出。

本标准由全国电工合金标准化技术委员会(SAC/TC 228)归口。

本标准起草单位:桂林电器科学研究所、中国计量科学研究院。

本标准主要起草人:谢永忠、林安利、贺建、陈京生、詹亚萍、崔得锋。

烧结软磁材料技术条件

1 范围

本标准规定了烧结软磁金属材料的磁性能和机械性能，这些金属材料通过粉末冶金工艺制造，用于制作磁性元件。

本标准不适用于铸造或半成品的软磁产品。

2 规范性引用文件

下列文件中的条款通过本标准的引用而成为本标准的条款。凡是注日期的引用文件，其随后所有的修改单(不包括勘误的内容)或修订版均不适用于本标准，然而，鼓励根据本标准达成协议的各方研究是否可使用这些文件的最新版本。凡是不注日期的引用文件，其最新版本适用于本标准。

GB/T 231.1—2002 金属布氏硬度试验 第1部分:试验方法(eqv ISO 6506-1:1999)

GB/T 2900.60 电工术语 电磁学(GB/T 2900.60—2002,eqv IEC 60050(121):1998)

GB/T 3850—1983 致密烧结金属材料与硬质合金密度测定方法(eqv ISO 3369:1975)

GB/T 5163—2006 烧结金属材料(不包括硬质合金)可渗性烧结金属材料密度、含油率和开孔率的测定(ISO 2378:1999,IDT)

GB/T 9097.1—2002 烧结金属材料(不包括硬质合金)表观硬度的测定 第一部分:截面硬度基本均匀的材料(eqv ISO 4498-1:1990)

GB/T 9637 电工术语 磁性材料与元件(GB/T 9637—2001,eqv IEC 60050(221):1990)

GB/T 13888 在开磁路中测量磁性材料矫顽力的方法(GB/T 13888—2009,IEC 60404-7:1982,IDT)

GB/T 19076 烧结金属材料规范(GB/T 19076—2003,ISO 5755:2001,IDT)

IEC 60404-6:1986 磁性材料 第6部分:E1,E3和E4类各向同性镍铁软磁合金磁特性的测量方法

3 术语和定义

GB/T 2900.60和GB/T 9637确立的以及下列术语和定义适用于本标准。

3.1

烧结密度 sintered density

以 g/cm^3 为单位的烧结密度 ρ_s 等于以g为单位的表示烧结构件(包括孔隙)的质量 m 与以 cm^3 为单位的表示体积 V 之比:

$$\rho_s = \frac{m}{V} \qquad \cdots\cdots(1)$$

3.2

开孔率 porosity

烧结密度为 ρ_s 的烧结金属的开孔率 P_s 表示为构件总体积中孔隙含量的体积百分比:

$$P_s = \left(1 - \frac{\rho_s}{\rho}\right) \times 100\% \qquad \cdots\cdots(2)$$

式中:

ρ——相同成分实体材料的密度(理论密度)。

烧结金属的开孔率由相互连接的开放气孔和闭合气孔组成。在烧结密度高的情况下(相当于开孔率约为6%),主要为孤立的(闭合的)孔隙。

4 符号

4.1 磁场强度用 H 表示。

4.2 磁极化强度用 J 表示。

4.3 开孔率用 P_s 表示。

4.4 烧结密度用 ρ_s 表示。

5 一般要求

5.1 生产工艺

除非另有协议,本标准规定的软磁构件采用粉末冶金工艺制作。具体的生产工艺由制造商自行决定。

5.2 交货状态

除非另有协议,产品最终以退火状态交货。

5.3 性能

矫顽力的最大值和烧结密度的最小值,应符合表1的规定。表2给出了附加性能的典型值。

构件的其他性能,例如机械强度和表面光洁度(包括对腐蚀的防护),由供需双方商定。

5.4 化学成分

有关烧结金属特有的合金元素的典型含量在表2中给出,化学成分不作为验收的判据。

5.5 尺寸

构件的尺寸及公差是制造商和用户之间协议的主要部分。

6 测量

6.1 试验范围和抽样

对于交货来说,检验项目和抽样方法应在订货时商定。

6.2 磁性能的测定

应保证样品处于最终退火状态而不是冷加工状态。

本标准中给出的一些磁性能值是对环形样品规定的。

由于构件的几何形状或试验方法不同,可能导致磁性能测量结果不同。

注:如果要求这些性能,可以由供需双方商定。

6.2.1 矫顽力的测定方法

表1中规定的矫顽力,应按照 IEC 60404-6:1986 测量。对于其他形状的试样,可以按照 GB/T 13888 测量。

表1 烧结密度的最小值和矫顽力的最大值

材料标志符号	GB/T 19076 中对应的材料标志符号	密度 ρ_s 最小值/(g/cm^3)	矫顽力 H_c 最大值/(A/m)
S-Fe-175	P1024Z	6.4	175
S-Fe-170	P1025Z	6.8	170
S-Fe-165	—	7.1	165
S-Fe-150[a]	—	7.3	150

表 1（续）

材料标志符号	GB/T 19076 中对应的材料标志符号	密度 ρ_s 最小值/(g/cm³)	矫顽力 H_c 最大值/(A/m)
S-FeP-150	—	6.8	150
S-FeP-130	—	7.1	130
S-FeP-110[a]	—	7.3	110
S-FeSi-80	—	7.2	80
S-FeSi-50	—	7.4	50
S-FeNi-20	—	7.6	20
S-FeNi-15	—	7.9	15
S-FeNi-8	—	8.3	8
S-FeCo-100	—	7.7	100
S-FeCo-200	—	7.7	200

[a] 在工艺上采取优化措施，有望获得更低的矫顽力；S-Fe-150 可降低至 100 A/m，S-FeP-110 可降至 60 A/m。

6.2.2 磁极化强度的测定方法

表 2 中给出的是一些用环形样品测量得到的磁极化强度的典型值。使用其他形状的样品（例如带状或棒状）测量结果可能会不同。

6.3 密度的测定

为了测定密度，应对构件称重，根据构件几何尺寸或者按照 GB/T 5163—2006 或 GB/T 3850—1983 规定的浸没法确定其体积。

6.4 硬度的测定

表 2 中给出的构件硬度，是按照维氏硬度的测量方法（GB/T 9097.1—2002）测定的。也可以采用 GB/T 231.1—2002 规定的布氏硬度的测量方法测量。

表 2 烧结软磁材料在最终退火状态的性能典型值[a]

材料	表示特性的合金元素（Fe 除外）%（质量分数）	烧结密度 ρ_s g/cm³	开孔率 P_s %	在以下磁场强度 H(A/m)下的磁极化强度				最大磁导率 μ_{max}	维氏硬度 HV5	电阻率 ρ μΩ·m
				J_{500} T	$J_{5\,000}$ T	$J_{15\,000}$ T	$J_{80\,000}$[b] T			
S-Fe-175	—	6.6	16	0.70	1.10	1.40	1.55	2 000	50	0.15
S-Fe-170	—	7.0	11	0.90	1.25	1.45	1.65	2 600	60	0.13
S-Fe-165	—	7.2	9	1.10	1.40	1.55	1.75	3 000	70	0.12
S-Fe-150[c]	—	7.4	6	1.30	1.55	1.70	1.85	5 500	70	0.12
S-FeP-150	约 0.45%P	7.0	10	1.05	1.30	1.50	1.65	3 400	95	0.20
S-FeP-130	0.45%P	7.2	8	1.20	1.45	1.60	1.75	4 000	105	0.19
S-FeP-110[c]	0.45%P	7.4	5	1.35	1.60	1.75	1.85	6 900	100	0.18
S-FeSi-80	约 3.0%Si	7.3	4	1.35	1.55	1.70	1.85	8 000	170	0.45
S-FeSi-50	3.0%Si	7.5	2	1.40	1.65	1.70	1.95	9 500	180	0.45
S-FeNi-20	约 50%Ni	7.7	7	1.10	1.25	1.30	1.30	20 000	70	0.50

表 2(续)

材料	表示特性的合金元素(Fe 除外)%(质量分数)	烧结密度 ρ_s g/cm³	开孔率 P_s %	在以下磁场强度 H(A/m)下的磁极化强度 J 500 T	J 5 000 T	J 15 000 T	J 80 000[b] T	最大磁导率 μ_{max}	维氏硬度 HV5	电阻率 ρ μΩ·m
S-FeNi-15	50%Ni	8.0	4	1.30	1.50	1.55	1.55	30 000	85	0.45
S-FeNi-8	约 80%Ni+Mo	8.4	3	0.75[d]	0.80	0.80	0.80	74 500	95	0.60
S-FeCo-100	约 50%Co	7.8	3	1.50	2.00	2.10	2.15	2 000	190	0.10
S-FeCo-200	50%Co	7.8	3	1.55	2.05	2.15	2.20	3 900	240	0.35

a 这些成分中的一些适用于树脂粘结的构件,它降低了磁性能,但也降低了损耗,这些构件用于高频场合。

b 在磁场强度为 80 000 A/m 下的磁极化强度,相当于饱和磁极化强度。

c 在工艺上采用优化措施,有望获得更低的矫顽力。

d 在 40 A/m 的磁场强度下,S-FeNi-8 的磁极化强度是 0.55 T。

7 分类

本标准涵盖的各种材料,按照其矫顽力的最大值分类。

8 标志

不同等级的惯用标志按下述顺序组成:

a) 识别字母 S(烧结金属);

b) 一横线;

c) 表征合金元素的字母(Fe 为纯铁,FeP 为磷铁合金,FeSi 为硅铁合金,FeNi 为镍铁合金,FeCo 为钴铁合金);

d) 数值上等于表 1 中矫顽力最大值的数字代号。在此表中,也列入了 GB/T 19076—2003 中规定的相应材料的标志。

9 订货资料

为了使材料充分符合本标准的要求,买方在询问或订货时,应提供以下资料:

a) 按照第 8 章规定的产品种类和材料标志;

b) 应用领域、尺寸(见 5.5);

c) 要求的数量;

d) 检验范围和抽样方法(见 6.1);

e) 在订货时,应规定下述的附加要求。如果不作规定,供方则认为在下述几点上没有特殊要求:

  1) 其他性能(见 5.3);

  2) 其他形状的试样(见 6.2);

  3) 其他试验方法(见 6.2.2)。

ICS 29.120.20
H 21

中华人民共和国国家标准

GB/T 24297—2009

热双金属螺旋形元件热偏转率试验方法

The test method for thermal deflection rate of spiral and helix coils of thermostat bimetal

2009-09-30 发布

2010-02-01 实施

中华人民共和国国家质量监督检验检疫总局
中国国家标准化管理委员会
发布

前　言

本标准修改采用 ASTM B389:1981《热双金属螺旋形元件热偏转率试验方法》(2004 年复审确认)。

本标准根据 ASTM B389:1981(2004 年复审确认)重新起草。在附录 B 中列出了本标准章条号与 ASTM B389:1981 章条编号的对照一览表。

本标准与被采用的 ASTM 标准主要技术性差异参见附录 C:

——为适用我国行业内试验仪器的要求,取消了 ASTM 标准中对每一测试温度下指针角度位置的精度为 0.25°的要求;

——为与相关标准相协调,温度 T_1、T_2 时的角度表示符号由 A_1、A_2 改为 ϕ_1、ϕ_2。

本标准的附录 A、附录 B 和附录 C 均为资料性附录。

本标准由中国电器工业协会提出。

本标准由全国电工合金标准化技术委员会(SAC/TC 228)归口。

本标准起草单位:宝山钢铁股份有限公司、上海电科电工材料有限公司、上海运和电器有限公司、桂林电器科学研究所、佛山精密电工合金有限公司。

本标准主要起草人:张忠民、陆尧、沈忆、冯运福、霍志文、谢永忠。

热双金属螺旋形元件热偏转率试验方法

1 范围

本标准规定了热双金属螺旋形元件热偏转率测量的原理、方法和设备要求。

本标准适用于测定热双金属平螺旋形元件和直螺旋形元件的热偏转率，也适用于厚度小于0.3 mm热双金属温曲率的测量。

本标准是判定一批热双金属螺旋形元件验收或拒收的质量检验手段。

本标准有助于确定在某一偏转量下，螺旋形元件材料的最佳厚度和长度。

2 规范性引用文件

下列文件中的条款通过本标准的引用而成为本标准的条款。凡是注日期的引用文件，其随后所有的修改单(不包括勘误的内容)或修订版均不适用于本标准，然而，鼓励根据本标准达成协议的各方研究是否可使用这些文件的最新版本。凡是不注日期的引用文件，其最新版本适用于本标准。

GB/T 2900.4 电工术语 电工合金

GB/T 4461 热双金属带材

3 术语和定义

GB/T 2900.4 确立的以及下列术语和定义适用于本标准。

3.1

平螺旋元件 spiral coil

由热双金属窄带顺其长度方向，使其侧边保持在垂直于轴平面上螺旋盘绕而成的部件。制作时低膨胀层可在外亦可在内。元件的一端固定，另一端为自由端，当温度变化时，自由端可随温度的变化进行偏转。附录A中图A.1为安装在试样架上的平螺旋元件。

3.2

直螺旋元件 helical coil

由热双金属窄带卷绕成的管状螺旋(或螺管)。制作时低膨胀层可在外亦可在内，可制作成左螺旋或右螺旋。附录A中图A.2为安装在试样架上的直螺旋元件。

4 测量原理

将螺旋形元件试样的一端固定，测量试样另一端在某一温差下的转动角度。

5 测量装置

5.1 温度浴槽

一种能搅拌的恒温液槽或均匀加热箱体，浴槽中可放置试样架和可调的加热源。利用可调的加热源，使试样能保持在要求的温度下，在整个试验过程中浴槽的温度变化应控制在±0.3 ℃之内。

5.2 角度测量装置

一种能测量在不同试验温度位置的量角器，其最小分度为0.5°。

5.3 温度测量装置

由高精度水银温度计或其他温度测量仪器组成，精度应不低于0.3 ℃。

5.4 试样架

5.4.1 平螺旋形元件的试样架(参见附录图 A.1),是一种固定平螺旋形元件的装置。试样夹或固定轴宜为圆截面的,其直径应尽可能大,在试验温度范围内,轴的外径不能与平螺旋形元件试样的内圈相接触。通过轴心,在轴的径向开一个槽,槽的深度应大于试样的宽度,槽的宽度应稍小于试样的厚度,使试样的中心固定端恰好推入并夹紧在槽中。槽在轴上的位置应使元件的旋转中心和轴中心同心。

5.4.2 直螺旋形元件的试样架(参见附录图 A.2),是一种固定直螺旋形元件的装置。试样安装时,直螺旋形元件的轴线应处于垂直位置,试样的底端固定,顶端能随温度变化自由转动。若试样有中心固定端,应将此端放在底部,并固定在一个如 5.4.1 规定的轴的槽中,槽的深度应能使试样该端的整个高度全部被夹住。如果试样没有中心固定端,则轴应有连接试样的螺纹孔、铆接或焊接位置,转角传动指针固定在试样的顶端,试样的中心线转角传动指针与角度测量装置应同心。

5.4.3 允许有其他的试样安装方式,具体的安装细节,由供需双方协商。

5.5 转角指针

5.5.1 在平螺旋形元件试样的自由端固定一指针,使试样的转角能在角度测量装置上读出。指针应较轻,固定方法使指针的旋转完全反映试样随温度变化的位移,其他位移则对指针的旋转不影响,安装时,指针应位于角度测量装置和试样的径向中心线上。试样受热时,指针的尖端在角度测量装置的分度线上面缓缓移动,在整个试验过程中,指针不能与角度测量装置相接触。

5.5.2 直螺旋形元件的自由端固定在一轴上,轴传输试样的旋转,以便能在角度测量装置上读得数据。轴的上部安装指针,轴和指针都应较轻。固定方法应使指针的旋转完全反映试样随温度变化的位移,其他位移则对指针的旋转不影响。安装时,轴、试样及角度测量装置应位于同一中心线上,轴与角度测量装置互成直角,并通过其中心。

6 取样

6.1 取样长度及方向

所取试样的长度方向应与轧制方向相同,本标准推荐采用滚剪或侧剪方式在带钢上截取,然而为了尽量减小所取试样两端的宽度偏差,宜采用滚剪的方式进行试样的截取,然后以适当的方式绕制成平螺旋或直螺旋形元件试样。特殊的试样,由供需双方协商确定。

6.2 热处理

在试样绕制成形后应进行稳定化热处理,以消除内应力。在热处理期间,试样应没有外加约束,使其可以自由偏转。稳定化热处理的工艺取决于被测热双金属材料的特性,可按 GB/T 4461 的规定执行,或由供需双方协商确定。

7 测量程序

7.1 将带转角指针的试样安装在试样架上,把夹好试样的试样架放入起始温度 t_1 的浴槽中,当试样达到 t_1 的温度时,测量并记录转角指针的角度位置和浴槽的温度。

7.2 设定终了温度 t_2,当试样达到 t_2 温度时,测量并记录转角指针的角度位置和浴槽温度。

8 计算

8.1 用式(1)计算平螺旋形或直螺旋形元件试样的热偏转率。

$$D_t = \frac{\phi_2 - \phi_1}{T_2 - T_1} \qquad \cdots\cdots(1)$$

式中:

D——热偏转率,单位为度每摄氏度(°/℃);

ϕ_1——温度 T_1 时的角度位置,单位为度(°);

ϕ_2——温度 T_2 时的角度位置，单位为度(°)；

T_1——初始测量温度，单位为摄氏度(℃)；

T_2——终了测量温度，单位为摄氏度(℃)。

8.2 用式(2)计算厚度小于 0.3 mm 热双金属温曲率。

$$F = 0.0154D\frac{\delta}{l} \qquad \cdots\cdots(2)$$

式中：

F——温曲率，单位为每摄氏度(1/℃)；

D——热偏转率，单位为度每摄氏度(°/℃)；

δ——试样厚度，单位为毫米(mm)；

l——螺旋形元件计算长度，单位为毫米(mm)。

9 试验报告

试验报告应包括下述内容：

——热双金属型号；

——材料尺寸；

——螺旋形元件试样的尺寸；

——稳定化热处理温度和时间；

——轴的尺寸；

——测试温度范围；

——热偏转率。

10 精度与偏差

10.1 热偏转率试验结果的可靠性取决于试验方法和测量装置。最常见的试验结果误差的来源是：

——浴槽温度不均匀；

——温度测量装置的误差；

——角度读数的视差。

10.2 试验结果的准确性由第 5 章中描述的测量装置的精度决定。

附 录 A
（资料性附录）
标准用典型的试验装置图

图 A.1 平螺旋形元件试样及试样架

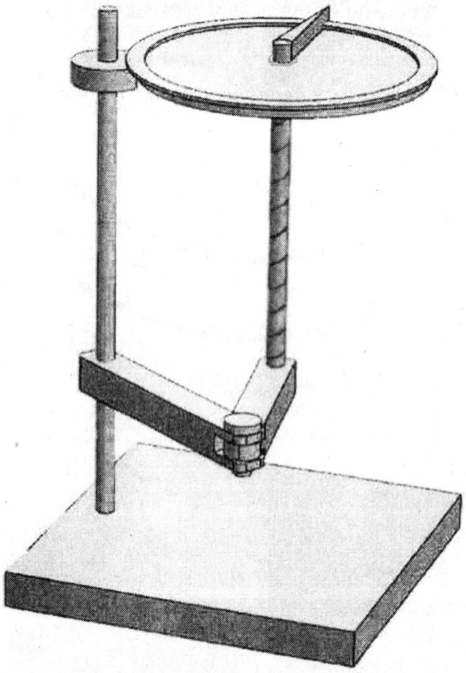

图 A.2 直螺旋形元件试样及试样架

附　录　B
（资料性附录）
本标准章条编号与 ASTM B389:1981（2004 年复审确认）章条编号的对照

表 B.1 给出了本标准章条编号与 ASTM B389:1981（2004 年复审确认）章条编号的对照

表 B.1　本标准章条编号与 ASTM B389:1981（2004 年复审确认）章条编号对照

本标准章条编号	ASTM B389:1981（2004 年复审确认）章条编号
1.1	1.1
1.2、1.3、1.4	—
—	1.2、1.3
—	3.1、3.2
—	5.1
1.3	5.3
1.4	5.2
—	5
5	6
6.1	7.1
6.2	8.1
7.1	8.2
7.2	8.3
8.1	9.1
8.2	—
9	10
10	11
—	12
附录 A	—
附录 B	—
附录 C	—

附　录　C
（资料性附录）
本标准与 ASTM B389:1981(R2004)的技术差异及其原因

表 C.1 给出了本标准与 ASTM B389:1981(R2004)的技术性差异及其原因的一览表。

表 C.1　本标准与 ASTM B389:1981(R2004)技术差异及其原因

本标准的章条编号	技术差异	原因
—	取消了对每一测试温度下指针角度位置为 0.25°的要求	为适应我国行业内试验仪器的要求
8.2	增加了热双金属温曲率的计算公式	便于计算温曲率

ICS 29.120.20
H 21

中华人民共和国国家标准

GB/T 24298—2009

热双金属横向弯曲试验方法

Standard test method for cross curvature of thermostat metals

2009-09-30 发布　　　　2010-02-01 实施

中华人民共和国国家质量监督检验检疫总局
中国国家标准化管理委员会　发布

前　言

本标准与 ASTM B478:1985《热双金属横向弯曲试验方法》(2003 年复审确认)一致性程度为修改采用。本标准根据 ASTM B478:1985(R 2003)重新起草。在附录 A 中列出了本标准章条编号与 ASTM B478:1985 章条编号的对照一览表。

本标准与 ASTM B478:1985(R 2003)相比,主要技术性差异如下,详见附录 C:

——为方便标准的使用,增加了横向弯曲曲率半径计算公式;

——为适应我国的实验室环境条件,试验温度由 24 ℃±0.5 ℃调整为 24 ℃±2 ℃。

为便于使用,对于 ASTM B478:1985 标准还做了下列编辑性修改:

——设置了第 2 章"规范性引用文件";

——将 ASTM B478:1985(R 2003)的"术语"不再列出,改为直接引用 GB/T 2900.4《电工术语 电工合金》;

——删除了对标准使用中意义不大的"意义和应用"、"取样"和"关键词"等章的内容;

——去掉了 ASTM B478:1985(R 2003)的第 11 章,增加了附录 B。

本标准的附录 A、附录 B、附录 C 为资料性附录。

本标准由中国电器工业协会提出。

本标准由全国电工合金标准化技术委员会(SAC/TC 228)归口。

本标准起草单位:佛山精密电工合金有限公司、宝山钢铁股份有限公司特殊钢分公司、上海电科电工材料有限公司、上海运和电器有限公司、桂林电器科学研究所。

本标准主要起草人:霍志文、张忠民、陆尧、冯运福、沈忆、谢永忠。

热双金属横向弯曲试验方法

1 范围

本标准规定了热双金属片、带材横向弯曲的测量方法、测量装置、取样、试样制备及计算公式等。

本标准适用于热双金属横向弯曲的测量，也适用于其他材料横向弯曲的精确测量。

本标准不涉及所有的安全要素内容，在使用本标准前，使用者有责任制定适宜的安全制度。

2 规范性引用文件

下列文件中的条款通过本标准的引用而成为本标准的条款。凡是注日期的引用文件，其随后所有的修改单(不包括勘误的内容)或修订版均不适用于本标准，然而，鼓励根据本标准达成协议的各方研究是否可使用这些文件的最新版本。凡是不注日期的引用文件，其最新版本适用于本标准。

GB/T 2900.4 电工术语 电工合金

3 术语和定义

GB/T 2900.4 确立的术语和定义适用于本标准。

4 测量原理

横向弯曲的测量示意图见图1：测量热双金属试样整个宽度(L)距平面的偏差(弦高 C)。将试样放在专用测量装置的垫块上，凸面向上，用深度测微仪测量出试样最高点到垫块平面的距离，通过公式计算得到试样横向弯曲和横向弯曲曲率半径。

注：正常情况下，最高点在(或接近)试样的中心。

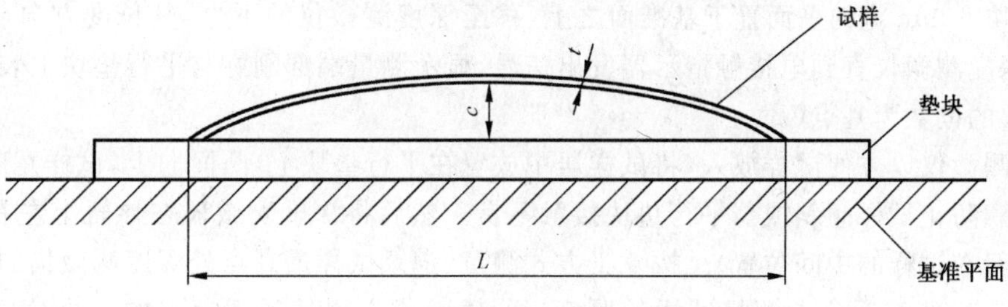

图 1 横向弯曲测量方法示意图

5 测量装置

5.1 固定装置

测量横向弯曲的典型固定装置结构简图见图2，装置由底座、基准平面、支架、导轨、深度测微仪、平行垫块和电接触指示器构成，底座的上端面为基准平面，上方是移动导轨，该轨道与基准平面平行，在轨道上装配一可移动的支架。

5.2 深度测微仪

最小分度值应不大于 0.002 mm，其测量杆端部应制成球面或尖头，固定在移动支架上，能在导轨上沿试样宽度方向进行移动寻找试样的最高点。

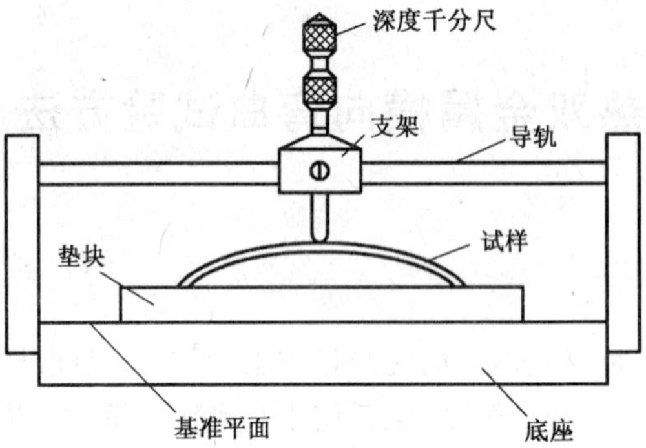

图 2 测量横向弯曲的典型固定装置

5.3 电接触指示器

采用高灵敏、低电流电接触指示器，以判别深度测微仪测量端的接触状况，当深度测微仪测量端与试样或平行垫块接触时发出电信号。

5.4 平行垫块

承载被测试样的淬火钢，尺寸为 6 mm×10 mm×150 mm。在深度测微仪沿平行垫块长度的移动区间内，其测量端至平行垫块的距离偏差应不大于 0.002 mm。

6 试样制备

6.1 取样

试样应沿带材的冷轧方向横向切割。试样的宽度方向应无毛刺、翘边等影响测量的缺陷，切取试样时不应改变原有的横向弯曲曲率，试样纵向应平直，特别是与垫块接触的 6 mm 在纵向应是平直的。试样切割后应放置 10 min 后再进行测量，以便其形状稳定。

6.2 试样尺寸

试样宽度为待测带材的宽度，长度为 40 mm～80 mm。

7 试验步骤

7.1 将平行垫块 6 mm 宽的平面置于基准面之上，移至深度测微仪的下方，其长度方向与支架移动方向一致。旋动深度测微仪直到电接触指示器发出信号，显示测量端部刚好与平行垫块上表面接触，记录此时深度测微仪的读数为基点(B)。

7.2 旋转深度测微仪以方便试样放入，将试样居中放置在平行垫块上，凸面向上，试样宽度的两侧与平行垫块接触，注意防止试样倾斜或与平行垫块接触不良。然后将深度测微仪在导轨上左右滑动寻找试样的最高点(一般在试样的中间位置)。按 6.1 方式测量、记录试样最高点处深度测微仪的读数(H)。

7.3 用球面或尖头外径千分卡测量试样的厚度(t)，球面或尖头外径千分卡的最小分度值应不大于 0.01 mm。

7.4 所有测量应在(24±2)℃温度条件下进行，试样也应在该温度下放置 30 min 后再进行测量。

8 计算公式

8.1 横向弯曲按式(1)计算：

$$C = B - H - t \qquad \cdots\cdots(1)$$

式中：

C——横向弯曲，单位为毫米(mm)；

B——深度测微仪在平行垫块基点的读数，单位为毫米(mm)；

H——深度测微仪在试样最高点处的读数，单位为毫米(mm)；

t——试样厚度，单位为毫米(mm)。

注：具有相同曲率半径材料的横向弯曲尺寸随试样宽度的变化而改变。例如，宽度为 76.2 mm 带材的横向弯曲尺寸为 2.3 mm，而具有相同曲率半径，宽度为 25.4 mm 的带材横向弯曲尺寸仅 0.3 mm。对于宽度厚度比低的带材，还可能受到在开条或剪切过程中受刀口作用产生机械变形的影响。

8.2 热双金属带材被动层凸出时(低膨胀面为凸面)，横向弯曲尺寸取正值(+)；主动层凸出时(高膨胀面为凸面)，横向弯曲尺寸取负值(-)。

8.3 横向弯曲曲率半径用式(2)计算：

$$R = \frac{L^2}{8C} + \frac{C}{2} \qquad \cdots\cdots(2)$$

式中：

R——横向弯曲曲率半径，单位为毫米(mm)；

C——横向弯曲尺寸，单位为毫米(mm)；

L——试样宽度，单位为毫米(mm)。

9 试验报告

试验报告内容如下：

——材料品种、牌号；

——试样厚度，t；

——试样宽度，L；

——测量温度；

——深度测微仪在平行垫块基点的读数，B；

——深度测微仪在试样最高点处的读数，H；

——横向弯曲尺寸或横向弯曲曲率半径(包括正负数)。

附 录 A
（资料性附录）
本标准章条编号与 ASTM B478:1985(2003 确认)章条编号的对照

表 A.1 给出了本标准章条编号与 ASTM B478:1985(2003 确认)章条编号的对照。

表 A.1 本标准章条编号与 ASTM B478:1985(2003 确认)章条编号对照

本标准章条编号	ASTM B478:1985(2003 确认)章条编号
1	1
2	—
3	2
4	3
—	4
5	5
6	6、7
7	8
8	9
9	10
附录 A	—
附录 B	11
附录 C	—
—	12

附 录 B
（资料性附录）
精度与偏差

横向弯曲测量结果的可靠性主要取决于试样的切割方法和测量条件，造成测量结果不稳定的常见因素是试样切割过程和测量温度的均匀性。

附 录 C
（资料性附录）
本标准与 ASTM B478:1985(R 2003)的技术差异及其原因

表 C.1 给出了本标准与 ASTM B478:1985(R 2003)的技术差异及其原因。

表 C.1

本标准的章条号	技术差异	原　　因
5.4	将距离偏差不大于“0.005 mm”修改为“0.002 mm”	提高测试精度，我国目前在技术上能做到
6.2	采标原文中试样尺寸由供需双方商定，本标准规定了试样长度	提高标准的可操作性
7.4	将实验室要求由“(24±0.5)℃”改为“(24±2)℃”	目前我国实验室温度达到±0.5 ℃的控制要求的成本太高，且在本测量中无需如此严格的温度控制要求
8.3	增加公式(2)	方便使用本标准

ICS 29.120.20
H 21

中华人民共和国国家标准

GB/T 24299—2009

热双金属碟形元件机械寿命试验方法

Test method for the mechanical life of snap action discs of thermostat bimetal

2009-09-30 发布　　2010-02-01 实施

中华人民共和国国家质量监督检验检疫总局
中国国家标准化管理委员会　发布

前　言

本标准由中国电器工业协会提出。

本标准由全国电工合金标准化技术委员会(SAC/TC 228)归口。

本标准起草单位:宝山钢铁股份有限公司、上海电科电工材料有限公司、上海运和电器有限公司、佛山精密电工合金有限公司、桂林电器科学研究所。

本标准主要起草人:张忠民、陆尧、冯运福、沈忆、霍志文、谢永忠。

热双金属碟形元件机械寿命试验方法

1 范围

本标准规定了热双金属碟形元件(以下简称碟形元件)机械寿命的试验方法和装置。

本标准适用于间接加热、直接加热和混合加热工作条件下的碟形元件机械寿命试验。

2 规范性引用文件

下列文件中的条款通过本标准的引用而成为本标准的条款。凡是注日期的引用文件,其随后所有的修改单(不包括勘误的内容)或修订版均不适用于本标准,然而,鼓励根据本标准达成协议的各方研究是否可使用这些文件的最新版本。凡是不注日期的引用文件,其最新版本适用于本标准。

GB/T 2900.18 电工术语 低压电器

3 术语和定义

本标准除采用 GB/T 2900.18 规定的术语和定义外,还采用下列术语和定义。

3.1

碟形元件 snap action disk

由热双金属加工成碟形部件,当温度在规定范围内上下变化时,其凹凸面可逆地发生相反方向的突跳动作。

3.2

机械寿命 mechanical life

碟形元件在产品标准规定的温度范围内,无载荷时随温度变化而产生凹凸面可逆性突跳动作的循环次数。

3.3

操作循环 operating cycle

碟形元件经历一个升温起跳动作和紧接随后的一个降温回复动作。

4 试验目的和试验条件

4.1 试验目的

检测碟形元件在无载荷条件下操作循环次数(机械寿命)。

4.2 试验条件

4.2.1 试验后检测其起跳温度偏差应不超过试验前起跳温度的 5%,或不超过 6 ℃,两者选较大者比较。

4.2.2 本标准采用空气加热方式,通过温度可调的空气流对碟形元件加热或冷却。

4.2.3 空气流温度应不高于被测试碟形元件起跳温度 10 ℃,特殊要求时也可由制造厂家和用户商定。

4.2.4 试验时每小时操作循环次数宜不大于 12 次。为了缩短试验时间,允许提高操作循环频率,具体由制造厂家规定。

4.2.5 试验原理框图见图 1。

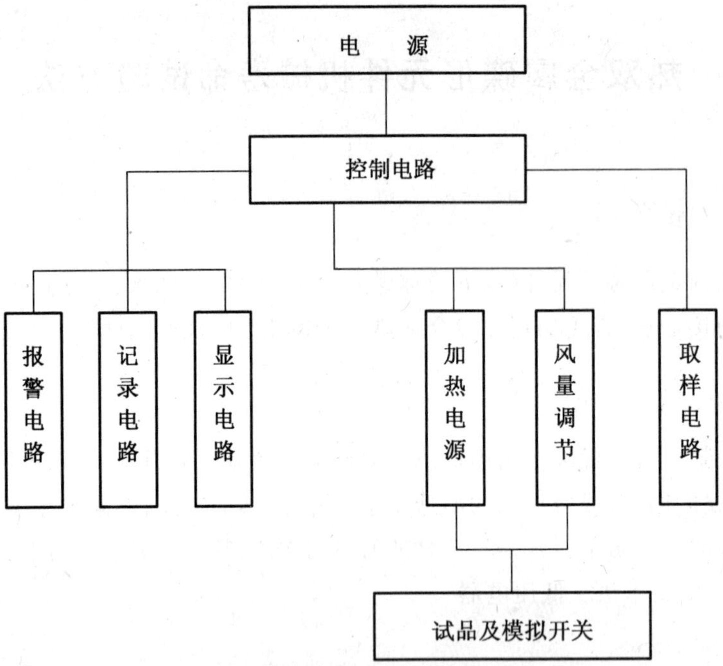

图 1 碟形元件寿命试验装置原理框图

5 测量原理

用电热风机或电吹风对准装有碟形元件的模拟开关装置，吹热风使碟形元件温度升高直至作起跳动作，此时利用模拟开关发出的信号使计数器动作，接着电热风机吹冷风使碟形元件冷却直至作回复动作。这样碟形元件便完成了一个操作循环，计数一次。在操作了若干次以后如果碟形元件起跳温度或回复温度超出了产品标准规定的允许值或碟形元件丧失了起跳或回复功能时，报警器将发出警报，表示寿命试验已经完成，此时计数器显示出该试样的机械寿命。

6 试验装置

6.1 模拟开关

模拟开关(或保护器)用来安放碟形元件，当碟形元件动作时能可靠地产生通断信号。模拟开关动作时所需要的力应尽量小。

6.2 继电器

继电器用来控制电吹风吹热风或冷风并同时控制计数器动作。

6.3 计数器

计数器用来记录碟形元件动作次数。

6.4 电吹风(或电热风机)

采用电吹风或其他器具对碟形元件加热和冷却，实现寿命试验的操作循环。

6.5 报警器

当碟形元件不能正常跳动时报警器应发出警报，并通过控制回路切断加热电源。

6.6 测温仪

用于检测碟形元件的动作温度和回复温度，精度为 0.1 ℃。

7 试验环境

机械寿命试验环境应在防尘、防止强烈通风及无腐蚀性气体的常温、常湿条件下进行。

8 试验步骤

8.1 检查设备、计数器清零，将待测试样装入模拟开关中。

8.2 接通电源使设备正常运转，接通加热器电源吹出热风。

8.3 定期停机测定试样起跳温度和回复温度。

8.4 当报警器报警时切断电源，并记录计数器的数据。

8.5 当加热或冷却时其温度接近起跳或回复温度约 5℃时，加热或冷却速度应控制在 0.5 ℃/min 以下。

9 试验结果判定

9.1 机械寿命试验按相应的产品标准进行到规定次数后，观察碟形元件有无分层、开裂等损坏。

9.2 碟形元件应能正常工作，其试验前后起跳温度差不超过相应产品标准规定的允许值。

10 试验报告

试验报告包括如下内容：

——试样名称；

——制造厂厂名；

——试样规格尺寸；

——试样的起跳温度及回复温度；

——试样机械寿命；

——试验结论。

ICS 29.120.99
K 14

中华人民共和国国家标准

GB/T 24300—2009

铜钨电触头缺陷检测方法

Test method of flaws of Cu-W contact

2009-09-30 发布 2010-02-01 实施

中华人民共和国国家质量监督检验检疫总局
中国国家标准化管理委员会 发布

前言

本标准由中国电器工业协会提出。

本标准由全国电工合金标准化技术委员会(SAC/TC 228)归口。

本标准负责起草单位:温州宏丰电工合金有限公司、桂林金格电工电子材料科技有限公司、桂林电器科学研究所。

本标准参加起草单位:辽宁金昌新材料有限公司、中希合金有限公司、陕西斯瑞工业有限责任公司、温州聚星银触点有限公司。

本标准主要起草人:陈晓、陈乐生、吴文安、郑元龙、王小军、谢永忠、杨清、赵俊、马大号、陈京生。

铜钨电触头缺陷检测方法

1 范围

本标准规定了用渗透探伤检测铜钨电触头的裂纹、孔洞和局部疏松以及铜钨整体电触头的界面裂纹和夹杂物、铜端裂纹和气孔等常见缺陷的方法。

本标准适用于对铜钨电触头和铜钨整体电触头开放性缺陷的检测。

本标准不适用于对铜钨电触头和铜钨整体电触头封闭性缺陷的检测。

2 规范性引用文件

下列文件中的条款通过本标准的引用而成为本标准的条款。凡是注日期的引用文件，其随后所有的修改单(不包括勘误的内容)或修订版均不适用于本标准，然而，鼓励根据本标准达成协议的各方研究是否可使用这些文件的最新版本。凡是不注日期的引用文件，其最新版本适用于本标准。

JB/T 9218—2007 无损检测 渗透检测

3 术语和定义

下列术语和定义适用于本标准。

3.1

铜钨裂纹 crack at Cu-W alloy

在制造时，铜钨合金受外力或内部组织应力形成的裂纹。

3.2

铜钨孔洞 void inside Cu-W alloy

在熔渗铜时，铜钨合金内部组织中的夹杂物挥发后残留的孔洞。

3.3

铜钨疏松 porosity inside Cu-W alloy

在熔渗铜时，铜钨合金内部组织未完全熔渗透而形成的多孔疏松组织。

3.4

界面裂纹 interface crack between Cu-W alloy and Cu part

在烧结(或焊接)时，铜钨整体触头的铜钨合金与铜端的结合界面存在氧化层或夹杂物层而形成的裂纹。

3.5

界面气孔 interface pore between Cu-W alloy and Cu part

在烧结时，铜钨整体触头冷却凝固析出气体在铜钨合金与铜端的结合界面形成的小孔洞。

3.6

铜端裂纹 crack at Cu part

在烧结(或焊接)时，铜钨整体触头的铜端内部组织存在氧化层或夹杂物层而形成的裂纹。

3.7

铜端疏松 porosity inside Cu part

在烧结时，铜钨整体触头的铜端冷却凝固偏析而形成的内部多孔疏松组织。

4 探伤剂、对比试块和探伤区域

4.1 探伤剂

4.1.1 本标准推荐采用 DPT-5 型着色渗透探伤剂。

4.1.2 探伤剂包括清洗剂、渗透剂、显像剂。

4.2 探伤区域

探伤区域如下：

——铜钨合金全部表面；

——铜钨整体电触头接合面及两边 25 mm 以内的区域；

——铜钨整体电触头铜端焊缝及两边 25 mm 以内的区域。

5 探伤方法

5.1 探伤步骤

探伤步骤为：前处理——渗透——清洗——干燥——显像处理——观察——后处理。

5.2 前处理

5.2.1 向铜钨电触头探伤区域施加渗透剂前，应彻底清除妨碍渗透剂渗入缺陷的油脂、冷却液、氧化物及污物等附属物，特别是残留在缺陷中的油脂及水分。

5.2.2 用清洗剂或丙酮清洗探伤区域表面，并向外扩展 25 mm，直到干净。

5.2.3 探伤区域清洗后，应自然干燥，使探伤区域表面残留的溶剂、清洗剂和水分等充分挥发掉。

5.3 渗透

5.3.1 根据电触头的数量、尺寸、形状，选择浸渍、喷洒和涂刷等方法，使渗透剂将探伤区域的表面全部润湿。

5.3.2 渗透时间 10 min～15 min，在渗透时间内保持探伤区域的表面润湿。

5.4 清洗

5.4.1 用布擦去电触头表面多余的渗透剂，然后用清洗剂清洗。或用自来水清洗电触头表面多余的渗透剂。

5.4.2 在清洗过程中既要防止清洗不足而造成对缺陷显示迹痕识别的困难，同时也要防止清洗过度而使渗入缺陷中的渗透剂也被洗出。

5.5 干燥

5.5.1 用清洗剂去除渗透剂时，应自然干燥或用布、纸擦干，不得加热干燥。

5.5.2 用水清洗渗透剂时，应自然干燥或冷风吹干；也可用布、纸擦拭，然后自然干燥。

5.6 显像处理

5.6.1 将显像剂摇匀，在电触头探伤区域喷涂显像剂，然后自然干燥或冷风吹干。

5.6.2 显像剂的喷涂距离 150 mm～300 mm，显像剂应喷涂得薄而均匀，以略能看出探伤物表面为宜，不应在同一部位上反复涂敷。

5.6.3 显像时间 5 min～7 min。

5.7 观察

5.7.1 观察显示的迹痕一般应在显像剂喷涂后 7 min～30 min 内进行，如显示迹痕的大小不发生变化，则可超过上述时间。

5.7.2 显示迹痕应在 350 lx 以上的可见光下进行观察。

5.7.3 观察探伤区域上白色显像剂是否出现线状、圆状、分散状等显示迹痕。当出现显示迹痕时，应确定此迹痕是真缺陷还是假缺陷。如无法确定，则应进行复验或对该部分进行放大观察，或用其他方法验证。

5.7.4 在探伤过程中或探伤结束后用对比试块验证时，若发现下列情况应将试件彻底清洗干净后再按5.2～5.7操作：

——灵敏度下降难以确定迹痕是真缺陷还是假缺陷显示时；

——难以对缺陷显示迹痕作等级分类时；

——供需双方有争议或认为有其他需要时。

5.8 后处理

探伤结束后，为了防止残留的显像剂腐蚀铜钨电触头的表面或影响其使用，应即时清除显像剂。可采用刷洗、擦洗、用布或纸擦除等方法清除显像剂。

6 缺陷显示迹痕的等级分类

6.1 缺陷显示迹痕的种类

6.1.1 铜钨合金缺陷显示迹痕

6.1.1.1 铜钨裂纹：线状缺陷显示迹痕，即长度为宽度三倍以上的缺陷迹痕。

6.1.1.2 铜钨孔洞：圆状缺陷显示迹痕，即除了线状缺陷显示迹痕之外的其他缺陷迹痕。

6.1.1.3 局部疏松：分散状缺陷显示迹痕，即在一定区域内存在多个点状缺陷显示迹痕。

6.1.2 铜钨整体触头的界面缺陷显示迹痕

6.1.2.1 界面裂纹：线状缺陷显示迹痕，即长度为宽度三倍以上的缺陷迹痕。

6.1.2.2 界面夹杂物：圆状缺陷显示迹痕，即除了线状缺陷显示迹痕之外的其他缺陷迹痕。

6.1.3 铜钨整体触头的铜端缺陷显示迹痕

6.1.3.1 铜端裂纹：线状缺陷显示迹痕，即长度为宽度三倍以上的缺陷迹痕。

6.1.3.2 铜端气孔：圆状缺陷显示迹痕，放大镜观察为圆形孔洞。

6.2 缺陷显示迹痕的等级分类

缺陷显示迹痕的等级分类按JB/T 9218—2007的规定。

7 探伤结果的显示与标示

7.1 缺陷显示

缺陷显示迹痕可根据需要分别用照相、示意图或描绘等方法记录。

7.2 缺陷标示

7.2.1 探伤后的被检物表面如需要特别标明时，应使这些记号永远保留。

7.2.2 批量探伤时，对每一个合格品应用记号笔标上P符号；用P符号标识有困难时可用标色记号法；在被检物表面上无法标识时，可采用其他方法标识。

7.2.3 在有缺陷的被检物上用记号笔标出缺陷位置。

8 试验报告

试验报告至少应包括如下内容：

a) 工件名称及编号；

b) 被检区域；

c) 探伤环境温度、湿度；

d) 试件形状和尺寸、材质、表面状态；

e) 探伤剂的型号；

f) 操作方法：

  1) 探伤前处理方法；

  2) 渗透剂施加方法；

3） 清洗方法或去除方法；
4） 干燥方法；
5） 显像剂施加方法。

g） 操作条件：
1） 渗透时间；
2） 干燥温度及时间；
3） 显像时间；
4） 观察时间。

h） 探伤结果：
1） 有无缺陷；
2） 指出缺陷显示迹痕的位置与形状，并附草图或照相；
3） 记录缺陷显示迹痕等级分类。

i） 探伤操作人员姓名；

j） 探伤日期。

ICS 67.200.10
X 14

GB

中华人民共和国国家标准

GB/T 24301—2009

氢化蓖麻籽油

Hydrogenated castor oil

2009-09-30 发布　　　　2010-01-01 实施

中华人民共和国国家质量监督检验检疫总局
中国国家标准化管理委员会　发布

前　言

本标准的附录 A、附录 B 和附录 C 为规范性附录。

本标准由全国粮油标准化技术委员会归口。

本标准负责起草单位：国家粮食局科学研究院、山西榆次正太油脂厂、郑州良远科技有限公司、郑州远洋油脂工程技术有限公司。

本标准主要起草人：栾霞、王芬、王瑛瑶、薛雅琳、冯仁栋、李普选。

氢化蓖麻籽油

1 范围

本标准规定了氢化蓖麻油的术语和定义、质量要求、检验方法、检验规则、标签标志、包装、储存和运输等要求。

本标准适用于以蓖麻籽油为原料加工的工业用的商品氢化蓖麻籽油。

2 规范性引用文件

下列文件中的条款通过本标准的引用而成为本标准的条款。凡是注日期的引用文件，其随后所有的修改单(不包括勘误的内容)或修订版均不适用于本标准，然而，鼓励根据本标准达成协议的各方研究是否可使用这些文件的最新版本。凡是不注日期的引用文件，其最新版本适用于本标准。

GB/T 5524 动植物油脂 扦样(GB/T 5524—2008，ISO 5555:2001，IDT)

GB/T 5525 植物油脂 透明度、气味、滋味鉴定法

GB/T 5528 动植物油脂 水分及挥发物含量测定(GB/T 5528—2008，ISO 662:1998，IDT)

GB/T 5530 动植物油脂 酸值和酸度测定(GB/T 5530—2005，ISO 660:1996，IDT)

GB/T 5534 动植物油脂 皂化值的测定(GB/T 5534—2008，ISO 3657:2002，MOD)

GB/T 5536 植物油脂检验 熔点测定法

GB/T 8234 蓖麻籽油

3 术语和定义

下列术语和定义适用于本标准。

3.1

氢化蓖麻籽油 hydrogenated castor oil

蓖麻籽油经氢化加工获得的高饱和度的油脂产品。

3.2

羟基值 hydroxyl value

中和 1 g 油脂乙酰化所产生的乙酸需要的氢氧化钾毫克数。

4 质量要求

4.1 原料要求

蓖麻籽油应符合 GB/T 8234 的规定。

4.2 感官要求

应符合表 1 的规定。

表 1 氢化蓖麻籽油感官指标

项 目	指 标
外观	白色或微黄色的片状或碎片状固体
气味	具有氢化蓖麻籽油固有气味

4.3 质量等级指标

应符合表 2 的规定。

表 2 氢化蓖麻籽油质量指标

项目		指标	
		一级	二级
碘值(I_2)/(g/100 g)	≤	2.5	3.0
羟基值(KOH)/(mg/g)	≥	155	150
熔点/℃	≥	84	
皂化值(KOH)/(mg/g)		176～186	
酸值(KOH)/(mg/g)	≤	2.0	
水分及挥发物/%	≤	0.2	
色泽(加氏)	≤	3.5	

5 检验方法

5.1 扦样:按 GB/T 5524 执行。

5.2 透明度、气味检验:按 GB/T 5525 执行。

5.3 碘值:按附录 A 执行。

5.4 羟基值:按附录 B 执行。

5.5 熔点:按 GB/T 5536 执行。

5.6 皂化值:按 GB/T 5534 执行。

5.7 酸值:按 GB/T 5530 执行。

5.8 水分及挥发物:按 GB/T 5528 执行。

5.9 色泽:按附录 C 执行。

6 检验规则

6.1 扦样

按照 GB/T 5524 执行。

6.2 出厂检验

按 4.2 和 4.3 规定的项目检验。

6.3 型式检验

6.3.1 当原料、设备、工艺有较大变化,或质量监督部门提出要求时,均应进行型式检验。

6.3.2 按本标准第 4 章的规定检验。

6.4 判定规则

6.4.1 产品未标注质量等级时,按不合格判定。

6.4.2 产品的质量指标中有一项不合格时,即判定为不合格产品。

7 标签标识

7.1 凡标识“氢化蓖麻籽油”的产品均应符合本标准。

7.2 应标注产品的质量等级。

7.3 应注明产品原料原产国。

7.4 应醒目标识“严禁食用”字样。

7.5 其他按有关国家标准和规定执行。

8 包装、储存和运输

8.1 包装

采用编织袋内衬塑料袋,或涂膜编织袋。

8.2 储存

产品应储存在阴凉、干燥、通风处,远离火源,防止污染。不得与食用油脂混存。

8.3 运输

运输工具应清洁,防止日晒、雨淋、破损。不得与食用油脂在同一运输单元中运输。

附 录 A
(规范性附录)
碘值的测定(Hanus 法)

A.1 原理

在四氯化碳溶剂中溶解试样,加入溴化碘(Hanus)试剂反应一定时间后,加入碘化钾和水,用硫代硫酸钠溶液滴定析出的碘。

A.2 试剂

所有试剂均为分析纯。实验用水为蒸馏水或者至少相同纯度的水。

A.2.1 冰醋酸:不含乙醇。

A.2.2 四氯化碳。

上述两种试剂中不应含有可氧化的物质,可用 10 mL 试剂和 1 mL 饱和重铬酸钾溶液及 2 mL 浓硫酸一起振荡进行检验,不呈现绿色的才能使用。

A.2.3 溴化碘:也称 Hanus 试剂。称取 10 g 溴化碘于棕色瓶中,并用 500 mL 的冰醋酸溶解。

A.2.4 碘化钾水溶液:100 g/L,不含碘或碘酸盐。

A.2.5 硫代硫酸钠标准溶液:$c(Na_2S_2O_3 \cdot 5H_2O)=0.1$ mol/L,标定后 7 d 内使用。

A.2.6 淀粉指示剂溶液:10 g/L,将 1 g 可溶性淀粉溶于 100 mL 水中,搅拌并加热,加入 0.1 g 水杨酸防腐剂,煮沸 3 min,冷却到室温。

A.3 仪器

A.3.1 称量皿:2 mL~4 mL,可置入碘价瓶中。

A.3.2 碘价瓶:500 mL,带有毛玻璃塞。

A.3.3 滴定管:50 mL,最小刻度为 0.1 mL。

A.4 取样

按 GB/T 5524 执行。

A.5 操作步骤

在称量皿(A.3.1)中称取 1.5 g 试样,准确到 0.000 2 g,将称量皿及试样置于碘价瓶(A.3.2)中,加入 10 mL 四氯化碳(A.2.2)溶解,准确加入 25 mL Hanus 试剂(A.2.3)并塞紧旋塞,微微振荡,于暗处静置 1 h。加入 20 mL 碘化钾溶液(A.2.4)和 100 mL 蒸馏水,用淀粉溶液(A.2.6)作指示剂,用硫代硫酸钠标准溶液(A.2.5)滴定,直到激烈振荡后蓝色刚好消失。同时进行空白试验。

A.6 结果计算

$$IV=\frac{c_1\times(V_0-V_1)\times 0.126\,9\times 100}{m_1} \qquad \text{(A.1)}$$

式中:

IV——测试样品的碘值,单位为克每一百克碘(g/100 g);

c_1——硫代硫酸钠标准溶液的浓度,单位为摩尔每升(mol/L);

V_0——滴定空白溶液所消耗硫代硫酸钠标准溶液的毫升数,单位为毫升(mL);

V_1——滴定样品溶液所消耗硫代硫酸钠标准溶液的毫升数,单位为毫升(mL);

0.126 9——1/2 碘的毫摩尔质量,单位为克每毫摩尔(g/mmol);

m_1——样品的质量,单位为克(g)。

平行试验结果的绝对差值不超过 0.6,取两次测定结果的平均值,结果保留一位小数。

附 录 B
（规范性附录）
羟基值的测定

B.1 原理

利用乙酸酐和羟基反应，测定样品的羟基含量。以乙酰化油脂的质量为基础计算乙酰值。

B.2 试剂

B.2.1 95%的乙醇。

B.2.2 乙酸酐：分析纯。

B.2.3 吡啶：分析纯，临用时用氧化钡蒸馏。

B.2.4 乙酰化试剂：称取 25 g 乙酸酐于 100 mL 容量瓶中，并加入吡啶至刻度，振荡使充分混合。将试剂装于干燥的棕色玻璃试剂瓶中，贮存于防潮、无酸蒸气的地方。

B.2.5 氢氧化钾乙醇标准溶液：$c(KOH)=0.5$ mol/L。

B.2.6 酚酞指示剂：1 g 酚酞溶于 100 mL 95%的乙醇中。

B.3 仪器

B.3.1 圆底烧瓶：100 mL，与圆底烧瓶配套的回流冷凝器。

B.3.2 移液管：5 mL。

B.3.3 容量瓶：100 mL。

B.3.4 滴定管：50 mL，最小刻度为 0.1 mL。

B.3.5 水浴锅。

B.4 试样的制备

采用过滤的无水试样进行测定。

B.5 操作步骤

称取 1 g～1.5 g 试样于圆底烧瓶（B.3.1）中，精确到 0.001 g，用移液管（B.3.2）加入 5 mL 的乙酰化试剂（B.2.4），连接回流冷凝器，并将烧瓶（B.3.1）置于水浴（B.3.5）上加热，在 95 ℃～105 ℃的温度下保持 1 h。取下烧瓶（B.3.1）和冷凝器，冷却至室温，并从冷凝器上端加入 5 mL 的蒸馏水，再加入 20 mL 吡啶（B.2.3），振荡摇匀，并将烧瓶继续加热 10 min。取下烧瓶和冷凝器，冷却至室温，从冷凝器上端加入 5 mL 乙醇（B.2.1）。取下烧瓶，加入 2 滴～3 滴酚酞（B.2.6）溶液，并用氢氧化钾乙醇标准溶液（B.2.5）滴定至终点。同时进行不加试样的空白试验。此外，按 GB/T 5530 测定试样的酸值。

B.6 结果计算

$$HV=\frac{56.1\times c_2\times(V_2-V_3)}{m_2}+AV \quad\cdots\cdots\cdots\cdots(\text{B.1})$$

式中：

HV——测试样品的羟基值，单位为毫克每克（mg/g）；

c_2——氢氧化钾乙醇标准溶液的浓度，单位为摩尔每升（mol/L）；

V_2——滴定空白溶液所消耗氢氧化钾乙醇标准溶液的体积，单位为毫升(mL)；

V_3——滴定样品溶液所消耗氢氧化钾乙醇标准溶液的体积，单位为毫升(mL)；

m_2——样品的质量，单位为克(g)；

AV——测试样品的酸值，单位为毫克每克(mg/g)。

平行试验结果的绝对差值不超过 2.4，取两次测定结果的平均值，结果保留一位小数。

附 录 C
（规范性附录）
色泽的测定

C.1 原理

将试样置于直径符合标准的玻璃管中，以目视法与一系列标有号数的标准颜色进行比较，确定与样品颜色最接近的颜色标准，测定结果以加氏颜色号数表示。

C.2 仪器

C.2.1 加纳尔比色计。

C.2.2 比色管：内径为 10.65 mm±0.025 mm，外径约为 12.5 mm，外壁长度约为 114 mm 的玻管。

C.3 分析步骤

用干燥洁净的加纳尔比色管装满固体氢化蓖麻籽油试样，在水浴中加热，完全熔化后立即将比色管插进比色计右孔中，在白色底板上转动刻度盘，用眼睛观察左右两个颜色一致时，记下刻度盘上数字即为颜色值。

取两次测定结果的平均值，结果保留一位小数。

ICS 67.060
B 20

中华人民共和国国家标准

GB/T 24302—2009

粮油检验　大米颜色黄度指数测定

Inspection of grain and oils—Determination of rice yellow-coloured index

2009-09-30 发布　　2010-01-01 实施

中华人民共和国国家质量监督检验检疫总局
中国国家标准化管理委员会　发布

前言

本标准由国家粮食局提出。

本标准由全国粮油标准化技术委员会归口。

本标准负责起草单位:国家粮食局标准质量中心、湖北省粮油食品质量监测站、河南工业大学、中国计量科学研究院、郑州华孚仪器开发有限公司、洪湖市洪湖浪米业有限责任公司、佐竹机械(苏州)有限公司。

本标准主要起草人:朱之光、熊宁、余敦年、周展明、马煜、杨红卫、李玥、王志明、刘利、李雷、刘勇、王艳。

粮油检验　大米颜色黄度指数测定

1　范围

本标准规定了大米颜色黄度指数测定的术语和定义、原理、仪器和用具、试样制备、操作步骤和重现性。

本标准适用于稻谷、大米颜色的黄度指数测定。

2　规范性引用文件

下列文件中的条款通过本标准的引用而成为本标准的条款。凡是注日期的引用文件，其随后所有的修改单(不包括勘误的内容)或修订版均不适用于本标准，然而，鼓励根据本标准达成协议的各方研究是否可使用这些文件的最新版本。凡是不注日期的引用文件，其最新版本适用于本标准。

GB 1354　大米

GB 5491　粮食、油料检验　扦样、分样法

GB/T 5698—2001　颜色术语

3　术语和定义

下列术语和定义适用于本标准。

3.1

大米黄度指数　rice yellow-coloured index

表示大米颜色的黄色程度，用 Y_m 表示。黄度指数越大(小)，表明样品的黄色越深(浅)，反之表明黄色越浅(深)。黄度指数可用以下公式计算得出：

$$Y_m = 100 \times \left(\frac{1.30 \times X - 1.15 \times Z}{Y}\right)$$

式中：

X、Y、Z——D_{65} 照明体 10°视场下测得的三刺激值。

注：按 GB/T 5698—2001 规定，在三色系统中，与待测色刺激达到色匹配所需的三种参照色刺激的量为三刺激值。

3.2

大米颜色　rice colour

光被一批大米反射或透射后的颜色，可用大米黄度指数 Y_m 表示。

4　原理

4.1　分光谱测色法(分光光度法)

用光谱测色仪测量大米的光谱辐亮度因数，在 D_{65} 照明体 10°视场下，经积分计算求得大米颜色的三刺激值，再计算出大米黄度指数 Y_m。

4.2　光电积分测色法(色差计法)

用色差计直接测量大米的反射色，对测得的模拟信号放大并转换成数字信号后得到三刺激值，再计算出大米黄度指数 Y_m。

5　仪器和用具

5.1　分样器或分样板。

5.2 天平：感量 0.1 g。

5.3 实验室用砻谷机、碾米机。

5.4 标准色板[1]。

5.5 大米颜色标准样品[2]。

5.6 测色仪

5.6.1 分光光度测色仪或光谱测色仪

——照明体及视场：D_{65} 标准照明体，10°视场；

——波长范围：380 nm 至 780 nm，不小于 400 nm 至 700 nm；

——波长准确度：≤0.8 nm；

——波长重复性：≤0.4 nm；

——准确度：$\triangle Y \leqslant 1.5$，$\triangle x$、$\triangle y \leqslant 0.005$；

——仪器测量孔径≥ϕ25 mm，装样器皿厚≥12 mm、表面积≥1 500 mm^2。

5.6.2 色差仪

——照明体及视场：D_{65} 标准照明体，10°视场；

——重复性：$\Delta Y \leqslant 0.10$；

——稳定性：$\Delta Y \leqslant 0.2$/h；

——准确度：$\Delta Y \leqslant 1.5$，Δx、$\Delta y \leqslant 0.015$；

——仪器测量孔径≥ϕ25 mm，装样器皿厚≥12 mm、表面积≥1 500 mm^2。

6 试样制备

6.1 按 GB 5491 的规定取样和分样。

6.2 稻谷经砻谷、碾磨成加工精度符合 GB 1354 规定的三等大米，用 2.0 mm 筛除去糠粉和小碎米后，再用洁净柔软的棉布揉搓，以除去沾附在表面的糠粉，作为待测试样。

6.3 试样大米若加工精度低于 GB 1354 规定的三等精度，需碾磨到三等精度，然后按 6.2 制备待测试样。

7 操作步骤

7.1 按测色仪(5.6)使用说明书进行操作。

7.2 用标准色板(5.4)和大米颜色标准样品(5.5)对测色仪校准，使测定标准样品的 Y_m 值在其标示值范围内。

7.3 称取至少 15 g 大米(以保证装样器皿中大米的厚度至少为 10 mm)，用测色仪(5.6)测定大米黄度指数。

7.4 每个样品平行测定两次，如果满足第 8 章的要求，则报告其平均值，结果保留至小数后第 1 位。

8 重现性

同一实验室，由同一操作者使用相同设备，按相同的测试方法并在短时间内对同一被测对象，相互独立进行测试获得的两次独立测试结果差的绝对值不大于 2.0。

---

1) 标准色板可在中国计量科学研究院购买。提供此信息仅为方便使用者，不是本标准对供应商的指定。

2) 大米颜色标准样品由归口的标准化技术委员会组织专家委员会审定发布。

ICS 67.040
B 20

中华人民共和国国家标准

GB/T 24303—2009

粮油检验　小麦粉蛋糕烘焙品质试验 海绵蛋糕法

Inspection of grain and oils—Method for cake-making of wheat flour—Sponge cake

2009-09-30 发布　　2010-01-01 实施

中华人民共和国国家质量监督检验检疫总局
中国国家标准化管理委员会　发布

前　言

本标准的附录 A 为规范性附录。

本标准由国家粮食局提出。

本标准由全国粮油标准化技术委员会归口。

本标准起草单位：国家粮食局科学研究院、农业部谷物及制品质量监督检验测试中心(北京)。

本标准主要起草人：姜薇莉、孙辉、雷玲、白石桥、周桂英。

粮油检验　小麦粉蛋糕烘焙品质试验
海绵蛋糕法

1　范围

本标准规定了海绵蛋糕试验方法的原理、材料、仪器和设备、操作步骤、结果与表示。

本标准适用于评价小麦或小麦粉以及其他配料对海绵蛋糕烘焙品质的影响。

2　规范性引用文件

下列文件中的条款通过本标准的引用而成为本标准的条款。凡是注日期的引用文件，其随后所有的修改单(不包括勘误的内容)或修订版均不适用于本标准，然而，鼓励根据本标准达成协议的各方研究是否可使用这些文件的最新版本。凡是不注日期的引用文件，其最新版本适用于本标准。

GB 1355　小麦粉

GB 1445　绵白糖

GB/T 10220　感官分析方法总论

GB/T 13868　感官分析　建立感官分析实验室的一般导则

SB/T 10277　鲜鸡蛋

3　术语和定义

下列术语和定义适用于本标准。

3.1

海绵蛋糕　sponge cake

鲜鸡蛋与小麦粉及配料调制成面糊经烘烤制成的一类膨松点心。

4　原理

利用蛋白起泡性能，通过机械搅拌使蛋液中充入大量的空气，加入小麦粉和配料调制成面糊，经烘烤制成海绵蛋糕，并在规定条件下进行品质评价。

5　材料

5.1　小麦粉

符合 GB 1355 的规定。

5.2　鲜鸡蛋

符合 SB/T 10277 规定的二级标准。

5.3　绵白糖

符合 GB 1445 的规定。

6　仪器和设备

6.1　打蛋机：无级变速打蛋机(40 r/min～300 r/min)。打蛋缸缸体上口直径 24 cm，下底直径 11 cm，深 9.5 cm，壁呈半球形。

6.2　电热式烤炉：平面烤炉，可以调节上、下火，温控范围为 50 ℃～300 ℃。或旋转烤炉，温控范围在

180 ℃～230 ℃之间，控温精度应在±8 ℃。

6.3 面包体积测定仪：菜籽置换型，测量范围 400 mL～1 050 mL，最小刻度单位为 5 mL。

6.4 天平：感量 0.1 g 和 0.001 g。

6.5 蛋糕模具：市售 12.7 cm(5 英寸)圆形蛋糕模具(下底内径 11.3 cm、上口内径 12.5 cm、内高 5.2 cm)。

6.6 其他：量筒，秒表，CQ7 号筛(60 目)。

7 操作步骤

7.1 配方

实验面糊配方见表 1。

表 1 实验面糊配方

配料	小麦粉(14%湿基)	鲜鸡蛋液	绵白糖
质量/g	100	130	110

7.2 称量

按照表 1 的配料比例，准确称取通过 CQ7 号筛(6.6)的小麦粉 100 g，用鲜鸡蛋(5.2)制备的蛋液 130 g 和绵白糖(5.3)110 g；称量蛋糕模具(6.5)并编号。精确至 0.01 g。

7.3 制备蛋糊

在室温为 20 ℃～25 ℃时，将称量好的蛋液和绵白糖放入打蛋机搅拌缸中，以慢速(60 r/min)搅打 1 min 充分混匀，再以快速(200 r/min)搅打 19 min。

7.4 制备面糊

将称量的小麦粉(7.2)均匀倒入蛋糊(7.3)中，慢速(60 r/min)搅拌 10 s 停机，拿下搅拌头，快速将搅拌缸内壁蛋糊刮至缸底，装上搅拌头再用慢速(60 r/min)搅拌 20 s 停机，取下搅拌缸，以自流淌出方式将面糊分别倒入两个蛋糕模具中。每个模具中的面糊为 150 g，精确到 0.01 g。粘附在搅拌缸内壁的面糊不应刮入模具中。

7.5 烘烤

把装入面糊的模具立即入炉烘烤(6.2)。若使用平面烤炉，设定烤炉上火为：180 ℃，下火为：160 ℃；若使用旋转烤炉，设定炉温为 190 ℃。烘烤时间约为 18 min～20 min。

8 蛋糕烘焙品质评分

按照附录 A 规定执行。

9 结果与表示

根据每个评价人员的评分结果计算平均值。个别评分误差超过平均值 10 分以上的数据应舍弃，舍弃后重新计算平均值，计算结果取整数。

附　录　A
（规范性附录）
海绵蛋糕烘焙品质评分法

A.1　蛋糕比容(30 分)

A.1.1　蛋糕比容测定

蛋糕出炉后，在室温下稍冷，将蛋糕从模具中拿出，冷却 30 min 后，放在天平(6.4)上称量(精确至 0.01 g)。再用面包体积仪(6.3)测量体积(精确至 5 mL)。按照式(A.1)计算蛋糕比容。

$$D=\frac{m}{V} \qquad \cdots\cdots\cdots\cdots\cdots\cdots\cdots\cdots\cdots\cdots(\text{A.1})$$

式中：

D——比容，单位为克每毫升(g/mL)；

m——蛋糕质量，单位为克(g)；

V——蛋糕体积，单位为毫升(mL)。

结果取两次平行试验的算术平均值，平行试验允许差为 0.2 mL/g。

A.1.2　蛋糕比容评分

蛋糕比容评分见表 A.1。

表 A.1　蛋糕比容评分表

比容/(mL/g)	得分	比容/(mL/g)	得分	比容/(mL/g)	得分	比容/(mL/g)	得分
2.5	7	3.4	16	4.3	25	5.2	26
2.6	8	3.5	17	4.4	26	5.3	25
2.7	9	3.6	18	4.5	27	5.4	24
2.8	10	3.7	19	4.6	28	5.5	23
2.9	11	3.8	20	4.7	29	5.6	22
3.0	12	3.9	21	4.8	30	5.7	21
3.1	13	4.0	22	4.9	29	5.8	20
3.2	14	4.1	23	5.0	28	5.9	19
3.3	15	4.2	24	5.1	27	6.0	18

A.2　蛋糕内、外部特征评价

A.2.1　环境和评价人员要求

应符合 GB/T 10220 的规定。

A.2.2　品尝实验室

应符合 GB/T 13868 的规定。

A.2.3　表面状况(10 分)

A.2.3.1　表面光滑无斑点、环纹，且上部有较大弧度　　8 分～10 分

A.2.3.2　表面略有气泡、环纹、稍有收缩变形，上部有一定弧度　　5 分～7 分

A.2.3.3　表面有深度环纹、收缩变形且凹陷、上部弧度很小　　2 分～4 分

A.2.4　内部结构(30 分)

A.2.4.1　亮黄、淡黄有光泽，气孔较均匀、光滑细腻　　23 分～30 分

A.2.4.2 黄、淡黄色无光泽，气孔略大稍粗糙、不均匀、无坚实部分 16分～22分

A.2.4.3 暗黄，气孔较大且粗糙、底部气孔紧密、有少量坚实部分 8分～15分

A.2.4.4 可参见图A.1评分。

A.2.5 弹柔性(10分)

A.2.5.1 柔软有弹性，按下去后复原很快 8分～10分

A.2.5.2 柔软较有弹性，按下去后复原较快 5分～7分

A.2.5.3 柔软性、弹性差，按下去后难复原 2分～4分

A.2.6 口感(20分)

A.2.6.1 味纯正、绵软、细腻稍有潮湿感 16分～20分

A.2.6.2 绵软略有坚韧感、稍干 12分～15分

A.2.6.3 松散发干、坚韧、粗糙或较粘牙 6分～11分

26分

16分

图A.1 蛋糕内部结构评分参考图

8分

图 A.1（续）

ICS 67.200.10
X 14

中华人民共和国国家标准

GB/T 24304—2009/ISO 6885:2006

动植物油脂　茴香胺值的测定

Animal and vegetable fats and oils—Determination of anisidine value

(ISO 6885:2006,IDT)

2009-09-30 发布　　2010-01-01 实施

中华人民共和国国家质量监督检验检疫总局
中国国家标准化管理委员会　发布

前　　言

本标准等同采用 ISO 6885:2006《动植物油脂　茴香胺值的测定》(英文版)。

为了便于使用,本标准对 ISO 6885:2006 进行了如下编辑性修改:

——删除国际标准的前言;

——将"本国际标准"改为"本标准";

——用小数点"."代替原文中作为小数点的逗号",";

——对有关公式进行了编号。

本标准的附录 A 为资料性附录。

本标准由国家粮食局提出。

本标准由全国粮油标准化技术委员会归口。

本标准起草单位:国家粮食局科学研究院、杭州市质量技术监督检测院、郑州远洋油脂工程技术有限公司、郑州良远科技股份有限公司。

本标准主要起草人:栾霞、薛雅琳、姜荷、王瑛瑶、胡杭萍、李普选、冯仁栋。

动植物油脂　茴香胺值的测定

1　范围

本标准规定了动植物油脂茴香胺值的测定方法。

本标准适用于动植物油脂中醛类(主要指 α,β-不饱和醛)含量的测定。

2　规范性引用文件

下列文件中的条款通过本标准的引用而成为本标准的条款。凡是注日期的引用文件,其随后所有的修改单(不包括勘误的内容)或修订版均不适用于本标准,然而,鼓励根据本标准达成协议的各方研究是否可使用这些文件的最新版本。凡是不注日期的引用文件,其最新版本适用于本标准。

GB/T 5524　动植物油脂　扦样(GB/T 5524—2008,ISO 5555:2001,IDT)

GB/T 6682　分析实验室用水规格和试验方法(GB/T 6682—2008,ISO 3696:1987,MOD)

GB/T 15687　动植物油脂　试样的制备(GB/T 15687—2008,ISO 661:2003,IDT)

3　术语和定义

下列术语和定义适用于本标准。

3.1

茴香胺值　anisidine value

在规定实验条件下,*p*-茴香胺与试样反应,用 10 mm 比色皿于 350 nm 波长下测得的吸光度的增加值,扩大 100 倍后的数值。

注:茴香胺值没有单位,而是以 1 g 试样溶入 100 mL 溶剂和反应试剂的混合液中所测得的值为 1 个计量单位。

4　原理

试样用异辛烷(2,2,4-三甲基戊烷)溶解,与 *p*-茴香胺的醋酸溶液反应,测定 350 nm 波长时增加的吸光度,计算茴香胺值。

5　试剂

除非另有说明,本标准所用试剂均为分析纯。实验用水应符合 GB/T 6682 中三级水要求。

5.1　无水硫酸钠(Na_2SO_4)。

5.2　异辛烷(2,2,4-三甲基戊烷):在 300 nm 到 380 nm 波长范围内,以水为参照测得的吸光度不超过 0.01。

5.3　*p*-茴香胺(4-茴香醚):无水、无色结晶。

警告:*p*-茴香胺有毒,应避免与皮肤接触。

将 *p*-茴香胺装入棕色瓶中,并在 0 ℃～4 ℃下暗处储藏。所存物质应无色(灰色或粉色)。如出现变色现象,按下述方法对 *p*-茴香胺进行精制。

将 4 g *p*-茴香胺溶解于 75 ℃、100 mL 的蒸馏水中,加入 0.5 g 亚硫酸钠和 2 g 活性炭,搅拌 5 min,并用中速滤纸过滤,得到清亮滤液。将滤液冷却到 0 ℃,并在此温度下保持至少 4 h。最好在真空状态下滤出结晶,并用少量 0 ℃蒸馏水洗涤。在真空干燥器中干燥。

5.4　冰醋酸:水分含量的质量分数不大于 0.1%。

5.5 茴香胺试剂:考虑到茴香胺的毒性和不稳定性,仅制备当天分析所需的最小试剂量。例如,可按下列方法准备 50 mL 试剂:准确称取 0.125 g *p*-茴香胺置于 50 mL 容量瓶中,并用冰醋酸稀释至刻度,避免强光直射。

使用之前,用异辛烷作空白对照检查吸光度。如果吸光度上升到 0.2 以上则该试剂不能使用。在任何情况下,试剂仅供当天使用。

6 仪器

实验室常规仪器,尤其是下列仪器。

6.1 分光光度计:适合在 350 nm 波长范围使用,带有 10 mm 比色皿。

使用双光束分光光度计时,建议使用一对匹配的 10 mm 比色皿。

6.2 容量瓶:25 mL。

6.3 具塞试管:10 mL。

6.4 移液管:1 mL 和 5 mL。

7 扦样

扦样不是本标准规定的内容,推荐采用 GB/T 5524。

实验室收到的样品应具有代表性,在运输或储存过程中未受损或变质。

8 试样的制备

按 GB/T 15687 制备试样。

如果试样水分含量的质量分数大于 0.1%,使用下列方法进行干燥。

按每 10 g 加 1 g~2 g 的比例加入无水硫酸钠,并充分混合样品。如果试样是固体脂肪,熔化温度应不高于熔点的 10 ℃。充分搅拌并过滤,保持该温度以防止凝固。因为水的存在会影响反应平衡,故在试样制备中应去除高出 0.1%的水分。

9 操作步骤

9.1 测试溶液的制备

称取适量的试样(第 8 章),精确到 1 mg,直接装入 25 mL 容量瓶中。预先加热固体试样至其熔点以上,但不超过熔点的 10 ℃。用 5 mL~10 mL 的异辛烷(5.2)溶解,并用相同的溶剂稀释至刻度。

注:取样量由试样的性质和所用的分光光度计决定。取样量一般为 0.4 g~4 g,而不能使试样的吸光度在仪器读数的上限和下限。

9.2 未反应溶液的测定

用移液管(6.4)吸取 5 mL 测试溶液(9.1)于具塞试管(6.3)中,用移液管(6.4)加 1 mL 冰醋酸(5.4)溶液,盖上塞子并充分摇动。在 23 ℃±3 ℃下放置暗处 8 min。

在 2 min 内将溶液转移到干净、干燥的分光光度计的比色皿中。从添加冰醋酸溶液计时,反应时间总计 10 min±1 min,随即按 9.5 测定吸光度。

9.3 反应溶液的测定

用移液管(6.4)吸取 5 mL 测试溶液(9.1)于具塞试管(6.3)中,用移液管(6.4)加 1 mL 茴香胺试剂(5.5),盖上塞子并充分摇动。在 23 ℃±3 ℃下放置暗处 8 min。

在 2 min 内将溶液转移到干净、干燥的分光光度计的比色皿中。从添加茴香胺试剂计时,反应时间总计 10 min±1 min,随即按 9.5 测定吸光度。

9.4 空白溶液的测定

用移液管(6.4)吸取 5 mL 异辛烷(5.2)于具塞试管(6.3)中,用移液管(6.4)加 1 mL 茴香胺试剂

(5.5),盖上塞子并充分摇动。在 23 ℃±3 ℃下放置暗处 8 min。

在 2 min 内将溶液转移到干净、干燥的分光光度计比色皿中。从添加茴香胺试剂计时,反应时间总计 10 min±1 min,随即按 9.5 测定吸光度。

9.5 用分光光度计测定吸光度

用异辛烷(5.2)在 350 nm 处校正分光光度计零点。以异辛烷为对照,测定下列溶液吸光度:

——A_1:反应溶液(9.3);

——A_0:未反应溶液(9.2);

——A_2:空白溶液(9.4)。

9.6 吸光度范围

如果测定反应溶液(9.3)A_1 的吸光度不在 0.2 至 0.8 之间,需调整试样的取样量重新测定(9.2～9.4)。

如果测定空白溶液 A_2 的吸光度超过 0.2,需精制 p-茴香胺,制备新鲜的茴香胺试剂,并用新鲜的茴香胺试剂重新测定。

10 结果表示

10.1 按式(1)计算茴香胺值(AV):

$$AV = \frac{100QV}{m}[1.2 \times (A_1 - A_2 - A_0)] \quad \cdots\cdots (1)$$

式中:

V——溶解试样的体积,单位为毫升(mL),V=25 mL;

m——样品的质量,单位为克(g);

Q——根据茴香胺值定义,Q 为测定溶液中样品浓度,单位为克每毫升(g/mL),Q=0.01 g/mL;

A_0——未反应测试溶液吸光度(9.2);

A_1——反应溶液吸光度(9.3);

A_2——空白溶液吸光度(9.4);

1.2——用 1 mL 茴香胺试剂或冰醋酸溶液稀释测试溶液的校正因子。

结果保留一位小数。

10.2 总氧化值有助于评价一种油脂的氧化变质。按式(2)计算总氧化值(TV)。

$$TV = (4 \times PV) + AV \quad \cdots\cdots (2)$$

式中:

PV——样品的过氧化值,单位为毫摩尔每千克(mmol/kg);

AV——样品的茴香胺值。

11 精密度

11.1 实验室间测试结果

附录 A 汇总了本方法精密度的实验室间测试情况。这些测试结果可能不适用于其他范围和测试对象。

11.2 重复性

在同一实验室,由同一操作者使用相同设备,按相同的测试方法,并在短时间内对同一被测对象相互独立进行测试获得的两次独立测试结果的绝对差值大于表 1 中所给的重复性限值(r)的情况不超过 5%。

11.3 再现性

在不同的实验室,由不同的操作者使用不同的设备,按相同的测试方法,对同一被测对象相互独立进行测试获得的两次独立测试结果的绝对差值大于表1中所给的再现性限值(R)的情况不超过5%。

表1 重复性限(*r*)和再现性限(*R*)

茴香胺值	变化范围	*r*	*R*
AV(两次测定平均值)	0至100	0.034*AV*+0.31	0.19*AV*+1.41

12 试验报告

试验报告应说明:

——样品所有相关信息;

——若已知采样方法,则注明;

——本标准所引用的标准方法及文献;

——本标准中没有具体说明的、或者选择的,以及所有可能影响结果的操作细节;

——测试结果;

——如果进行了重复性试验,提供最后所得结果。

附 录 A
（资料性附录）
实验室间测试结果

法国 ITERG 在 2004 年完成了最近的国际水平的实验室间的测试比对，9 个国家（阿根廷、加拿大、法国、德国、匈牙利、荷兰、葡萄牙、英国、美国）18 个实验室参加这次测试，一个样品进行两次测定，统计结果（根据 ISO 5725-2 统计计算）参见表 A.1。

表 A.1 实验室间测试结果

试样	大豆油	毛菜油	胡桃油	鱼油	鱼油	家禽油脂	无水奶油	用过的煎炸油
剔除异常值后实验室数量	16	17	17	16	17	15	14	16
平均值	3.46	0.95	6.86	25.46	31.54	4.59	0.33	96.80
重复性标准偏差，s_r	0.09	0.08	0.17	0.31	0.72	0.28	0.07	1.22
重复性变异系数/%	2.6	8.2	2.5	1.2	2.3	6.0	19.9	1.3
重复性限，r ($2.8\times s_r$)	0.25	0.22	0.48	0.86	2.02	0.78	0.19	3.43
再现性标准偏差，s_R	0.27	0.39	0.52	1.75	3.79	1.80	0.17	6.74
再现性变异系数/%	7.9	41.4	7.6	6.9	12.0	39.3	49.5	7.0
再现性限，R ($2.8\times s_R$)	0.77	1.10	1.46	4.89	10.61	5.05	0.46	18.86

参 考 文 献

[1] ISO 5555. Animal and vegetable fats and oils—Sampling.

[2] ISO 5725-1. Accuracy (trueness and precision)of measurement methods and results—Part 1:General principles and definitions.

[3] ISO 5725-2. Accuracy (trueness and precision) of measurement methods and results—Part 2:Basic method for the determination of repeatability and reproducibility of a standard measurement method.

[4] IUPAC 2.504. Determination of the *p*-anisidine value (*p*-A. V.).

ICS 67.080.10
B 66

中华人民共和国国家标准

GB/T 24306—2009

红 松 种 仁

Korean pine kernel

2009-09-30 发布 2009-12-01 实施

中华人民共和国国家质量监督检验检疫总局
中国国家标准化管理委员会 发布

前 言

本标准由国家林业局提出并归口。

本标准负责起草单位:吉林省林业技术推广站。

本标准参加起草单位:吉林省林业科学研究院、北华大学。

本标准主要起草人:林玉梅、任军、李晓梅、孙广仁、杨铁囡、王晓娜、王永煜、王军、孙伟、李岩。

红松种仁

1 范围

本标准规定了红松种仁的术语和定义、要求、检验方法、检验规则及标志、包装、运输、贮存。

本标准适用于红松种仁。

2 规范性引用文件

下列文件中的条款通过本标准的引用而成为本标准的条款。凡是注日期的引用文件，其随后所有的修改单（不包括勘误的内容）或修订版均不适用于本标准，然而，鼓励根据本标准达成协议的各方研究是否可使用这些文件的最新版本。凡是不注日期的引用文件，其最新版本适用于本标准。

GB/T 4789.2 食品卫生微生物学检验 菌落总数测定

GB/T 4789.3 食品卫生微生物学检验 大肠菌群计数

GB/T 4789.4 食品卫生微生物学检验 沙门氏菌检验

GB/T 4789.5 食品卫生微生物学检验 志贺氏菌检验

GB/T 4789.10 食品卫生微生物学检验 金黄色葡萄球菌检验

GB/T 5009.3 食品中水分的测定

GB/T 5009.4 食品中灰分的测定

GB/T 5009.5 食品中蛋白质的测定

GB/T 5009.6 食品中脂肪的测定

GB/T 5009.11 食品中总砷及无机砷的测定

GB/T 5009.12 食品中铅的测定

GB/T 5009.17 食品中总汞及有机汞的测定

GB/T 5009.19 食品中有机氯农药多组分残留量的测定

GB/T 5009.20 食品中有机磷农药残留量的测定

GB/T 5009.22 食品中黄曲霉毒素 B_1 的测定

GB/T 5009.37—2003 食用植物油卫生标准的分析方法

GB/T 5009.156 食品用包装材料及其制品的浸泡试验方法通则

GB/T 8855 新鲜水果和蔬菜 取样方法

GB 16326 坚果食品卫生标准

3 术语和定义

下列术语和定义适用于本标准。

3.1

红松球果 Korean pine cone

红松果实，由红松雌球花在授粉受精后发育成的一种长圆状结构，由胚轴、苞鳞、不发育的短枝、种子和种鳞组成。

3.2

红松籽 Korean pine seeds

红松的种子，生于红松球果，由种仁、种皮和坚硬的种壳组成，是坚果的主要品种之一。

3.3

红松种仁　Korean pine kernel

为红松籽经脱壳、去种皮等一系列工艺科学加工而成的符合一定质量标准的种仁。

3.4

小粒仁　small-size kernel

单粒重小于 30 mg 的种仁。

3.5

破碎仁　broken kernel

加工中产生的破损、不完整的种仁。

4　要求

4.1　红松球果采摘

红松球果采摘应在 9 月下旬果实完全成熟后采摘。

禁止在保护区的核心区、缓冲区和红松天然更新母树少于 15 株/公顷的林地采摘。

在天然林地采摘每株母树应保留 10%的球果，采摘时不可伤及母树。

4.2　加工工艺

工艺：采摘→脱粒→水选→干燥→脱壳→去种皮→分级→包装→质检→贮存。

加工中不可使用任何防腐剂、化学药剂处理。

4.3　质量

4.3.1　分级

红松种仁的分级要求应符合表 1 规定。

表 1　红松种仁的分级及感官标准

等　级		Ⅰ	Ⅱ	Ⅲ
百粒重/g		≥5.1	≥4.1，且<5.1	≥3.5，且<4.1
色泽		乳白色或略带乳黄色	乳白色或略带乳黄色	乳白色或略带乳黄色
滋、气味		典型松香味	典型松香味	典型松香味
外观	破碎仁/%	无	<0.3	≥0.3，且<0.5
	小粒仁/%	无	<0.3	≥0.3，且<0.5
杂质/%		无肉眼可见杂质	无肉眼可见杂质	<0.3
虫蛀仁		无	无	无

4.3.2　理化指标

红松种仁的理化指标应符合表 2 规定。

表 2　红松种仁的理化指标

项　　目		指　标
粗蛋白质/%	≥	12
粗脂肪/%	≥	60
灰分/%	<	3
水分/%	<	4
酸价(以 KOH 计)/(mg/g)	≤	4
过氧化值/(g/100 g)	≤	0.08

4.3.3 卫生指标

卫生指标应符合 GB 16326 的规定。

5 检验方法

5.1 等级评定

用目测、口尝、称重进行评定。

5.2 理化指标检测

5.2.1 水分的测定

按 GB/T 5009.3 的方法进行。

5.2.2 灰分的测定

按 GB/T 5009.4 的方法进行。

5.2.3 粗蛋白质的测定

按 GB/T 5009.5 的方法进行。

5.2.4 粗脂肪的测定

按 GB/T 5009.6 的方法进行。

5.2.5 酸价、过氧化值的测定

酸价测定按 GB/T 5009.37—2003 中 2.1 的方法进行，过氧化值测定按 GB/T 5009.37—2003 中 2.2 的方法进行。

5.3 卫生指标检测

5.3.1 砷的测定

按 GB/T 5009.11 的方法进行。

5.3.2 铅的测定

按 GB/T 5009.12 的方法进行。

5.3.3 汞的测定

按 GB/T 5009.17 的方法进行。

5.3.4 黄曲霉毒素 B_1 的测定

按 GB/T 5009.22 的方法进行。

5.3.5 六六六、滴滴涕的测定

按 GB/T 5009.19 的方法进行。

5.3.6 有机磷农药残留量的测定

按 GB/T 5009.20 的方法进行。

5.3.7 致病菌的测定

按 GB/T 4789.4、GB/T 4789.5、GB/T 4789.10 的方法分别测定沙门氏菌、志贺氏菌和金黄色葡萄球菌。

5.3.8 菌落总数的测定

按 GB/T 4789.2 的方法进行。

5.3.9 大肠菌群的测定

按 GB/T 4789.3 的方法进行。

6 检验规则

6.1 出厂检验

产品出厂应由工厂检验部门逐批检验，并签发合格证。

出厂检验项目包括：感官要求、理化指标、卫生指标。

6.2 组批

同品种、同等级、同批收购加工、调运、销售的红松种仁为一个检验批次。

6.3 抽样方法

执行 GB/T 8855 的规定。

6.4 判定规则

产品检验项目全部符合本标准要求，判定为合格品。如有一项或一项以上不符合本标准要求，应加倍抽样复验不合格项目；复验后仍不符合本标准要求时，判定该产品为不合格品。微生物项目不合格时不得进行复验，直接判该批产品不合格。验货中如有争议，可进行重新抽样检验，以重检的结果为准。

7 标志、包装、运输、贮存

7.1 标志

包装上应标明品名、等级、净重、产地、厂名厂址、生产日期及批次、保质期。

7.2 包装

包装执行 GB/T 5009.156 规定，并要求节能减排、绿色环保。

7.3 运输

在本品运输中不得与非食品物质混装、混运，并应轻装轻卸，避免挤压、撞击。防止潮湿、雨淋、日晒。

7.4 贮存

成品包装后应贮存于凉爽库房或冷藏，高于地面 20 cm 以上，库房气温在 0 ℃～8 ℃，严禁与有毒、异味和易于传播虫害的物品混合存放，防止虫害、病害。

ICS 67.080.10
B 66

GB

中华人民共和国国家标准

GB/T 24307—2009

山核桃产品质量等级

Quality grades of products for *Carya cathayensis* Sarg.

2009-09-30 发布 2009-12-01 实施

中华人民共和国国家质量监督检验检疫总局
中国国家标准化管理委员会 发布

前言

本标准由国家林业局提出并归口。

本标准由中国林业科学研究院亚热带林业研究所负责起草。

本标准主要起草人：王亚萍、姚小华、王开良、常君、任华东、李生。

本标准由国家林业局负责解释。

山核桃产品质量等级

1 范围

本标准规定了山核桃(*Carya cathayensis* Sarg.)的产品分类、技术要求、检验方法、检验规则及包装、运输、贮藏要求。

本标准适用于山核桃产品。

2 规范性引用文件

下列文件中的条款通过本标准的引用而成为本标准的条款。凡是注日期的引用文件,其随后所有的修改单(不包括勘误的内容)或修订版均不适用于本标准,然而,鼓励根据本标准达成协议的各方研究是否可使用这些文件的最新版本。凡是不注日期的引用文件,其最新版本均适用于本标准。

GB 2760 食品添加剂使用卫生标准

GB 2762 食品中污染物限量

GB/T 4789.2 食品卫生微生物学检验 菌落总数测定

GB/T 4789.3 食品卫生微生物学检验 大肠菌群计数

GB/T 4789.4 食品卫生微生物学检验 沙门氏菌检验

GB/T 4789.10 食品卫生微生物学检验 金黄色葡萄球菌检验

GB/T 4789.15 食品卫生微生物学检验 霉菌和酵母计数

GB/T 5009.3 食品中水分的测定

GB/T 5009.5 食品中蛋白质的测定

GB/T 5009.11 食品中总砷及无机砷的测定

GB/T 5009.12 食品中铅的测定

GB/T 5009.23—2006 食品中黄曲霉毒素 B_1、B_2、G_1、G_2 的测定

GB/T 5009.34 食品中亚硫酸盐的测定

GB/T 5009.37 食用植物油卫生标准的分析方法

GB 7718 预包装食品标签通则

GB 16326 坚果食品卫生标准

GB 19300 烘炒食品卫生标准

3 山核桃原料产品质量等级

3.1 基本要求

山核桃坚果充分成熟,壳面洁净,缝合线紧密,无虫蛀、出油、异味等果,无杂质,未经有害化学漂白物处理。

3.2 等级指标

山核桃原料产品质量等级规格指标见表1。

表 1 山核桃原料产品质量等级规格指标

等级指标	特 级	一 级	二 级	三 级
外观	壳面洁净,上手不着黑色。形态圆形。	壳面洁净,上手不着黑色。形态圆形。	壳面洁净,上手不着黑色。形态圆形。	无果形要求。

表 1（续）

等级指标	特级	一级	二级	三级
色泽	外壳呈自然黄白色，仁皮金黄色，无附着物。	外壳呈自然黄白色，仁皮黄褐色，无附着物。	外壳呈自然黄白色或黄褐色，仁皮褐色，上有少量附着物。	外壳颜色较深，仁皮深褐色，上有少量附着物。
均匀度	大小均匀，外观整齐端正。	大小均匀，外观整齐端正。	大小均匀，外观较整齐端正。	大小均匀，外观较整齐端正。
破损率	无破损果、畸形果和霉变果。	破损果、畸形果、霉变果不超过1%。	破损果、畸形果、霉变果不超过5%。	破损果、畸形果、霉变果不超过5%。
饱满度	果仁饱满。 无空籽，瘪籽率、半粒籽率≤1%。	果仁饱满。 无空籽，瘪籽率、半粒籽率≤2%。	果仁较饱满。 无空籽，瘪籽率、半粒籽率≤3%。	果仁较饱满。 无空籽，瘪籽率、半粒籽率≤3%。
含油率	≥40%			
含水率	≤6%			
酸价（KOH）（以脂肪计）	≤4 mg/g			
过氧化值（以脂肪计）	≤0.08 g/100 g			

3.3 外观尺寸分级

山核桃按照直径大小分级，见表2。

表 2 山核桃颗粒分级

大小	坚果直径/cm
特大型	≥2.15
大型	1.95～2.15
中等型	1.75～1.95
小型	≤1.75

各等级中，小于本等级颗粒的最高含量为3%（个数）。

3.4 卫生指标

卫生指标按GB 19300和GB 16326的要求执行，总砷、铅应符合GB 2762中的规定，二氧化硫应符合GB 2760中的规定。

4 山核桃带壳加工产品质量要求

4.1 感官指标要求

感官指标符合表3要求。

表 3 山核桃带壳加工产品感官指标要求

项目	椒盐山核桃	奶油山核桃	多味山核桃
色泽	外壳深棕色，色泽均匀，略有光泽，表面微带白色盐霜。	外壳深棕色，色泽均匀，泛有油光。	外壳深棕色，色泽均匀，泛有油光。
香气	具有山核桃特有的香气。	具有山核桃特有的香气。	具有山核桃特有的香气。
口味	仁松脆，无明显涩味，无异味。	仁松脆，咸甜适中，带奶油味。无异味。	仁松脆，咸甜适中，无异味。
形态	颗粒完整，多数有对开缝，大小基本均匀，无明显焦斑。		
饱满度	无空籽，瘪籽率≤3%，半粒籽率≤1%。		
杂质	无明显杂质。		

4.2 外观尺寸要求

外观尺寸要求符合表2的要求。

4.3 理化指标要求

理化指标符合表4要求。

表4 山核桃加工产品理化指标要求

项目	指标要求
净含量允差(500 g以内小包装)	±3%,平均净含量不得低于标明量
水分	≤6%
酸价(KOH)(以脂肪含量计)	≤4 mg/g
过氧化值(以脂肪含量计)	≤0.50 g/100 g

4.4 卫生指标

卫生指标要求符合3.4的要求。

4.5 食品添加剂

食品添加剂品种和使用量应符合GB 2760的规定。

5 山核桃仁加工产品质量等级分类

感官指标要求符合表5要求。

表5 山核桃仁加工产品感官指标要求

主要指标	特级	一级	二级	三级
外观	淡黄色,微光亮,无碎仁末。	淡黄色,较光亮,少有碎仁末(碎仁率不大于3%)。	淡黄色,光亮,有碎仁末(碎仁率3%~8%)。	淡黄色,光亮,有碎仁末(碎仁率超过8%)。
口感	入口甜咸适中,口感酥爽。	入口甜咸适中,口感较酥爽。	入口偏甜或咸,口感脆。	入口偏甜或咸,口感脆。
加糖量/(g/100 g)	7	9	11	13

其他理化指标和卫生指标要求同4.3、4.4、4.5。

6 山核桃产品品质指标的检验方法

6.1 外观

取适量山核桃平摊于洁净瓷盘,在光线明亮处用肉眼观察其色泽、果面、果形和缺陷等,并砸开取仁观察仁皮色泽,记录观察结果。

6.2 出仁率

随机取100个山核桃果实仁重与山核桃坚果重之比,换算成百分数,精度为0.01,修约成一位小数。

6.3 含水量

按GB/T 5009.3规定的方法检验。

6.4 粗脂肪含量

按GB/T 5009.5规定的方法检验。

6.5 酸价、过氧化值

按GB/T 5009.37中规定的方法检验。

6.6 重金属含量

按 GB/T 5009.11、GB/T 5009.12 中规定的方法测定铅、总砷。

6.7 SO_2 含量

按 GB/T 5009.34 规定的方法执行。

6.8 黄曲霉毒素 B_1

按 GB/T 5009.23—2006 中黄曲霉毒素 B_1 规定的方法执行。

6.9 微生物指标

定型包装样品用无菌操作开封取样,带壳样品先用75%酒精消毒表面,再用无菌剪刀剪去外壳,取出果肉,称取 25 g 样品;不带壳样品无菌操作直接取样 25%检样,放入含有 225 mL 无菌生理盐水中,制成 1∶10 稀释液。

菌落总数测定按 GB/T 4789.2 执行,大肠菌群测定按 GB/T 4789.3 执行,沙门氏菌检验按 GB/T 4789.4执行,金黄色葡萄球菌检验按 GB/T 4789.10 执行,霉菌和酵母计数按 GB/T 4789.15 执行。

7 检验规则

7.1 出厂规则

产品出厂须工厂检验部门逐批检验,并签发合格证。

出厂检验项目包括:感官要求、理化指标、卫生指标。

7.2 组批

同一产地、同一品种、同一等级、同一批采收的山核桃坚果作为一个检验批次。

7.3 抽样

一批产品的包装单位不超过 50 件时,抽取的包装单位不少于 5 个。多于 50 件时,每增加 20 件增抽一个单位,应随机抽取。从包装单位抽取核桃样品时,应从不同部位取,每个包装单位取 500 g 以上,作为初样。将所取的核桃初样充分混匀,从中随机分取 2.5 kg 作为平均样品。将平均样品平铺一层呈正方形,按对角线法分成四等份,从每份中随机取 250 g,共计 1 000 g 山核桃作为检测样品。

8 判定规则

产品检验项目全部符合本标准,判定为合格品。如有一项或一项以上不符合本标准,须加倍抽样复验不合格项目;复验后仍不符合本标准时,判定该产品为不合格品。微生物项目不合格时不得进行复验,直接判该批产品不合格。验货中如有争议,可进行重新抽样检验,以重检的结果为准。

9 包装、运输、贮存

9.1 包装

小包装执行 GB 7718 中的规定。

大包装用专用纸箱或木箱包装,包装物应坚固耐用、清洁卫生、干燥、无异味。通常,每箱山核桃净重 10 kg。装箱应避免潮湿,箱底和箱壁均应衬垫硫酸纸等防潮材料。每一包装袋只能装同一品种、同一等级的山核桃,不得混淆。装箱后应封严捆牢,并在包装箱规定位置贴上标签,标明品名、规格、等级、净重、产地、包装日期、保质期、封装人员姓名或代号等。

9.2 运输

运输产品时应避免日晒、雨淋,注意防潮。运输工具应清洁卫生、无异味,不应与有毒、有害、有异味或影响产品质量的物品混装运输。

9.3 **贮存**

产品应贮存在干燥、通风良好的场所，有条件的宜进行低温贮藏。不得与有毒、有害、有异味、易挥发、易腐蚀的物品同处贮存，山核桃入库后要在库房中加强防霉、防虫蛀、防出油、防鼠等措施。

ICS 65.160
B 35

GB

中华人民共和国国家标准

GB/T 24308—2009

烟草种子繁育技术规程

Rules for tobacco seed propagation technology

2009-09-30 发布 2009-12-01 实施

中华人民共和国国家质量监督检验检疫总局
中国国家标准化管理委员会 发布

前　言

本标准由国家烟草专卖局提出。

本标准由全国烟草标准化技术委员会(SAC/TC 144)归口。

本标准起草单位:中国烟草总公司青州烟草研究所。

本标准主要起草人:罗成刚、王元英、贾兴华、刘洪祥、陈志强、冯全福。

烟草种子繁育技术规程

1 范围

本标准规定了烟草原种和良种的繁育技术操作规程。

本标准适用于进行烟草种子繁育。

2 规范性引用文件

下列文件中的条款通过本标准的引用而成为本标准的条款。凡是注日期的引用文件，其随后所有的修改单(不包括勘误的内容)或修订版均不适用于本标准，然而，鼓励根据本标准达成协议的各方研究是否可使用这些文件的最新版本。凡是不注日期的引用文件，其最新版本适用于本标准。

GB/T 21138 烟草种子

YC/T 20 烟草种子检验规程

YC/T 21 烟草种子包装

YC/T 22 烟草种子贮藏与运输

3 术语与定义

下列术语和定义适用于本标准。

3.1

育种家种子 breeder seed

由育种者直接生产和掌握的具有特异性、一致件和遗传稳定性的原始种子，主要性状符合审定时的原有水平。

3.2

原种 foundation seed

由育种家种子直接繁殖或从推广品种中经过提纯的，具有该品种典型性状，遗传性稳定，主要性状与育种家种子相同，并达到原种质量标准的种子。

3.3

良种 certified seed

由原种在严格防杂保纯措施下繁殖的、质量达到良种标准的种子。

3.4

三圃制 three-plot system

原种生产程序之一种，由株行圃、株系圃、原种圃三级组成。

4 原种生产

4.1 原则

应由育种单位或授权的原种繁殖基地承担，可采用育种家种子直接繁殖原种或通过三圃制提纯繁殖原种。可实行一次繁殖，分年使用。

4.2 用育种家种子繁殖原种

4.2.1 原种圃建立

选择土壤肥力中等、地力均匀、排灌方便，远离村庄、菜园地、果园 500 m 以上，前茬非茄科作物的地块作为原种圃地。根据需种量确定种植面积，原种圃周边设走道和二至四行保护区，保护区种植同一品种。

原种圃采用单株套袋的隔离方法。

4.2.2 栽培管理

苗期应适时育苗、精细管理，保证苗全苗壮。大田期适时移栽，合理密植，合理施肥与灌溉，及时中耕培土、防治病虫害和杂草。

4.2.3 鉴定、去杂

按品种典型性进行单株评定和选留，淘汰杂株、变异株、病株和劣株。去杂重点在团棵期、现蕾期、始花期三个时期进行，每时期进行数次，选择性状典型一致的单株。对淘汰的烟株提前打顶并及时抹杈或拔除。始花期当选株留三叉枝及以下三个花枝，将其他枝、已开放的花、青果彻底清除，再用规格为40目～50目的尼龙纱网袋或规格为60 g的羊皮纸袋套袋，严防天然杂交。

4.2.4 疏花、疏果

套袋20 d后进行疏花疏果。每花枝留15个左右成熟一致的果，单株留果80个～100个，以保证蒴果成熟一致，提高种子质量。种子收获前烟株上部至少保留五至六片叶，或只清除下部叶，以保证种子正常成熟，籽粒饱满。

4.2.5 采收、检验和贮藏

果枝上有80%的蒴果变成褐色，其余蒴果也开始转褐色时为适宜采收期。对当选株种子混合采收，每批种子应单采、单晒、单脱，种子袋内外均应附标签，严防混杂。

种子质量按照GB/T 21138执行。

种子检验按照YC/T 20执行。

种子包装按照YC/T 21执行。

种子储藏和运输按照YC/T 22执行。

4.3 三圃制提纯繁殖原种

4.3.1 原则

在生产使用的品种种性退化，而又没有育种家种子时应采用三圃制提纯繁殖原种。

4.3.2 单株选择

在原种圃或纯度较高的良种田中选择具有原品种典型性状的单株。分三次进行，第一次初选在现蕾前，入选株挂牌，注明品种名称、地点；第二次复选，在始花期，入选单株套袋自交，严防自然杂交；第三次决选，在盛花期，入选单株疏花疏果，每株保留蒴果50个左右。蒴果呈褐色时，分单株晾晒、脱粒、装袋，系好标签(注明编号、品种、名称、年度、地点)。选株数量一般应不少于60株。

4.3.3 株行圃

上年入选单株种子，分别种植一行，每行不少于30株。每10行设一行对照(原品种的原种)。

先以原品种典型性状为依据选择株行，再在当选株行内选留典型单株四至六株。入选单株修花套袋，待蒴果呈褐色时采收。分行晾晒、脱粒、装袋，袋内外标明品种名称、行号、年份等。株行内的杂株、病株现蕾前应打顶或拔除。杂株率大于5%或性状有明显差异的株行全部淘汰，不再选单株。

4.3.4 株系圃

当选株行种子称株系，每株系种植二至四行，每行不少于30株。于现蕾期、始花期对各株系生育状况进行观察记载，选择具有原品种典型性状的株系。当选株系选择10株～20株套袋留种，疏花疏果，分系采收、晾晒、脱粒、装袋，袋内放置标签，袋外系好标签。

4.3.5 原种圃

将株系圃当选株系种子，混合种植于原种圃。其余要求同4.2。

5 良种生产

5.1 原则

生产用良种应采用原种繁殖良种。

5.2 **种子田选择与安排**

选地要求同 4.2.1。

良种田采用空间隔离法，要求种子田四周 500 m 以内没有烟草种植。根据繁种计划确定种植面积，一般按照每 667 m^2(每亩)生产 7 kg～8 kg 种子计算。

5.3 **栽培管理**

要求同 4.2.2。

5.4 **鉴定、去杂**

按品种典型性进行鉴定、去杂去劣。去杂应重点在团棵期、现蕾期、始花期三个时期进行，及时拔除杂、劣、病株。变异株大于 5%的种子田不能留种。

5.5 **疏花、疏果**

盛花期疏花疏果。去掉中心花，一般三叉枝下留 5 个花枝，每花枝留 15 个～20 个生长相近的花果，单株留果 100 个～120 个。种子收获前烟株至少保留五至六片上部叶。

5.6 **采收、检验和贮藏**

果枝上 80%的蒴果变成褐色时为适宜采收期。待 70%～80%蒴果呈褐色时采下枝头或蒴果，分品种、分地块进行单晒、单脱、单独加工，严防混杂。其余要求同 4.2.5。

ICS 65.160
B 35

中华人民共和国国家标准

GB/T 24309—2009

烟草国外引种技术规程

Rules for tobacco introduction techniques from abroad

2009-09-30 发布　　　　2009-12-01 实施

中华人民共和国国家质量监督检验检疫总局
中国国家标准化管理委员会　发布

前　言

本标准由国家烟草专卖局提出。

本标准由全国烟草标准化技术委员会(SAC/TC 144)归口。

本标准起草单位:中国烟草总公司青州烟草研究所。

本标准主要起草人:王元英、刘艳华、王志德、罗成刚、贾兴华、刘洪祥、戴培刚、牟建民。

烟草国外引种技术规程

1 范围

本标准规定了烟草国外引种的技术规程。

本标准适用于国外烟草种子的引进。

2 规范性引用文件

下列文件中的条款通过本标准的引用而成为本标准的条款。凡是注日期的引用文件，其随后所有的修改单(不包括勘误的内容)或修订版均不适用于本标准，然而，鼓励根据本标准达成协议的各方研究是否可使用这些文件的最新版本。凡是不注日期的引用文件，其最新版本适用于本标准。

GB 15699 烟草种子霜霉病检疫规程

GB/T 16448 烟草品种命名原则

《国外引种检疫审批管理办法》(农业部1993年11月10日发布)

3 术语和定义

下列术语和定义适用于本标准。

3.1

引种 introduction

从国外引进的各烟草类型种质材料，包括从国外引进提供研究和生产用种子。

3.2

检疫 quarantine

为防止国外危险性烟草病、虫、杂草侵入和传播采取的一种手段。

3.3

烟草霜霉病 tobacco blue mold

蓝霉病

烟草上由霜霉病的病原真菌(*Peronospora tabacina* Adam)引起的一种毁灭性病害。

注：目前在我国尚无此病发生，是引进国外烟草种子的检疫对象。

3.4

种子 seed

所有被用作烟草繁殖的植物繁殖体，包括真种子、营养器官、人工种子等。

4 引种准备

引种申报材料的准备、受理和审批按国家有关规定执行。

5 归口登记

凡从国外引进烟草种子，都应归口登记，统一编号和译名。归口登记内容包括品种名称、来源、国别、原产地、引入时间、烟草类别以及有关资料(原文或复印件)。

6 种子检疫

6.1 报检：凡从国外引进的烟草种子，都应向出入境检疫机关报检。

6.2 检疫对象:烟草霜霉病。

6.3 引进生产用种(量大)的单位或者个人应在对外贸易合同或者协议中注明中国法定的检疫要求,并注明输出国家或者地区政府植物检疫机关出具检疫证书,证明符合中国的检疫要求。

6.4 霜霉病检疫按照 GB 15699 执行。

7 引种试验

7.1 隔离试种

7.1.1 未发现检疫对象的种子,应隔离试种。

7.1.2 根据《国外引种检疫审批管理办法》,在指定的地点进行检疫温室或检疫圃地隔离试种。

7.1.3 对于普通烟草栽培种和一年生野生种隔离试种时间不应少于一个生育周期,对于多年生的野生种隔离试种时间不应少于两年。

7.1.4 发现带有检疫对象的种子,应由国家专门机构监督销毁或作特殊处理。

7.1.5 初步鉴定农艺性状。

7.2 性状鉴定

7.2.1 植物学性状

包括株型、株高、茎围、茎叶角度、节距、叶形、叶数、叶色、叶柄、叶耳、叶缘、叶尖、花序、花色、生育期等。

7.2.2 经济性状

主要包括产量、均价、产值、上等烟比率、上中等烟比率等。

7.2.3 品质性状

7.2.3.1 原烟外观品质鉴定:包括颜色、成熟度、叶片结构、身份、油分、色度、单叶质量等。

7.2.3.2 原烟化学成分:总糖、还原糖、植物碱、蛋白质、总氮、钾(K_2O)、氯(Cl^-)含量等。

7.2.3.3 原烟感官质量:香气质、香气量、浓度、杂气、劲头、刺激性、余味等。

7.2.4 抗性

包括抗病、抗虫、抗逆性等。

8 标本制作

8.1 叶片、花、蒴果等实物标本。

8.2 单株、叶片、花序、蒴果等的照片。

9 引种的译名和注册登记

9.1 音译:根据原产国种子名称的语音译。

9.2 意译:根据原产国种子名称的含义译。

9.3 当名称过长时,为便于国内使用,可简译或缩写译名。

9.4 过去沿用下来的译名,通用已久,不应另创译法,以免造成同种异名,引起混乱。

9.5 引种的注册登记:按照 GB/T 16448 执行。

ICS 65.160
X 85

中华人民共和国国家标准

GB/T 24310—2009

烟草及烟草制品 转基因检测方法

Tobacco and tobacco products—Detecting method of genetically modified organism contents

2009-09-30 发布 2009-12-01 实施

中华人民共和国国家质量监督检验检疫总局
中国国家标准化管理委员会 发布

前　言

本标准的附录 A、附录 B、附录 C、附录 D、附录 E、附录 F 为规范性附录，附录 G 为资料性附录。

本标准由国家烟草专卖局提出。

本标准由全国烟草标准化技术委员会(SAC/TC 144)归口。

本标准起草单位：中国烟草进出口烟叶检测站、中华人民共和国深圳出入境检验检疫局。

本标准主要起草人：郭兆奎、陈枝南、冯茜、万秀清、颜培强、李丽杰、乔婵、孙宏宇。

烟草及烟草制品　转基因检测方法

1　范围

本标准规定了烟草种子、鲜烟叶、初烤烟、片烟和卷烟烟丝进行转基因成分检测的样品取样方法和实验室检测方法。

本标准适用于烟草及烟草制品转基因成分检测。

2　规范性引用文件

下列文件中的条款通过本标准的引用而成为本标准的条款。凡是注日期的引用文件，其随后所有的修改单(不包括勘误的内容)或修订版均不适用于本标准，然而，鼓励根据本标准达成协议的各方研究是否可使用这些文件的最新版本。凡是不注日期的引用文件，其最新版本适用于本标准。

GB/T 5606.1　卷烟　第1部分：抽样

GB/T 19616　烟草成批原料取样的一般原则

3　术语和定义

下列术语和定义适用于本标准。

3.1

转基因烟草　genetically modified tobacco

通过基因工程技术或现代生物技术改变基因组构成的烟草。

3.2

小样　increment

在一个取样单位一次取出的一定数量的烟草，构成单样的一部分。

[GB/T 19616—2004，定义 2.6]

3.3

样品　sample

从一个群体中选取的一个或多个具有代表性的样本单位。

3.4

实验室样品　laboratory sample

用于实验室检验或测试的样品，其代表总样。

[GB/T 19616—2004，定义 2.10]

3.5

检测样品　test sample

实验室样品经过研磨和匀浆(如果需要)处理后进行分析测定的样品。

3.6

聚合酶链式反应扩增　polymerase chain reaction amplification

PCR 扩增

模板 DNA 序列在含有4种脱氧核糖核酸(dNTPs)、引物、DNA 聚合酶等的反应体系中，在仪器中通过多次的高温变性、退火和延伸的循环过程，最终使目标 DNA 片段以几何倍数扩增。

3.7

巢式 PCR　nested PCR

PCR 扩增过程中，首先用一对外引物进行第一轮 PCR，然后以第一轮 PCR 扩增产物为模板，使用第一对引物扩增的 DNA 序列内部的一对引物再次扩增。

3.8

半巢式 PCR　semi-nested PCR

PCR 扩增过程中，首先用一对外引物进行第一轮 PCR 扩增，然后以第一轮 PCR 扩增产物 DNA 做为模板，使用该模板 DNA 序列内部的一个引物及第一轮扩增中的一条外引物进行第二次 PCR 扩增。

3.9

实时定量 PCR 扩增　real-time PCR amplification

在 PCR 反应体系中加入荧光探针或荧光染料，利用荧光信号积累实时检测整个 PCR 进程，最后通过标准曲线对未知模板进行定量分析。

3.10

看家基因　housekeeping gene

细胞或生物体整个生命过程中都持续需要而且必不可少的组成型表达基因。

3.11

阳性对照样品　positive control sample

经鉴定为含有检测目标成分的对照烟草样品。

3.12

阴性对照样品　negative control sample

经鉴定为不含有检测目标成分的对照烟草样品。

3.13

试剂对照样品　reagent control sample

检测过程中与样品一起进行各种检测操作的试剂参照样品。

3.14

提取空白对照样品　extraction blank control sample

样品 DNA 提取过程中放置在操作区内的开盖的空白参照样品。

3.15

特异性　specificity

特异地检测某种物质，并可将其与相似物质、杂质或降解物分辨开来的能力。

4　实验室要求

4.1　样品重复检测

每个待测样品随机分成两份，每份单独进行 DNA 提取和 PCR 分析。

4.2　对照样品

每次试验中均设置阳性对照、阴性对照、试剂对照及提取空白对照。在定性检测时选用 0.1％阳性作为阳性对照；定量检测时设置 0.1％、0.5％、1.0％、2.0％、5.0％阳性对照建立标准曲线。

4.3　防止污染

样品准备、样品前处理、DNA 提取、PCR 反应液加样、PCR 扩增和电泳与凝胶观察等操作在相互隔离并具有 100％外排风的不同操作间中进行，并设置紫外灯，操作前后进行空间过夜照射。样品研磨在强力通风橱中进行，每个样品更换一次塑料手套；样品的称量应设专用天平，不可在称量试剂的天平室内进行；用于提取 DNA 和 PCR 扩增的耗材、用具使用前都应进行灭菌处理，tip 头和各种离心管一次性使用。

4.4 安全防护

整个试验操作过程中必须穿着工作服和佩戴手套，特别在接触 EB 时应带抗化学腐蚀的手套及口罩。

4.5 有毒废弃物处理

4.5.1 含 EB 的电泳液

处理方法见附录 A。

4.5.2 含 EB 的凝胶

含有 EB 的废凝胶暂存于广口瓶中，定期放入生物危害焚烧炉中进行焚烧处理。

5 试剂

除非特别说明，检测中仅使用分析纯化学试剂和超纯去离子水，PCR 反应体系用水应使用电阻率为 18.2 MΩ·cm 以上的超纯水。各种缓冲液均冷藏于 4 ℃冰箱，各种酶和抗生素母液冻存于－20 ℃以下冰箱。

5.1 十二烷基硫酸钠(SDS)。

5.2 乙二胺四乙酸钠(EDTA)。

5.3 十六烷基-二甲基-乙基-溴化铵(CTAB)。

5.4 Tris 碱。

5.5 Tris-HCl。

5.6 聚乙烯吡咯烷酮(PVP)。

5.7 液氮。

5.8 三氯甲烷。

5.9 异戊醇。

5.10 2-巯基乙醇。

5.11 乙醇。

5.12 硼酸。

5.13 氢氧化钠。

5.14 琼脂糖。

5.15 溴酚蓝。

5.16 二甲苯青 FF。

5.17 溴乙锭。

5.18 冰醋酸。

5.19 溴乙锭(EB)。

5.20 NaCl。

5.21 $MgCl_2$。

5.22 DNA 聚合酶。

5.23 10×PCR 缓冲液。

5.24 尿嘧啶 DNA 糖基酶(UNG 酶)。

5.25 dNTPs 液(dATP、dCTP、dGTP 各 2.5 mmol/L，dUTP 5 mmol/L)。

5.26 DNA 标准分子量。

5.27 限制性内切酶(Xmn1、EcoR V、NsiI)。

5.28 SYBR Green Ⅰ 染料。

6 仪器设备

6.1 PCR 仪(控温精度±0.3 ℃)。

6.2 紫外分光光度计(波长精度 0.3 nm)。

6.3 荧光定量 PCR 仪(控温精度±0.4 ℃)。

6.4 电泳系统(50 V~600 V,10 mA~400 mA)。

6.5 紫外分析仪(检测灵敏度:Protein≥0.02 ng DNA≥0.05 ng)。

6.6 恒温水浴锅(精度±0.1 ℃)。

6.7 高速冷冻离心机(最大离心力 30 000g)。

6.8 微量离心机(最大离心力 20 000g)。

6.9 pH 计(精度±0.02 pH 或±2 mA)。

6.10 分析天平(感量 0.000 1 g)。

6.11 超低温冰箱(-40 ℃~-86 ℃)。

6.12 微量移液器(10 μL、20 μL、50 μL、100 μL、200 μL、1 000 μL,精度≤0.8%~1.0%)。

6.13 超纯水器(电阻率 18.2 MΩ·cm)。

6.14 磁力搅拌器(转速 0~2 000 r/min)。

6.15 超净工作台[截流效率:99.999 9%,层流风速:0.45 m/s(90 fpm)]。

6.16 恒温干燥箱(30 ℃~300 ℃,温度波动±1%,控温精度±1%)。

7 取样

7.1 种子

以品种和种子产地为取样单位,即每个品种作为一个样品,对虽为同一品种,但供种单位(种子产地来源)不同,也作为单一样品取样,每一样品随机多点取样 10 g,样品编号注明品种名称、种子产地。

7.2 鲜烟叶

鲜烟叶样品在田间取样,以品种和种子产地为取样单位随机取样,每个样品在 10 个不同地块各取一个嫩芽或叶片,编号注明品种名称、种子来源、取样地点、取样单位、取样人、日期等信息,自然失水 2 d 后放入塑料袋中。

7.3 初烤烟

以检验批为单位,每检验批的产地和等级应是相同的,50 件以下随机选 2 件各取 1 个小样,51 件~100 件取 4 个小样,101 件~150 件取 5 个小样,151 件~200 件取 6 个小样,200 件以上每增 50 件(不足 50 件按 50 件计)增取 1 个小样,各小样混合后用四分法缩分出均匀样品 2 份(每份 250 g)作实验室样品供检验和复检,实验室样品应密封并填写标签,注明产地、等级报验号、送样单位、取样人。

7.4 片烟

对于已装箱的片烟,以箱(内装 100 kg 烟叶)为取样单位,用长筒状取样器,每箱随机取约 2 g 烟叶,将每个集装箱的 99 箱烟叶所取的近 200 g 烟叶作为一个检测样品;也可在复烤加工车间,结合水分测定取样,注明烟叶产地、等级和箱号、取样地点、送样单位和取样人。

7.5 卷烟

按照 GB/T 5606.1 中规定的方法进行卷烟抽样。

8 烟叶样品 DNA 提取方法

8.1 样品前处理

8.1.1 种子

随机取烟草种子样品放入装有滤纸保湿的培养皿中,28 ℃光照下培养 7 d,用滤纸吸出表面水分,称种子萌发幼苗质量约 900 mg,在灭菌的研钵内加液氮研磨呈粉末,分别装入 3 个已知质量的 15 mL 离心管中,再称量,置-20 ℃冰箱中储存备用。

8.1.2 鲜烟叶

随机取鲜叶样品约 900 mg,在研钵内加液氮(5.7)研磨成粉末,转入称量的 3 个 1.5 mL 离心管中,称量确定叶片组织质量。

8.1.3 烤后烟叶

随机取烟叶样品约 20 g,用硫酸纸包好,置方盘加盖后,40 ℃恒温干燥箱(6.16)中过夜使其干燥,在灭菌的研钵中研成粉末,存于 20 mL 离心管中,从中取约 60 mg 分别放入两个 1.5 mL 离心管中。

8.1.4 卷烟

随机取卷烟 50 支,去除卷烟纸、滤嘴,将烟丝按 8.1.3 方法前处理。

8.2 DNA 提取

方法见附录 B。

8.3 DNA 产量和纯度测定

方法见附录 C。

9 转基因烟草定性检测方法

首先进行共有序列标志的 PCR 扩增,再通过巢式 PCR、限制性内切酶酶切和目的基因序列扩增方法进行验证,确定所转目的基因的种类。

9.1 共有序列标志的 PCR 扩增

9.1.1 PCR 引物

用于转基因烟草检测共有标志主要有:花椰菜花叶病毒 35S 启动子、根癌农杆菌 nos 终止子和编码卡那霉素抗性基因(NPTII),根据这些核苷酸序列设计 PCR 引物进行烟草转基因检测。

9.1.1.1 35S 启动子序列扩增

35S-1:5'CTACAAATGCCATCATTGCG 3'

35S-2:5'GGGTCTTGCGAAGGATAGTG 3'

该引物的扩增片段长度为 205bp,作为转基因烟草检测的标志,确定花椰菜花叶病毒 35S 启动子序列的存在。

9.1.1.2 nos 终止子序列扩增

NOS-1:5'GATTGAATCCTGTTGCCGGT -3'

NOS-2:5'GTAACATAGATGACACCGCG -3'

该引物的扩增片段长度为 213bp,作为转基因烟草检测的标志,确定来自根癌农杆菌的终止子序列 nos 的存在。

9.1.1.3 NPTII 基因序列扩增

NPT-1:5'GCCCTGAATGAACTGCAGGACGAGGC -3'

NPT-2:5'GCAGGCATCGCCATGGGTCACGACGA -3'

该引物的扩增片段长度为 411bp,作为转基因烟草检测的标志,确定卡那霉素抗性基因 NPTII 序列的存在。

9.1.2 PCR 扩增体系

见附录 D。

9.1.3 PCR 扩增条件

见附录 D。

9.1.4 电泳及凝胶观察

称琼脂糖(5.14)溶于 0.5 倍 TBE 缓冲液(第 E.10 章)中,制成 1.5%凝胶,加 EB(0.5 μg/mL),待温度降至 55 ℃左右时倒入放有梳子的凝胶模具中,冷凝后拔出梳子,放入水平电泳槽中,取 10 μL 扩增产物加溴酚蓝上样缓冲液(第 E.11 章)点样,加 DNA 标准分子量标记(5.26)电泳(6.4),紫外分析仪(6.5)观察电泳结果。

9.2 特异性基因序列的 PCR 检测

在烟草上进行过转基因研究的主要有烟草普通花叶病外壳蛋白基因(TMV-cp)、黄瓜花叶病毒外壳蛋白基因(CMV-cp)、马铃薯 Y 病毒外壳蛋白基因(PVY-cp)、TMV 和 PVY 病毒复制酶基因和苏云金杆菌杀虫蛋白(BT)等基因,根据这些目的基因序列,设计引物用于阳性样品的目的基因鉴定。

9.2.1 烟草普通花叶病外壳蛋白基因 TMV-cp

TMV1 5'-GTGTTCTTGTCATCAGCGTGGGC -3'

TMV2 5'-CACCGTTGCGTCATCTACTCTACG -3'

其 PCR 扩增产物片段长度为 327bp。

9.2.2 黄瓜花叶病毒外壳蛋白基因 CMV-cp

CMV1 5'-ACCCAACCTTTGTAGGGAGTGAGCG -3'

CMV2 5'-ACATAGCAGAGATGGCGGCAACG -3'

其 PCR 扩增产物片段长度为 264bp。

9.2.3 马铃薯 Y 病毒外壳蛋白基因 PVY-cp

PVY1 5'-GATATTTCAAATACTCGGGCA -3'

PVY2 5'-GCATAACGCGCTAAACCCAT -3'

其 PCR 扩增产物片段长度为 362bp。

9.2.4 TMV 复制酶基因 TMV54KD

T54D1 5'- GAGTTGTCTGGCATCATTGA -3'

T54D2 5'- ACAATGGTCAAAGCCGGGTA -3'

其 PCR 扩增产物片段长度为 296bp。

9.2.5 PVY 复制酶基因 PVY-nib

PVY nib1 5'-GCTCCGGTGTAAGGAGAAGA -3'

PVY nib2 5'-GtGAGCCATCAGCATCACAG -3'

其 PCR 扩增产物片段长度为 230bp。

9.2.6 苏云金杆菌杀虫蛋白基因 Bt-cryIA(c)

BT1 5'-CAGTTTCTGCTCAGCGAGT -3'

BT2 5'-GCTGAGGTGAAGATTAGCTG -3'

其 PCR 扩增产物片段长度为 381bp。

9.2.7 黄瓜花叶病毒微卫星 RNA CMVsat RNA

CMVsat1 5'-CTGCGTGATGATCCTTCACT -3'

CMVsat2 5'-TTCACGGAGATCAGCATAGC -3'

其 PCR 扩增产物片段长度为 322bp。

9.2.8 豇豆胰蛋白酶抑制剂基因 CpTI

cpti1 5'-TTGCTTGAACCACCTCGGAACT -3'

cpti2 5'-CTTGCCTGGCATTGATCGTGTA -3'

其 PCR 扩增产物片段长度为 196bp。

9.2.9 草甘膦耐药基因 EPSP (5-烯醇丙酮酰-莽草酸-3-磷酸合成酶)

EPSP1 5'-tccagccatccgcgaacaag -3'

EPSP2 5'-agcagcggcggaatcagcat -3'

其 PCR 扩增产物片段长度为 265bp。

上述各种引物(9.2.1～9.2.9)PCR 扩增体系和条件见附录 D。

9.3 结果验证试验

对于 35S 启动子和 nos 终止子序列引物的 PCR 扩增均未出现阳性条带的样品,进行巢式或半巢式

PCR 扩增，以提高检测的灵敏度，若仍没有扩增产物，可确定该样品为阴性，不含转基因烟草成分；对于35S 启动子和（或）nos 终止子序列引物的 PCR 扩增同时或有一种出现阳性条带的样品，重新提取DNA，重复前述 PCR 检测排除污染，同时进行巢式 PCR 扩增和限制性内切酶酶切反应排除非特异性扩增的可能。

9.3.1 巢式或半巢式 PCR 反应验证

将第一次扩增的产物（引物为 35S-1 和 35S-2 或 NOS-1 和 NOS-2）加超纯水稀释 100 倍，取 1 μL 作为第二次扩增的 DNA 模板，以下列引物进行第二次扩增，扩增体系与扩增条件见附录 D。

9.3.1.1 35S 巢式 PCR

35S3 5’ GATTGTGCGTCATCCCTT -3’

35S4 5’ ACAGTGGTCCCAAAGATGGA -3’

扩增产物片段长度为 127bp。

9.3.1.2 35S 半巢式 PCR

35Ssn1 5’-CTACAAATGCCATCATTGCG -3’

35Ssn2 5’-GATAGTTGGGATTGTGCGTCA -3’

扩增产物片段长度为 192bp。

9.3.1.3 nos 终止子巢式 PCR

NOSn1 5’-GAATCCTGTTGCCGGTCTTG -3’

NOSn2 5’-CCCATCTCATAAATAACGTC -3’

扩增片段长度为 104bp。

9.3.2 限制性内切酶酶切反应验证

应用该验证方法前提条件：PCR 扩增过程中，将 PCR 扩增体系中的 dNTPs 液中的“dUTP”替换成“dTTP”，浓度为 2.5 mmol/L。

9.3.2.1 PCR 产物的纯化

PCR 扩增产物凝胶电泳后，紫外观察，并选择特异性条带用锋利刀片切下，应用凝胶中 DNA 回收试剂盒回收特异性 PCR 扩增条带（DNA）。

9.3.2.2 酶切反应

9.3.2.2.1 35S 启动子

对于出现 35S PCR 扩增条带的回收样品，采用限制性内切酶 EcoR V 对扩增产物进行酶切分析，方法是先将 PCR 扩增产物纯化，加限制性内切酶 EcoRV 5U，35S PCR 扩增产物 10 μL，限制酶 2 倍体积的酶切缓冲液配制酶切反应液，37 ℃恒温水浴中酶切 3 h 后，以酶切前后的 DNA 进行 1.6% 琼脂糖电泳，紫外分析仪观察胶片上的条带，若为 35S 特异 PCR 扩增产物，其 205bp 片段被酶切成 152bp 和 53bp 两个片段。

9.3.2.2.2 nos 终止子

对于 nos 引物 PCR 反应呈阳性的回收样品，利用限制性内切酶 NsiI 可将 213bp 的片段切成 126bp 和 87bp 的两条片段，反应条件同 35S 启动子扩增产物的酶切反应。

9.3.3 扩增产物的测序验证

将 PCR 扩增条带切胶回收测序，排除非特异性扩增。

9.4 转基因检测控制

凡出现 PCR 特异条带亮度（或荧光信号）等于或高于 0.1% 参比对照的样品确定为阳性，有扩增条带，且亮度（或荧光信号）弱于 0.1% 的样品要重新提取 DNA，重复上述检测。

10 转基因烟草定量检测

选择 35S 启动子或 nos 终止子进行荧光定量 PCR 检测（6.3）。

10.1 **TaqMan 探针荧光定量 PCR 检测法**

10.1.1 **靶序列引物和 TaqMan 探针**

35S 启动子靶序列引物:35SF:5'-GTCTTGCGAAGGATAGTGGGA -3'

35SR:5'-CACGTCTTCAAAGCAAGTGGA -3'

TaqMan 探针:35STMP:5'-TGCGTCATCCCTTACGTCAGTGGAGAT -3'

nos 终止子靶序列引物:nosF:5'-AGGATTCAATCTTAAGAAAC-3'

nosR:5'-GGATCTCATGCTGGAGTTCT -3'

TaqMan 探针:nos TMP:5'-ATGTTTGAACGATCGG-3'

上述靶序列 TaqMan 探针的荧光标记为 5'FAM & 3'TAMRA

10.1.2 **看家基因引物和 TaqMan 探针**

引物:NR F 5'-TGTCATGAACAGATGGCTCTAACTCT -3'

NR R 5'-TACCTTGATTACTCGTCGAGTGAAGA -3'

TaqMan 探针:NRSTMP 5'-ATTCCCTTTTTAATCATTTGAAGGTACTCATTTTTTTCG -3'

荧光标记为 5'TET & 3'TAMRA

10.1.3 **反应体系**

见附录 F。

10.1.4 **反应条件**

见附录 F。

10.2 **SYBR Green Ⅰ荧光染料实时定量 PCR 检测法**

10.2.1 **靶序列引物**

同 10.1.1 中 35S 启动子、nos 终止子和 nos 终止子与 NPTII 交界处靶序列引物。

10.2.2 **反应体系**

见附录 F。

10.2.3 **反应程序**

见附录 F。

10.3 **标准曲线的建立**

10.3.1 **相对含量标准曲线的建立**

利用 5 种已知含量的标准物(含转基因烟草 5%、2%、1%、0.5%和 0.1%)进行荧光定量 PCR 反应,建立转基因成分相对含量与 PCR 反应 Ct 值(有看家基因同时扩增时应用看家基因与目标基因的 ΔCt 值)之间的标准曲线和回归方程。

10.3.2 **绝对含量标准曲线的建立**

通过标准物的碱基数和紫外分光光度计(6.2)OD_{260} 确定标准物的拷贝数,设置不同拷贝数的标准模板进行荧光定量 PCR 反应,建立靶序列拷贝数与 Ct 值(或 ΔCt 值)之间的标准曲线。

10.4 **样品阳性含量的分析**

各样品的阳性含量根据该样品的 Ct 值(或 ΔCt 值)和标准样品所建立的标准曲线和回归方程进行计算。

11 转基因烟草检测验证标准

11.1 **DNA 提取物的浓度与纯度**

DNA 提取物浓度≥100 ng/μL;

DNA 提取物纯度:1.7≤OD260/OD280≤1.9。

11.2 检测过程

11.2.1 定性检测

PCR反应中提取空白对照、阴性对照和PCR试剂对照无扩增条带，0.1%含量的阳性出现明显的特异性条带。

酶切验证试验中，阳性对照扩增产物的酶切反应完全，待测样品酶切产物长度正确。

11.2.2 定量检测

同时满足以下条件，扩增结果方可接受：

—— 提取空白对照、阴性对照和PCR试剂对照Ct>40；

—— 回归方程的相关系数达到0.95以上；

—— 阴性样品Ct值大于0.1%样品的Ct值；

—— 所有阳性标准参比Ct值重复操作的*CV*(变异系数)≤15%；

—— 待测样品Ct值重复操作的*CV*(变异系数)≤20%。

12 检测报告

检测报告应包含以下信息：送样单位与送样人；取样地点与样品产地；检测样品的种类与状态；生产年度；收样日期；检测标记及所用的验证反应；所提取样品DNA的浓度和纯度；几种对照的表现；烟草转基因检测结果报告单的样式参见附录G。

检测报告应详细记录所测结果，也应该说明非本标准规定或被认为是可供选择的所有操作细节以及可能影响检测结果的任何细节。

检测报告应包括确认样品所必需的所有资料。

附 录 A
(规范性附录)
含 EB 电泳液的处理方法

A.1 将溴化乙锭(EB)溶液用水稀释至浓度低于 0.5 mg/mL。

A.2 加入一倍体积的 0.5 mol/L $KMnO_4$ 溶液,混匀,再加入等量的 25 mol/L HCl,混匀,置室温数小时。

A.3 加入一倍体积的 2.5 mol/L NaOH 溶液,混匀并废弃。

附 录 B
（规范性附录）
各类样品的 DNA 提取方法

B.1 种子

B.1.1 取液氮研磨后的粉末约 300 mg，加入 300 μL 2×CTAB 提取缓冲液，充分混匀后在 65 ℃中水浴 10 min。

B.1.2 加入等体积的三氯甲烷/异戊醇(24：1，体积分数)，混匀后在 12 000g 离心 4 min。

B.1.3 取上清液，加十分之一体积的 10×CTAB 提取缓冲液，加入等体积的三氯甲烷/异戊醇(24：1，体积分数)，混匀后在 12 000g 离心 4 min。

B.1.4 取上清，加等体积 CTAB 沉淀缓冲液，混匀后在 150 00g 下离心 8 min。

B.1.5 去上清，沉淀加 100 μL 高盐 TE，65 ℃水浴 10 min。

B.1.6 加入两倍体积的冷无水乙醇(－20 ℃冰箱贮存)，－40 ℃冷置 30 min。

B.1.7 150 00g 离心 8 min，沉淀溶于 70 μL 超纯水中。

B.2 鲜烟叶

DNA 提取方法同第 B.1 章。

B.3 烤后烟叶(烟丝)

B.3.1 向内盛 60 mg 左右待测样品的 1.5 mL 离心管中，加入 450 μL 超纯水，250 μL 2×CTAB 抽提缓冲液，振荡混匀后，65 ℃的恒温水浴 10 min。

B.3.2 加 700 μL 三氯甲烷/异戊醇(24：1，体积分数)，混匀后在 120 00g 离心 5 min。

B.3.3 取上清液，加十分之一体积的 10%CTAB 提取缓冲液，加入等体积的三氯甲烷/异戊醇(24：1，体积分数)，混匀后在 120 00g 离心 5 min。

B.3.4 取上清，加等体积的 CTAB 沉淀缓冲液，混匀后在 150 00g 离心 8 min。

B.3.5 去上清，加 100 μL 高盐 TE 缓冲液，65 ℃水浴 10 min。

B.3.6 加入二倍体积冷无水乙醇，于－40 ℃冷置 30 min。

B.3.7 150 00g 离心 8 min，弃上清，沉淀溶于 50 μL 超纯水中。

附 录 C
（规范性附录）
DNA 提取物的浓度和纯度的测定方法

C.1 紫外区波长扫描

C.1.1 烟叶 DNA 提取物的产量和纯度用紫外分光光度计 220 nm 和 320 nm 之间的波长扫描来估测。

C.1.2 用超纯水将紫外分光光度计调零，校正基线。

C.1.3 将 10 μL DNA 提取液加入比色皿中，加超纯水 1 990 μL 后，移液器抽打混匀，进行 220 nm～320 nm 波长扫描。

C.1.4 提取的 DNA 产量以 260 nm 下的吸光值来计算，OD 值为 1 相当于每毫升溶液中含有 50 μg 双链 DNA。

C.1.5 DNA 提取物纯度用 OD260/280 的值来估算，比值在 1.7～1.9 为纯度较好，比值大于 1.9 提取的 DNA 中含 RNA，比值小于 1.7 提取液中含一些蛋白质等杂质，要重新提取 DNA。

C.2 硝酸还原酶基因序列 PCR 扩增

提取 DNA 的质量可通过对其进行烟草内源硝酸还原酶基因序列扩增来判定，引物序列为：

NR-1 5'-GTGTCATGAACAGATGGCTC -3'

NR-2 5'-GATTACTCGTCGAGTGAAGA -3'

扩增片段长度为 104bp。

附 录 D
（规范性附录）
烟草转基因检测 PCR 扩增体系与扩增条件

D.1 PCR 扩增体系

按每 50 μL 反应含 DNA 聚合酶 1 U，UNG 酶 1 U（巢式 PCR 中不加），上行和下行引物各 25 pmol，dNTPs 1 μL，10×PCR buffer 5 μL，根据所作扩增的管数，计算出各组分应加的总体积，配母液混匀后，再分装至各个 0.25 mL 扩增管中，然后根据所测得的 OD_{260} 按 600ng 加入 DNA 模板。

D.2 PCR 扩增条件

采用下列循环程序进行扩增：

热启动 UNG 酶：50 ℃，5 min（巢式 PCR 去除此步）

预变性：95 ℃下 5 min

循环设定：变性 94 ℃ 30 s

退火 45 s（温度见表 D.1）

延伸 72 ℃ 45 s

循环次数：35 个循环

后延伸：72 ℃ 5 min

各种 PCR 引物的退火温度见表 D.1。

表 D.1 各种 PCR 引物的退火温度

引物	退火温度/℃	引物	退火温度/℃
NR1-NR2	61	CMVNib1-CMVNib2	62
35S1-35S2	64	BT1-BT2	63
NOS1-NOS2	63	CMVsat1-CMVsat2	64
NPT1-NPT2	65	CMVmp1-CMVmp2	64
TMV1-TMV2	64	CPTI1-CPTI2	64
CMV1-CMV2	64	EPSP1-EPSP2	64
PVY1-PVY2	63	35S3-35S4	62
T54D1-T54D2	63	35SSn1-35SSn2	63
PVYNib1-PVYNib2	64	NOSn1-NOSn2	62

附 录 E
（规范性附录）
溶液的配制

E.1 EDTA 溶液（1 000 mL，0.5 mol/L，pH8.0）。

准确称量 186.1 g 乙二胺四乙酸钠溶于 800 mL 超纯水中。

磁力搅拌，滴加 12 mol/L NaOH 调 pH 至 8.0。

定容至 1 000 mL。

121 ℃灭菌 15 min，4 ℃冰箱中保存，每 3 个月重新配制。

E.2 Tris-HCl 缓冲液（1 000 mL，pH8.0）

准确称量 121 g Tris 碱溶于 900 mL 超纯水中。

加浓盐酸（11.6 mol/L）约 46 mL 调 pH 值至 8.0。

超纯水定容至 1 000 mL。

E.3 TE 缓冲液（100 mL，10 mmol/L，pH8.0）

100 mL Tris-HCl 缓冲液中加入 200 μL EDTA 溶液（0.5 mol/L pH8.0），4 ℃冰箱中保存。

E.4 2×CTAB 提取缓冲液（100 mL）

称取 2 g CTAB、8.181 6 g NaCl、1 g PVP 并加入 60 mL 超纯水磁力搅拌使其溶化。

加入 20 mL 0.5 mol/L Tris-HCl 缓冲液（pH8.0）。

加入 4 mL 0.5 mol/L EDTA（pH8.0）。

定容 100 mL，4 ℃冰箱中保存。

E.5 10×CTAB 缓冲液（100 mL）

称取 10 g CTAB，4.090 8 g NaCl。

加入 80 mL 超纯水，磁力搅拌使其溶解。

定容 100 mL，4 ℃冰箱中保存。

E.6 CTAB 沉淀缓冲液（100 mL）

称取 1 g CTAB 加入 80 mL 超纯水，磁力搅拌使其溶解。

加入 10 mL 0.5 mol/L Tris-HCl 缓冲液（pH8.0）。

加入 2 mL 0.5 mol/L EDTA（pH8.0）。

定容 100 mL，4 ℃冰箱中保存。

E.7 高盐 TE 缓冲液（100 mL）

称 5.844 g NaCl，加 80 mL 超纯水搅拌溶解。

加 2 mL 0.5 mol/L Tris-HCl 缓冲液（pH8.0）。

加 200 μL 0.5 mol/L EDTA（pH8.0）。

定容 100 mL，4 ℃冰箱中保存。

E.8 三氯甲烷/异戊醇(24：1,体积分数)

量取 96 mL 三氯甲烷和 4 mL 异戊醇加入 100 mL 广口瓶中。
摇匀后,分装在 3 个广口瓶中。
4 ℃冰箱中保存。

E.9 50×TAE

称取 Tris 碱 242 g、冰乙酸 57.1 mL、0.5 mol/L EDTA(pH8.0)20 mL。
超纯水定容 1 000 mL,4 ℃冰箱中保存。

E.10 5×TBE 的配制

称取 Tris 碱 54 g、硼酸 27.5 g、0.5 mol/L EDTA(pH8.0)20 mL。
超纯水定容 1 000 mL,4 ℃冰箱中保存。
稀释 5 倍为 1×TBE,稀释 10 倍为 0.5×TBE。

E.11 溴酚蓝上样缓冲液的配制

称取蔗糖(400 型)150 mg。
加入 1%溴酚蓝 150 μL,1%二甲苯青 FF 150 μL。
超纯水定容 1 000 μL,4 ℃冰箱中保存。

E.12 1.5%琼脂糖凝胶的制备

称 1.5 g 琼脂糖于 100 mL 三角瓶中,加 100 mL 1×TAE 电泳缓冲液,加热直至琼脂糖完全溶解。
加 5 μL 溴乙锭,摇匀,待温度约 45 ℃后倒入已经放好梳子的胶模中,琼脂糖完全凝结后拔出样梳。

附 录 F
（规范性附录）
荧光定量 PCR 扩增体系与扩增条件

F.1 TaqMan 探针

F.1.1 反应体系

组分	体积(终浓度)
UNG 酶	0.5 U
10×PCR buffer(含 MgCl23.25 mmol/L)	2.5 μL
AmpliTaq Gold DNA 聚合酶	2.5 U
dNTPs	1 μL(dATP、dCTP、dGTP 各 2.5 mmol/L，dUTP 5 mmol/L)
引物 1	200 nmol/L
引物 2	200 nmol/L
荧光探针	200 nmol/L
模板 DNA	100ng
Total	25 μL

F.1.2 反应条件

热启动 UNG 酶：50 ℃，5 min

预变性：95 ℃，5 min

循环设定：变性 95 ℃ 20 s

退火 62 ℃ 30 s

读板

循环次数：40 个循环

F.2 SYBR Green Ⅰ荧光染料

F.2.1 反应体系

组分	体积
10×PCR buffer	2.5 μL
DNA 聚合酶	0.25 μL(1.25 U)
dNTPs	1 μL(dATP、dCTP、dGTP 各 2.5 mmol/L，dUTP 5 mmol/L)
UNG 酶	0.5 U
引物 1	0.25 μL(5 pmol)
引物 2	0.25 μL(5 pmol)
5×SYBR Green Ⅰ	0.25 μL
模板 DNA	1 μL(100 ng～200 ng)
dH2O	19.625 μL

F.2.2 反应条件

热启动 UNG 酶：50 ℃，5 min

预变性：95 ℃下 5 min

循环设定：变性 94 ℃ 30 s

退火 64 ℃ 45 s

延伸 72 ℃ 45 s

读板

循环次数:35 个循环

附　录　G
（资料性附录）
烟草转基因检测结果报告单

烟草转基因检测结果报告单见表 G.1。

表 G.1　烟草转基因检测结果报告单　　　　No.

<table>
<tr><td colspan="2">送样单位
sample provider</td><td colspan="2"></td><td colspan="5">送样人
sampling person</td><td colspan="2"></td></tr>
<tr><td colspan="2">样品来源/产地
sample/index</td><td colspan="2"></td><td colspan="5">样品类型
sample type</td><td colspan="2"></td></tr>
<tr><td colspan="2">样品等级/品种
sample grade/variety</td><td colspan="2"></td><td colspan="5">生产年度
crop time</td><td colspan="2"></td></tr>
<tr><td colspan="2">样品品牌/条码
sample brand/barcode</td><td colspan="2"></td><td colspan="5">样品其他信息
other information</td><td colspan="2"></td></tr>
<tr><td colspan="2">收样时间
sample receive date</td><td colspan="2"></td><td colspan="5">样品状态
sample status</td><td colspan="2"></td></tr>
<tr><td colspan="2">检测方法
detection method</td><td colspan="2"></td><td colspan="5">检测项目
detection item</td><td colspan="2">转基因检测
GMT detection</td></tr>
<tr><td rowspan="2">DNA 评价
DNA Check</td><td>提取样 1
extract 1</td><td colspan="5">浓度(yield):OD260=</td><td colspan="4">纯度(purity):OD260/OD280=</td></tr>
<tr><td>提取样 2
extract 2</td><td colspan="5">浓度(yield):OD260=</td><td colspan="4">纯度(purity):OD260/OD280=</td></tr>
<tr><td rowspan="2">PCR 检测
PCR detection</td><td>extract 1</td><td colspan="2">35S-promoter:</td><td colspan="5">NOS-terminator:</td><td colspan="2">NPTII sequence:</td></tr>
<tr><td>extract 2</td><td colspan="2">35S-promoter:</td><td colspan="5">NOS-terminator :</td><td colspan="2">NPTII sequence:</td></tr>
<tr><td colspan="2">对照表现
controls performance</td><td colspan="2">阳性对照:
positive control:</td><td colspan="5">阴性对照:
negative control:</td><td colspan="2">提取对照:
blank:</td></tr>
<tr><td colspan="2">备注
note</td><td colspan="4">P:PCR 检测阳性;　N:PCR 检测阴性
P:positive result;　N:negative result</td><td colspan="3">其他说明
others</td><td colspan="2"></td></tr>
<tr><td colspan="2">结论
conclusion</td><td colspan="9"></td></tr>
<tr><td colspan="2">批准人
authorized</td><td></td><td colspan="2">审核人
verifier</td><td colspan="3"></td><td colspan="2">编制人
compile</td><td></td></tr>
</table>

（检测单位盖章）

检测时间：　　年　　月　　日

TEST DATE：　　/　　/

ICS 79.060.10
B 70

中华人民共和国国家标准

GB/T 24311—2009

组合式包装箱用胶合板

Plywood for foldable packing cases

2009-09-30 发布 2009-11-01 实施

中华人民共和国国家质量监督检验检疫总局
中国国家标准化管理委员会 发布

前 言

本标准附录A为规范性附录。

本标准由国家林业局提出。

本标准由全国人造板标准化技术委员会归口。

本标准负责起草单位:南京林业大学。

本标准参加起草单位:耐帆包装工程(无锡)有限公司、宿迁市曙光木业有限公司、山东森信木业有限公司、河南友邦木业有限公司、上海木材工业研究所、熊猫电子集团有限公司南京振华音像设备厂、德华集团控股股份有限公司、上海计量测试研究院。

本标准主要起草人:孙丰文、黄河浪、王建明、卢志刚、姚卓策、陶伟根、陈太银、韩效信、郝志安、胡宝红、吴正华、舒晓莲。

组合式包装箱用胶合板

1 范围

本标准规定了组合式包装箱用胶合板的术语和定义、要求、试验方法、检验规则、标志、标签、包装和贮运等。

本标准适用于制造组合式包装箱用胶合板。

2 规范性引用文件

下列文件中的条款通过本标准的引用而成为本标准的条款。凡是注日期的引用文件，其随后所有的修改单(不包括勘误的内容)或修订版均不适用于本标准，然而，鼓励根据本标准达成协议的各方研究是否可使用这些文件的最新版本。凡是不注日期的引用文件，其最新版本适用于本标准。

GB/T 2828.1 计数抽样检验程序 第1部分：按接收质量限(AQL)检索的逐批检验抽样计划

GB/T 6682 分析实验室用水规格和试验方法

GB/T 9758.1 色漆和清漆 “可溶性”金属含量的测定 第1部分：铅含量的测定 火焰原子吸收光谱法和双硫腙分光光度法

GB/T 9758.4 色漆和清漆 “可溶性”金属含量的测定 第4部分：镉含量的测定 火焰原子吸收光谱法和极谱法

GB/T 9758.5 色漆和清漆 “可溶性”金属含量的测定 第5部分：液体色漆的颜料部分或粉末状色漆中六价铬含量的测定 二苯卡巴肼分光光度法

GB/T 9758.7 色漆和清漆 “可溶性”金属含量的测定 第7部分：色漆的颜料部分和水可稀释漆的液体部分的汞含量的测定 无焰原子吸收光谱法

GB/T 9846.2 胶合板 第2部分：尺寸公差

GB/T 9846.7 胶合板 第7部分：试件的锯制

GB/T 17657 人造板及饰面人造板理化性能试验方法

GB 18584 室内装饰装修材料 木家具中有害物质限量

GB/T 19367.1 人造板 板的厚度、宽度及长度的测定

GB/T 19367.2 人造板 板的垂直度和边缘直度的测定

3 术语和定义

下列术语和定义适用于本标准。

3.1

组合式包装箱 foldable packing cases

由胶合板和联接件联接而成、可以拆装和折叠的包装箱。

3.2

斜面搭接 scarf joint

两片单板沿板端斜面拼接。

4 要求

4.1 规格尺寸

组合式包装箱用胶合板的规格尺寸按表1的规定。

表 1　组合式包装箱用胶合板的规格尺寸　　单位为毫米

宽　度	长　度	厚　度
915,1 220	915,1 220,1 830,2 135,2 440	5,6,8,9,12,15,18,22
注：特殊尺寸由供需双方协议。		

4.2　尺寸公差

4.2.1　长度和宽度的规格尺寸公差为±2.0 mm，特殊要求由供需双方协议。

4.2.2　厚度公差应符合表 2 的规定。

表 2　组合式包装箱用胶合板的厚度公差　　单位为毫米

<table>
<tr><td rowspan="2">公称厚度
(t)</td><td colspan="2">未砂光板</td><td colspan="2">砂光板(单面)</td></tr>
<tr><td>每张板内的厚度允差</td><td>厚度的允差</td><td>每张板内的厚度允差</td><td>厚度的允差</td></tr>
<tr><td>$5 \leqslant t < 9$</td><td>0.7</td><td>+0.5
−0.3</td><td>0.5</td><td>±0.3</td></tr>
<tr><td>$9 \leqslant t \leqslant 12$</td><td>1.0</td><td rowspan="2">+(0.6+0.03t)
−(0.3+0.03t)</td><td rowspan="2">0.6</td><td rowspan="2">+(0.2+0.03t)
−(0.3+0.03t)</td></tr>
<tr><td>$t > 12$</td><td>1.5</td></tr>
<tr><td colspan="5">注：有特殊要求由供需双方协议。</td></tr>
</table>

4.2.3　组合式包装箱用胶合板的两条对角线长度之差不超过 1 mm/m。

4.2.4　组合式包装箱用胶合板边缘直度公差不超过 1 mm/m。

4.2.5　组合式包装箱用胶合板的翘曲度应符合表 3 的规定。

表 3　组合式包装箱用胶合板的翘曲度要求

公称厚度(t)/mm	翘曲度/%
$t < 9$	≤1.0
$t \geqslant 9$	≤0.5

4.3　外观质量

4.3.1　组合式包装箱用胶合板根据面板外观质量分为优等品、一等品和合格品三个等级，各等级胶合板的质量要求见表 4。

表 4　组合式包装箱用胶合板的外观质量要求

<table>
<tr><td colspan="3" rowspan="2">检量项目</td><td colspan="3">面板</td><td rowspan="2">背板</td></tr>
<tr><td>优等品</td><td>一等品</td><td>合格品</td></tr>
<tr><td colspan="2">(1)　针节</td><td>—</td><td colspan="4">允许</td></tr>
<tr><td rowspan="5">(2)</td><td>活节</td><td>—</td><td colspan="4">允许</td></tr>
<tr><td rowspan="2">半活节</td><td>单个最大长径/mm</td><td>15</td><td>30</td><td colspan="2" rowspan="2">不限</td></tr>
<tr><td>每平方米板面上的个数</td><td>2
(自 5 mm 以下不计)</td><td>4
(自 10 mm 以下不计)</td></tr>
<tr><td rowspan="2">死节</td><td>不脱落</td><td colspan="4">允许</td></tr>
<tr><td>脱落</td><td colspan="4">视同“孔洞”处理</td></tr>
<tr><td colspan="2">(3)　腐朽</td><td>—</td><td colspan="3">不允许</td><td>允许有不影响强度的初腐象征，但面积不超过板面积的 1%</td></tr>
</table>

表 4（续）

检量项目			面板			背板
			优等品	一等品	合格品	
(4) 木材异常结构	—		允许			
(5) 变色	不超过板面积/%		不允许	浅色 10	不限	
(6) 夹皮	—		不允许			
(7) 透胶、渗胶	不超过板面积/%		不允许	1	2	5
(8) 板面污染	不超过板面积/%		不允许	1	2	5
(9) 边角开胶	—		不允许			
(10) 霉点	—		不允许			轻微
(11) 鼓泡、分层	—		不允许			—
(12) 凹陷、压痕、鼓包	单个最大面积/mm²		不允许	500	1 000	3 000
	每平方米板面上个数			1	2	3
(13) 表板叠层	单个最大宽度/mm		2	3	4	6
	单个最大长度为板长/%		10	15	20	30
(14) 芯板叠离	紧贴表板的芯板叠离	单个最大宽度/mm	2	3	4	6
		每米板宽内条数	1	2	3	4
	其他各层离缝的最大宽度/mm		2	4	10	—
(15) 长中板叠离	单个最大宽度/mm		2	3	6	
	每米板宽内条数		1	2	3	
(16) 表板砂透	每平方米板面上/mm²		不允许		900	不限
(17) 毛刺、沟痕	不超过板面积/%		不允许	5	30	不限
	最大深度/mm			0.5	不允许穿透	
(18) 虫眼、钉孔、孔洞	单个最大长径/mm		不允许	2	8	15
	每平方米板面上个数			4	10（自 3 mm 以下不计）	不呈筛孔状不限
(19) 补片、补条	允许制作适当且填补牢固的，每平方米板面上个数		2	4	6	不限
	累计面积不超过板面积/%		1	2	5	15
	单个最大长径/mm		200	300	350	400
	缝隙不得超过/mm		1.0	1.0	1.5	1.5
(20) 板边缺损	自公称幅面不得超过/mm		不允许		10	
(21) 其他缺陷	—		不允许	按最类似缺陷考虑		

4.3.2 裂缝宽度

4.3.2.1 面板

裂缝宽度小于0.5 mm,不计;裂缝宽度不大于2.0 mm,腻子修补后砂光;裂缝宽度大于2.0 mm,单板条修补。

4.3.2.2 背板

裂缝宽度小于0.5 mm,不计;裂缝宽度不大于5.0 mm,腻子修补后砂光;裂缝宽度大于5.0 mm,单板条修补。

4.4 理化性能

组合式包装箱用胶合板的理化性能应符合表5的规定。

表5 组合式包装箱用胶合板的理化性能

项目		厚度范围/mm			
		$5\leqslant t<9$	$9\leqslant t\leqslant 12$	$12<t\leqslant 18$	$t>18$
含水率/%		6～14			
胶合强度/MPa		≥0.70			
静曲强度	纵向/MPa	≥34	≥30	≥26	≥24
	横向/MPa	≥20	≥20	≥20	≥20
弹性模量	纵向/MPa	$\geqslant 5.00\times 10^3$	$\geqslant 5.00\times 10^3$	$\geqslant 4.50\times 10^3$	$\geqslant 4.50\times 10^3$
	横向/MPa	$\geqslant 3.00\times 10^3$	$\geqslant 3.00\times 10^3$	$\geqslant 3.50\times 10^3$	$\geqslant 3.50\times 10^3$
甲醛释放量	E_0/(mg/L)	≤0.5			
	E_1/(mg/L)	≤1.5			
	E_2/(mg/L)	≤5.0			

4.5 胶合板的各层单板不允许采用未经斜面搭接或指型拼接的端接。

4.6 可溶性铅、镉、铬、汞限量

组合式包装箱用胶合板中可溶性铅、镉、铬、汞的含量应符合表6的规定。

表6 组合式包装箱用胶合板中可溶性铅、镉、铬、汞限量要求 单位为毫克每千克

项目	限量值
可溶性铅	≤90
可溶性镉	≤75
可溶性铬	≤60
可溶性汞	≤60

5 试验方法

5.1 规格尺寸测定

5.1.1 长度和宽度的尺寸测定

按GB/T 19367.1的规定进行。

5.1.2 厚度的尺寸测定

按GB/T 19367.1的规定进行。

5.1.3 对角线长度差的测定

用钢卷尺测量板的两对角线长度,精确至1 mm,两对角线之差的绝对值与最大对角线之比即为对角线长度差,精确至1 mm/m。

5.1.4 边缘直度的测定

按 GB/T 19367.2 的规定进行。

5.1.5 翘曲度的测定

按 GB/T 9846.2 的规定进行。

5.2 外观质量

按照组合式包装箱用胶合板的外观质量要求，采用目测和钢板尺、卡尺等检量工具进行逐项检验。

5.3 理化性能

5.3.1 取样和试件制取

5.3.1.1 样本应在存放 24 h 以上的产品中抽取，试样在胶合板中的位置分布按 GB/T 9846.7 的规定进行，试样尺寸 500 mm×500 mm。

5.3.1.2 试件在试样的任意部位截取。

5.3.1.3 从每张板上制取试件的数量见表 7。

表 7 每张板的试件数量

试验项目	胶合板层数				
	三层	五层	七层	九层	十一层
含水率	3	3	3	3	3
胶合强度	12	12	18	24	36
静曲强度	6	6	6	6	6
弹性模量	6	6	6	6	6
甲醛释放量	20	20	20	20	20
可溶性铅、镉、铬、汞含量	10	10	10	10	10

5.3.2 含水率的测定

按 GB/T 17657 的规定进行。

5.3.3 静曲强度和弹性模量的测定

按 GB/T 17657 的规定进行。

5.3.4 胶合强度的测定

按 GB/T 17657 的规定进行。

5.3.5 甲醛释放量的测定

按 GB/T 17657 的规定进行。

5.3.6 可溶性重金属的测定

可溶性重金属(铅、镉、铬、汞)的测定按附录 A 的规定进行。

6 检验规则

6.1 检验分类

型式检验和出厂检验。

6.1.1 出厂检验包括：

a) 规格尺寸；

b) 外观质量；

c) 物理力学性能项目中的含水率、静曲强度、弹性模量和胶合强度。

6.1.2 型式检验包括本标准中第 4 章要求中的全部项目。

6.1.3 有下列情况之一时，应进行型式检验：

——新产品投产、定型鉴定；

——正式生产后，结构、材料、工艺有较大改变；
——正常生产时，每年进行一次；
——产品停产半年以上，恢复生产时；
——国家质量监督部门要求进行时。

6.2 抽样方案

6.2.1 规格尺寸检验

6.2.1.1 厚度公差、长度公差、宽度公差、对角线长度差、边缘直度公差和翘曲度的检验抽样采用GB/T 2828.1中的二次抽样方案，检查水平为I，接收质量限(AQL)为4.0，抽样方案见表8。

表8 规格尺寸抽样方案

单位为张

批量范围	样本	样本大小	累计样本大小	合格判定数	不合格判定数
≤280	第一	8	8	0	2
	第二	8	16	1	2
281～500	第一	13	13	0	3
	第二	13	26	3	4
501～1 200	第一	20	20	1	3
	第二	20	40	4	5
1 201～3 200	第一	32	32	2	5
	第二	32	64	6	7
3 201～10 000	第一	50	50	3	6
	第二	50	100	9	10
注：超过10 000张按另一批处理。					

6.2.1.2 按等级要求检验胶合板尺寸规格。

6.2.2 外观质量检验

6.2.2.1 外观质量的检验抽样采用GB/T 2828.1中的二次抽样方案，检查水平为Ⅱ，接收质量限(AQL)为4.0，见表9。

表9 外观质量抽样方案

单位为张

批量范围	样本	样本量	累计样本量	合格判定数	不合格判定数
≤150	第一	13	13	0	3
	第二	13	26	3	4
151～280	第一	20	20	1	3
	第二	20	40	4	5
181～500	第一	32	32	2	5
	第二	32	64	6	7
501～1 200	第一	50	50	3	6
	第二	50	100	9	10
1 201～3 200	第一	80	80	5	9
	第二	80	160	12	13
3 201～10 000	第一	125	125	7	11
	第二	125	250	18	19
注：超过10 000张按另一批处理。					

6.2.2.2 生产厂为保证其成品符合标准规定，应通过逐条检验胶合板外观质量确定其等级。

6.2.3 **理化性能检验**

6.2.3.1 理化性能检验的抽样方案见表10，初检样本检验结果有某项指标不合格时，允许进行复检一次，在同批产品中加倍抽取样品对不合格项进行复检，复检后全部合格，判为合格；若有一项不合格，判为不合格。

表10 理化性能抽样方案

单位为张

提交检查批的成品板数量	初检抽样数	复检抽样数
≤1 000	3	6
≥1 001	6	12

6.2.3.2 检验结果的判断

6.2.3.2.1 当测试试件的平均含水率符合表5的要求时，判该批组合式包装箱用胶合板的含水率为合格；如不符，允许重新抽样对其复检再判其合格与否。

6.2.3.2.2 符合胶合强度指标值规定的试件数等于或大于有效试件总数的80%时，该批组合式包装箱用胶合板的胶合强度判为合格，小于60%，则判为不合格。如符合胶合强度指标值要求的试件数等于或大于有效试件总数的60%，但是小于80%，允许重新抽样进行复检，其结果符合该项性能指标值要求的试件数等于或大于有效试件总数的80%，判其为合格；小于80%，则判其为不合格。

6.2.3.2.3 当测试试件的平均静曲强度和弹性模量符合表5的要求，判该批组合式包装箱用胶合板的静曲强度和弹性模量合格；如不符，允许重新抽样对其复检再判其合格与否。

6.2.3.2.4 当测试试件的甲醛释放量限量值(平均值)符合表5规定的某级别时，判该批组合式包装用胶合板的甲醛释放量为某级别。当其限量值不符合表5规定的某级别时，则判该批组合式包装箱用胶合板的甲醛释放量为不符合某级别。

6.2.4 **综合判断**

产品外观质量、规格尺寸和理化性能检验结果均应符合相应类别和等级的技术要求，否则应降类、降等或判为不合格产品。

7 标志、标签、包装和贮运

7.1 标志

每张组合式包装箱用胶合板背面应标明生产厂代号、生产日期、检验员代号。

7.2 标签

每包产品应有标签，其上标明：生产厂名、厂址、电话、品名、商标、规格、等级、张数、生产日期和产品标准代号。

7.3 包装

按不同类别、规格分别妥善包装，包装的要求根据供需合同约定。

7.4 贮运

运输和贮存过程中应平整堆放、防水、防潮和防曝晒。

附　录　A
（规范性附录）
可溶性重金属（铅、镉、铬、汞）的测定

A.1　原理

以0.07 mol/L盐酸溶液萃取胶合板样品中的可溶性重金属，用火焰原子吸收光谱法测定萃取溶液中可溶性铅、镉、铬元素的含量，用氢化物发生原子吸收光谱法测定萃取溶液中可溶性汞元素的含量。

A.2　试剂

除特殊要求外，所用试剂至少为分析纯试剂，所用水符合GB/T 6682中三级水的要求。

A.2.1　盐酸溶液：0.07 mol/L。

A.2.2　盐酸溶液：2 mol/L。

A.2.3　硝酸溶液：1+1（体积比）。

A.2.4　铅、镉、铬、汞标准溶液：浓度1 000 mg/L。

A.3　仪器

A.3.1　火焰原子吸收光谱仪：配备铅、镉、铬空心阴极灯，并装有可通入空气和乙炔的燃烧器。

A.3.2　原子吸收光谱仪：配备汞空心阴极灯，并能与氢化物发生器配套使用。

A.3.3　粉碎设备：粉碎机。

A.3.4　不锈钢金属筛：孔径0.2 mm、0.5 mm、0.9 mm。

A.3.5　天平：精度0.1 mg。

A.3.6　恒温振荡水槽：振荡频率60次/min、控温精度(37.0±1.0)℃。

A.3.7　酸度计：精度为±0.2 pH单位。

A.3.8　微孔滤膜：孔径0.45 μm。

A.3.9　容量瓶：25 mL、50 mL、100 mL、1 000 mL。

A.3.10　移液管：1 mL、2 mL、5 mL、10 mL、25 mL。

A.3.11　具塞锥形瓶：100 mL（需用1+1硝酸溶液浸泡24 h，然后用水清洗并干燥）。

A.3.12　烧杯：50 mL（需用1+1硝酸溶液浸泡24 h，然后用水清洗并干燥）。

A.4　试验步骤

A.4.1　样品的制备

从3块胶合板试样中锯制10块试件，尺寸为50 mm×50 mm，分别在各试件的中部等量钻取适量样品，全部放入粉碎机中破碎，粉碎后样品应全部通过0.9 mm孔径的不锈钢金属筛，其中0.5 mm孔径不锈钢金属筛通过量大于90%、0.20 mm孔径不锈钢金属筛通过量大于45%。将粉碎后试样充分均匀分为两份，一份用于水分测定，一份用于可溶性铅、镉、铬、汞测定。

A.4.2　试样含水率的测定

称取A.4.1试样5 g（精确至0.2 mg）均匀的分散于已恒重过的ϕ15 cm玻璃培养皿中并置于恒温干燥箱中，于(103±2)℃条件下干燥6 h，干燥后的试样应立即置于干燥器中冷却，待冷却至室温后称重，精确至0.2 mg。试样含水率按式(A.1)计算：

$$H=\frac{(m_0-m_1)}{m_0}\times 100\% \qquad \cdots\cdots(\text{A.1})$$

式中：

H——粉碎后试样的含水率；

m_0——试样干燥前重量，单位为克(g)；

m_1——试样干燥后重量，单位为克(g)。

A.4.3 样品处理

按 GB 18584 的要求进行。

A.4.4 标准溶液的配制

用移液管分别吸取 10.0 mL、10.0 mL、10.0 mL、1.0 mL 浓度为 1 000 mg/L 铅、镉、铬、汞标准溶液于 100 mL、100 mL、100 mL、1000 mL 棕色容量瓶中，并用 0.07 mol/L 盐酸溶液稀释至刻度，即获得 100 mg/L、100 mg/L、100 mg/L、1.0 mg/L 铅、镉、铬、汞标准溶液。依此标准溶液配制测试用标准参比溶液。

A.5 测试

A.5.1 可溶性铅含量的测定按 GB/T 9758.1 进行。

A.5.2 可溶性镉含量的测定按 GB/T 9758.4 进行。

A.5.3 可溶性铬含量的测定按 GB/T 9758.5 进行。

A.5.4 可溶性汞含量的测定按 GB/T 9758.7 进行。

A.6 结果的计算

试样中可溶性铅、镉、铬、汞元素的含量，按式(A.2)计算：

$$C=\frac{(c-c_0)\times V\times F}{m\times(1-H)} \qquad \cdots\cdots(A.2)$$

式中：

C——试样中可溶性铅、镉、铬、汞元素的含量，单位为毫克每千克(mg/kg)；

c_0——空白溶液(0.07 mol/L 盐酸溶液)的测试浓度，单位为微克每毫升(μg/mL)；

c——试验溶液的测试浓度，单位为微克每毫升(μg/mL)；

V——盐酸萃取溶液的体积，单位为毫升(mL)；

F——试验溶液的稀释倍数；

m——称取的试样量，单位为克(g)；

H——试样中含水率，%。

ICS 79.060.20
B 70

中华人民共和国国家标准

GB/T 24312—2009

水泥刨花板

Cement bonded particleboard

2009-09-30 发布

2009-12-01 实施

中华人民共和国国家质量监督检验检疫总局
中国国家标准化管理委员会
发布

前言

本标准参考国际标准ISO 8335:1987《水泥刨花板》、日本标准JIS A 5422:2002《纤维增强水泥板》和欧洲标准EN 634-1:1995《水泥刨花板》。

本标准技术要求中水泥刨花板的幅面尺寸范围以及允许偏差、板边缘直度允许偏差、垂直度、密度、静曲强度、湿静曲强度、含水率、吸水厚度膨胀率等指标参考国际标准ISO 8335:1987《水泥刨花板》;厚度允许偏差参考欧洲标准EN 634-1:1995《水泥刨花板》;抗冲击性能参考日本标准JIS A 5422:2002《纤维增强水泥板》。

本标准技术要求中燃烧性能参考GB 8624—2006《建筑材料及制品燃烧性能分级》。

本标准的附录A为资料性附录。

本标准由国家林业局提出。

本标准由全国人造板标准化技术委员会归口。

本标准负责起草单位:南京林业大学。

本标准参加起草单位:南京新人类房屋制造有限公司、黑龙江省林业科学院、浙江贝亚克木业有限公司。

本标准主要起草人:邓玉和、金菊婉、周定国、孙国建、张勤丽、许新同、徐兰英、方勤良。

水泥刨花板

1 范围

本标准规定了水泥刨花板的术语和定义、分类、技术要求及统计计算和判定方法、检验方法、检验规则、标记、包装标志、运输和贮存等。

本标准适用于水泥刨花板。

本标准不适用于水泥木丝板。

2 规范性引用文件

下列文件中的条款通过本标准的引用而成为本标准的条款。凡是注日期的引用文件,其随后所有的修改单(不包括勘误的内容)或修订版均不适用于本标准,然而,鼓励根据本标准达成协议的各方研究是否可使用这些文件的最新版本。凡是不注日期的引用文件,其最新版本适用于本标准。

GB/T 2828.1 计数抽样检验程序 第1部分:按接收质量限(AQL)检索的逐批检验抽样计划

GB/T 4897.1 刨花板 第1部分:对所有板型的共同要求

GB 8624 建筑材料及制品燃烧性能分级

GB/T 17657 人造板及饰面人造板理化性能试验方法

GB/T 19367.1 人造板 板的厚度、宽度及长度的测定

GB/T 19367.2 人造板 板的垂直度和边缘直度的测定

JIS A 5422 纤维增强水泥护墙板

3 术语和定义

下列术语和定义适用于本标准。

3.1

水泥刨花板 cement bonded particleboard

用水泥为胶凝材料、刨花(由木材、麦秸、稻草、竹材等制成)为增强材料并加入其他化学添加剂,通过成型、加压和养护等工序制成的刨花板。

3.2

边角缺损 edge and corner breakage

板的四角或边缘被损坏而造成的缺损。

3.3

局部松软 partial softness

铺装不良或胶接不佳而产生的局部疏松。

3.4

断裂透痕 partial rupture or rupture mark

板发生局部断裂或断裂痕迹。

4 分类

4.1 按板的结构分:

a) 单层结构水泥刨花板;

b) 三层结构水泥刨花板;

c) 多层结构水泥刨花板；

d) 渐变结构水泥刨花板。

4.2 按使用的增强材料分：

a) 木材水泥刨花板；

b) 麦秸水泥刨花板；

c) 稻草水泥刨花板；

d) 竹材水泥刨花板；

e) 其他增强材料的水泥刨花板。

4.3 按生产方式分：

a) 平压水泥刨花板；

b) 模压水泥刨花板。

5 技术要求

5.1 产品分等

水泥刨花板按产品外观质量和理化性能分为优等品和合格品。

5.2 产品幅面规格及尺寸偏差

5.2.1 厚度

水泥刨花板的公称厚度为 4 mm、6 mm、8 mm、10 mm、12 mm、15 mm、20 mm、25 mm、30 mm、36 mm、40 mm 等。

注：经供需双方协议，可生产其他厚度的水泥刨花板。

5.2.2 幅面

水泥刨花板的长度 2 440 mm～3 600 mm。

水泥刨花板的宽度 615 mm～1 250 mm。

注：经供需双方协议，可生产其他幅面尺寸的水泥刨花板。

5.2.3 板边缘直度、翘曲度、垂直度偏差

板边缘直度、翘曲度、垂直度偏差应符合表 1 规定。

表 1 板边缘直度、翘曲度和垂直度允许偏差

序号	项目	指标
1	板边缘直度/(mm/m)	±1
2	翘曲度[a]/%	≤1.0
3	垂直度/(mm/m)	≤2
[a] 厚度≤10 mm 的不测。		

5.2.4 尺寸偏差

5.2.4.1 长度和宽度的允许偏差为±5 mm。

5.2.4.2 厚度允许偏差应符合表 2 的规定。

表 2 水泥刨花板厚度允许偏差

单位为毫米

公称厚度	未砂光板				砂光板
	<12 mm	12 mm≤h<15 mm	15 mm≤h<19 mm	≥19 mm	
允许偏差	±0.7	±1.0	±1.2	±1.5	±0.3

5.3 外观质量

水泥刨花板的外观质量应符合表3规定。

表3 水泥刨花板外观质量

缺陷名称	产品等级	
	优等品	合格品
边角残损	不允许	<10 mm,不计; ≥10 mm且≤20 mm,不超过3处
断裂透痕	不允许	<10 mm,不计; ≥10 mm且≤20 mm,不超过1处
局部松软	不允许	宽度<5 mm不计; 宽度≥5 mm且≤10 mm,或长度≤1/10板长,1处
板面污染	不允许	污染面积≤100 mm²

5.4 理化性能

5.4.1 水泥刨花板理化性能

水泥刨花板理化性能应符合表4的规定。

表4 水泥刨花板理化性能指标

项　目	优等品	合格品
密度[a]/(kg/m^3)	≥1 000	
含水率/%	6~16	
浸水24 h厚度膨胀率/%	≤2	
静曲强度/MPa	≥10.0	≥9.0
内结合强度/MPa	≥0.5	≥0.3
弹性模量/MPa	≥3 000	
浸水24 h静曲强度/MPa	≥6.5	≥5.5
垂直板面握螺钉力/N	≥600	
燃烧性能	B级	

[a] 含水率为9%时所测得的密度。

5.4.2 抗冲击性

当产品应用场合有抗冲击性要求或用户需要,水泥刨花板的抗冲击性能应根据附录A进行检测,达到合格。

6 统计计算和判定方法

6.1 统计计算

6.1.1 一张板的平均值是该板内 n 个试件测试值的算术平均值,按式(1)计算:

$$\overline{X}=\frac{1}{n}(X_1+X_2+\cdots\cdots+X_n)=\frac{1}{n}\sum_{i=1}^{n}X_i \quad \cdots\cdots(1)$$

6.1.2 找出一张板的几个试件中最小值(静曲强度、内结合强度、浸水24 h的静曲强度)或最大值(吸水厚度膨胀率)。

6.2 判定方法

6.2.1 一张板的静曲强度、内结合强度、浸水 24 h 静曲强度的算术平均值 $\overline{X}$ 和任一试件的最小值 X_{min} 应满足式(2)、式(3)要求：

$$\overline{X} \geqslant Su \quad \cdots\cdots (2)$$

$$X_{min} \geqslant 0.8\ Su \quad \cdots\cdots (3)$$

式中：

Su——标准规定值。

6.2.2 一张板的吸水厚度膨胀率的算术平均值 $\overline{X}$ 和任一试件的最大值 X_{max}，应满足式(4)、式(5)要求：

$$\overline{X} \leqslant Su \quad \cdots\cdots (4)$$

$$X_{max} \leqslant 1.2\ Su \quad \cdots\cdots (5)$$

式中：

Su——标准规定值。

6.2.3 对未作规定的密度、含水率、弹性模量、板面握螺钉力性能指标，只按其算术平均值判定。

6.2.4 在检验多张板时，每张板均应符合 6.2.1 和 6.2.2 规定。

7 检验方法

7.1 仪器及量具

7.1.1 千分尺，精度 0.01 mm。

7.1.2 游标卡尺，精度 0.1 mm。

7.1.3 钢卷尺，精度 1 mm。

7.1.4 天平，感量 0.01 g。

7.1.5 钢板尺，精度 0.5 mm。

7.2 外观质量检验

水泥刨花板的外观质量按 5.3 的要求，在光照明亮的条件下或在三支 40 W 日光灯下，灯管间距 400 mm，视力 0.7 以上的检测人员在距被检试样 400 mm 处进行外观检查，目测及借助于钢板尺检量。

7.3 规格尺寸检验

7.3.1 板的长度、宽度

按 GB/T 19367.1 规定进行。

7.3.2 板的厚度

按 GB/T 19367.1 规定进行。

7.3.3 板的垂直度

按 GB/T 19367.2 规定进行。

7.3.4 板的边缘直度

按 GB/T 19367.2 规定进行。

7.3.5 板的翘曲度

按 GB/T 4897.1 规定进行。

7.4 理化性能检验

7.4.1 取样及试件制作

7.4.1.1 试样制作

按图 1 的样本锯割三块试样，并注明试样号码，上、下表面和板边位置。

单位为毫米

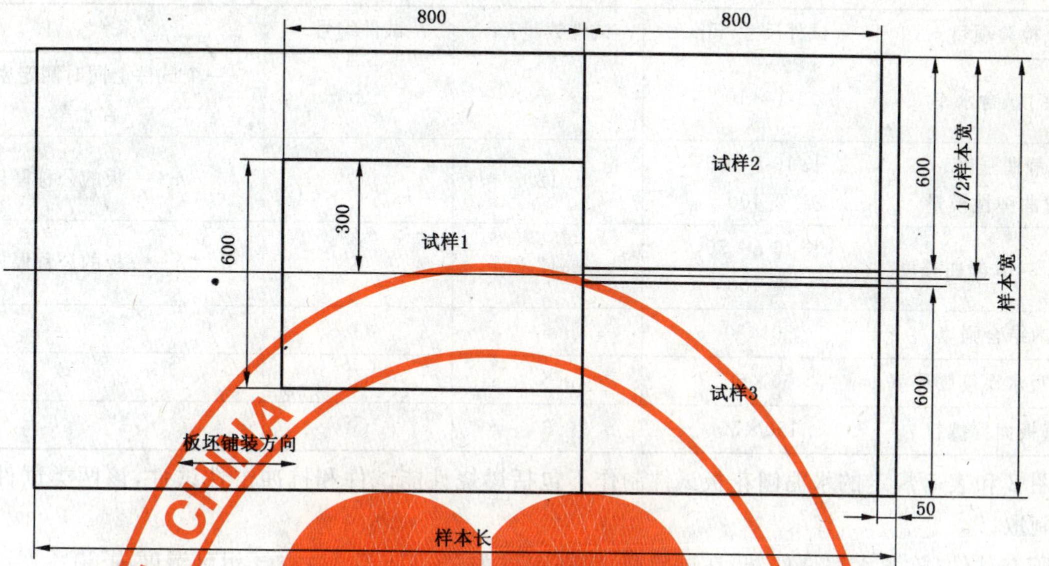

图 1　水泥刨花板试样制作图

7.4.1.2　试件锯割

每块试样按图 2 和表 5 规定锯割试件。静曲强度、弹性模量、内结合强度试件中至少有一个试件是从样本铺装方向的边部截取。相同检验项目的两个试件之间的最小距离为 100 mm。锯割试件时，试件边棱应平直，相邻两边互相垂直。厚度大于 25 mm 的水泥刨花板，按上述试样和试件锯割原则，在适当位置制取试样和试件。

单位为毫米

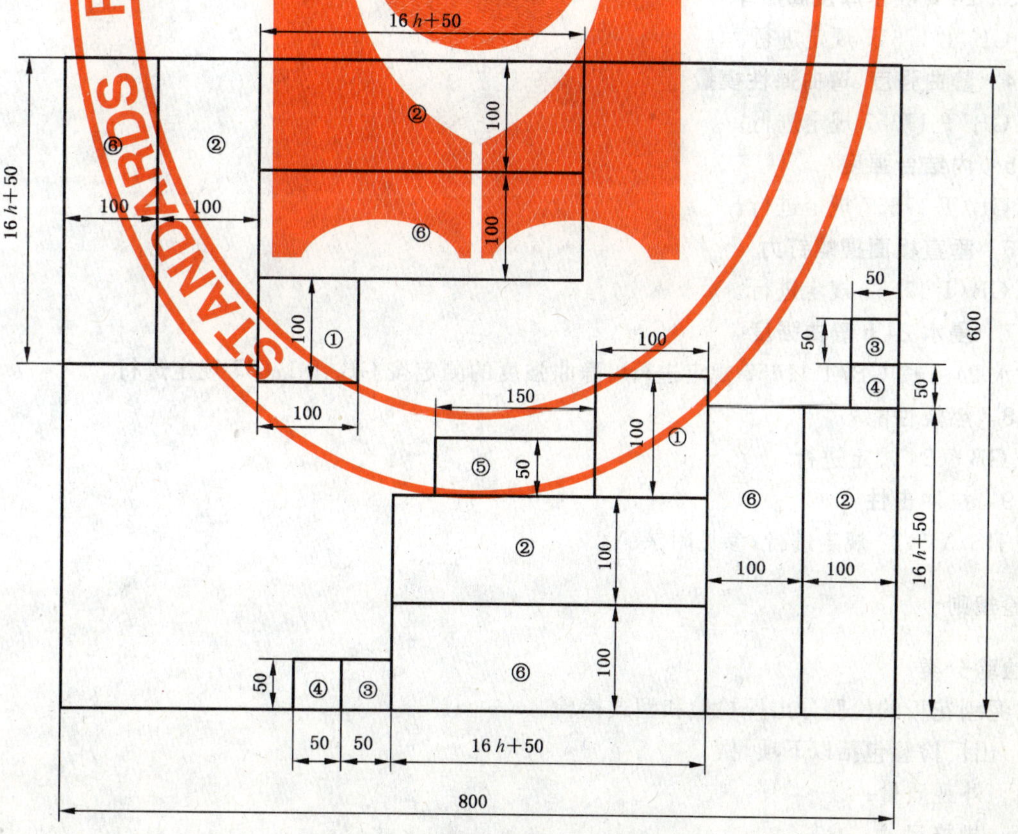

图 2　水泥刨花板试件制作图

表 5 试件的尺寸、数量及编号

检验项目	试件尺寸/mm	试件数量/个	试件编号	备注
密度、含水率	100×100	6	①	一个试件上同时测定密度和含水率
静曲强度、弯曲弹性模量	长 16 h+50，宽 100	12	②	h——板的公称厚度
浸水 24 h 静曲强度	长 16 h+50，宽 100	12	⑥	h——板的公称厚度
内结合强度	50×50	6	③	
24 h 吸水厚度膨胀率	50×50	6	④	
垂直板面握螺钉力	150×50	3	⑤	

图 2 和表 5 规定的水泥刨花板试件制作不包括燃烧性能试件和抗冲击性试件，该两类试件可在样本中制取。

所有试件(除含水率试件外)在试验前，应在温度为 23 ℃±5 ℃，空气相对湿度为 60%±10%的条件下放至质量恒定。每隔 24 h 称量一次，相邻两次质量相差不大于 0.5%时，视为恒定。

7.4.2 检验方法

7.4.2.1 密度

按 GB/T 17657 规定进行。

7.4.2.2 含水率

按 GB/T 17657 规定进行。

7.4.2.3 24 h 吸水厚度膨胀率

按 GB/T 17657 规定进行。

7.4.2.4 静曲强度、弯曲弹性模量

按 GB/T 17657 规定进行。

7.4.2.5 内结合强度

按 GB/T 17657 规定进行。

7.4.2.6 垂直板面握螺钉力

按 GB/T 17657 规定进行。

7.4.2.7 浸水 24 h 静曲强度

浸水 24 h 按 GB/T 17657 规定进行，静曲强度的测定按 GB/T 17657 规定进行。

7.4.2.8 燃烧性能

按 GB 8624 规定进行。

7.4.2.9 抗冲击性

按 JIS A 5422 规定进行，参见附录 A。

8 检验规则

8.1 检验分类

水泥刨花板的检验分出厂检验和型式检验。

8.1.1 出厂检验包括以下项目：

a) 外观质量；

b) 规格尺寸；

c) 理化性能：密度、含水率、24 h 吸水厚度膨胀率、内结合强度、静曲强度、弯曲弹性模量。

8.1.2 型式检验包括出厂检验的全部项目，并增加以下项目：垂直板面握螺钉力、浸水 24 h 静曲强度和燃烧性能。

8.1.3 有下列情况之一时，应进行型式检验：

a) 当原辅材料及生产工艺发生较大变动时；

b) 长期停产后恢复生产时；

c) 在正常生产时，每半年检验不少于一次；

d) 国家质量监督机构或合同规定提出进行型式检验要求时。

8.2 外观质量检验

外观质量检验，采用 GB/T 2828.1 中的正常检验二次抽样方案，其检验水平为Ⅰ，接收质量限(AQL)为 4.0，见表 6。按 5.3 规定对样本 n_1 进行检验。不合格数 $d_1 \leqslant Ac_1$ 时接收，$d_1 \geqslant Re_1$ 时拒收；若 $Ac_1 < d_1 < Re_1$，则检验样本 n_2。前后两个样本中不合格品数 $d_1+d_2 \leqslant Ac_2$ 时接收，$d_1+d_2 \geqslant Re_2$ 时拒收。

表 6 外观质量抽样方案

单位为张

批量范围 N	样本大小		第一判定数		第二判定数	
	$n_1=n_2$	$\sum n$	接收数(Ac_1)	拒收数(Re_1)	接收数(Ac_2)	拒收数(Re_2)
≤500	13	26	0	3	3	4
501～1 200	20	40	1	3	4	5
1 201～3 200	32	64	2	5	6	7
3 201～10 000	50	100	3	6	9	10
10 001～35 000	80	160	5	9	12	13
≥35 001	125	250	7	11	18	19

8.3 规格尺寸检验

规格尺寸检验采用 GB/T 2828.1 中的正常检验二次抽样方案，其检验水平为 S-4，接收质量限(AQL)为 4.0，见表 7。按 5.2 对样本 n_1 进行检验，不合格品数 $d_1 \leqslant Ac_1$ 时接收，$d_1 \geqslant Re_1$ 时拒收；若 $Ac_1 < d_1 < Re_1$，则检验样本 n_2。前后两个样本中不合格品数 $d_1+d_2 \leqslant Ac_2$ 时接收；$d_1+d_2 \geqslant Re_2$ 时拒收。

表 7 规格尺寸抽样方案

单位为张

批量范围 N	样本大小		第一判定数		第二判定数	
	$n_1=n_2$	$\sum n$	接收数(Ac_1)	拒收数(Re_1)	接收数(Ac_2)	拒收数(Re_2)
≤280	8	16	0	2	1	2
281～500	8	16	0	2	1	2
501～1 200	13	26	0	3	3	4
1 201～3 200	20	40	1	3	4	5
3 201～10 000	20	40	1	3	4	5
10 001～35 000	32	64	2	5	6	7
≥35 001	50	100	3	6	9	10

8.4 理化性能检验

理化性能按表 8 采用复检抽样方案。第一次抽取 n_1 张板，如检验结果中某项指标不合格，则第二

次抽取 n_2 张板重新检验不合格项，第二次样本 n_2 的性能值(n_1 中不合格项)应全部符合标准要求，否则该批产品判为不合格。

表 8 理化性能抽样方案

单位为张

批量范围 N	n_1	n_2
≤1 200	1	2
1 201～3 200	2	4
3 201～10 000	3	6
≥10 001	4	8

8.5 判定规则

成品入库或成批拨交时，应进行外观质量、规格尺寸、理化性能检验。样品应从拨交批中按 8.2～8.4 随机抽取。全部检验项目合格时，判定该批产品为接收批，否则为拒收。

8.6 成批拨交要求

如需方要求对拨交批水泥刨花板进行检验时，应从到货之日起三个月内向供方提出，并请法定检验单位按本标准进行检验。

8.7 计量

水泥刨花板以立方米(m^3)为计量单位(允许偏差不得计算在内)。成批拨交时，计量应精确至 0.01 m^3，测算单张水泥刨花板时应精确至 0.000 1 m^3。

9 标记、包装标志、运输和贮存

9.1 产品标记

产品应加盖产品名称或商标、规格、等级、生产日期和检验员代号的标记。

9.2 包装标志

产品应按不同类型、规格、等级分别妥善包装。每个包装应挂有注明产品名称、生产厂名、厂址、执行标准、商标、规格、张数、防潮以及盖有合格章的标签。

9.3 运输和贮存

产品在运输和贮存过程中应平整堆放，注意防潮、防雨、防晒、防变形。

水泥刨花板应放在干燥、通风良好的环境中贮存，场地必须坚实，露天贮存时应有防雨遮盖，堆垛下部应有防潮措施。堆垛高度不宜超过 1.8 m。

附　录　A
（资料性附录）
抗冲击性能试验

A.1　仪器与设备

A.1.1　抗冲击试验装置：如图 A.1 所示。

A.1.2　冲击锤：如图 A.2 所示。质量为 530 g±2 g。

单位为毫米

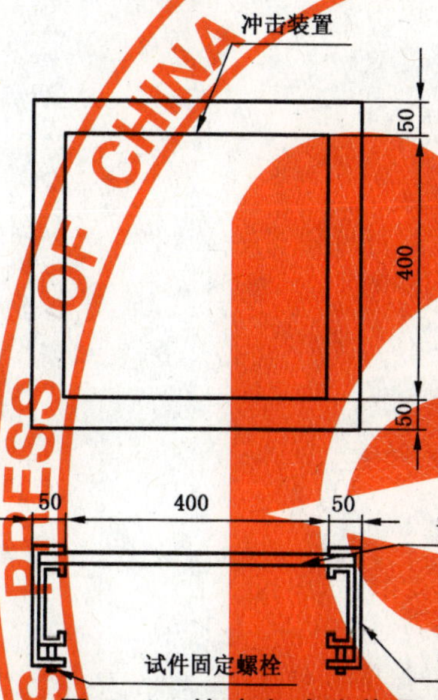

图 A.1　抗冲击试验装置

单位为毫米

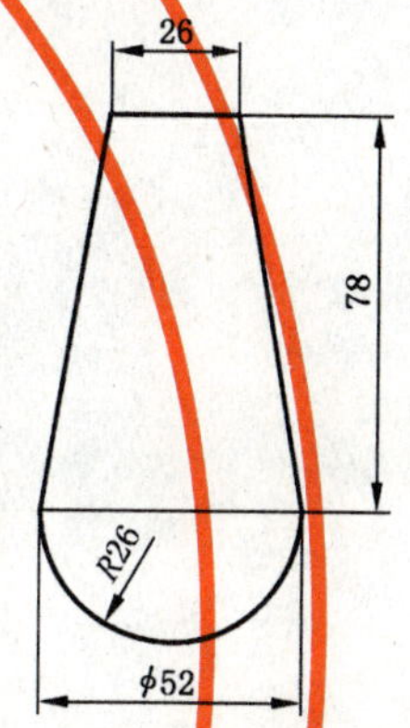

图 A.2　冲击锤示意图

A.2　试件

A.2.1　试件尺寸为 500 mm×400 mm。

A.2.2　试件数量为 1 块。

A.3　试验步骤

A.3.1　将试件水平地固定在抗冲击试验装置上。

A.3.2　按产品厚度不同，冲击锤从相应的规定高度自由下落(见表 A.1)。

表 A.1　落锤高度

板厚度/mm	落锤高度/mm
≤12	1 100
13～17	1 400
18～40	1 700

A.3.3　观察试样受冲击部位是否有贯穿裂纹。若未出现贯穿裂纹，则该产品抗冲击性合格。

A.4　结果处理

测定结果应包括：试样厚度、落锤高度、有无贯穿裂纹。

ICS 65.140
B 47

GB

中华人民共和国国家标准

GB/T 24313—2009

蜂蜡中石蜡的测定 气相色谱-质谱法

Determination of olefin in beeswax—Gas chromatographic-mass spectrum method

2009-09-30 发布　　2009-12-01 实施

中华人民共和国国家质量监督检验检疫总局
中国国家标准化管理委员会　发布

前　言

本标准的附录 A、附录 B、附录 C 和附录 D 为资料性附录。

本标准由中华全国供销合作总社提出。

本标准由全国蜂产品标准化工作组归口。

本标准起草单位：中国农业科学院蜜蜂研究所、农业部蜂产品质量监督检验测试中心(北京)。

本标准主要起草人：陈芳、赵静、陈兰珍、薛晓峰、李熠、吴黎明、周金慧、张金振、王鹏、黄京平。

蜂蜡中石蜡的测定 气相色谱-质谱法

1 范围

本标准规定了蜂蜡中石蜡烃类物质的气相色谱-质谱(GC-MS)测定方法。

本标准适用于中华蜜蜂(*Apis cerana*)蜂蜡(以下简称中蜂蜡)、意大利蜜蜂(*Apis mellifera ligustica*)蜂蜡(以下简称意蜂蜡)中石蜡烃类物质的测定。

本标准对蜂蜡中石蜡烃类物质的判别限为10%。

2 规范性引用文件

下列文件中的条款通过本标准的引用而成为本标准的条款。凡是注日期的引用文件,其随后所有的修改单(不包括勘误的内容)或修订版均不适用于本标准,然而,鼓励根据本标准达成协议的各方研究是否可使用这些文件的最新版本。凡是不注日期的引用文件,其最新版本适用于本标准。

GB/T 6379.1 测量方法与结果的准确度(正确度与精密度) 第1部分:总则与定义(GB/T 6379.1—2004,ISO 5725-1:1994,IDT)

GB/T 6379.2 测量方法与结果的准确度(正确度与精密度) 第2部分:确定标准测量方法重复性与再现性的基本方法(GB/T 6379.2—2004,ISO 5725-2:1994,IDT)

3 原理

试样用石油醚提取,气相色谱-质谱仪检测,内标法定量,用统计学方法进行判别。

4 试剂和材料

4.1 石油醚:分析纯。

4.2 异三十烷:标准品,纯度>99%。

4.3 中蜂蜡:取中华蜜蜂的赘脾蜡,以1 000 mL水100 g蜂蜡的比例加水煮沸,粗过滤去除大块杂质,待冷却后用刀片切除底部杂质,重复提纯一次。

4.4 意蜂蜡:取意大利蜜蜂的赘脾蜡,制备方法同4.3。

4.5 石蜡:市售纯石蜡。

4.6 添加不同比例石蜡的蜂蜡标准品制备:按石蜡与蜂蜡的质量比为1∶9;2∶8;3∶7;4∶6;5∶5;6∶4;7∶3;8∶2和9∶1逐一称取所需的石蜡(4.5)和蜂蜡(4.3、4.4)标准品共18份,每份样品以1 000 mL水100 g蜂蜡的比例加水煮沸,使蜂蜡和石蜡充分熔融并搅匀,冷却后取出风干。获得的样品中添加石蜡的比例为10%、20%、30%、40%、50%、60%、70%、80%、90%。

4.7 异三十烷烃标准工作液(1 000 mg/L):准确称取50.0 mg异三十烷烃标准品(4.2)于50 mL容量瓶,用石油醚溶解并定容。−18 ℃冰箱中保存。

5 仪器

5.1 气相色谱-质谱仪。

5.2 分析天平:感量0.1 g和0.000 1 g。

5.3 超声波仪。

5.4 涡旋混合器。

5.5 粉碎机。

5.6 电炉。

5.7 移液器:200 μL,1 mL,5 mL。

5.8 安瓿瓶:1 mL。

5.9 烧杯:1 L。

5.10 容量瓶:10 mL。

5.11 统计软件(MatLab):具有判别分析功能。

6 试样制备与保存

6.1 试样的制备

样品经冷冻后破碎至中等块状,粉碎机粉碎,混匀。

6.2 试样的保存

于4 ℃冰箱中保存。

7 测定步骤

7.1 提取

称取冷冻粉碎样品及各种标准品50.0 mg,置于10 mL容量瓶中,用石油醚溶解并定容至刻度。分取1 mL于安瓿瓶(5.8)中,添加50 μL浓度为1 000 mg/L的异三十烷烃标准工作液,用涡旋混合器混匀,供气相色谱-质谱测定。

7.2 气相色谱-质谱测定

7.2.1 气相色谱条件

色谱柱:HP-5ms,30 m×0.25 mm×0.25 μm,或相当者。

进样口温度:280 ℃。

升温程序:初始炉温为50 ℃,持续1 min;

以20 ℃/min升温至180 ℃持续1 min;

以15 ℃/min升温至280 ℃持续20 min。

进样体积:1 μL,不分流进样。

载气:高纯氦(99.999%),流量为1 mL/min。

7.2.2 质谱条件

传输管温度:280 ℃。

离子源温度:250 ℃。

四极管温度:150 ℃。

扫描模式:全扫描。

扫描范围:50~550。

7.2.3 定性测定

在相同实验条件下进行样品测定时,如果检出的色谱峰的保留时间与标准样品相一致,并且在扣除背景后的样品质谱图中,所选择的离子均出现,而且所选择的离子丰度比与标准样品的离子丰度比相一致(相对丰度>50%,允许±20%偏差;20%<相对丰度≤50%,允许±25%偏差;10%<相对丰度≤20%,允许±30%偏差;相对丰度≤10%,允许±50%偏差),则可判断样品中存在同一烃类或相关化学物质。

7.2.4 定量测定

本标准中气相色谱-质谱采用内标法定量测定。保证所测样品中烃类物质及相关化学物质的响应值均在仪器的线性范围内。纯蜂蜡、石蜡标准品及样品色谱图参见附录 A。

7.3 平行试验

按以上步骤对同一试样进行平行试验。

8 结果计算

蜂蜡中正构烷烃含量采用内标法定量，各组分含量按式(1)计算：

$$X_i = m_s \times \frac{A_i}{A_s} \quad \cdots\cdots(1)$$

式中：

X_i——试样中被测组分含量，单位为毫克每升(mg/L)；

m_s——加入内标物的浓度，单位为毫克每升(mg/L)；

A_i——组分 i 的峰面积；

A_s——内标物的峰面积。

注：测定结果用平行测定的算术平均值表示，保留三位有效数字。

9 结果判定

通过质谱分析确定了 17 个主要的组分，组分表参见附录 B。用统计软件对样品及添加不同比例石蜡的蜂蜡标准品的各组分进行判别分析，判别分析图参见附录 C。当试样的结果最接近某一标准品时，即可以判定该物质与此类标准品为一类物质。

10 精密度

本标准精密度数据是按照 GB/T 6379.1 和 GB/T 6379.2 的规定确定的，获得重复性和再现性的值是以 95%的可信度来计算的。结果参见附录 D。

附 录 A
（资料性附录）
中蜂蜡、意蜂蜡及石蜡标准气相色谱-质谱图

蜂蜡及石蜡图谱资料见图 A.1、图 A.2、图 A.3。

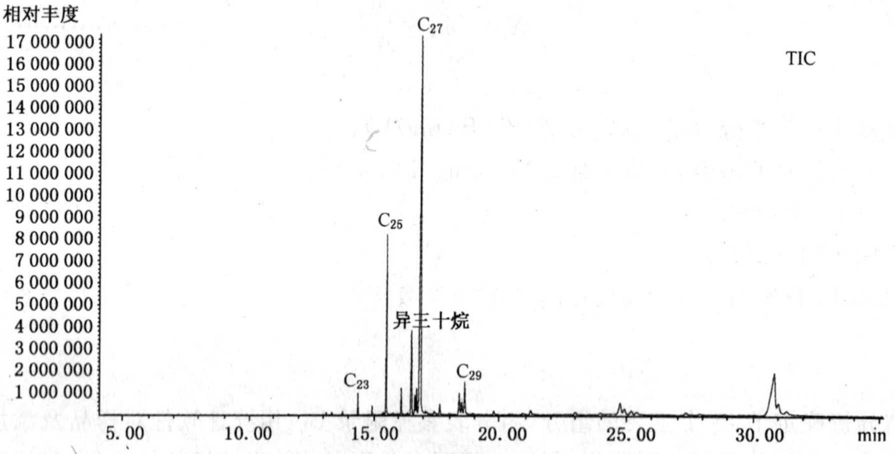

图 A.1 中蜂蜡气相色谱-质谱图

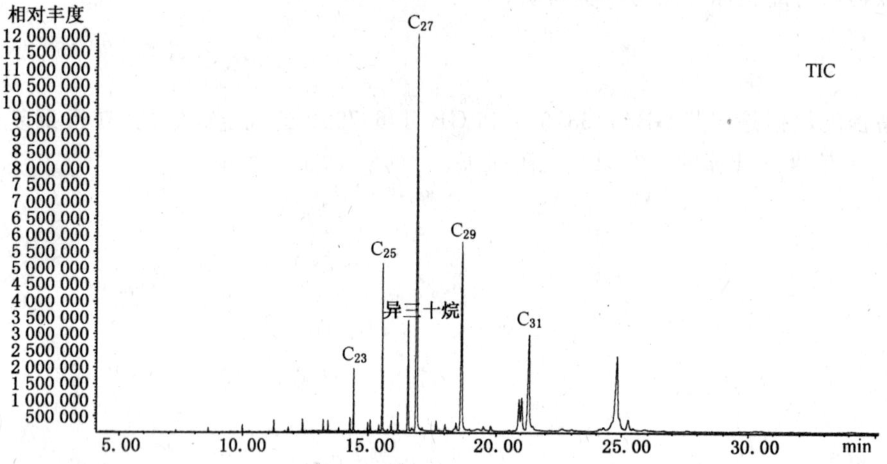

图 A.2 意蜂蜡气相色谱-质谱图

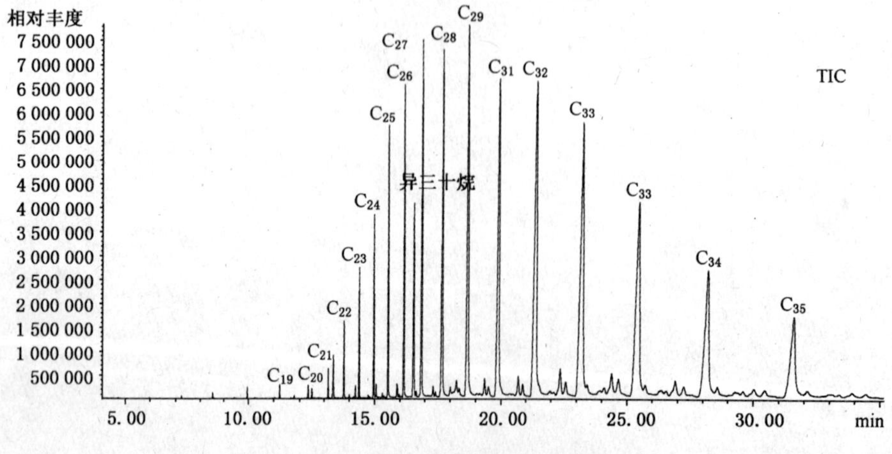

图 A.3 石蜡气相色谱-质谱图

附 录 B
（资料性附录）
中蜂蜡、意蜂蜡及石蜡中烷烃组分质谱确认表

蜡样各烷烃质谱确认资料见表 B.1。

表 B.1 蜂蜡样品各组分质谱确认表

保留时间/min	名称	分子式	匹配度	分子离子	定性离子 1	定性离子 2	定量离子
11.788	十九烷	$C_{19}H_{40}$	95	268	109	79	72
12.496	二十烷	$C_{20}H_{42}$	97	282	105	85	78
13.166	二十一烷	$C_{21}H_{44}$	99	296	144	92	80
13.798	二十二烷	$C_{22}H_{46}$	99	310	141	99	80
14.399	二十三烷	$C_{23}H_{48}$	98	324	128	70	79
14.970	二十四烷	$C_{24}H_{50}$	99	338	153	75	81
15.541	二十五烷	$C_{25}H_{52}$	96	352	116	66	76
16.160	二十六烷	$C_{26}H_{54}$	99	366	142	70	80
16.889	二十七烷	$C_{27}H_{56}$	99	380	138	72	80
17.697	二十八烷	$C_{28}H_{58}$	98	394	112	81	79
18.707	二十九烷	$C_{29}H_{60}$	99	408	153	88	81
19.897	三十烷	$C_{30}H_{62}$	99	422	145	86	80
21.393	三十一烷	$C_{31}H_{64}$	95	437	98	76	72
23.198	三十二烷	$C_{32}H_{66}$	99	451	154	88	80
25.439	三十三烷	$C_{33}H_{68}$	99	465	152	81	81
28.175	三十四烷	$C_{34}H_{70}$	87	479	123	99	54
31.561	三十五烷	$C_{35}H_{72}$	95	493	101	76	72

附 录 C
(资料性附录)
中蜂蜡、意蜂蜡、石蜡及添加蜂蜡的判别分析图

判别分析图见图 C.1。

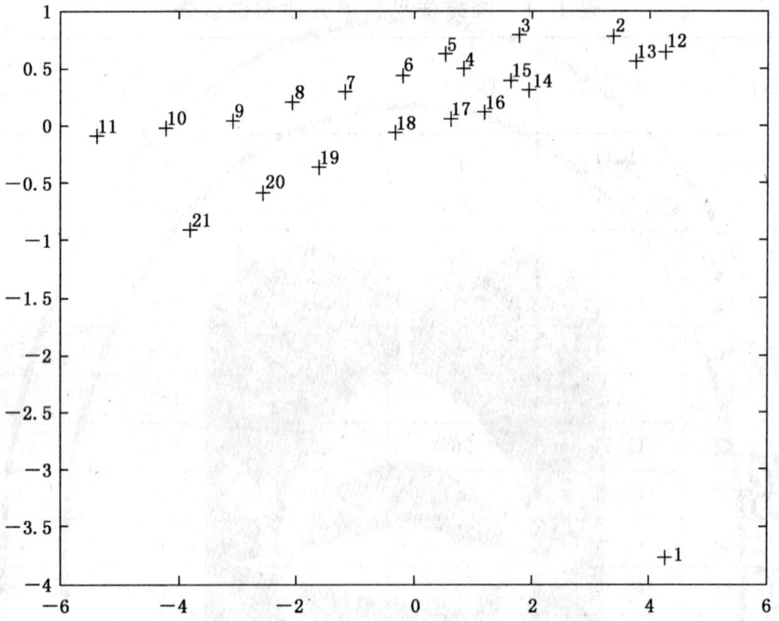

1——石蜡;

2～10——添加一定比例的中蜂蜡,添加比例依次为90%石蜡,80%石蜡,70%石蜡,60%石蜡,50%石蜡,40%石蜡,30%石蜡,20%石蜡,10%石蜡;

11——中蜂蜡;

12～20——添加一定比例的意蜂蜡,添加比例同上;

21——意蜂蜡。

图 C.1 中蜂蜡、意蜂蜡、石蜡及添加蜂蜡的判别分析图

附 录 D
（资料性附录）
方法的重复性及再现性

查询重复性及再现性见表 D.1。

表 D.1 本方法的重复性和再现性

样品名称	重复性	标准差 S_r	再现性	标准差 S_R
石蜡	0.162	0.058	0.299	0.090
中蜂蜡	0.032	0.011	0.140	0.049
意蜂蜡	0.070	0.025	0.114	0.032

ICS 65.140
B 47

GB

中华人民共和国国家标准

GB/T 24314—2009

蜂蜡

Beeswax

2009-09-30 发布　　　　2009-12-01 实施

中华人民共和国国家质量监督检验检疫总局
中国国家标准化管理委员会　发布

前　言

本标准由中华全国供销合作总社提出。

本标准由全国蜂产品标准化工作组归口。

本标准起草单位:广州市宝生园有限公司、浙江蜂之语蜂业集团有限公司、杭州天厨蜜源保健品有限公司、中华全国供销合作总社蜜蜂产品标准化技术委员会、河南省长兴蜂业有限公司、河南省维康蜂业有限公司、长葛市星阳蜂产品有限公司、长葛市福美蜂产品有限公司、北京逾世纪科技有限公司。

本标准主要起草人:郑尧隆、李立群、章征天、周萍、郑春强、王磊、周蔚平、李满长、郭书强、杨国铭、杨旗、李福亭、高惠江。

蜂　　蜡

1　范围

本标准规定了蜂蜡的等级、要求、试验方法、包装、标志、贮存、运输要求。

本标准适用于养蜂生产获得的以及经简单加工形成的产品。

2　规范性引用文件

下列文件中的条款通过本标准的引用而成为本标准的条款。凡是注日期的引用文件，其随后所有的修改单(不包括勘误的内容)或修订版均不适用于本标准，然而，鼓励根据本标准达成协议的各方研究是否可使用这些文件的最新版本。凡是不注日期的引用文件，其最新版本适用于本标准。

GB/T 601　化学试剂　标准滴定溶液的制备

SN/T 1107　出口蜂蜡检验规程

3　术语和定义

下列术语和定义适用于本标准。

3.1

蜡鳞　wax scale

工蜂蜡腺的分泌物。

3.2

蜂蜡　beeswax

蜡鳞和工蜂上颚腺分泌物的混合物。

注：俗称"蜜蜡"。

3.3

东方蜂蜡　beeswax of *Apis cerana*

东方蜜蜂分泌的蜂蜡。

注：国内生产的东方蜂蜡俗称"中蜂蜡"。

3.4

西蜂蜡　beeswax of *Apis mellifera*

西方蜜蜂分泌的蜂蜡。

4　要求

4.1　感官要求

熔化成型后的感官要求应符合表1规定。

表1　熔化成型后的感官要求

颜　色	乳白、浅黄、鲜黄、黄色、橘红色。
气　味	具有蜂蜡应有的香味，无异味。
表　面	无光泽，波纹状隆起。
断　面	砸开断面，结构紧密，细腻均匀，颜色均一，无斜纹。

4.2 理化要求

理化要求应符合表2规定。

表2 理化要求

项　　目	一级品	二级品
杂质/% ≤	0.3	1.0
熔点/℃	62.0～67.0	
折光率(75 ℃)	1.441 0～1.443 0	
酸值(以KOH计)/(mg/g)	东方蜂蜡 5.0～8.0 西蜂蜡 16.0～23.0	
皂化值(以KOH计)/(mg/g)	75.0～110.0	
酯值(以KOH计)/(mg/g)	东方蜂蜡 80.0～95.0 西蜂蜡 70.0～80.0	东方蜂蜡 70.0～79.0 西蜂蜡 60.0～69.0
碳氢化合物/% ≤	16.5	18.0

4.3 真实性要求

不应添加或混入植物蜡、动物蜡、矿物蜡、动物油脂、脂肪酸、甘油酯、烃、脂肪醇物质。

5 试验方法

5.1 试样及其准备

5.1.1 仪器

样品瓶、小刀。

5.1.2 样品的制备

按SN/T 1107规定的方法制备。

5.2 杂质

5.2.1 仪器

烧杯、垂熔坩埚(3＃-60 mL)、烘箱。

5.2.2 试剂

甲苯。

5.2.3 操作步骤

称取1 g蜡样(称准至0.001 g)置于烧杯中，加入甲苯30 mL，使其充分溶解(用水浴稍加热)，用恒重的热垂熔坩埚过滤，再用热甲苯冲洗至干净为止(在通风柜中操作)，将坩埚在105 ℃烘箱中干燥至恒重。

5.2.4 计算

样品中杂质含量的计算见式(1)。

$$X_1 = \frac{m_1 - m_0}{m} \times 100 \qquad (1)$$

式中：

X_1——样品中杂质含量，%；

m_1——坩埚及杂质质量，单位为克(g)；

m_0——坩埚质量，单位为克(g)；

m——蜡样质量，单位为克(g)。

5.2.5 平行试验允许误差不超过0.04%，取平均值确定结果。

5.3 熔点

按 SN/T 1107 规定的方法试验。

5.4 折光率

5.4.1 仪器

阿贝折光仪、超级恒温器。

5.4.2 操作步骤

将阿贝折光仪与超级恒温器连接好，调节恒温器中水的温度恰为 75 ℃，校正好折光仪，用玻璃棒沾取熔化的蜂蜡试样 1 滴～3 滴，滴加在折射棱镜表面，迅速将进光棱镜盖上，用手轮锁紧。要求液层均匀，充满视场且无气泡。静置片刻，以待试样温度达 75 ℃，打开遮光板。合上反光镜，调节目镜视度，使十字线成像清晰，此时旋转折射率刻度调节手轮并在目镜视场中找到明暗分界线的位置，再旋转色散调节手轮使分界线不带任何彩色，微调手轮使分界线位于十字线的中心，再适当转动聚光镜，读出目镜视场下方显示的示值即蜂蜡的折光率。

5.5 酸值

5.5.1 仪器

a) 250 mL 磨口具塞三角瓶；

b) 25 mL 碱式滴定管；

c) 烧杯；

d) 恒温水浴箱；

e) 球形冷凝管：下口为磨口，其口径应与 250 mL 磨口具塞三角瓶的口径一致。

5.5.2 试剂

a) 1∶2 中性乙醇和乙醚混合液：试剂为分析纯。

b) 1%酚酞指示剂：称取酚酞 1 g，用 95%乙醇定容至 100 mL。

c) 0.05 mol/L 氢氧化钾标准溶液：称取 3 g 分析纯氢氧化钾，用蒸馏水溶至 1 000 mL，过滤备用，按 GB/T 601 中要求标定和计算。

5.5.3 操作步骤

称取 1 g 蜡样(称准至 0.001 g)，置于 250 mL 三角瓶中，加 25 mL 中性乙醇和乙醚混合液，在80 ℃水浴上回流溶解样品至清澈透明。

加入 1 mL 酚酞指示剂，在 80 ℃水浴上迅速用 0.05 mol/L 氢氧化钾溶液滴定至呈淡红色，1 min 内不退色为终点，记其用量。同时做空白试验。

5.5.4 计算

$$X_2 = \frac{(V_1 - V_2) \times c_1 \times 56.11}{m_2} \qquad \cdots\cdots(2)$$

式中：

X_2——蜡样中的酸值，单位为毫克每克(mg/g)；

V_1——氢氧化钾标准溶液用量，单位为毫升(mL)；

V_2——空白试验氢氧化钾标准溶液用量，单位为毫升(mL)；

c_1——氢氧化钾标准溶液物质的量浓度，单位为摩尔每升(mol/L)；

56.11——1 mL 1 mol/L 氢氧化钾标准溶液相当的氢氧化钾的质量，单位为毫克(mg)；

m_2——蜂蜡的质量，单位为克(g)。

5.5.5 平行试验允许误差不超过±0.2 mg/g，取平均值确定结果。

5.6 皂化值

5.6.1 仪器

a) 250 mL 磨口具塞三角瓶；

b) 球形冷凝管：下口为磨口，其口径应与250 mL磨口具塞三角瓶的口径一致；

c) 恒温水浴箱；

d) 25 mL酸式滴定管；

e) 25 mL移液管。

5.6.2 试剂

a) 0.5 mol/L 氢氧化钾-无水乙醇溶液：称取30 g分析纯氢氧化钾，用无水乙醇溶于1 000 mL容量瓶中至刻度。

b) 0.5 mol/L 盐酸标准溶液：按GB/T 601配制、标定和计算。

c) 1%酚酞指示剂：称取酚酞1 g，用95%乙醇定容至100 mL。

5.6.3 操作步骤

称取1 g蜡样(称准至0.001 g)，置于250 mL三角瓶中，加入0.5 mol/L氢氧化钾-无水乙醇溶液25 mL。

在具塞三角瓶口部装上球形冷凝管在90 ℃水浴上恒温30 min，并随时摇动三角瓶，促使皂化，待瓶内溶液澄清透明，证明已完全皂化。用少许中性乙醇洗涤冷凝管，取下三角瓶，趁热迅速加入酚酞指示剂3滴，用0.5 mol/L盐酸标准溶液滴定至呈粉红色消失为终点。同时做空白试验。

5.6.4 计算

$$X_3 = \frac{(V_3 - V_4) \times c_2 \times 56.11}{m_3} \qquad \cdots\cdots(3)$$

式中：

X_3——蜡样中的皂化值，单位为毫克每克(mg/g)；

V_3——空白试验盐酸标准溶液用量，单位为毫升(mL)；

V_4——盐酸标准溶液用量，单位为毫升(mL)；

c_2——盐酸标准溶液物质的量浓度，单位为摩尔每升(mol/L)；

56.11——1 mL 1 mol/L氢氧化钾标准溶液相当的氢氧化钾的质量，单位为毫克(mg)；

m_3——蜂蜡的质量，单位为克(g)。

5.6.5 平行试验允许误差不超过±2 mg/g，取平均值确定结果。

5.7 酯值

按SN/T 1107规定的方法试验。

5.8 碳氢化合物

按SN/T 1107规定的方法试验。

6 包装

包装材料应有效保护产品，防止污染环境。

7 标志

应符合国家有关标识的规定。

8 贮存

8.1 应按产品等级、规格分别堆放。

8.2 应在通风、干燥仓库中存放。严禁与有毒、有害和有异味的物品混存。

8.3 贮放环境应有防鼠防虫措施。

9 运输

不应曝晒、置于高温及与有毒、有害和有异味的物品混装同运。

ICS 43.160
T 59

GB

中华人民共和国国家标准

GB 24315—2009

校车标识

The marker for school bus

2009-09-30 发布　　　　2010-01-01 实施

中华人民共和国国家质量监督检验检疫总局
中国国家标准化管理委员会　发布

前　言

本标准的第5章(5.1.3.1.2和5.1.7除外)、第6章、第7章(7.5除外)、第8章(8.3.1除外)为强制性,其余为推荐性。

本标准的附录A和附录B为规范性附录。

本标准由中华人民共和国公安部提出并归口。

本标准负责起草单位:公安部交通管理科学研究所。

本标准参加起草单位:交通部公路科学研究院、教育部基础教育司、3M中国有限公司、金龙联合汽车工业(苏州)有限公司、广州新晖汽车零部件有限公司。

本标准主要起草人:虞力英、邵咏秋、孙正良、张赟、俞伟跃、高建刚、张建军、吴云强、刘兴良、严则进、毕玉龙。

校 车 标 识

1 范围

本标准规定了校车标识的组成、式样、专用校车车身外观标识涂装、校车标牌、校车停靠预告标志、校车停靠站点标志、校车停靠站标线、更换和试验方法等。

本标准适用于校车及其相关设施的标识。

2 规范性引用文件

下列文件中的条款通过本标准的引用而成为本标准的条款。凡是注日期的引用文件，其随后所有的修改单(不包括勘误的内容)或修订版均不适用于本标准，然而，鼓励根据本标准达成协议的各方研究是否可使用这些文件的最新版本。凡是不注日期的引用文件，其最新版本适用于本标准。

GB/T 3181—2008　漆膜颜色标准

GB 5768(所有部分)　道路交通标志和标线

GB 7258—2004　机动车运行安全技术条件

GB/T 18833　公路交通标志反光膜

GA 522　警车车徽

GA 523　警车外观制式涂装用定色漆

JT/T 693　荧光反光膜和荧光反光标记材料昼间色度性能测试方法

QB/T 3523　白卡纸

3 术语和定义

GB 7258—2004 中确立的以及下列术语和定义适用于本标准。

3.1

校车　school bus

用于运送不少于 5 名幼儿园、小学、中学等教育机构的学生及其照管人员上下学的客车和乘用车。按乘坐对象分为幼儿校车、小学生校车和其他校车，按车辆属性分为专用校车和非专用校车。

[GB 7258—2004 第 2 号修改单，定义 3.2.10]

3.2

校车标志　school bus stick

粘贴于专用校车上的标志性标贴。

3.3

校车轮廓标识　contour marks of school bus

用于显示校车外形轮廓和应急门轮廓的反光标识。

3.4

校车标牌　school bus plate

校车随车携带的、签注校车信息的标志牌。

3.5

校车停靠站点标志　school bus stop signs

校车规定行经路线上停靠的站点标志。

3.6

校车停靠预告标志　signs in advance for school bus stop

提供校车停靠站点标志距离的标志。

4 组成

校车标识包括专用校车车身外观标识、校车标牌、校车停靠预告标志、校车停靠站点标志和校车停靠站标线。

5 式样

5.1 专用校车车身外观标识

5.1.1 组成

专用校车车身外观标识由校车标志、中文字符“校车”、中文字符“核载人数：××人”、校车编号和校车轮廓标识组成。

5.1.2 校车标志

5.1.2.1 颜色和式样

校车标志颜色为红色和白色，其中中文字符“校车”为红色，式样见图1a)。

5.1.2.2 规格尺寸

5.1.2.2.1 7 m及以上长度的校车采用规格为460 mm×460 mm的校车标志，具体尺寸见图1b)。其中中文字符“校车”字体为华文琥珀，字符“校”和“车”高为90 mm，宽为102 mm。

a) 校车标志式样

单位为毫米

b) 校车标志尺寸

图1 校车标志

5.1.2.2.2　7 m 以下长度的校车采用规格为 380 mm×380 mm 的校车标志，具体尺寸按 5.1.2.2.1 的要求同比例缩小。

5.1.2.3　**位置**

校车标志位于车身两侧前部四分之一处到三分之一处之间。7 m 及以上长度校车的校车标志涂装粘贴位置见附录 A 的侧视图。

5.1.3　**中文字符**

5.1.3.1　**校车**

5.1.3.1.1　中文字符“校车”颜色为红色白边，字体为华文琥珀，字符“校”和“车”高为 300 mm，宽为 300 mm，白边宽为 12 mm，式样见图 2。中文字符“校车”位于车身前风窗玻璃下空白处中央，字符间距不大于校车宽度的五分之二。涂装位置见附录 A 的前视图。

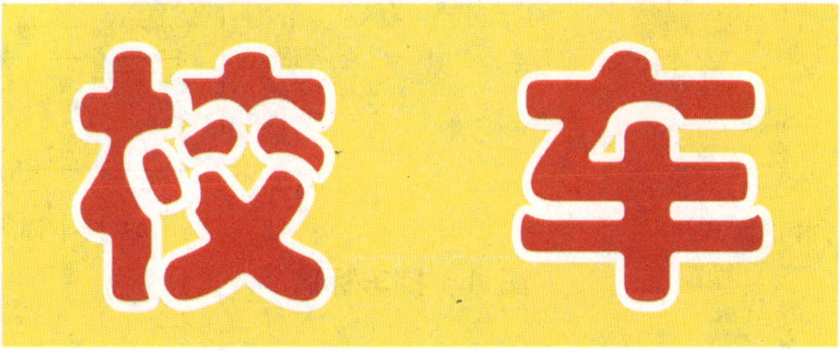

图 2　中文字符“校车”式样

5.1.3.1.2　中文字符“校车”的大小和间距可根据车身尺寸和部件进行调整。

5.1.3.2　**核载人数：××人**

中文字符“核载人数：××人”字体为黑体，字高为 75 mm，颜色为黑色。中文字符“核载人数：××人”位于车身右侧校车标志右下方，涂装位置见附录 A 的右侧侧视图。

5.1.4　**校车编号**

校车编号为 4 位数字字符，颜色为黑色，字体为 Arial，字高为 100 mm，式样见图 3。校车编号有两组，位于车身两侧最后部，涂装位置见附录 A 的侧视图。

图 3　校车编号式样

5.1.5　**校车轮廓标识**

校车轮廓标识高度为 50 mm，长度为 300 mm，间隔不大于 300 mm。校车轮廓标识颜色为荧光黄绿色。校车轮廓标识贯通车身侧围中部、后围中部和应急门轮廓，涂装位置见附录 A 的侧视图和后视图。

5.1.6　**涂装式样**

5.1.6.1　车身通体底色为黄色。

5.1.6.2　专用校车涂装应符合附录 A 的要求。

5.1.7　**其他**

除上述规定涂装元素外，可在车身侧面中部或后部涂装学校名称或英文“SCHOOL BUS”，车身不应涂装其他内容。

5.2 校车标牌

5.2.1 颜色和式样

校车标牌颜色为黄色、红色和白色。校车标牌有两块，分别置于前风窗玻璃右下角和后风窗玻璃适当位置。置于前风窗玻璃右下角的校车标牌有正面和背面，式样见图 4a）和图 4b）。背面英文字符“No.”为红色，其他中文字符为黑色。置于后风窗玻璃的校车标牌正面式样见图 4a），背面为空白。

a）校车标牌正面式样

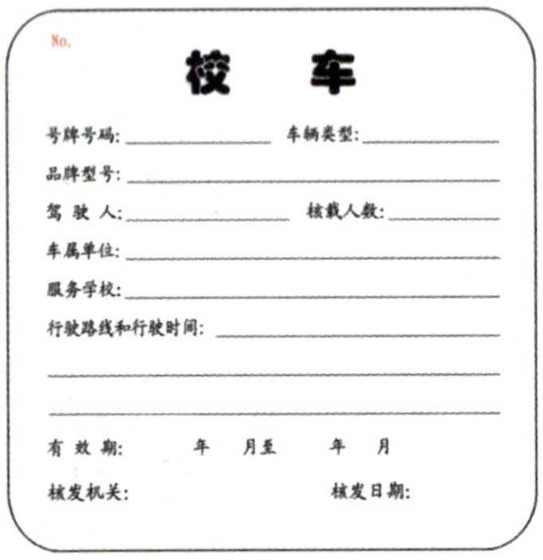

b）校车标牌背面式样

图 4 校车标牌

5.2.2 规格尺寸

5.2.2.1 校车前风窗玻璃右下角放置的校车标牌规格为 300 mm×300 mm，具体尺寸见图 5。正面中文字符“校车”字体为华文琥珀，字高为 60 mm，白边宽为 2.5 mm。校车标牌背面英文字符“No.”为 10 mm 楷体；中文字符“校车”字体为华文琥珀，字高为 25 mm；“号牌号码：”、“车辆类型：”、“品牌型号：”、“驾驶人：”、“核载人数：”、“车属单位：”、“服务学校：”、“行驶路线和行驶时间：”、“有效期：　　　年　　月至　　　年　　月”、“核发机关：”和“核发日期：”等中文字符字体为楷体，字高为10 mm。放置式样见附录 A 的前视图。

单位为毫米

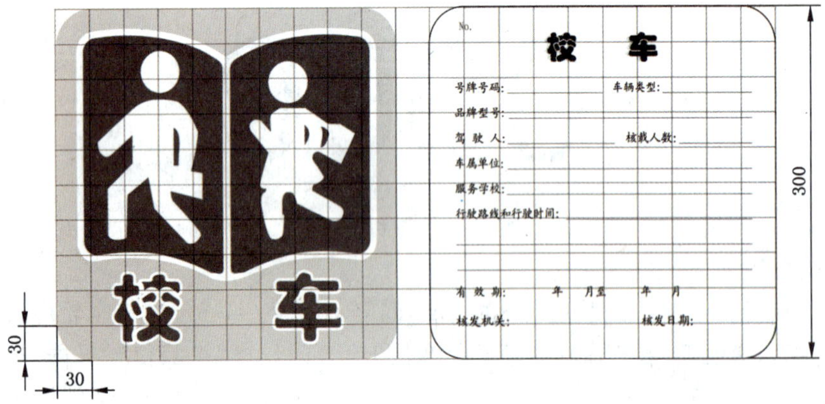

图 5 校车标牌尺寸

5.2.2.2 校车后风窗玻璃放置的校车标牌规格为 400 mm×400 mm，具体尺寸按 5.2.2.1 的要求同比例放大。放置式样见附录 A 的后视图。

5.3 校车停靠预告标志和校车停靠站点标志

5.3.1 校车停靠预告标志为上下组合标志，颜色为荧光黄绿色和黑色。式样见图 6。

图 6 校车停靠预告标志式样

5.3.2 校车停靠预告标志上下组合标志的规格尺寸见图 7a)和图 7b)。下标志中文字符为黑体，数字和英文字符为 Arial，字符高度见表 1。

单位为毫米

a）上标志尺寸

单位为毫米

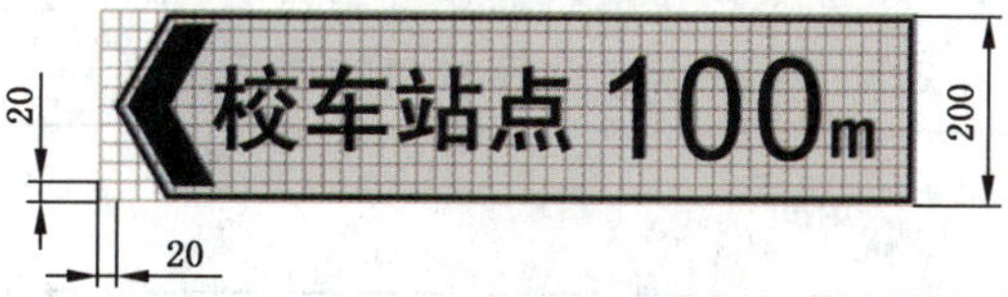

b）下标志尺寸

图 7 标志尺寸

表 1 下标志字符高度

字 符	高 度/mm
“校车站点”	90
数字	110
英文“m”	40

5.3.3 校车停靠站点标志分为指示组合标志和告示标志两种，指示组合标志中注意儿童标志颜色为荧光黄绿色和黑色，告示标志中注意儿童图案背景颜色为荧光黄绿色。标志式样和其他颜色应符合GB 5768(所有部分)的要求。

5.4 校车停靠站标线

校车停靠站标线的式样应符合GB 5768(所有部分)的要求。

6 专用校车车身外观标识涂装

6.1 涂装方式

专用校车车身外观涂装分为喷漆和贴膜两种，涂装方式见表2。

表2 涂装方式

涂装要素	涂装方式
车身通体底色	喷漆
中文字符“校车”、校车编号、中文字符“核载人数：××人”	喷漆
车身轮廓标识	贴膜(反光材料)
校车标志	贴膜(反光材料)

6.2 喷漆外观

喷漆外观应符合以下要求：

a) 车身通体底色采用GB/T 3181—2008中的Y08(深黄)；

b) 校车编号和中文字符“核载人数：××人”采用黑色；

c) 喷漆漆面应颜色均匀，平整光滑，边缘线没有锯齿，无流挂露底。

6.3 贴膜外观

贴膜应和车身表面贴附粘牢，没有气泡、皱褶、翘角等缺陷。

6.4 材料

6.4.1 喷漆材料

喷漆除颜色外，其他性能应符合GA 523的规定。

6.4.2 校车标志贴膜材料

6.4.2.1 材料及颜色

校车标志采用柔韧性反光膜粘贴，颜色应符合附录B中B.1的要求。

6.4.2.2 反射性能

按11.4.1规定的方法测量校车标志贴膜材料的逆反射系数，应不小于表3的规定值。

表3 校车标志贴膜材料的逆反射系数

观察角	入射角	白色/($cd \cdot lx^{-1} \cdot m^{-2}$)	红色/($cd \cdot lx^{-1} \cdot m^{-2}$)
0.2°	−4°	80	14
	30°	30	6
0.5°	−4°	30	9
	30°	15	3
1.0°	−4°	5	1.8
	30°	2	0.7

6.4.2.3 色度性能

校车标志贴膜材料的色度性能，包括丝网印刷后的颜色，按照11.4.2规定的方法测试，各颜色的色品坐标和总体亮度因数应在表 4 规定的范围内。

表 4　校车标志贴膜材料颜色各角点的色品坐标

颜色	坐标点(x,y)					总体亮度因数 Y 值
		1	2	3	4	
白色	x	0.350	0.300	0.285	0.335	≥0.27
	y	0.360	0.310	0.325	0.375	
红色	x	0.690	0.658	0.569	0.595	0.03～0.10
	y	0.310	0.342	0.341	0.315	

6.4.2.4　其他性能

校车标志贴膜材料其他性能，除图案和尺寸外，应符合 GA 522 的要求。

6.4.3　校车轮廓标识贴膜材料

6.4.3.1　材料及颜色

校车轮廓标识贴膜材料为反光材料，颜色应符合附录 B 中 B.2 的要求。

6.4.3.2　反射性能

正常状态下，校车轮廓标识贴膜材料的反射性能应不低于表 5 的规定值。湿状态的校车轮廓标识贴膜材料在观察角为 0.2°，入射角为－4°时的逆反射系数值不应该低于表 5 的相应规定值的 80%。

表 5　校车轮廓标识贴膜材料的逆反射系数

观察角	入射角	荧光黄绿色/($cd \cdot lx^{-1} \cdot m^{-2}$)
0.2°	－4°	460
	30°	170
0.5°	－4°	200
	30°	92
1.0°	－4°	28
	30°	15

6.4.3.3　色度性能

按 11.4.2 规定的方法测试，反光膜的颜色的色品坐标和总体亮度因数应在表 6 规定的范围内。

表 6　校车轮廓标识贴膜材料颜色各角点的色品坐标

颜色	坐标点(x,y)					总体亮度因数 Y 值
		1	2	3	4	
荧光黄绿	x	0.387	0.369	0.428	0.460	≥50%
	y	0.610	0.546	0.496	0.540	

6.4.3.4　其他性能

校车轮廓标识贴膜材料的其他性能，除图案和尺寸外，应符合 GB/T 18833 中一级反光膜的要求。

7　校车标牌

7.1　材质

校车标牌采用 250 g/m² 的白卡纸。白卡纸的各项性能应符合 QB/T 3523 的要求。

7.2　颜色

校车标牌的黄色和红色采用 GB/T 3181—2008 中的 Y08(深黄)和 R03(大红)。

7.3 印刷

校车标牌的正面和背面印刷套印位置上下允许偏差 1 mm,左右允许偏差 1 mm。印刷无缺色,无透印,版面整洁,无脏、花、糊,无缺笔划。

7.4 签注

校车标牌背面信息由计算机打印或手工签注,应加盖公章。

7.5 塑封

塑封应封接牢固,外观平整,封口均匀,不起泡,不出皱。

7.6 放置

专用校车和非专用校车运送学生时都应放置校车标牌,从车外应能清楚识别。

8 校车停靠预告标志、校车停靠站点标志

8.1 材质

校车停靠预告标志应使用荧光黄绿色反光材料,校车停靠站点标志中指示组合标志的注意儿童标志和告示标志的注意儿童图案背景应使用荧光黄绿色反光材料,其他材料应符合 GB/T 18833 的要求。

8.2 性能

校车停靠预告标志和校车停靠站点标志使用的荧光黄绿色反光材料的颜色应符合附录 B 中 B.2 的要求,反射性能和色度性能应符合 6.4.3.2 和 6.4.3.3 的要求,其他性能应符合 GB/T 18833 中一级反光膜的要求。

8.3 设置

8.3.1 宜在距离校车停靠位置 50 m 和 100 m 处设置校车停靠预告标志。

8.3.2 专用的校车临时停靠位置设置校车停靠站点标志的指示组合标志,与公交车辆或班车等车辆共用的校车停靠位置设置校车停靠站点标志的告示标志。

8.3.3 校车停靠预告标志和校车停靠站点标志的安装应符合 GB 5768(所有部分)的要求。

9 校车停靠站标线

校车停靠站标线的设置应符合 GB 5768(所有部分)的要求。

10 更换

校车标识应保持清晰完整,出现以下情形之一应进行更换:

——信息识别不完整;

——校车标志有明显褪色难以辨认,不符合 6.4.2.1 的要求;

——校车轮廓标识、校车停靠站点标志和校车停靠预告标志的荧光黄绿色有明显褪色,不符合 6.4.3.1和 8.2 中颜色的要求;

——反光材料逆反射系数下降 50%以上。

11 试验方法

11.1 专用校车车身外观标识

11.1.1 颜色

用附录 B 中颜色样板对比观察。

11.1.2 外观

目测。

11.1.3 尺寸

用精度为 1 mm 的长度测量工具测量。

11.2 校车标牌

11.2.1 外观

采用目测法对标志的外观、印刷、颜色和图案进行检查。

11.2.2 尺寸

用精度为 1 mm 的长度测量工具测量。

11.3 校车停靠预告标志和校车停靠站点标志

11.3.1 颜色

用附录 B 中颜色样板对比观察。

11.3.2 尺寸

用精度为 1 mm 的长度测量工具测量。

11.4 反光材料性能

11.4.1 反射性能测试

按 GB/T 18833 规定的方法，对校车轮廓标识、校车停靠预告标志和校车停靠站点标志用反光材料的反射性能进行测试。采用逆反射系数测量仪器和附录 B 的颜色样板对校车轮廓标识、校车停靠预告标志和校车停靠站点标志用反光材料进行对比测量。

11.4.2 色度性能测试

按 JT/T 693 规定的方法，对校车轮廓标识、校车停靠站点标志和校车停靠预告标志用荧光黄绿色反光材料的色度性能进行测试。

附 录 A
（规范性附录）
专用校车车身外观标识涂装图

A.1 专用校车外观标识涂装右侧侧视图

专用校车外观标识涂装右侧侧视图见图 A.1。

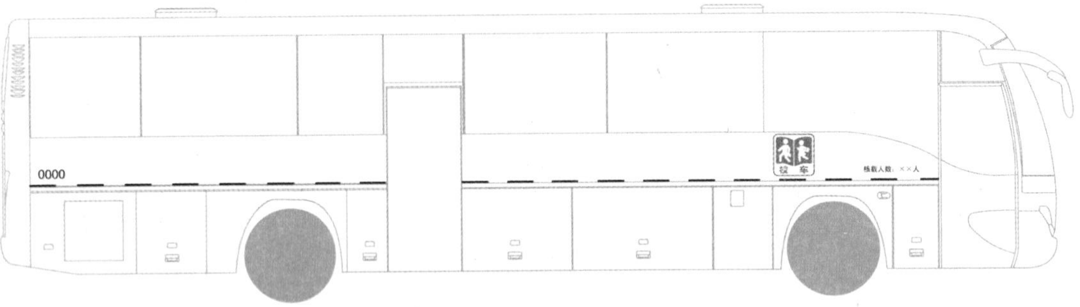

图 A.1 专用校车外观标识涂装右侧侧视图

A.2 专用校车外观标识涂装左侧侧视图

专用校车外观标识涂装左侧侧视图见图 A.2。

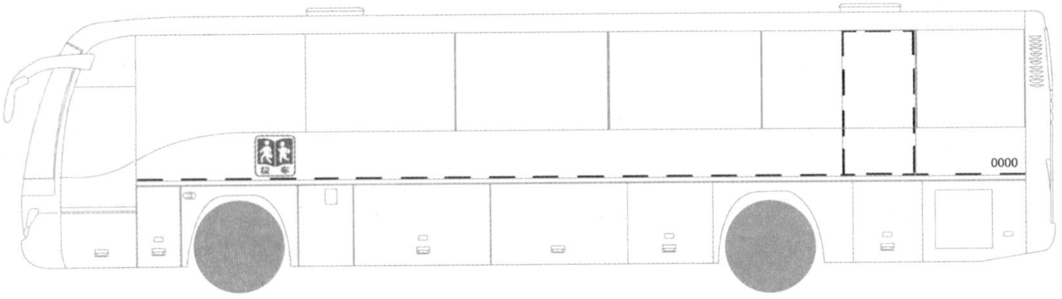

图 A.2 专用校车外观标识涂装左侧侧视图

A.3 专用校车外观标识涂装前视图

专用校车外观标识涂装前视图见图 A.3。

图 A.3 专用校车外观标识涂装前视图

A.4 专用校车外观标识涂装后视图

专用校车外观标识涂装后视图见图 A.4。

图 A.4 专用校车外观标识涂装后视图

附 录 B
（规范性附录）
校车标识用反光材料颜色样板

B.1 校车标志用反光材料颜色样板

校车标志用反光材料颜色样板见图 B.1。

图 B.1 校车标志用反光材料颜色样板

B.2 校车轮廓标识、校车停靠预告标志和校车停靠站点标志用荧光黄绿色反光材料颜色样板

校车轮廓标识、校车停靠预告标志和校车停靠站点标志用荧光黄绿色反光材料颜色样板见图 B.2。

图 B.2 校车轮廓标识、校车停靠预告标志和校车停靠站点标志用荧光黄绿色反光材料颜色样板

ICS 67.080.20
X 26

中华人民共和国国家标准

GB/T 24316—2009

致命鹅膏的物种鉴定

Identification of *Amanita exitialis*

2009-09-30 发布　　2009-12-01 实施

中华人民共和国国家质量监督检验检疫总局
中国国家标准化管理委员会　发布

前　言

本标准的附录 A、附录 C 为资料性附录，附录 B 为规范性附录。

本标准由中华全国供销合作总社提出并归口。

本标准起草单位：广东省微生物分析检测中心。

本标准主要起草人：李泰辉、邓旺秋、宋斌、沈亚恒。

引　　言

致命鹅膏 *Amanita exitialis* Zhu L. Yang & T. H. Li 是华南地区特有的野生剧毒蘑菇种类，不可食用。制定本标准，旨在帮助人们正确识别致命鹅膏，以减少误食中毒事件的发生。

致命鹅膏的物种鉴定

1 范围

本标准规定了致命鹅膏 *Amanita exitialis* Zhu L. Yang & T. H. Li(子实体)的形态学鉴定方法和操作规程。

本标准适用于致命鹅膏 *Amanita exitialis*(子实体)的物种鉴定。

2 术语和定义

下列术语和定义适用于本标准。

2.1

菌环 annulus

某些伞菌菌柄上呈环状的内菌幕残余物。

[GB/T 12728—2006,定义 2.2.45]

2.2

菌托 volva

位于菌柄基部的外菌幕残留物。也称脚苞。

[GB/T 12728—2006,定义 2.2.46]

2.3

菌髓 trama

一些担子菌组成菌盖或产生子实层组织的中心部分。

[GB/T 12728—2006,定义 2.2.49]

2.4

担孢子 basidiospore

在担子上产生的有性孢子。如香菇的担孢子。

[GB/T 12728—2006,定义 2.2.25]

2.5

外菌幕 universal veil

包裹在整个原基或菌蕾外面的膜状物。

[GB/T 12728—2006,定义 2.2.44]

2.6

菇蕾(菌蕾) button

由原基分化的有菌盖和菌柄的幼小子实体。

[GB/T 12728—2006,定义 2.2.14]

2.7

淀粉质 amyloid

与梅氏试剂反应变蓝色的性质。

3 原理

3.1 分类地位

致命鹅膏 *Amanita exitialis* 属真菌界(Fungi)、担子菌门(Basidiomycota)、伞菌纲 (Agaricomycetes)、伞菌目(Agaricales)、鹅膏科(Amanitaceae)、鹅膏属(*Amanita*)。

3.2 **共生植物**

致命鹅膏 *A. exitialis* 的共生植物为壳斗科 Fagaceae 植物，目前发现其与黧蒴栲 *Castanopsis fissa*(又称黧蒴、大叶锥、大叶栎)共生(参见附录 A)。黧蒴栲在我国贵州南部、广西、广东、湖南、福建、江西等省区均有分布。

3.3 **鉴定原理**

根据样品的宏观形态和微观形态特征进行分类鉴定。

4 试剂

4.1 氢氧化钾：分析纯（AR)。

4.2 氢氧化钾溶液(50 g/L)：准确称取氢氧化钾 50 g，加蒸馏水溶解并定容至 1 000 mL。

4.3 碘：分析纯(AR)。

4.4 碘化钾：分析纯(AR)。

4.5 水合三氯乙醛：分析纯(AR)。

4.6 梅氏试剂：准确称取碘 0.5 g、碘化钾 1.5 g 以及水合三氯乙醛 22 g，混合溶于 22 mL 蒸馏水中。

4.7 刚果红：分析纯（AR)。

4.8 刚果红溶液（10 g/L)：准确称取刚果红 10 g，溶于 100 mL 蒸馏水中。

4.9 浸镜油。

5 仪器和设备

5.1 光学显微镜。

5.2 目镜测微尺。

5.3 放大镜。

5.4 盖玻片。

5.5 载玻片。

5.6 刀片。

5.7 镊子。

5.8 刻度尺。

6 致命鹅膏 *Amanita exitialis* 的形态特征(见附录 B)

宏观特征：菌蕾早期是由白色[1A1]外菌幕包被的卵圆形个体。成熟担子果小型至中等，偶大型。菌盖直径 4 cm～9(～15)cm，扁平至平展，有时中央稍下陷，白色[1A1]，但中央常米黄色[2A2，2A3]，光滑，常无菌幕残余，湿时稍沾；菌盖边缘平滑无沟纹。菌肉白色，不变色。菌褶离生，白色[1A1，1A2]，稠密；短菌褶近菌柄端渐窄。菌柄长 7 cm～13(～20)cm，直径 0.5 cm～1.5(～3.5)cm，近圆柱形或向上稍变细，白色[1A1]，光滑或被白色纤毛状鳞片；内部实心至松软，白色，不变色；基部近球形，直径 1 cm～2(3)cm。菌柄基部菌幕残余(菌托)浅杯状，游离托檐高达 1(2)cm，薄，两面白色[1A1]；菌环顶生，白色[1A1]，膜质，宿存，有时在菌盖展开时被撕破消失。

显微特征：菌褶两侧型：中央菌髓宽 30 μm～40 μm，由菌丝(直径 2 μm～6 μm)和椭圆形至梭形的膨大细胞(60 μm～90 μm×12 μm～20 μm)构成，稀见油质菌丝；侧生菌髓中膨大细胞较多至丰富，棒状至近梭形(40 μm～70 μm×10 μm～20 μm)，其间夹杂有丰富的菌丝(直径 2 μm～6 μm)。担子 27 μm～55 μm×10 μm～15 μm，棒状，具 2 小梗，偶具 1 小梗；小梗长 5 μm～7(9)μm；担子基部横隔上无锁状联合。担孢子(9.0)9.5 μm～12.0(14.5)μm×(8.5)9.0 μm～11.5(13.0)μm(**Q**=1.0～1.15，**Q**=1.08)，球形至近球形，稀宽椭圆形，淀粉质，无色，光滑，薄壁；侧生小尖细小。褶缘不育，有大量膨大细胞，近球形至球头短柄状(14 μm～25 μm×13 μm～20 μm)或宽棒状(20 μm～25 μm×12 μm～15 μm)，薄壁，无色，项生，单个或 2 个～3 个连成念珠状。菌盖表皮厚 30 μm～50 μm，其中上层厚 15 μm～30 μm，由近辐射状排列的菌丝组成，菌丝直径 2 μm～5 μm，胶化，无色透明；下层厚 15 μm～30 μm，由近辐射状排列紧密的菌丝组成，菌丝直径 3 μm～8 μm，不胶化，无色透明。菌柄基部托檐内部主要由不规则、紧密排列的菌丝组成，其直径 2 μm～7 μm，无色透明，壁薄或稍厚(厚达 0.5 μm)，其间夹杂的膨大细胞稀少至少量，居间膨大时近梭形(60 μm～120 μm×15 μm～20 μm)，偶尔顶生则为卵形(50 μm～100 μm×35 μm～80 μm)，无色透明，壁薄；托檐外表面的结构与托檐内部的相同，托檐内表面由胶化的菌丝组成，其直径 1 μm～5 μm。菌柄菌髓主要由纵向排列的棒状膨大细胞(200 μm～400 μm×20 μm～35 μm)构成，常单个顶生，其间夹杂的菌丝稀少(在菌髓内部)至较多(在菌柄表面)，直径 2 μm～8 μm。茵环由膨大细胞及稀疏排列的菌丝组成，菌丝丰富至大量，直径 2 μm～7 μm，无色透明，壁薄；其间夹杂的膨大细胞丰富，棒状至宽棒状(30 μm～70 μm×10 μm～25 μm)，无色透明，壁薄，常单个顶生。担子果各部位皆无锁状联合。

7 鉴定

7.1 样品选取

在检验的样品中选取个体成熟、外观比较完整的进行鉴定。

7.2 宏观特征观察

用肉眼或放大镜观察样品的各宏观结构，包括菌盖（大小、形状、颜色、边缘有无絮状物、表面附属物、是否粘或干）、菌肉（用刀片切开观察其颜色、是否有伤变色、厚度等）、菌褶（颜色、密度、宽度、形状、生长方式等）、菌环(颜色、着生位置、质地、脱落难易等)、菌柄（大小、形状、颜色、柄基、表面附属物等)和菌托（颜色、形状)等特征，并做详细记录。颜色采用国际真菌学家通用的“Methuen Handbook of Colour”(即《Methuen 色谱手册》)进行描述。

7.3 显微特征观察

7.3.1 制片：用锋利的刀片将样品组织块切成薄片，其中对菌褶进行横向切片，菌托进行纵向切片，菌环和菌盖表皮则进行径向切片。将薄片置于氢氧化钾溶液（或梅氏液）中复水。然后小心轻按组织块，除去组织块中的空气，盖上盖玻片。

7.3.2 显微观察：在显微镜的明视野下，观察在氢氧化钾溶液中样品的颜色、菌丝和膨大细胞的排列方向。然后，用镊子圆钝的后端轻轻敲击盖玻片，使菌丝和膨大细胞适度分散，进一步观察研究。最后，用刚果红试剂染色，在明视野或相差下观察、记录。从样品的菌褶上切取细小组织块，用梅氏试剂检测其担孢子壁是否为淀粉质。担孢子的大小在梅氏试剂或氢氧化钾溶液中测量，量其侧面观的长度和宽度，担孢子的侧生小尖不记入长度。根据微观结构的大小，可在不同放大倍数的显微镜物镜下观察，在 100 倍物镜观察时需在盖玻片上滴浸镜油。

7.3.3 特征描述：担孢子的长或宽以(a)b～c(d)表示，90%的测量数值落在 b～c 之间，a、d 分别为测量数据中的最小值和最大值；担孢子的长宽比用 Q 表示，而 **Q**(黑体)为多个担孢子长宽比的算术平均值。担孢子的形状术语(如球形、近球形等)严格按 Bas(1969)界定的概念。

7.4 判定

根据样品的宏观特征和显微特征的观察结果，参照致命鹅膏的形态描述，确定样品是否为致命鹅膏 *Amanita exitialis*。

附 录 A
（资料性附录）
致命鹅膏的共生植物

共生植物：壳斗科 Fagaceae 植物，目前已知可与黧蒴栲 *Castanopsis fissa*（Champ.）Rehd. & Wils.（又称黧蒴、大叶锥、大叶栎）共生，见图 A.1。

图 A.1 黧蒴栲 *Castanopsis fissa* 形态图

附 录 B
（规范性附录）
致命鹅膏子实体、担子、担孢子图

致命鹅膏子实体、担子、担孢子见图 B.1。

1,2,3——子实体；
4——担子；
5——担孢子。

图 B.1 致命鹅膏子实体、担子、担孢子图

附 录 C
（资料性附录）
致命鹅膏近似种的分类检索

致命鹅膏 *A. exitialis* 主要特点是担子果小型至中等，白色，菌环顶生至近顶生，菌托牢固，担子具 2 小梗，担孢子球形至近球形，较大，淀粉质，锁状联合缺乏。在我国，致命鹅膏外表酷似欧氏鹅膏 *A. oberwinklerana* Zhu L. Yang & Yoshim. Doi 和黄盖鹅膏白色变种 *A. subjunquillea* var. *alba* Zhu L. Yang。它们均为白色有毒的鹅膏菌种类。它们之间的区别在于：后二者的绝大多数担子具 4 小梗。此外，欧氏鹅膏菌环较低，菌托易破、含有大量膨大细胞，担孢子较小、椭圆形；而黄盖鹅膏白色变种的菌环着生位置较低，孢子明显较小。

参 考 文 献

[1] 卯晓岚. 毒蘑菇识别[M]. 北京:北京科学普及出版社,1987:1-216.

[2] BAS C. Morphology and subdivision of *Amanita* and a monograph of its section *Lepidella* [J]. Persoonia,1969,5:285-579.

[3] KORNERUP A, WANSCHER J H. Methuen Handbook of Colour[M]. London: Eyre Methuen Press,1978.

[4] 胡劲松,陈作红,张志光,等. 我国鹅膏菌新发现种——致命鹅膏(*Amanita exitialis*)的肽类毒素分析[J]. 微生物学报,2003,43(5):642-646.

[5] 龚庆芳,魏宝阳,肖桂林,等. RP-HPLC 法测定鹅膏菌中毒患者体液中的 α-amanitin[J]. 湖南师范大学自然科学学报,2005 (28) 2:67-69.

[6] 杨祝良. 中国真菌志 第二十七卷 鹅膏科[M]. 北京:科学出版社,2005:177-180.

[7] GB/T 12728—2006 食用菌术语

ICS 59.060.10
W 21

中华人民共和国国家标准

GB/T 24317—2009

拉伸羊毛毛条

Stretch wool top

2009-09-30 发布 2009-12-01 实施

中华人民共和国国家质量监督检验检疫总局
中国国家标准化管理委员会 发布

前　言

本标准由中国纤维检验局提出并归口。

本标准起草单位:国家纤维质量监督检验中心、内蒙古鹿王羊绒有限公司。

本标准主要起草人:孔丽萍、梁慧莲、秦言华、张保国、周硕。

拉伸羊毛毛条

1 范围

本标准规定了拉伸羊毛毛条的技术要求、检验方法、检验规则、包装和标志。

本标准适用于拉伸羊毛毛条的品质鉴定。

2 规范性引用文件

下列文件中的条款通过本标准的引用而成为本标准的条款。凡是注日期的引用文件，其随后所有的修改单(不包括勘误的内容)或修订版均不适用于本标准，然而，鼓励根据本标准达成协议的各方研究是否可使用这些文件的最新版本。凡是不注日期的引用文件，其最新版本适用于本标准。

GB/T 6500 羊毛回潮率试验方法 烘箱法

GB/T 6501 羊毛纤维长度试验方法 梳片法

GB/T 8170 数值修约规则与极限数值的表示和判定

GB/T 10685 羊毛纤维直径试验方法 投影显微镜法

GB/T 24443 毛条、洗净毛疵点及重量试验方法

FZ/T 20002 毛纺织品含油脂率的测定

3 术语和定义

下列术语和定义适用于本标准。

3.1

拉伸羊毛毛条 stretch wool top

通过物理拉伸，使羊毛纤维直径减小、长度增加的毛条。

4 要求

4.1 拉伸羊毛毛条的技术要求

4.1.1 拉伸羊毛毛条的物理指标应符合表1规定要求。

表1 拉伸羊毛毛条及其纤维物理指标

规格	等级	物理指标							
		纤维平均直径/μm	直径变异系数/% ≤	纤维平均长度/mm ≥	长度变异系数/% ≤	30 mm及以下短毛率/% ≤	毛条单位长度重量/(g/m)	毛条重量允许偏差/(g/m)	毛条重量不匀率/% ≤
13	1	12.6～13.5	24.0	90.0	44	4.5	20	±1	3.0
	2		24.0	85.0	44	6.5	20	±1	4.0
14	1	13.6～14.5	24.0	90.0	44	4.5	20	±1	3.0
	2		24.0	85.0	44	6.5	20	±1	4.0
15	1	14.6～15.5	24.0	90.0	44	4.5	20	±1	3.0
	2		24.0	85.0	44	6.5	20	±1	4.0

表 1（续）

规格	等级	物理指标							
		纤维平均直径/μm	直径变异系数/% ≤	纤维平均长度/mm ≥	长度变异系数/% ≤	30 mm 及以下短毛率/% ≤	毛条单位长度重量/(g/m)	毛条重量允许偏差/(g/m)	毛条重量不匀率/% ≤
16	1	15.6～16.5	24.0	90.0	44	4.5	20	±1	3.0
	2		24.0	85.0	44	6.5	20	±1	4.0
17	1	16.6～17.5	24.0	90.0	44	4.5	20	±1	3.0
	2		24.0	85.0	44	6.5	20	±1	4.0
18	1	17.6～18.5	24.0	90.0	44	4.5	20	±1	3.0
	2		24.0	85.0	44	6.5	20	±1	4.0
19	1	18.6～19.5	24.0	90.0	44	4.5	20	±1	3.0
	2		24.0	85.0	44	6.5	20	±1	4.0
20	1	19.6～20.5	24.0	90.0	44	4.5	20	±1	3.0
	2		24.0	85.0	44	6.5	20	±1	4.0

4.1.2　拉伸羊毛毛条的外观疵点应符合表 2 规定要求。

表 2　拉伸羊毛毛条外观疵点

规格	等级	纤维平均直径/μm	外观疵点		
			毛粒/(只/g) ≤	毛片/(只/m) ≤	草屑/(只/g) ≤
13	1	12.6～13.5	2.5	0.2	0.3
	2		4.5	0.4	0.5
14	1	13.6～14.5	2.5	0.2	0.3
	2		4.5	0.4	0.5
15	1	14.6～15.5	2.5	0.2	0.3
	2		4.5	0.4	0.5
16	1	15.6～16.5	2.5	0.2	0.3
	2		4.5	0.4	0.5
17	1	16.6～17.5	2.5	0.2	0.3
	2		4.5	0.4	0.5
18	1	17.6～18.5	2.5	0.2	0.3
	2		4.5	0.4	0.5
19	1	18.6～19.5	2.5	0.2	0.3
	2		4.5	0.4	0.5
20	1	19.6～20.5	2.5	0.2	0.3
	2		4.5	0.4	0.5

4.1.3　拉伸羊毛毛条中不允许存在异性纤维。

4.2　拉伸羊毛毛条回潮率

拉伸羊毛毛条公定回潮率为 18.25%，拉伸羊毛毛条回潮率最高限度为 20%。

4.3 拉伸羊毛毛条含油脂率

拉伸羊毛毛条公定含油脂率为0.634%,拉伸羊毛毛条含油脂率最高限度为1%。

5 分等规定

5.1 拉伸羊毛毛条的品质等级,按照物理指标和外观疵点的检验结果,分为一、二两个品等。超出二等品者为等外品。

5.2 纤维平均长度、30 mm及以下短毛率、毛条单位长度重量及其偏差、毛条重量不匀率以及外观疵点(毛粒、毛片、草屑)为定等指标,以其中最低等为该批拉伸羊毛毛条的品等。直径变异系数、长度变异系数为参考指标。

5.3 按照物理指标和外观疵点各性能指标评定等级,最终以检验批中性能最低的等级定为该批产品的等级。

6 采样

采样按GB/T 24443执行。

7 检验方法

7.1 品质检验

7.1.1 纤维长度试验按GB/T 6501执行。

7.1.2 纤维直径试验按GB/T 10685执行。

7.1.3 毛条疵点及重量试验按GB/T 24443执行。

7.1.3.1 毛粒以国毛毛条毛粒毛片样照中支数毛毛粒起点为起点;毛片以国毛毛条毛粒毛片样照中左上侧第二行第二个小毛片为起点。

7.1.3.2 草屑起点为1.5 mm,小于1.5 mm不计,大于等于10 mm,一只算两只。

7.2 公量检验

7.2.1 回潮率试验按GB/T 6500执行。

7.2.2 含油脂率试验按FZ/T 20002执行。

7.2.3 每批拉伸羊毛毛条的公定重量按式(1)计算:

$$m_t = m \times \frac{(100 + R_0) \times (100 - Y)}{(100 + R) \times (100 - Y_0)} \qquad \cdots\cdots(1)$$

式中:

m_t——一批毛条公定重量,单位为千克(kg);

m——一批毛条实际重量,单位为千克(kg);

R_0——公定回潮率,%;

R——实际回潮率,%;

Y_0——公定含油脂率,%;

Y——实际含油脂率,%。

公定重量计算结果按照GB/T 8170修约至0.1 kg。

8 检验规则

8.1 拉伸羊毛毛条的出厂以批为单位,每批系指同一品质、同一工艺、同一原料配方生产的拉伸羊毛毛条。

8.2 供需双方任何一方对检验结果有异议时,均可要求复验。复验时双方可会同抽样,可委托检验机构进行检检,以此检验结果为最终结果。

9 包装和标志

9.1 拉伸羊毛毛条包装以保证其品质不受影响，便于运输、存放为原则。

9.2 每个毛球应用牛皮纸或塑料纸包装，毛包用光面材料打包，防止包装材料或其他纤维混入。

9.3 拉伸羊毛毛条外包装上，注明品名、批号、规格、包号、等级、质量、执行标准、制造厂名、厂址和生产日期。

ICS 65.120
B 46

GB

中华人民共和国国家标准

GB/T 24318—2009

杜马斯燃烧法测定饲料原料中总氮含量及粗蛋白质的计算

Determination of total nitrogen content in animal feeding stuffs by combustion according to the Dumas principle and calculation of the crude protein content

2009-09-30 发布　　2009-12-01 实施

中华人民共和国国家质量监督检验检疫总局
中国国家标准化管理委员会　发布

前言

本标准修改采用国际标准 ISO/FDIS 16634:2005(E)《Cereals, pulses, milled cereal products, oilseeds and animal feeding stuffs—Determination of the total nitrogen content by combustion according to the Dumas principle and calculation of the crude protein content》(英文版)。

本标准根据 ISO/FDIS 16634:2005(E)起草。在附录 A 中列出了本标准的章条编号与 ISO/FDIS 16634:2005(E)的章条编号修改部分的对照一览表。

考虑到我国国情,在采用 ISO/FDIS 16634:2005(E)时,本标准做了一些修改。有关技术性差异已编入正文中并在他们所涉及的条款的页边空白处用垂直单线标识。在附录 B 中给出了这些技术性差异及其原因的一览表以供参考。

为便于使用,本标准根据 GB/T 1.1 的要求,对标准的内容做了下列编辑性及结构性修改:

——“本国际标准”一词改为“本标准”;

——用小数点“.”替换原文中的小数点“,”;

——用中文标点“。”替换原文中的“.”;

——将国际标准中的前言替换为我国标准的前言。

本标准的附录 A、附录 B、附录 C、附录 D、附录 E、附录 F 均为资料性附录。

本标准由全国饲料工业标准化技术委员会提出并归口。

本标准起草单位:中国农业大学动物科技学院、北京中科华星科贸有限公司。

本标准主要起草人:孟庆翔、任丽萍、郭望山、丁健、戴辉、杨云、周振明、郭凯军。

杜马斯燃烧法测定饲料原料中总氮含量及粗蛋白质的计算

1 范围

本标准规定了饲料原料中总氮含量的杜马斯燃烧测定方法。

本标准适用于单一饲料原料中总氮含量的测定和粗蛋白质含量计算，方法的检测限为 0.1 mg。

2 规范性引用文件

下列文件中的条款通过本标准的引用而成为本标准的条款。凡是注日期的引用文件，其随后所有的修改单(不包括勘误的内容)或修订版均不适用于本标准，然而，鼓励根据本标准达成协议的各方研究是否可使用这些文件的最新版本。凡是不注日期的引用文件，其最新版本适用于本标准。

GB/T 14699.1　饲料　采样(GB/T 14699.1—2005,ISO 6497:2002,IDT)

3 术语和定义

下列术语和定义适用于本标准。

3.1

总氮含量　total nitrogen content

样品中氮的质量百分含量。

3.2

粗蛋白质含量　crude protein content

总氮含量乘以一个换算系数(参见附录 D)，以质量百分数表示。

4 原理

在有氧环境下，样品在燃烧管中燃烧加热(约 900 ℃)，所生成的干扰成分被一系列适当的吸收剂去除，样品中含氮物质被定量转化成分子氮后被热导检测器检测。

5 试剂

本标准所用试剂，除特殊说明外，均为分析纯。

不同分析仪器所用试剂有所不同。

5.1 载气

氦气(99.99%)或二氧化碳(99.99%)。

5.2 燃烧气

氧气(99.99%)。

5.3 氧化剂

根据仪器类型进行选择(氧化铜、氧化铝、氧化镁)。

5.4 还原剂

根据仪器类型进行选择(铜、钨)。

5.5 吸附剂

根据仪器类型进行选择(五氧化二磷、固体高氯酸镁、固体碳酸钠)。

5.6 标准物

L-天冬氨酸、EDTA、乙酰苯胺，纯度不低于99%。

6 仪器

6.1 分析天平

感量为0.000 1 g。

6.2 样品粉碎机或研钵

根据样品的特性选择。

6.3 样本筛

孔径0.8 mm～1 mm(不含铁材料制成)。

6.4 锡箔方片、无氮纸或锡囊

锡箔方片、无氮纸，部分仪器采用手工包样，部分仪器采用固体压样器制粒。

采用适用杜马斯仪器的锡囊时，可根据样品量不同选择相应规格和结构的锡囊。

6.5 杜马斯定氮仪

配有热导检测器。

6.6 稳压电源

200 V～250 V。

7 采样和样品制备

7.1 采样

按GB/T 14699.1采样中规定的方法采样。

7.2 样品制备

选取有代表性的饲料样品至少1 000 g，四分法缩减至100 g，磨碎过样本筛(6.3)，装入密闭容器中，避光保存。

8 分析步骤

8.1 校准

开机，根据各自仪器性能和样品特点设置适当的条件，燃烧温度一般为800 ℃～1 200 ℃。待仪器稳定后用天冬氨酸($C_4H_7NO_4$)或谷氨酸($C_5H_9NO_4$)标样做四次重复测定得到日校正因子。杜马斯仪器都带有氮的积分面积绝对氮含量校准曲线。但是，如果日校正因子的偏差大于10%，或是更换了热导检测器，应重新绘制校准曲线(参见附录F)。

用所得到的日校正因子对所测得的数据进行校正。

8.2 测试样品

根据样品含氮量，精密称量固体饲料样品0.1 g～0.3 g，包在杜马斯仪器专用的锡箔方片(或无氮纸)中，待测。

液体样品或水分高于17%的样品，取10 mL或10 g样品于干燥并恒重的瓷坩埚中，准确称量总质量后，于105 ℃～110 ℃干燥1 h以上。直至样品呈固体或半固体状时，再次准确称量总质量并记录。均匀搅拌样品后，取0.2 g～0.5 g包在各自杜马斯仪器适用的锡箔(或无氮纸)中，精密称量，待测。

对于含氮量大于1%的液体样品也可直接准确量取0.3 mL～0.5 mL(准确至0.01 mL)测定。将液体样品注入到称量(去皮重)后的锡囊(内装无氮吸附剂)中，精密称量，待测。

8.3 测定

仪器在测定条件下，按照说明书放入待测物质进行测定。根据仪器及待测物的不同，待测样品将在800 ℃～1 200 ℃的标准化条件下进行定量燃烧。仪器自动将检测信号放大、转换，并将数据传输到外接的微处理器进行处理。

9 结果计算

9.1 总氮含量

9.1.1 直接进样分析样品的总氮含量

仪器自行计算给出结果，以质量百分数表示。

9.1.2 经浓缩和干燥处理后分析样品的总氮含量

结果按式(1)计算：

$$w(\mathrm{N}) = w \times \frac{m_2 - m}{m_1 - m} \qquad \cdots\cdots(1)$$

式中：

$w(\mathrm{N})$——样品中总氮含量，%；

w——仪器显示测试样品的总氮含量，%；

m_2——坩埚＋样品干燥后的质量，单位为克(g)；

m——坩埚的质量，单位为克(g)；

m_1——坩埚＋样品的质量，单位为克(g)。

9.2 粗蛋白质含量

结果按式(2)计算：

$$w(\mathrm{P}) = F \times w(\mathrm{N}) \qquad \cdots\cdots(2)$$

式中：

$w(\mathrm{P})$——样品中粗蛋白质含量，%；

F——蛋白质因子，氮换算为蛋白质的系数(参见附录 D)；

$w(\mathrm{N})$——样品中总氮含量，%。

9.3 结果表示

计算结果表示为三位有效数字。

10 重复性

同一实验室、同一操作者使用同样的仪器、同样的方法、同样的测量物质在较短的时间内所进行的两个独立测量的结果之间的绝对差，5%案例不能大于附录 E 给出的重复性限 r 值。

11 重现性

不同的实验室、不同的操作者使用不同的仪器、同样的方法、同样的测量物质进行的两个独立测量的结果之间的绝对差，5%案例不能大于附录 E 给出的重现性限 R 值。

附　录　A
（资料性附录）
本标准章条编号与 ISO/FDIS 16634:2005(E)章条编号对照

表 A.1　本标准章条编号与 ISO/FDIS 16634:2005(E)章条编号对照

本标准章条编号	对应 ISO/FDIS 16634:2005(E)的章条编号
—	5.1.1、5.1.2
—	5.3
5.3	5.4
—	5.5、5.6
5.4	5.7
5.5	5.8
—	5.9～5.11
5.6	5.12
—	5.13
6.6	—
7.1	7
7.2	8
8	9
—	9.1～9.3
8.1	9.4
8.3	9.5、9.6
9	10
9.1	10.1
9.1.1、9.1.2	10.1.1
9.2	10.1.2
9.3	10.2
—	11、11.1
10	11.2
11	11.3
—	12

附　录　B
（资料性附录）
本标准与 ISO/FDIS 16634:2005(E)技术性差异及原因

表 B.1　本标准与 ISO/FDIS 16634:2005(E)技术性差异及原因

本标准的章条编号	技术性差异	原　因
1	增加了“方法的检测限为 0.1 mg。”	符合我国标准规定
2	删除国际标准 ISO/FDIS 16634:2005(E)中列出的一系列 ISO 国际参考标准，替换为我国现行国家标准	与我国现行的标准接轨
3.2	删除国际标准 ISO/FDIS 16634:2005(E)“注一”“注二”	此内容在附录 D 中有规定
5	删除国际标准 ISO/FDIS 16634:2005(E)中 5.3	我国已不再使用此类吸附剂
	删除国际标准 ISO/FDIS 16634:2005(E)中 5.5、5.6	此两种材料使用很少，不必在标准中描述
	删除国际标准 ISO/FDIS 16634:2005(E)中 5.9～5.11	此为仪器配备耗材，不必安排在标准中
6.4	删除国际标准 ISO/FDIS 16634:2005(E)中的“注 1”“注 2”，并修改了 6.4 的内容	符合我国现有的杜马斯仪器使用需要
6.5	简化国际标准 ISO/FDIS 16634:2005(E)中“杜马斯仪器”的内容	此条属于仪器介绍性内容，而非关键性参数或要求，不宜安排在标准中
6.6	增加了“稳压电源”范围	此为维护仪器安全使用的重要参数，强调需配置稳压电源
7.1	将国际标准 ISO/FDIS 16634:2005(E)中的 ISO 国际标准替换为我国现行国家标准	与我国现行的标准接轨
8～9.3	将两项内容进行了整合，增加了固体和液体样品的不同测定方法和结果计算方法	符合我国标准的语言逻辑习惯，同时增加使用范围
11	删除国际标准 ISO/FDIS 16634:2005(E)中的 11.1；删除国际标准 ISO/FDIS 16634:2005(E)中第 12 章	符合我国标准规定和版式
附录 A	删除国际标准 ISO/FDIS 16634:2005(E)中附录 A，替换为“本标准章条编号与 ISO/FDIS 16634:2005(E)章条编号对照”	符合我国标准规定采用国际标准(GB/T20000.2)要求
附录 B	删除国际标准 ISO/FDIS 16634:2005(E)中附录 B，替换为“本标准与 ISO/FDIS 16634:2005(E)技术性差异及原因”	符合我国标准规定采用国际标准(GB/T 20000.2)要求
附录 C	删除国际标准 ISO/FDIS 16634:2005(E)中附录 C，替换为“杜马斯仪器工作基本流程”	适合我国标准版式
附录 F	增加了附录 F“绘制校准曲线”	符合我国标准规定

附　录　C
（资料性附录）
杜马斯仪器工作基本流程

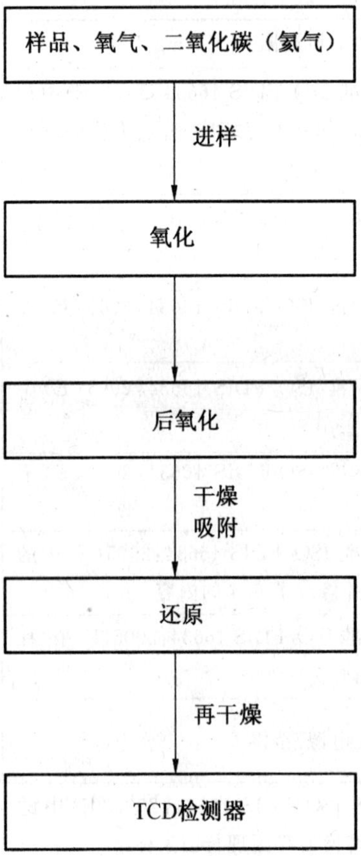

图 C.1　杜马斯仪器工作基本流程

附 录 D
（资料性附录）
蛋白质因子

表 D.1 蛋白质因子

品 种	蛋白质因子[a]		
大麦		5.68	5.83
荞麦		5.53	
椰子肉(未加工)	5.3		5.3
玉米粉	6.25		
棉籽粉(焙炒)	5.3		
亚麻粉		5.41	
粟(未加工)	5.83	5.68	
芥末粉		5.4	
燕麦		5.5	
燕麦（燕麦粉，干碾压燕麦）			5.83
花生粉(干制)	5.46		
油菜籽粉		5.53	
褐米(长颗粒)	5.95		
碎米(人工粉碎、机器碾碎、半熟化)			5.95
糙米或褐米(仅去壳的)			5.95
稻米粉			5.95
黑麦粉		5.64	5.83
红花粉	5.3		
红花种子(干制)	5.3		5.3
芝麻(干制)	5.3		5.3
大豆粉(焙炒)	5.71		
大豆种子粉及其副产品			5.71
向日葵粉	5.3		
向日葵籽(干制)	5.3		5.3
黑小麦		5.76	
硬质红小麦	5.83	5.61	
小麦麸皮		5.26	6.31
小麦糠		5.45	
小麦粉或碾碎的干小麦			5.83

[a] 动物饲料原料蛋白质因子，通常为6.25。

附 录 E
（资料性附录）
重复性限和重现性限

E.1 下列表 E.1～表 E.8 列出了从多个实验室进行实验测定得出的重复性限和重现性限数据。

E.2 缩写词

Mean 样品总氮含量的平均值(%,质量)

S_r 重复性的标准偏差(%,质量)

RSD(r) 重复性的变化系数(%)

r 重复性限(2.8S_r)

S_R 重现性标准偏差(%,质量)

RSD(R) 重现性变化系数(%)

R 重现性限(2.8S_R)

表 E.1 动物饲料——原料

项目	猪日粮	牛饲料	育肥猪饲料	猪饲料	生长猪饲料	雏鸡饲料	玉米大豆混合饲料	火鸡饲料	狗料	蛋白浓缩料	全价日粮	家禽日粮	高 NPN 育肥牛饲料
实验室数	9	10	9	10	9	9	9	10	10	10	30	9	9
实验结果数	9	20	9	20	9	18	9	20	20	20	150	9	9
Mean	1.74	1.87	2.15	2.43	2.51	3.22	3.26	4.18	4.64	6.73	9.05	9.8	13.1
S_r	0.023	0.021	0.022	0.023	0.029	0.027	0.041	0.035	0.03	0.022	0.073	0.043	0.037
RSD(r)	1.296	1.103	1.025	0.927	1.139	0.83	1.256	0.846	0.638	0.333	8.07	4.39	2.82
r	0.063	0.058	0.062	0.064	0.08	0.076	0.115	0.1	0.084	0.063	2.07	1.22	1.05
S_R	0.058	0.039	0.051	0.04	0.066	0.022	0.057	0.043	0.036	0.049	0.097	0.9	0.15
RSD(R)	3.311	2.083	2.257	1.652	2.628	0.694	1.734	1.019	0.765	0.732	10.72	9.18	1.15
R	0.161	0.111	0.142	0.114	0.184	0.063	0.158	0.12	0.1	0.14	2.57	2.55	0.43

表 E.2 动物饲料——粉状饲料

项目	肉骨粉	鱼粉	麸质粉	肉粉	羽毛粉	血粉
实验室数	9	30	10	10	9	9
实验结果数	9	150	20	20	9	9
Mean	8.6	9.2	10.38	13.55	13.67	14.07
S_r	0.38	0.088	0.046	0.05	0.047	0.026
RSD(r)	4.42	0.914	0.444	0.37	0.34	0.186
r	1.08	0.246	0.13	0.142	0.13	0.073
S_R	0.75	0.332	0.1	0.116	0.08	0.112
RSD(R)	8.72	3.609	0.958	0.856	0.583	0.798
R	2.13	0.93	0.282	0.328	0.223	0.314

表 E.3 油籽

项目	芥花籽	芥花籽	大豆	大豆	大豆	大豆粉	大豆粉	大豆粉	大豆粉	大豆粉	大豆粉	大豆粉	向日葵
实验室数	9	9	9	9	9	12	13	13	13	14	14	13	9
实验结果数	18	18	18	18	18	24	26	26	26	28	28	26	18
Mean	3.34	3.73	5.58	6.56	7.91	7.95	7.97	8.01	8.04	8.04	8.04	8.09	2.96
S_r	0.032	0.034	0.087	0.041	0.063	0.024	0.018	0.038	0.026	0.024	0.035	0.024	0.113
RSD(r)	0.945	0.922	1.567	0.726	0.956	0.31	0.23	0.47	0.31	0.29	0.44	0.29	3.81
r	0.088	0.096	0.245	0.115	0.176	0.069	0.051	0.106	0.07	0.066	0.099	0.067	0.315
S_R	0.046	0.08	0.092	0.076	0.094	0.04	0.066	0.04	0.074	0.058	0.072	0.058	0.11
RSD(R)	1.367	2.147	1.655	1.346	1.427	0.51	0.83	0.5	0.93	0.72	0.9	0.7	3.704
R	0.128	0.224	0.258	0.213	0.262	0.112	0.186	0.112	0.2	0.162	0.202	0.16	0.307

表 E.4 油籽粉

项目	向日葵粉	向日葵粉	油菜粉	棉籽粉	大豆粉	芥花籽粉	大豆粉	大豆粉	大豆粉	花生粉
实验室数	23	24	10	24	24	23	9	10	24	24
实验结果数	45	47	20	92	47	45	9	20	91	91
Mean	3.32	3.34	5.41	6.62	7.13	7.21	7.3	7.42	7.86	8.25
S_r	0.05	0.04	0.52	0.06	0.04	0.03	0.039	0.071	0.05	0.03
RSD(r)	1.506	1.198	0.961	0.906	0.561	0.416	0.54	0.953	0.635	0.364
r	0.14	0.112	0.147	0.168	0.112	0.084	0.11	0.2	0.14	0.084
S_R	0.06	0.11	0.07	0.07	0.08	0.04	0.075	0.088	0.06	0.07
RSD(R)	1.807	3.923	1.297	1.057	1.122	0.555	1.031	1.182	0.761	0.848
R	0.168	0.308	0.199	0.196	0.224	0.112	0.211	0.248	0.168	0.196

表 E.5 谷物及小麦粉

项目	高粱	玉米	玉米	小麦	小麦粉	小麦粉	小麦粉	小麦	小麦	小麦粉	小麦
实验室数	9	9	9	10	17	17	17	9	9	17	9
实验结果数	18	18	18	20	85	85	85	18	18	85	18
Mean	1.42	1.43	1.46	1.78	1.95	2.14	2.23	2.33	2.37	2.76	3.05
S_r	0.037	0.016	0.051	0.024	0.007	0.011	0.011	0.037	0.03	0.016	0.025
RSD(r)	2.586	1.117	3.513	1.324	0.368	0.49	0.485	1.581	1.257	0.584	0.806
r	0.104	0.045	0.143	0.067	0.02	0.031	0.031	0.104	0.084	0.045	0.07
S_R	0.04	0.042	0.053	0.033	0.04	0.037	0.036	0.047	0.039	0.035	0.054
RSD(R)	2.811	2.905	3.622	1.838	2.03	1.743	1.621	2.035	1.629	1.272	1.785
R	0.112	0.118	0.148	0.092	0.112	0.104	0.101	0.132	0.109	0.096	0.151

表 E.6 大麦

项目	大麦	大麦	大麦	大麦	大麦	大麦	大麦	大麦	大麦	大麦	大麦	大麦	大麦
实验室数	21	21	21	15	21	21	15	21	21	21	15	15	9
实验结果数	42	42	42	30	42	42	30	42	42	42	30	30	18
Mean	1.71	1.24	1.28	1.3	1.34	1.51	1.52	1.57	1.61	1.71	1.77	1.85	2.05
S_r	0.008	0.013	0.012	0.016	0.006	0.01	0.018	0.013	0.013	0.011	0.022	0.024	0.043
RSD(r)	0.681	1.045	0.094	1.231	0.447	0.664	1.184	0.829	0.808	0.644	1.246	1.297	2.015
r	0.022	0.036	0.034	0.045	0.017	0.028	0.05	0.036	0.036	0.031	0.062	0.067	0.116
S_R	0.024	0.025	0.023	0.037	0.03	0.029	0.033	0.025	0.024	0.021	0.049	0.049	0.063
RSD(R)	2.044	2.011	1.801	2.846	2.235	1.926	2.171	1.594	1.493	1.23	2.776	2.649	3.068
R	0.067	0.07	0.064	0.104	0.084	0.081	0.092	0.07	0.067	0.059	0.137	0.137	0.176

表 E.7 麦芽

项目	麦芽	麦芽	麦芽	麦芽	麦芽	麦芽	麦芽	麦芽	麦芽	麦芽	麦芽	麦芽
实验室数	16	17	21	21	20	21	21	16	17	21	21	21
实验结果数	32	34	42	42	40	42	42	32	34	42	42	42
Mean	1.23	1.43	1.46	1.46	1.63	1.63	1.71	1.77	1.86	1.9	1.95	2.03
S_r	0.012	0.026	0.008	0.012	0.01	0.015	0.012	0.027	0.035	0.012	0.021	0.013
RSD(r)	0.975	1.825	0.55	0.823	0.614	0.92	0.703	1.52	1.882	0.623	1.075	0.642
r	0.034	0.073	0.022	0.034	0.028	0.042	0.034	0.076	0.098	0.034	0.059	0.036
S_R	0.033	0.048	0.024	0.025	0.02	0.021	0.019	0.039	0.044	0.022	0.03	0.024
RSD(R)	2.681	3.368	1.649	1.715	1.228	1.268	1.113	2.21	2.366	1.159	1.536	1.185
R	0.092	0.134	0.067	0.07	0.056	0.059	0.053	0.109	0.123	0.062	0.084	0.067

表 E.8 豆类

项目	蚕豆	干豆	干豆	干豆
实验室数	10	9	10	9
实验结果数	20	18	20	18
Mean	4.41	3.27	3.48	4.36
S_r	0.064	0.007	0.025	0.039
RSD(r)	1.445	0.21	0.714	0.883
r	0.178	0.019	0.07	0.108
S_R	0.089	0.065	0.04	0.083
RSD(R)	2.02	1.994	1.158	1.897
R	0.249	0.183	0.114	0.232

附 录 F
（资料性附录）
绘制标准曲线

当仪器需要更换热导检测器或发生其他重大变化时，应重新做仪器校准曲线。

在仪器适当的条件下，以天冬氨酸为标样，称取23个样品为一个系列，分别为1,2,3,4,7,10,15,20,25,30,50,75,100,125,150,175,200,250,300,350,450,550和650 mg，分别测定总氮量。以峰面积（Y轴）和对应的总氮量（X轴）作图（$n=23$）。结果表明，在1 mg～650 mg绝对氮范围内，有很好的线性关系，见图F.1。

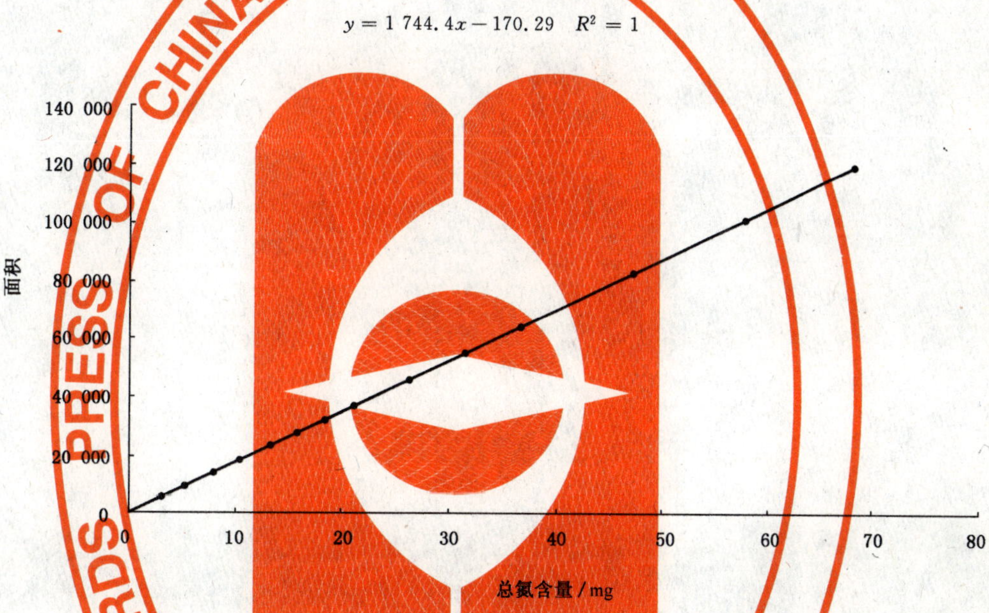

图 F.1 标准曲线

ICS 71.120.10;21.140
G 91

中华人民共和国国家标准

GB/T 24319—2009

釜用高压机械密封技术条件

Technical conditions of cauldron-using mechanical seal for high pressure

2009-09-30 发布　　2010-01-01 实施

中华人民共和国国家质量监督检验检疫总局
中国国家标准化管理委员会 发布

前　言

本标准由中国石油和化学工业协会提出。

本标准由化学工业专用密封标准化技术委员会归口。

本标准起草单位:昆山市釜用机械密封件厂、上海森松压力容器有限公司、浙江长城减速机有限公司、温州市机械基础件公司、北京化工大学。

本标准主要起草人:吴建明、王黎明、张斐、虞培清、李建中、梁东。

本标准为首次制定。

釜用高压机械密封技术条件

1 范围

本标准规定了釜用高压机械密封的结构类型、要求、标记与包装、成套供应和验收规则等。

本标准适用于碳钢、不锈钢制造的釜用立式搅拌轴高压机械密封。其工作参数：釜内压力为6.3 MPa～10 MPa(表压)；釜内温度不大于350 ℃；搅拌轴径30 mm～220 mm；线速度不大于3 m/s。

2 规范性引用文件

下列文件中的条款通过本标准的引用而成为本标准的条款。凡是注日期的引用文件，其随后所有的修改单(不包括勘误的内容)或修订版均不适用于本标准，然而，鼓励根据本标准达成协议的各方研究是否可使用这些文件的最新版本。凡是不注日期的引用文件，其最新版本适用于本标准。

GB/T 1184—1996 形状和位置公差 未注公差值(eqv ISO 2768-2:1989)

GB/T 1239.2—2009 冷卷圆柱螺旋弹簧技术条件 第2部分：压缩弹簧

GB/T 1804—2000 一般公差 未注公差的线性和角度尺寸的公差(eqv ISO 2768-1:1989)

HG/T 2098 釜用机械密封系列及主要参数

HG/T 2099—2003 釜用机械密封试验规范

HG/T 2122—2003 釜用机械密封辅助装置

JB 4726 压力容器用碳素钢和低合金钢锻件

JB 4728 压力容器用不锈钢锻件

JB/T 7369 机械密封端面平面度检验方法

3 结构类型

3.1 釜用高压机械密封应根据工况选用双端面或多端面结构，大气侧均应采用平衡型结构。

3.2 釜用高压机械密封可作为搅拌轴支点，如不作支点考虑搅拌轴定位轴承部位应尽量靠近机械密封端面。定位轴承、短轴、轴套、机械密封、冷却水套等组合成“反应釜搅拌密封装置”。

4 要求

4.1 材料

釜用高压机械密封材料种类应符合HG/T 2098的规定。摩擦副材料应选用碳化钨、碳化硅、高强度石墨等。旋转环、静止环、辅助密封圈、弹簧使用的材料应有质量证明书。机械密封的密封液选择必须考虑与工艺的相容性。

4.2 制造

4.2.1 密封腔体等承压锻件应按JB 4726、JB 4728相应规定进行加工，并有检验报告。

4.2.2 旋转环、静止环、静环座应采取消除加工应力措施。

4.2.3 旋转环、静止环密封端面不应有划伤、气孔、凹陷等影响密封性能的缺陷，密封端面平面度按JB/T 7369进行检测，平面度不大于0.9 μm，粗糙度 $Ra \leqslant 0.20$ μm。

4.2.4 旋转环、静止环密封圈接触端面与密封端面的平行度公差按GB/T 1184—1996附录B表B.3的5级公差规定。

4.2.5 密封腔体托装静止环平面部位进行研磨，用红丹粉涂色检查，其贴合率应大于80%。

4.2.6 旋转环、静止环与辅助密封圈接触部位的表面粗糙度 $Ra \leqslant 1.6$ μm，外圆或内孔尺寸公差分别为 h8 或 H8。

4.2.7 旋转环密封端面与旋转环辅助密封圈接触的内孔垂直度及静止环密封端面与静止环辅助密封圈接触的外圆垂直度按 GB/T 1184—1996 附录 B 表 B.3 的 6 级公差规定。

4.2.8 弹簧内径、外径、自由高度、工作压力、弹簧中心线与两端面垂直度等公差值均按 GB/T 1239.2—2009 的二级精度规定。

4.2.9 未注公差尺寸的极限偏差按 GB/T 1804—2000 的 f 级公差规定。

4.3 泄漏量

4.3.1 隔离流体为油品时，泄漏量规定为：轴径不大于 80 mm 时，泄漏量不大于 5 mL/h；轴径大于 80 mm时，泄漏量不大于 8 mL/h。泄漏量测定方法按照 HG/T 2099—2003 附录 B 的 B.1.2 或 B.2.2 规定进行。

4.3.2 工作介质为有毒、易燃、易爆的气体时，其泄漏量参照有关的安全规定。

4.4 试验及其方法

4.4.1 釜用高压机械密封产品出厂前必须先进行气密性试验，试验压力为最高工作压力，保压时间不小于 15 min，压力降应小于 10%工作压力。气密性试验合格后再进行静压试验及运转试验，泄漏量的规定按 4.3 要求。

4.4.2 静压试验介质为油，试验压力为设计压力的 1.25 倍，保压时间不小于 15 min，然后将试验压力缓慢降低至最高工作压力，并保压 6 h。

4.4.3 运转试验压力为最高工作压力，运转试验时间由使用单位与制造单位协商确定。

4.4.4 运转试验记录应包括的主要内容：密封型号、规格、试验及安装情况，试验时隔离流体进出口温度及流量、密封泄漏量、轴承温度等。

4.5 安装使用

4.5.1 安装釜用高压机械密封部位的轴（或轴套）时，碳钢或不锈钢材料的搅拌轴（或轴套）的外径尺寸公差为 h6，表面粗糙度 $Ra \leqslant 1.6\ \mu m$。

4.5.2 釜用高压机械密封为“反应釜搅拌密封装置”结构时，其技术要求见图 1 及表 1。

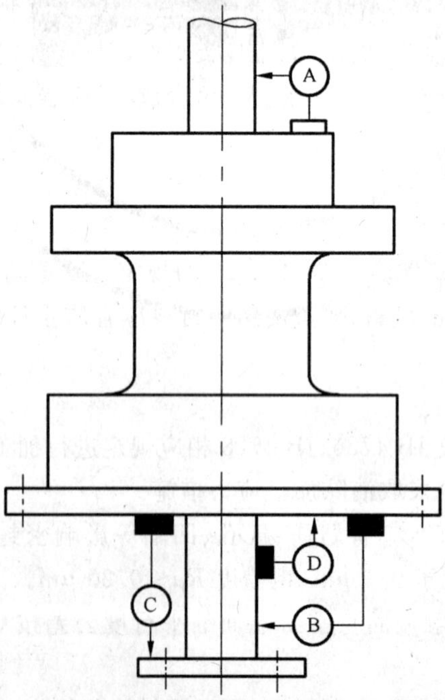

图 1

表 1

单位为毫米

项　目	测定部位	搅拌轴径				
		≤60	>60～<80	≥80～<100	≥100～<140	≥140～≤220
径向摆动量	A	0.08	0.08	0.10	0.15	0.20
径向摆动量	B	0.20	0.20	0.25	0.30	0.30
轴向窜动量	C	±0.10	±0.10	±0.10	±0.15	±0.2
垂直度	D	0.05	0.08	0.08	0.10	0.10

4.5.3　釜用高压机械密封工作时，应按 HG/T 2122—2003 的规定配置辅助系统，其隔离流体压力应高于釜内工作压力 0.25 MPa～0.5 MPa，隔离流体应循环冷却，其流量不小于 15 L/min。

4.5.4　釜内介质温度高于 80 ℃时，必须采用相应冷却措施，隔离流体进出口温度差应不大于 30 ℃。

4.5.5　在安装使用正确的情况下，工作介质为中性或弱腐蚀性气体或液体时，机械密封的使用期一般为 8 000 h；工作介质为较强腐蚀性或挥发性气体时，机械密封的使用期一般为 4 000 h。特殊情况不受此限。

5　标记与包装

5.1　包装箱上应标明产品型号、代号、出厂日期、制造厂名称、产品生产许可证编号等。

5.2　包装箱内附有产品合格证及试验记录。

5.3　制造厂应提供产品安装使用说明书。

6　成套供应和验收规则

6.1　制造厂根据用户要求，成套供应或零件供应。

6.2　用户有权按本标准规定对交货产品进行抽样检验。

ICS 85.040
Y 31

GB

中华人民共和国国家标准

GB/T 24320—2009

STANDARDS PRESS OF CHINA

回用纤维浆

Recycled fiber pulp

2009-09-30 发布　　2010-02-01 实施

中华人民共和国国家质量监督检验检疫总局
中国国家标准化管理委员会　发布

前言

本标准由中国轻工业联合会提出。

本标准由全国造纸工业标准化技术委员会归口。

本标准起草单位:广州造纸股份有限公司、宁波海山纸业有限公司、山东华泰纸业股份有限公司、中国制浆造纸研究院。

本标准主要起草人:张清文、张凤山。

回 用 纤 维 浆

1 范围

本标准规定了回用纤维浆的术语和定义、产品分类、技术要求、试验方法、检验规则及标志、包装、运输、贮存。

本标准适用于回用纤维浆。

2 规范性引用文件

下列文件中的条款通过本标准的引用而成为本标准的条款。凡是注日期的引用文件，其随后所有的修改单(不包括勘误的内容)或修订版均不适用于本标准，然而，鼓励根据本标准达成协议的各方研究是否可使用这些文件的最新版本。凡是不注日期的引用文件，其最新版本适用于本标准。

GB/T 462　纸、纸板和纸浆　分析试样水分的测定(GB/T 462—2008;ISO 287:1985,MOD;ISO 638:1978,MOD)

GB/T 740　纸浆　试样的采取(GB/T 740—2003,ISO 7213:1981,IDT)

GB/T 742　造纸原料、纸浆、纸和纸板　灰分的测定(GB/T 742—2008,ISO 2144:1997,MOD)

GB/T 2828.1　计数抽样检验程序　第1部分:按接收质量限(AQL)检索的逐批检验抽样计划(GB/T 2828.1—2003,ISO 2859-1:1999,IDT)

GB/T 7974　纸、纸板和纸浆亮度(白度)的测定　漫射/垂直法(GB/T 7974—2002,neq ISO 2470:1999)

GB/T 8940.2　纸浆亮度(白度)试样的制备(GB/T 8940.2—2002,eqv ISO 3688:1999)

GB/T 10739　纸、纸板和纸浆试样处理和试验的标准大气条件(GB/T 10739—2002,eqv ISO 187:1990)

GB/T 10740　纸浆尘埃和纤维束的测定(GB/T 10740—2002,eqv ISO 5350:1998)

GB/T 20216　有效残余油墨的测定

GB/T 21557　废纸中胶粘物的测定(GB/T 21557—2008;ISO 15360-1:2000,MOD;ISO 15360-2:2001,MOD)

GB/T 24323　纸浆　实验室纸页　物理性能的测定(GB/T 24323—2009,ISO 5270:1998,MOD)

GB/T 24324　纸浆　物理试验用实验室纸页的制备　常规纸页成型器法(GB/T 24324—2009,ISO 5269-1:2005,MOD)

QB/T 1462　纸浆实验室的湿解离(QB/T 1462—1992,eqv ISO 5263:1979)

3 术语和定义

下列术语和定义适用于本标准。

3.1

回用纤维浆　waste paper pulp

利用废纸加工而成的纸浆。

3.2

脱墨废纸浆　deinking pulp

使用机械和化学相结合的处理方法，除去废纸上的油墨而得到的回用纤维浆。

3.3

非脱墨废纸浆　non-deinking pulp

未经过脱墨、漂白处理的回用纤维浆。

3.4

脱墨废纸机械浆　deinking mechanical pulp

机械浆含量80%以上的脱墨废纸浆。

3.5

白色废纸浆　white waste paper pulp

机械浆含量在20%以下，并经漂白处理的回用纤维浆。

4　产品分类

回用纤维浆产品分为非脱墨废纸浆、脱墨废纸机械浆、白色废纸浆。

5　技术要求

回用纤维浆的技术指标应符合表1或订货合同的规定。

表1

指标名称		单　位	规　定		
			非脱墨废纸浆	脱墨废纸机械浆	白色废纸浆
机械强度					
抗张指数	≥	N·m/g	32.0	36.0	40.0
耐破指数	≥	kPa·m^2/g	2.00	2.20	2.80
撕裂指数	≥	mN·m^2/g	3.60	4.20	4.80
亮度	≥	%	—	52.0	70.0
胶粘物	≤	mm^2/kg	300	100	80
有效残余油墨浓度	≤	—	—	350	200
尘埃度					
0.3 mm^2～1.0 mm^2	≤	mm^2/kg	1 600	200	100
>1.0 mm^2～5.0 mm^2	≤	mm^2/kg	80	20	10
>5.0 mm^2		mm^2/kg	不应有	不应有	不应有
灰分	≤	%	15	12	8
交货水分		%	≤20.0		

6　试验方法

6.1　试样的采取按GB/T 740进行，试样处理和试验的标准大气按GB/T 10739进行。

6.2　纸浆按QB/T 1462疏解后，按GB/T 24324制备纸页，抗张指数、耐破指数、撕裂指数按GB/T 24323进行测定。

6.3　纸浆亮度试样的制备按GB/T 8940.2进行，按GB/T 7974测定。

6.4　胶粘物按GB/T 21557测定。

6.5　有效残余油墨浓度按GB/T 20216测定。

6.6　尘埃度按GB/T 10740测定。

6.7　灰分按GB/T 742测定，灼烧温度575 ℃。

6.8　交货水分按GB/T 462测定。

7 检验规则

7.1 以一次交货数量为一批，每批应不超过 50 t。

7.2 产品交收检验抽样应按 GB/T 2828.1 的规定进行，样本单位为包(件)。接收质量限(AQL)：机械强度、胶粘物、有效残余油墨浓度、灰分为 4.0；交货水分、亮度、尘埃度、外观质量为 6.5。采用正常检验二次抽样，检验水平为特殊检验水平 S-2，其抽样方案见表 2。

表 2

批量/件或卷	正常检验二次抽样方案　特殊检查水平 S-2				
	样本量	AQL 值为 4.0		AQL 值为 6.5	
		Ac	Re	Ac	Re
2～150	2	—	—	0	1
	3	0	1	—	—
151～500	3	0	1	—	—
	5	—	—	0	2
	5(10)	—	—	1	2

7.3 可接收性的确定：第一次检验的样品数量应等于该方案给出的第一样本量。如果第一样本中发现的不合格品数量小于或等于第一接收数，应认为该批是可接收的；如果第一样本中发现的不合格品数大于或等于第一拒收数，应认为该批是不可接收的。如果第一样本中发现的不合格品数介于第一接收数与第一拒收数之间，应检验由方案给出的样本量的第二样本并累计在的样本和第二样本中发现的不合格品数。如果不合格品数累计数小于或等于第二接收数，则判定该批是可接收的；如果不合格品累计数大于或等于第二拒收数，则判定该批是不可接收的。

7.4 需方若对产品质量有异议，应将该批产品封存并在到货后三个月内(或按合同规定)通知供方，由供需双方共同对该批产品进行抽样检验。如不符合本标准或订货合同规定，则判批不合格，由供方负责处理；如符合本标准或订货合同规定，则判为批合格，由需方负责处理。

8 标志、包装、运输、贮存

8.1 回用纤维浆包装为平板浆包，每批应不超过 50 t。

8.2 每件浆包用 150 g/m² ～200 g/m² 的包装纸或同类浆板二层进行包装，并用不小于 12 号的铁丝按“井”字形捆紧。

8.3 每件浆包表面应明显标出产品名称、商标、编号、毛重、销售质量、生产日期、生产企业名称等内容。

8.4 运输时应使用有篷而洁净的运输工具，也可用无篷车厢运输，但应用苫布遮盖。

8.5 浆包应妥善保管，严防雨、雪和地面湿气的影响。

ICS 85.040
Y 31

GB

中华人民共和国国家标准

GB/T 24321—2009

未漂白硫酸盐针叶木浆

Unbleached sulphate softwood pulp

2009-09-30 发布

2010-02-01 实施

中华人民共和国国家质量监督检验检疫总局
中国国家标准化管理委员会 发布

前 言

本标准在原轻工行业标准 QB/T 1679—1993《未漂白硫酸盐针叶木浆》的基础上制定。

本标准由中国轻工业联合会提出。

本标准由全国造纸工业标准化技术委员会(SAC/TC 141)归口。

本标准起草单位:福建省南纸股份有限公司、中国制浆造纸研究院、国家纸张质量监督检验中心。

本标准主要起草人:郑飞、林守辉、徐靖。

未漂白硫酸盐针叶木浆

1 范围

本标准规定了未漂白硫酸盐针叶木浆的产品分类、技术要求、试验方法、检验规则和标志、包装、运输、贮存。

本标准适用于供制造纸管原纸、塑料衬纸、牛皮纸、箱纸板、包装纸和纸板用的未漂白硫酸盐针叶木浆。

2 规范性引用文件

下列文件中的条款通过本标准的引用而成为本标准的条款。凡是注日期的引用文件，其随后所有的修改单(不包括勘误的内容)或修订版均不适用于本标准，然而，鼓励根据本标准达成协议的各方研究是否可使用这些文件的最新版本。凡是不注日期的引用文件，其最新版本适用于本标准。

GB/T 451.1 纸和纸板尺寸及偏斜度的测定

GB/T 462 纸、纸板和纸浆 分析试样水分的测定(GB/T 462—2008;ISO 287:1985,MOD;ISO 638:1978,MOD)

GB/T 740 纸浆 试样的采取(GB/T 740—2003,ISO 7213:1981,IDT)

GB/T 1546 纸浆 卡伯值的测定(GB/T 1546—2004,ISO 302:1981,MOD)

GB/T 2828.1 计数抽样检验程序 第1部分:按接收质量限(AQL)检索的逐批检验抽样计划(GB/T 2828.1—2003,ISO 2859-1:1999,IDT)

GB/T 10739 纸、纸板和纸浆试样处理和试验的标准大气条件(GB/T 10739—2002,eqv ISO 187:1990)

GB/T 10740 纸浆尘埃和纤维束的测定(GB/T 10740—2002,eqv ISO 5350:1998)

GB/T 24323 纸浆 实验室纸页 物理性能的测定(GB/T 24323—2009,ISO 5270:1998,MOD)

GB/T 24324 纸浆 物理试验用实验室纸页的制备 常规纸页成型器法(GB/T 24324—2009,ISO 5269-1:2005,MOD)

GB/T 24325 纸浆 实验室打浆 瓦利(Valley)打浆机法(GB/T 24325—2009,ISO 5264-1:1979,MOD)

3 产品分类

未漂白硫酸盐针叶木浆按质量分为一等品和合格品。

4 技术要求

4.1 未漂白硫酸盐针叶木浆的技术要求应符合表1或合同的规定。

表 1

指标名称	单位	规定	
		一等品	合格品
机械强度 在打浆度为45°SR,抄片定量为60 g/m² 时:			
抗张指数 ≥	N·m/g	70.0	65.0
耐破指数 ≥	kPa·m²/g	5.50	5.00
撕裂指数 ≥	mN·m²/g	10.0	9.50

表 1（续）

指标名称		单位	规定	
			一等品	合格品
卡伯值		—	30.0±5.0	30.0±8.0
尘埃度 1.0 mm²～5.0 mm² 的杂质 >5.0 mm² 的杂质 1.5 mm²～5.0 mm² 的纤维束 >5.0 mm² 的纤维束	 ≤ ≤ 	mm²/kg	 1 200 不应有 7 000 不应有	 1 500 不许有 9 000 不许有
交货水分	≤	%	20.0	

4.2 未漂白硫酸盐针叶木浆为平板浆板，浆板尺寸为 720 mm×880 mm、600 mm×800 mm。

4.3 同批浆板的色泽应基本一致。

5 试验方法

5.1 浆板尺寸按 GB/T 451.1 进行测定。

5.2 纸浆试样的采取、试样的处理及测定应按 GB/T 740 和 GB/T 10739 的规定进行。

5.3 纸浆卡伯值按 GB/T 1546 进行测定。

5.4 试样的打浆按 GB/T 24325 进行。

5.5 纸页制备按 GB/T 24324 进行。

5.6 纸页物理性能的测定按 GB/T 24323 进行测定。

5.7 尘埃度按 GB/T 10740 进行测定。

5.8 交货水分按 GB/T 462 进行测定。

6 检验规则

6.1 生产厂应保证生产的产品符合本标准或合同的规定，每件纸浆交货时应附产品合格证。

6.2 以一次交货同一规格产品为一批，检查批的单位产品以件计。产品交收检验抽样按 GB/T 2828.1 进行，接收质量限(AQL)：机械强度、尘埃度为 4.0，卡伯值、交货水分、尺寸为 6.5。采用正常检测二次抽样，检验水平为特殊检验水平 S-3，其抽样方案见表 2。

表 2

批量/件	正常检验二次抽样方案　特殊检验水平 S-3				
	样本量	AQL 值为 4.0		AQL 值为 6.5	
		Ac	Re	Ac	Re
2～50	2	—	—	0	1
	3	0	1	—	—
51～150	3	0	1	—	—
	5	—	—	0	2
	5(10)	—	—	1	2
151～500	8	0	2	—	—
	8(16)	1	2	—	—
	5	—	—	0	2
	5(10)	—	—	1	2

表 2（续）

批量/件	正常检验二次抽样方案　特殊检验水平 S-3				
	样本量	AQL 值为 4.0		AQL 值为 6.5	
		Ac	Re	Ac	Re
501～3 200	8	0	2	0	3
	8(16)	1	2	3	4

6.3　在抽样检验时，应先检查样本外部包装情况，然后从中采取试样进行检验。

6.4　纸浆的机械强度、尘埃度用所抽样本的混合试样进行测定，若不合格可进行再次测定，如仍不合格，则判为批不合格。

6.5　需方有权按本标准或合同的规定检验产品，如需方对产品质量有异议应在到货后的一个月内通知供方共同复检，复检结果如仍不符合本标准或合同的规定则判为批不合格，由供方负责处理；若复检结果符合本标准或合同的规定则判为批合格，由需方负责处理。

7　标志、包装、运输、贮存

7.1　每件木浆表面应明显标出产品名称、商标、编号、销售质量、毛重、等级、检验员、生产日期、生产企业名称等，以示识别。

7.2　未漂白硫酸盐针叶木浆包装为平板浆包。

7.3　每件木浆应进行外包装，确保外观整洁。

7.4　浆包在运输过程中，应使用有篷且清洁的运输工具。

7.5　在搬运和堆垛时，不应将浆包从高处扔下。

7.6　浆包应妥善保管，严防雨、雪和地面湿气的影响。

ICS 85.040
Y 31

中华人民共和国国家标准

GB/T 24322—2009

漂白硫酸盐竹浆

Bleached sulphate bamboo pulp

2009-09-30 发布 2010-02-01 实施

中华人民共和国国家质量监督检验检疫总局
中国国家标准化管理委员会 发布

前言

本标准在原轻工行业标准 QB/T 2608—2003《漂白硫酸盐竹浆》的基础上制定。

本标准由中国轻工业联合会提出。

本标准由全国造纸工业标准化技术委员会归口。

本标准起草单位：玖龙浆纸(乐山)有限公司、中国制浆造纸研究院。

本标准主要起草人：朱晓红、田华、王建华。

漂白硫酸盐竹浆

1 范围

本标准规定了漂白硫酸盐竹浆的产品分类、技术要求、试验方法、检验规则和标志、包装、运输、贮存。

本标准适用于制造各种文化、印刷、生活等纸和纸板的漂白硫酸盐竹浆。

2 规范性引用文件

下列文件中的条款通过本标准的引用而成为本标准的条款。凡是注日期的引用文件，其随后所有的修改单(不包括勘误的内容)或修订版均不适用于本标准，然而，鼓励根据本标准达成协议的各方研究是否可使用这些文件的最新版本。凡是不注日期的引用文件，其最新版本适用于本标准。

GB/T 740 纸浆 试样的采取(GB/T 740—2003,ISO 7213:1981,IDT)

GB/T 742 造纸原料、纸浆、纸和纸板 灰分的测定(GB/T 742—2008,ISO 2144:1997,MOD)

GB/T 1548 纸浆 粘度的测定(GB/T 1548—2004,ISO 5351-1:1981,MOD)

GB/T 2828.1 计数抽样检验程序 第1部分:按接收质量限(AQL)检索的逐批检验抽样计划(GB/T 2828.1—2003,ISO 2859-1:1999,IDT)

GB/T 3332 浆料 打浆度的测定(肖伯尔-瑞格勒法)(GB/T 3332—2004,ISO 5267-1:1999,MOD)

GB/T 7974 纸、纸板和纸浆亮度(白度)测定 漫射/垂直法(GB/T 7974—2002,neq ISO 2470:1999)

GB/T 8940.2 纸浆亮度(白度)试样的制备(GB/T 8940.2—2002,eqv ISO 3688:1999)

GB/T 8944.1 纸浆 成批销售质量的测定 第1部分:浆板浆包及浆块(急骤干燥浆)

GB/T 10739 纸、纸板和纸浆试样处理和试验的标准大气条件(GB/T 10739—2002,eqv ISO 187:1990)

GB/T 10740 纸浆尘埃和纤维束的测定(GB/T 10740—2002,eqv ISO 5350:1998)

GB/T 24323 纸浆 实验室纸页 物理性能的测定(GB/T 24323—2009,ISO 5270:1998,MOD)

GB/T 24324 纸浆 物理试验用实验室纸页的制备 常规纸页成型器法(GB/T 24324—2009,ISO 5269-1:2005,MOD)

GB/T 24325 纸浆 实验室打浆 瓦利(Valley)打浆机法(GB/T 24325—2009,ISO 5264-1:1979,MOD)

3 产品分类

3.1 漂白硫酸盐竹浆按质量分为优等品、一等品、合格品。

3.2 漂白硫酸盐竹浆分为平板浆包和卷筒浆包。

4 技术要求

4.1 漂白硫酸盐竹浆的技术指标应符合表1或订货合同规定。

表 1

指标名称			单位	规定		
				优等品	一等品	合格品
机械强度(打浆度 45°SR、抄片定量 60 g/m² 时)						
抗张指数		≥	N·m/g	58.0	50.0	40.0
耐破指数		≥	kPa·m²/g	4.00	3.50	2.50
撕裂指数		≥	mN·m²/g	8.50	6.50	6.00
尘埃度	0.30 mm²～0.99 mm²	≤	mm²/kg	50	100	140
	1.00 mm²～4.99 mm²	≤		30	60	80
	≥5.0 mm² 以上			不应有	不应有	不应有
粘度		≥	mL/g	700	550	450
亮度(白度)		≥	%	83.0	80.0	78.0
灰分		≤	%	1.00		
交货水分[a]			%	10.0～20.0		
销售质量计算水分			%	10.0		
[a] 交货水分也可按订货合同执行。						

4.2 浆板尺寸为(680×820)mm 或(720×780)mm、(700×840)mm 、(600×800)mm,也可按订货合同生产其他尺寸的浆板。

5 试验方法

5.1 试样的采取和试验前处理按 GB/T 740 和 GB/T 10739 规定进行。

5.2 纸浆的打浆按 GB/T 24325 进行,纸页制备按 GB/T 24324 进行,打浆度按 GB/T 3332 进行测定,抗张指数、撕裂指数、耐破指数按 GB/T 24323 进行测定。

5.3 尘埃度按 GB/T 10740 进行测定。

5.4 粘度按 GB/T 1548 进行测定。

5.5 亮度(白度)按 GB/T 8940.2 制备纸浆试样后,按 GB/T 7974 进行测定。

5.6 灰分按 GB/T 742 进行测定。

5.7 交货水分和销售质量计算水分按 GB/T 8944.1 进行测定。

6 检验规则

6.1 供方应保证产品符合本标准或订货合同的规定,交货时,每件浆包应附一份产品合格证。

6.2 需方验收以每次交货数量为一批,样本单位为件。交收试验按 GB/T 2828.1 规定进行,接收质量限(AQL):机械强度、亮度(白度)、粘度为 4.0;尘埃度、水分、灰分为 6.5。采用正常检验二次抽样,检验水平为特殊检验水平 S-2,其抽样方案见表 2。产品成批销售质量的测定按 GB/T 8944.1 进行,机械强度采用所抽样本的混合试样进行测定,若不合格可再测定一次,若仍不合格则判为批不合格。

表 2

批量/件	正常检验二次抽样方案　特殊检验水平 S-2		
	样本量	AQL 值为 4.0	AQL 值为 6.5
		Ac　Re	Ac　Re
2～150	2	—　—	0　1
	3	0　1	—　—

表 2（续）

批量/件	正常检验二次抽样方案　特殊检验水平 S-2				
	样本量	AQL 值为 4.0		AQL 值为 6.5	
		Ac	Re	Ac	Re
151～1 200	3	0	1	—	—
	5	—	—	0	2
	5(10)	—	—	1	2

6.3　需方如对产品质量有异议，应在到货后一个月内或按订货合同规定通知供方，由供、需双方共同抽样进行检验，如检验结果不符合本标准或订货合同规定，则判为批不合格，由供方负责处理；如检验结果符合本标准或订货合同规定，则判为批合格，由需方负责处理。

6.4　浆板标准销售质量以10%水分换算的结果为准。

7　标志、包装、运输、贮存

7.1　标志

每件浆包外包装应包含以下内容：

a）　制造单位；

b）　产品名称；

c）　注册商标；

d）　产品编号；

e）　产品毛重；

f）　销售质量；

g）　生产日期；

h）　质量等级；

i）　检验员。

7.2　包装

7.2.1　浆板应至少使用一层同类浆板作为包皮包装。

7.2.2　浆板包装应经过打包机打包，并用10＃～12＃镀锌铁丝按“＃”字形捆紧，包皮应整齐地将浆板包严，浆板不应外露。

7.2.3　包装材料应计入产品毛重，或按订货合同规定。

7.3　运输与贮存

7.3.1　运输时应使用清洁和带篷的运输工具。

7.3.2　浆板应妥善保管，以防受雨、雪和地面湿气等的影响，防止发霉、变色、散包及杂物混入。

7.3.3　堆垛时，地面应铺有楞脚，不应将浆包从高处扔下。

ICS 85-010
Y 30

中华人民共和国国家标准

GB/T 24323—2009

纸浆 实验室纸页 物理性能的测定

Pulps—Laboratory sheets—Determination of physical properties

(ISO 5270:1998,MOD)

2009-09-30 发布　　2010-02-01 实施

中华人民共和国国家质量监督检验检疫总局
中国国家标准化管理委员会 发布

前言

本标准修改采用ISO 5270:1998《纸浆　实验室纸页　物理性能的测定》(英文版)。

本标准与ISO 5270:1998相比,主要差异如下:

——用GB/T 455《纸和纸板撕裂度的测定》代替eqv ISO 1974:1990;

——用GB/T 457《纸和纸板　耐折度的测定》代替ISO 5626:1993,MOD;

——用GB/T 458—2008《纸和纸板　透气度的测定》代替ISO 5636-2:1984,MOD、ISO 5636-3:1992和ISO 5636-5:2003,MOD;

——用GB/T 2679.6《瓦楞原纸平压强度的测定》代替eqv ISO 7263:1985;

——用GB/T 2679.8《纸和纸板环压强度的测定》代替eqv ISO 12192:2002;

——用GB/T 2679.10《纸和纸板短距压缩强度的测定法》代替eqv ISO 9895:1989;

——用GB/T 8940.2《纸浆亮度(白度)试样的制备》代替eqv ISO 3688:1999;

——用GB/T 10739《纸、纸板和纸浆试样处理和试验的标准大气条件》代替eqv ISO 187:1990;

——用GB/T 12914《纸和纸板　抗张强度的测定》代替ISO 1924-1:1992,MOD和ISO 1924-2:1994,MOD;

——用GB/T 22364《纸和纸板　弯曲挺度的测定》代替ISO 2493:1992,MOD和ISO 5629:1983,MOD;

——用GB/T 24324《纸浆　物理试验用实验室纸页的制备　常规纸页成型器法》代替ISO 5269-1:2005,MOD;

——用GB/T 24326《纸浆　物理试验用实验室纸页的制备　快速凯塞法》代替ISO 5269-2:2004,MOD。

本标准由中国轻工业联合会提出。

本标准由全国造纸工业标准化技术委员会归口。

本标准起草单位:中国制浆造纸研究院、国家纸张质量监督检验中心、中国造纸协会标准化专业委员会。

本标准主要起草人:史记。

纸浆　实验室纸页
物理性能的测定

1　范围

本标准规定了实验室纸页物理性能的测定方法。

本标准适用于按照GB/T 24324和GB/T 24326制备的实验室纸页，本标准应与相应的方法标准一起使用。

在某些情况下，本标准规定的试验方法与相应的方法标准有差异，这是由于实验室纸页的数量有限。

注：测定纸浆蓝光漫反射因数(ISO亮度)所用实验室纸页应按GB/T 8940.2进行制备。

2　规范性引用文件

下列文件中的条款通过本标准的引用而成为本标准的条款。凡是注日期的引用文件，其随后所有的修改单(不包括勘误的内容)或修订版均不适用于本标准，然而，鼓励根据本标准达成协议的各方研究是否可使用这些文件的最新版本。凡是不注日期的引用文件，其最新版本适用于本标准。

GB/T 451.3　纸和纸板厚度的测定(GB/T 451.3—2002,idt ISO 534:1988)

GB/T 454　纸耐破度的测定(GB/T 454—2002,idt ISO 2758:2001)

GB/T 455　纸和纸板撕裂度的测定(GB/T 455—2002,eqv ISO 1974:1990)

GB/T 457　纸和纸板　耐折度的测定(GB/T 457—2008,ISO 5626:1993,MOD)

GB/T 458—2008　纸和纸板　透气度的测定(ISO 5636-2:1984,MOD;ISO 5636-3:1992,MOD;ISO 5636-5:2003,MOD)

GB/T 2679.6　瓦楞原纸平压强度的测定(GB/T 2679.6—1996,eqv ISO 7263:1985)

GB/T 2679.8　纸和纸板环压强度的测定(GB/T 2679.8—1995,eqv ISO/DIS 12192)

GB/T 2679.10　纸和纸板短距压缩强度的测定法(GB/T 2679.10—1993,eqv ISO 9895:1989)

GB/T 8940.2　纸浆亮度(白度)试样的制备(GB/T 8940.2—2002,eqv ISO 3688:1999)

GB/T 10739　纸、纸板和纸浆试样处理和试验的标准大气条件(GB/T 10739—2002,eqv ISO 187:1990)

GB/T 12914　纸和纸板　抗张强度的测定(GB/T 12914—2008;ISO 1924-1:1992,MOD;ISO 1924-2:1994,MOD)

GB/T 22364　纸和纸板　弯曲挺度的测定(GB/T 22364—2008;ISO 2493:1992,MOD;ISO 5629:1983,MOD)

GB/T 24324　纸浆　物理试验用实验室纸页的制备　常规纸页成型器法(GB/T 24324—2009,ISO 5269-1:2005,MOD)

GB/T 24326　纸浆　物理试验用实验室纸页的制备　快速凯塞法(GB/T 24326—2009,ISO 5269-2:2004,MOD)

3　原理

纸浆实验室纸页物理性能的测定，如层积紧度、抗张指数、撕裂指数、耐破指数、透气度、耐折度、弯曲挺度和压缩强度，是将未经打浆或已经打浆的纸浆悬浮液制备成实验室纸页，并将纸页置于标准大气下平衡处理后进行测定。

4 仪器

所用仪器分别详述于相应的方法标准中。

5 实验室纸页的裁切

5.1 实验室纸页的选取

按测定性质确定所需实验室纸页的数量。但应至少选取 4 张实验室纸页。这些纸页应没有可见缺陷，其定量（绝干）按 GB/T 24324 和 GB/T 24326 规定相应为 60 $g/m^2 \pm 2$ g/m^2 和 75 $g/m^2 \pm 2$ g/m^2。定量未规定（见表 1）时，允许偏差应为 3%。每套纸页的总面积应不小于 0.1 m^2。

表 1

项　目	测定方法	目标定量/(g/m^2)	试样尺寸/mm		最少试样数
			长　度	宽　度	
抗张指数	GB/T 12914	60 或 75	夹头间距离至少为 100 mm±2 mm，应完整夹持所需长度	$15^{+0.2}_{-0.1}$	至少从 4 张纸页中裁切 8 个试样
撕裂指数	GB/T 455	60 或 75	按测定仪的规定		至少从 4 张纸页中裁切 2[a] 个试样
耐破指数	GB/T 454	60 或 75	足够宽，以保证被夹住		至少从 4 张纸页中裁切 8 个试样
耐折度	GB/T 457	60 或 75	按测定仪的规定	15.0±0.1	至少从 3 张纸页中裁切 6 个试样
挺度	GB/T 22364	—	≥70	38.0±0.2	至少从 2 张纸页中裁切 6 个试样
平压强度	GB/T 2679.6	—	≥150	12.7±0.1	至少从 2 张纸页中裁切 10 个试样
压缩强度-短距试验	GB/T 2679.10	—	≥70	15.0±0.1	至少从 2 张纸页中裁切 10 个试样
压缩强度-环压法	GB/T 2679.8	—	150～152.5	12.7±0.1	至少从 2 张纸页中裁切 10 个试样

a 一个试样由 4 张试样组成，试样至少从 2 张裁切的纸页上切取。

5.2 实验室纸页的温湿处理

按 GB/T 10739 的规定，在（23.0±1.0）℃和相对湿度（50.0±2.0）%的标准大气下对试样进行温湿处理，并在标准大气中进行试验。

5.3 定量、厚度和层积紧度的测定

裁切纸页至规定尺寸，测定其面积，准确至 0.5%。按表 1 选取合适的尺寸，用于裁切试样。

在裁切试样前，按下列步骤测定温湿处理后纸页的定量：

测定裁切纸页的质量，应准确至 0.2%。用式（1）计算定量，单位为克每平方米（g/m^2）。

$$g = \frac{m}{S \times n} \quad \cdots\cdots\cdots\cdots (1)$$

式中：

m——温湿处理后裁切纸页的质量，单位为克（g）；

S——每张纸页的面积，单位为平方米(m^2)；

n——纸页张数。

结果保留一位小数。

使用GB/T 451.3规定精度的厚度计，测定由4张裁切后纸页形成的纸叠的厚度，纸页的非压光面朝上。在纸叠上5个不同的位置测定，在测定过程中，当改变纸叠的测定位置时，纸页间不应相互错位。计算每张纸页的平均厚度。

用式(2)计算紧度ρ，单位为克每立方厘米(g/cm^3)。

$$\rho = \frac{g}{\bar{\delta}} \qquad \cdots\cdots(2)$$

式中：

g——温湿处理后裁切纸页的定量，单位为克每平方米(g/m^2)；

$\bar{\delta}$——按上述方法计算所得每张纸页的平均厚度，单位为微米(μm)。

计算平均紧度，结果保留两位有效数字。

5.4 试样的制备

从温湿处理过的纸页中裁切数量足够的试样。所要求的最少纸张数见表1。

注：测定平压强度或环压强度时，如果使用直径158 mm的纸页，每张纸页上应只能切取2张试样用于测定。这些试样也可用于测定定量。

6 常见物理性质测定步骤(60 g/m² 或 75 g/m² 纸页)

6.1 抗张指数

按GB/T 12914中恒速拉伸法规定的方法测定抗张强度，如需要，测定裂断时伸长率。每张纸页至少测定2个试样，总共至少测试8个试样。夹头间距离应为100 mm，伸长速率为10 mm/min±2.5 mm/min。

注1：如果试样长度不够，为避免夹头接触到测定区域表面，可使用90 mm的测定长度，且应在试验报告中注明。

注2：对于某些纸，试样可能会很快断裂，例如不到5 s就断裂；或者需要过多的时间，例如超过30 s。在这种情况下，可使用不同的拉伸速率，但该速率应在试验报告中注明。

用式(3)计算抗张指数I，单位为牛顿米每克(N·m/g)。

$$I = \frac{\bar{F}}{w \times g} \qquad \cdots\cdots(3)$$

式中：

$\bar{F}$——抗张力平均读数，单位为牛顿(N)；

w——试样宽度，单位为米(m)；

g——按5.3规定测定的温湿处理后裁切纸页的定量，单位为克每平方米(g/m^2)。

计算平均抗张指数，结果应准确至0.5 N·m/g。

如需要，计算平均裂断时伸长，以mm表示，然后计算裂断时伸长率，以最初试样长度的百分数表示，结果保留一位小数。

6.2 撕裂指数

按照GB/T 455测定撕裂度，每叠试样由4张组成。夹好试样，非压光面朝向摆锤的轴，应至少进行两次测定。

计算读数平均值。然后用式(4)和式(5)计算撕裂度F(以mN表示)和撕裂指数X(以mN·m²/g表示)。

$$F = \frac{\bar{F}p}{4} \qquad \cdots\cdots(4)$$

$$X = \frac{F}{g} \qquad \cdots\cdots(5)$$

式中：

$\overline{F}$——撕裂度平均读数，单位为毫牛(mN)；

p——同时撕裂的试样张数，摆的刻度已经被校正为直接给出撕裂读数，单位为毫牛(mN)(该系数通常为4、8、16或32)；

g——按照5.3规定测定温湿处理后裁切过纸页的定量，单位为克每平方米(g/m^2)。

撕裂指数应准确至0.1 $mN \cdot m^2/g$。

6.3 耐破指数

按GB/T 454测定耐破强度。每个试样的正反面应至少各测定一次，至少测定4张试样。如果试样有足够宽能被安全地夹住，面积小于70 mm×70 mm的也可以使用。

用式(6)计算耐破指数X，单位为千帕平方米每克($kPa \cdot m^2/g$)。

$$X = \frac{\overline{p}}{g} \qquad \cdots\cdots(6)$$

式中：

$\overline{p}$——耐破度的平均值，单位为千帕(kPa)；

g——按照5.3测定的温湿处理后裁切纸页的定量，单位为克每平方米(g/m^2)。

耐破指数应准确至0.1 $kPa \cdot m^2/g$。

6.4 透气度

按照GB/T 458—2008中葛尔莱法测定透气度，气压应施加在纸页的非压光面。

至少从2张裁切过的实验室纸页上裁取试样，且至少进行4次测定。计算通过100 mL空气的平均时间，以s表示。

用式(7)计算透气度P，单位为微米每帕秒[$\mu m/(Pa \cdot s)$]，保留两位有效数字。

$$P = \frac{127}{\overline{t}} \qquad \cdots\cdots(7)$$

式中：

$\overline{t}$——通过100 mL空气的平均时间，单位为秒(s)。

6.5 耐折度

按GB/T 457规定的任何一种方法测定每张试样双折叠次数的对数(以10为底)。至少从3张裁切后实验室纸页上选取6张试样进行测定。

以对数的平均值报告耐折度，修约至小数点后两位。同时说明所用仪器的类型。

7 特定物理性质测试步骤(高定量纸页)

7.1 弯曲挺度

按GB/T 22364测定试样的弯曲挺度。如果仪器被设计成只能在未施压端的一侧弯曲，则还应测定相同数量试样弯曲方向的另一面。

至少测定10张试样，计算弯曲挺度的平均值$\overline{B}$(以mN表示)。用式(8)计算弯曲挺度指数X(以Nm^6/kg^3表示)。

$$X = \frac{\overline{B} \times 10^6}{g^3} \qquad \cdots\cdots(8)$$

式中：

$\overline{B}$——弯曲挺度平均值，单位为毫牛(mN)；

g——按5.3测定的温湿处理后裁切纸页的定量，单位为克每平方米(g/m^2)。

弯曲挺度指数保留三位有效数字，还应报告所用的夹持长度和弯曲角度。

7.2 实验室起楞后平压强度(CMT)

按照GB/T 2679.6测定平压强度(CMT)。试样的非压光面应朝向粘结带。

至少进行 6 次测定，计算平压强度平均值 $\bar{F}$（以 N 表示）。用式(9)计算平压强度指数 X（以 N·m²/g 表示）。

$$X = \frac{\bar{F}}{g} \qquad \cdots\cdots(9)$$

式中：

$\bar{F}$——平压强度的平均值；

g——按 5.3 测定的温湿处理后裁切纸页的定量，单位为克每平方米（g/m²）。

平压强度指数保留三位有效数字。

7.3 环压强度(RCT)

按照 GB/T 2679.8 测定环压强度。试样的压光面和非压光面分别朝向纸环的中心。至少测定 10 次，用式(10)和式(11)计算环压强度的平均值 $\bar{C}$（以 N/m 表示）和环压强度指数 X（以 N·m/g 表示）。

$$\bar{C} = \frac{\bar{r}}{l} \qquad \cdots\cdots(10)$$

$$X = \frac{\bar{C}}{g} \qquad \cdots\cdots(11)$$

式中：

$\bar{r}$——试样压溃时压缩力的平均值，单位为牛顿(N)；

l——试样长度，单位为米(m)；

X——环压强度指数，单位为牛顿·米每克(N·m/g)；

g——按 5.3 测定的温湿处理后裁切纸页的定量，单位为克每平方米（g/m²）。

环压强度指数保留三位有效数字。

7.4 短距压缩强度

按 GB/T 2679.10 测定短距压缩强度。

至少进行 10 次测定。计算最大压缩力的平均值（以 N 表示），应准确至 0.1 N。用式(12)和式(13)计算压缩强度 X（以 kN/m 表示）和压缩指数 Y（以 N·m/g 表示）。

$$X = \frac{\bar{F}}{15} \qquad \cdots\cdots(12)$$

$$Y = \frac{1\,000X}{g} \qquad \cdots\cdots(13)$$

式中：

$\bar{F}$——试样最大压缩力的平均值，单位为牛顿(N)；

15——试样宽度，单位为毫米(mm)；

g——按照 5.3 测定的温湿处理后裁切纸页的定量，单位为克每平方米（g/m²）。

压缩指数应准确至 0.1 N·m/g。

8 试验报告

试验报告应包括以下项目：

a) 对本国家标准编号的引用；

b) 完整鉴定试样的所有必要信息；

c) 如果实验室纸页由实验室打浆的纸浆制备，应参考相关标准，以及该标准试验报告中要求的相关的特殊规定；

d) 如果制备实验室纸页的纸浆未经打浆，或经非标准方法打浆，参考所用的相关的国家标准，以及该标准试验报告中要求的相关的特殊规定；

e) 纸页经温湿处理后的实际定量；

f) 制备实验室纸页所参考的标准；

g) 测定所用方法；

h) 温湿处理和测定所用标准大气；

i) 与标准大气平衡是否通过解吸或吸附过程来完成；

j) 本标准第 6 章和第 7 章的相关段落里要求的结果和详细内容；

k) 测定过程中观察到的任何非正常步骤或要素，尤其当测定抗张指数时，如果拉伸速率不是 10 mm/min±2.5 mm/min 则需注明；

l) 任何偏离本标准或可能影响结果的任何操作。

ICS 85-010
Y 30

中华人民共和国国家标准

GB/T 24324—2009

纸浆 物理试验用实验室纸页的制备 常规纸页成型器法

Pulps—Preparation of laboratory sheets for physical testing—Conventional sheet-former method

(ISO 5269-1:2005,MOD)

2009-09-30 发布 2010-02-01 实施

中华人民共和国国家质量监督检验检疫总局
中国国家标准化管理委员会 发布

前 言

本标准修改采用 ISO 5269-1:2005《纸浆　物理试验用实验室纸页的制备　第 1 部分:常规纸页成型器法》(英文版)。

本标准与 ISO 5269-1:2005 相比,主要差异如下:

——用 GB/T 459《纸和纸板伸缩性的测定》代替 eqv ISO 5635:1978;

——用 GB/T 10739《纸、纸板和纸浆试样处理和试验的标准大气条件》代替 eqv ISO 187:1990;

——用 GB/T 24325《纸浆　实验室打浆　瓦利(Valley)打浆机法》代替 ISO 5264-1:1979,MOD;

——用 QB/T 1462《纸浆实验室的湿解离》代替 eqv ISO 5263-1979;

——用 QB/T 1463《纸浆实验室打浆 PFI 磨法》代替 eqv ISO 5264-2:1979。

本标准由中国轻工业联合会提出。

本标准由全国造纸工业标准化技术委员会归口。

本标准起草单位:中国制浆造纸研究院、国家纸张质量监督检验中心、中国造纸协会标准化专业委员会。

本标准主要起草人:史记。

纸浆　物理试验用实验室纸页的制备 常规纸页成型器法

1　范围

本标准规定了采用常规纸页成型器来制备用于物理试验的实验室纸页，以便评价纸浆的有关性质。

本标准适用于大部分种类的纸浆。但不适用于某些具有很长纤维的纸浆，如未经切短的棉纤维、亚麻和类似原料的纸浆。

本标准不适用于制备按 GB/T 8940.2 测定蓝光漫反射因数(ISO 亮度)所用的实验室纸页。

注：对于未经切短的长纤维纸浆，纸页的匀度也许不令人满意。

2　规范性引用文件

下列文件中的条款通过本标准的引用而成为本标准的条款。凡是注日期的引用文件，其随后所有的修改单(不包括勘误的内容)或修订版均不适用于本标准，然而，鼓励根据本标准达成协议的各方研究是否可使用这些文件的最新版本。凡是不注日期的引用文件，其最新版本适用于本标准。

GB/T 459　纸和纸板伸缩性的测定(GB/T 459—2002,eqv ISO 5635:1978)

GB/T 461.1　纸和纸板毛细吸液高度的测定(克列姆法)(GB/T 461.1—2002,idt ISO 8787:1989)

GB/T 10739　纸、纸板和纸浆试样处理和试验的标准大气条件(GB/T 10739—2002,eqv ISO 187:1990)

GB/T 24325　纸浆　实验室打浆　瓦利(Valley)打浆机法(GB/T 24325—2009,ISO 5264-1:1979,MOD)

QB/T 1462　纸浆实验室的湿解离(QB/T 1462—1992,eqv ISO 5263:1979)

QB/T 1463　纸浆实验室打浆 PFI 磨法(QB/T 1463—1992,eqv ISO 5264-2:1979)

3　原理

真空条件下，在金属丝网筛上用纸浆悬浮液制成圆形、方形或矩形的纸页。纸页在 410 kPa 的压力下经两次压榨，并在一定的空气条件下进行干燥。为防止收缩，纸页应接触干燥板并紧贴其上面。

4　仪器和设备

4.1　纸页成型器

4.1.1　上部

包括一个贮浆器，在铜网(见 4.1.3)上部 350 mm±1 mm 处有一标记。贮浆器配有一个防止泄漏的橡胶垫。它的断面可为圆形、正方形或矩形，并且上下一样。如果贮浆器是矩形的，其较短的一边应不小于 120 mm，且长边与短边之比应不超过 2.5。如果贮浆器是圆形的，其直径应不小于 158 mm。贮浆器的高度应在使用搅拌器(见 4.2)搅拌时水不溢出为宜。

4.1.2　下部

有一个分上下两部分的滤水容器。上部分应有与贮浆器(见 4.1.1)相同的断面，并且其形状应保证使液体流过网子时能均匀地通过整个面积。下部分可以有一个较小的断面、但应与上部分的中心线对称。下部分有一个连接排空管的阀门，在排空管的下端有一个水封。铜网面与水封溢流边缘之间的垂直距离应为 800 mm±5 mm。下部分与排空阀门应足够大，以便能使贮浆器内位于上标记和铜网之间的水在 4.0 s±0.2 s 内排完。滤水容器的下部分应有一个进水管。仪器应有一个在纸页成型后释放真空的装置。

4.1.3 框架

框架上有一个完全平整的金属丝网，水平地放在上部(见 4.1.1)和下部(见 4.1.2)之间。金属丝网应清洁、完好，无折子和波纹。金属丝网的网眼应为 125 μm。金属丝的最合适直径为 90 μm，但也可在 77 μm～104 μm 之间选择。金属丝网支撑在一个粗糙的金属丝网上，而粗糙的金属丝网支撑在一个坚硬的框架上。

4.2 搅拌器

是用耐腐蚀的坚硬物质制成的，由一个带眼的平板组成，并装有叶片，用来保持平板与金属网(见 4.1.3)平行和减少涡流。孔眼(直径 10 mm～20 mm)的总面积大约占平板面积的 30%，孔眼间隔应均匀。平板的尺寸应和贮浆器(见 4.1.1)内壁之间有 2 mm～3 mm 的间隙。搅拌器的所有边都应是磨圆的，以防止纤维积聚。搅拌器也应有一个挡块，以保证铜网和平板在最低位置时的距离为 20 mm。

另外还需要一个空气搅动系统，以防止纸页上出现过大的气泡和针眼。

注：下面是一个搅动系统的例子。它利用压缩空气，在上部(4.1.1)至少有 8 个进气孔，每一个进气孔直径为 1.0 mm±0.2 mm，并且孔与孔之间的间隔相等(最大 70 mm)。当纸页成型器在工作时，进气孔与金属网之间的距离为 10 mm±2 mm。进气孔通过空气管道而彼此相通，空气管道的直径为 8 mm，平行地位于纸页成型器的周围，以使进气孔的深度(墙深)为 5 mm±2 mm。空气压力应调节至 100 kPa，搅动时间为 5.0 s±0.5 s。

4.3 伏压设备

4.3.1 伏压重砣，有一个平底，面积与金属网相同，并且在实验室纸页的表面上有相当于 1 kPa～5 kPa 产生的重力；或

4.3.2 一个自动伏压系统，包括一个应用空气压力的控光装置；

4.3.3 一个伏辊(质量 13.0 kg，长 178 mm，直径 102 mm)和一个保护纸页的伏压平板。

除非使用自动伏压系统，当伏压重物放在纸页上时，为了防止纸页变形，都需要用一个伏压平板来保护纸页。伏压平板和伏压重物的总质量应在上面给出的限定范围之内。

4.4 吸水纸

用全漂化学浆或破布浆作成，为中性，没有施胶剂、化学添加剂、明显的夹杂物和荧光物质(见 4.4.2 注 1)。

4.4.1 吸水纸应与实验室纸页尺寸相同，如果实验室纸页是圆形的，吸水纸的长和宽都应不小于纸页的直径，且吸水纸的面积最大不应超过纸页面积的 35%。如果纸页是正方形或长方形的，吸水纸的尺寸应不小于纸页尺寸，且最大面积应不超过纸页面积的 35%。吸水纸的定量为 250 g/m^2±25 g/m^2，克列姆毛细吸液高度应为 70 mm±20 mm，按照 GB/T 461.1 测定毛细吸液高度，并且按照 GB/T 459 测定浸水后尺寸的变化，在任何方向其尺寸变化都应不超过 3%。

4.4.2 吸水纸的吸水量应为 450 g/m^2±50 g/m^2。其吸水量应按以下方法进行测定：称一个 40 mm×40 mm 大小的试样，将试样浸入温度为(23±1)℃的去离子水或蒸馏水中持续 2 s。取出后沥干试样，方法为垂直悬挂试样的一角持续 30 s，并测定浸水前后试样质量的差。计算一定规格的吸水纸的吸水量，用每平方米吸收水的克数来表示。

注 1：对于经过重打浆的纸浆抄的纸页来说，吸水纸的湿强度可能是不足的。在这种情况下，可使用加有湿强剂的吸水纸，但应保证湿强剂不会渗入到实验室纸页中。如果吸水纸含有湿强剂，应在试验报告中加以说明。

注 2：实际试验表明，在某些情况下，吸水纸对整个纸页的吸水性可能会有一个较大的影响，这会导致纸页收缩。

4.5 干燥板

与制得的纸页大小相同，由耐腐蚀金属或其他适合的材料(如硬塑料)制成，它们至少有一面应平整光滑。干燥板的表面应能够使湿纸页容易地贴在上面。干燥板应平整，表面不应鼓起或变形。

4.6 模板

为了便于实验室纸页的堆叠，应根据纸页的形状来设计模板，从而保证纸页在压力机(4.8)中能够互相对准。

4.7 隔离板

与吸水纸(4.4)大小相同或稍大一些，由耐腐蚀的材料或塑料制成，用来分离不同种类的实验室纸页。隔离板的使用是可选择的。

4.8 压力机

能在实验室纸页上面施加 410 kPa±10 kPa 的平均压力，并维持这一压力在 5 min 内不变。所压纸页的最大数目应根据压力机的容量而加以调整。

4.9 试验条件

在整个干燥期间，应保持实验室纸页与干燥板(4.5)紧密接触以保持纸页不收缩(见 6.3 中注)。

备有充足空气循环的调节柜或实验室，应与 GB/T 10739 中规定的大气条件相同，测定实验室纸页也应在此条件下进行的。当纸页仍潮湿时，相对湿度允许超过界限，而且温度也可允许降到界限以下几度。

5 试样的制备

未打浆的纸浆按 QB/T 1462 规定解离，经过实验室打浆的纸浆应按照 GB/T 24325 和 QB/T 1463 的规定进行打浆处理。从工厂生产线上取得的液状纸浆不需任何预处理。

将纸浆浓度稀释至 0.2%～0.5%(质量分数)。完全混合好后，按 6.1 规定的已知面积制作实验室纸页，其绝干定量为 50 g/m^2～70 g/m^2。根据所要求的绝干定量，调整浆料的使用量或浆料浓度，以便生产出符合要求的纸页。在纸页成型器上制备实验室纸页，不需要校正纤维通过网子的损失。要尽快地用浆料抄纸。

对于易絮聚的纸浆，应将悬浮液浓度稀释至 0.2%～0.3%(质量分数)。

6 试验方法

6.1 纸页的抄造

关闭纸页成型器(见 4.1)的排空阀门，打开进水阀门以冲洗网子。夹好上部分，让水上升到至少高于网面(见 4.1.3)50 mm 处。

将质量准确的浆料倒入纸页成型器，以抄造一个符合定量规定的实验室纸页。如果纸页被用来测定其物理性能，按绝干定量计算定量为 60.0 g/m^2±2.0 g/m^2。如果要求其他定量，其定量偏差应不超过±3%。

用 20 ℃±5 ℃的自来水稀释至标记水平线上，混合悬浮液，按下面操作方法中的一种进行纸页抄造：

a) 插入搅拌器(4.2)并上下迅速移动。在搅拌过程中，搅拌板应保持在悬浮液的液面之下。来回移动 6 次，应用足够力量以确保混合完全。然后在取出搅拌器之前，再轻轻地搅拌一次。

b) 启动空气搅拌器(见 4.2)。

在任何一种情况中，搅拌完成后 10 s±1 s，迅速打开排空阀门。

当水离开金属网，使铜网上留下的成型纸页在减压下沥水，沥水时间大约为一般沥水时间的 10%，但应不少于 5 s。

6.2 纸页的转移

将纸页成型器(见 4.1)的上部打开，关闭排空阀门(见 4.1.2)。在湿纸页上同心地放两张吸水纸(网面朝上)并按下面的一种方法伏压纸页：

a) 用伏压板保护纸页，将伏压重砣(4.3.1)轻轻地放到吸水纸中心，20 s 后取下；或

b) 在吸水纸上用自动伏压系统(4.3.2)施加不高于 70 kPa 产生的压力约 5 s,但应不超过 30 s;或

c) 将伏压板(见 4.3)放在吸水纸的中心,并在伏压板的中间轻轻地放一个伏辊(4.3.3)。横过伏压板,前后移动伏辊,在位于伏压板边缘 6 mm 内不应施加任何附加压力。大约 20 s 内至少来回滚动 5 次,然后将伏辊从伏压板中间取下。

注:在这个过程中用过的吸水纸,如果平整完好,晾干后可继续使用,前提是不与纸页直接接触。与实验室纸页直接接触的吸水纸应用新的。

应小心地从铜网上取下依然还粘着吸水纸的实验室纸页,避免不必要的扭损。将粘附着伏压吸水纸(4.4)的纸页朝上,置于上面放一干的吸水纸的模板(4.6)上。在纸页上放一干燥板(4.5),其光滑一面应朝下。接着准备另一张干的吸水纸,待下一伏压吸水纸和纸页使用。应确保实验室纸页同心地放在模板(4.6)里。纸页在湿的时候可用不易擦掉的笔作一标记。

使干燥板保持彻底清洁,并不应带有蜡、油或影响湿纸页粘附在其光滑面上的任何物质。

排空脱水器,将纸页成型器准备好再抄下一纸页。

6.3 压榨

按以下顺序多次重复组成完整的一叠,即干吸水纸、伏压吸水纸、实验室纸页和干燥平板。在这一叠最上面的干燥板上放一张干吸水纸。

注:如果纸叠是由不同浆种的实验室纸页组成的,那么这些纸页应用隔离板(见 4.7)分开。

在纸叠的底部也应使用隔离板,以确保载有实验室纸页的吸水纸不直接与压板接触。

应确保纸叠在压力机(4.8)内平整并位于中心,从压力增加时开始计时,连续提升压在纸页上的有效压力,应确保在 25 s±5 s 内达到 410 kPa±10 kPa。维持这一压力 5 min±15 s,然后停止施加压力,从压力机中取出纸叠。

注:提到的压力是附加在实验室纸页上的压力,可能不同于压力表上的读数。

第一次压榨之后,实验室纸页应紧贴在干燥板(4.5)上,没有贴紧的纸页应被抛弃。第二次压榨时,实验室纸页的顺序应颠倒,并应更换所有的吸水纸。为此,应使用模板,将第一次压榨中位于上面带有实验室纸页的干燥板(纸页朝上)放在一张干的吸水纸上(如果上面能被确认吸水纸应与纸页紧贴在一起)。

完整的纸叠应按以下顺序多次重复组成:干吸水纸、带有实验室纸页的干燥板、干吸水纸。迅速升高压力至 410 kPa±10 kPa 压榨实验室纸页,并维持这一压力 2 min±15 s,然后停止施压,从压力机中取出纸叠。

注:在第二次压榨时,没有必要固定达到压力的时间,因为可以忽略纸页撕裂的危险,并且由压榨引起的压板移动与第一次压榨相比是非常小的。

6.4 干燥和温湿处理

从吸水纸上分离粘着实验室纸页的干燥板,以适当的方法将其放在空调柜或实验室中,以便使这些纸页在整个干燥过程中始终与干燥板接触,这样可保证纸页不收缩。在空气正常循环下,纸页将被处理,准备随后的试验。如果通风橱中空气循环迅速,干燥时间会减少。干燥的纸页应很容易地从干燥板上分离。如果纸页合适粘贴在干燥板上,则纸页表面上光应是均匀的。在干燥过程中纸页脱离干燥板时,如果纸页一面上光不均匀或干燥板表面留有一些纤维,则该纸页应抛弃。

在干燥过程中应保证实验室纸页不出现任何收缩。

注:收缩是可以避免的。例如,将纸页夹在特制的干燥框架上;另一种方法是将纸页放在一个不加热轻微凸起的金属板上干燥,用一块毛布和一张保护吸水纸固定,在一个通风橱里可放多个这种金属板。

干燥过程中保护纸页是必要的,在纸页干燥之前,吸水纸可与实验室纸页一直粘附在一起。干燥时间将根据使用设备、纸浆种类、纸页制备的数量等不同而改变。对于每个干燥和处理装置来说,应核对需要时间。

7 试验报告

试验报告应包括以下几项：

a) 对本国家标准编号的引用；

b) 完整鉴定试样的所有必要信息；

c) 解离方法；

d) 纸页的目标定量；

e) 所用纸页成型器设备的类型；

f) 与本标准所规定的干燥方法的任何不同点；

g) 在试验过程中观察到的任何异常现象；

h) 任何偏离本标准或可能影响结果的任何操作。

ICS 85-010
Y 30

中华人民共和国国家标准

GB/T 24325—2009

纸浆 实验室打浆
瓦利(Valley)打浆机法

Pulps—Laboratory beating—Valley beater method

(ISO 5264-1:1979,MOD)

2009-09-30 发布 2010-02-01 实施

中华人民共和国国家质量监督检验检疫总局
中国国家标准化管理委员会 发布

前　言

本标准修改采用ISO 5264-1:1979《纸浆　实验室打浆　第1部分:瓦利(Valley)打浆机法》(英文版)。

本标准与ISO 5264-1:1979相比,主要差异如下:

——用GB/T 462《纸、纸板和纸浆　分析试样水分的测定》代替ISO 287:1985,MOD和ISO 638:1978,MOD;

——用QB/T 1462《纸浆实验室的湿解离》代替eqv ISO 5263:1979;

——将ISO 5264-1:1979中第1章和第2章合并为本标准的第1章。

本标准的附录A为规范性附录,附录B为资料性附录。

本标准由中国轻工业联合会提出。

本标准由全国造纸工业标准化技术委员会归口。

本标准起草单位:中国制浆造纸研究院、国家纸张质量监督检验中心、中国造纸协会标准化专业委员会。

本标准主要起草人:史记。

纸浆　实验室打浆
瓦利(Valley)打浆机法

1　范围

本标准规定了使用瓦利打浆机进行实验室打浆的方法。该方法仅限于配浆、打浆、采样、样品分配及打浆设备。

本标准适用于各种纸浆。

注：打浆是检验纸浆物理性能的预备阶段。

在实际操作中，对于某些纤维非常长的浆，如棉短绒，用本方法测定时可能得不到令人满意的结果。

2　规范性引用文件

下列文件中的条款通过本标准的引用而成为本标准的条款。凡是注日期的引用文件，其随后所有的修改单(不包括勘误的内容)或修订版均不适用于本标准，然而，鼓励根据本标准达成协议的各方研究是否可使用这些文件的最新版本。凡是不注日期的引用文件，其最新版本适用于本标准。

GB/T 462　纸、纸板和纸浆　分析试样水分的测定(GB/T 462—2008；ISO 287：1985，MOD；ISO 638：1978，MOD)

GB/T 5399　纸浆　浆料浓度的测定(GB/T 5399—2004，ISO 4119：1995，IDT)

QB/T 1462　纸浆实验室的湿解离(QB/T 1462—1992，eqv ISO 5263：1979)

3　原理

一定量规定浓度的纸浆在瓦利打浆机的飞刀和底刀之间打浆，打浆过程中每隔一段时间进行取样。

4　仪器和设备

常用实验设备及以下各项。

4.1　瓦利打浆机，见附录 A。

4.2　计时器。

4.3　天平，称量试样的误差应小于 1 g。

4.4　蒸馏水或去离子水，或相当纯度的水。

注：为了避免有关各方使用不同质量的水而可能引起的异议，特建议使用蒸馏水或相当纯度的水。

5　试样的制备

5.1　对于湿浆或风干浆，称取一定量的试样按照 GB/T 462 测定其绝干物含量；对于液体浆，按照 GB/T 5399 测定其绝干物含量。

5.2　取出相当于 360 g±5 g 绝干试样(不应裁切试样，并避免取用切边处的试样)。对于纸机干燥的浆板或急骤干燥的浆块，应在室温下用 5 L 水(4.4)将其彻底浸泡 4 h 以上。将浸泡过的试样撕成约 25 mm×25 mm 的小片。为了保证使最初的解离作用产生最小的打浆效果，应通过浸泡使试样彻底松软。湿浆可不浸泡就进行解离。

6 试验步骤

6.1 解离作用

6.1.1 在瓦利打浆机(4.1)中可进行预解离。

6.1.2 降低底刀，并将其固定在降低后的位置处，以使飞刀和底刀间的间隙至少为10 mm。用塞子堵住打浆机槽的出口，并在槽内注入20 ℃±5 ℃的水(4.4)18 L。然后启动发动机，慢慢地加入试样和浸泡试样的水，整个加入过程应在3 min～5 min内完成。试样和水的总体积应为23.0 L±0.2 L，以使试样浓度大约为1.57%(质量分数)。

6.1.3 底刀仍固定在降低了的位置上，并在此条件下解离试样。在解离过程中，将底刀杠杆臂迅速地上下移动1次～2次，使挂在飞刀背后和邻近挡板上的试样脱落下来。

如果试样的绝干物含量大于等于20%(质量分数)，应在全部试样加入打浆机槽内后的30 min内完成解离。如果试样的绝干物含量小于20%(质量分数)，应在5 min内完成解离。

注1：由于气候的原因，在有些地方可以采用25 ℃±5 ℃的温度，但应在试验报告中说明。

注2：保证试样完全解离，难解离的试样如未漂硫酸盐浆其解离时间可以超过30 min。

注3：按照上述方法解离的试样不应被看作是按照QB/T 1462解离但未打浆的试样。

警告：当打浆机运转时，手不得伸入其中。

6.2 打浆

6.2.1 打浆条件：

6.2.1.1 杠杆臂负荷：54 N±1 N。

6.2.1.2 飞刀辊的转动频率：8.3 s^{-1}±0.2 s^{-1}。

6.2.2 检查底刀杠杆上的负荷是否符合规定，放下杠杆，启动计时器(4.2)。在不中断打浆操作、不去除底刀负荷的情况下，在所需打浆全过程中分五次取出试样，试样总量为1 200 mL(18.8 g绝干纤维)。

6.2.3 下面是一个取样时间的举例：

6.2.3.1 漂白和未漂白的亚硫酸盐浆、草浆、硬木碱法浆：5 min、10 min、15 min、20 min、30min。

6.2.3.2 漂白的针叶木碱法浆：5 min、15 min、30 min、45 min、60 min。

6.2.3.3 未漂的针叶木碱法浆和其他粘状打浆的浆：5 min、15 min、30 min、60min、90 min。

注1：即使取出的试样没必要全部用于测定，但应在规定的时间间隔取出规定量的试样。可以预料的是，改变取样体积将改变打浆速率。

注2：打浆后，用水彻底清洗打浆机。如有必要，应用树脂溶剂清洗，但应适当地考虑到橡皮隔膜。

注3：若试样要打到正常的“加拿大标准”游离度值300 mL以下，或肖伯尔值40°SR以上，则应经常检查打浆机的校准情况。

注4：如需测定滤水性能，则应尽快进行。

7 试验报告

试验报告应包括以下项目：

a) 对本国家标准编号的引用；

b) 完整鉴定试样的所有必要信息；

c) 预解离所用的时间；

d) 打浆所用的时间；

e) 如果已测定滤水性能，列出所测定的结果。参看6.2的注4；

f) 测定过程中观察到的任何异常现象；

g) 任何偏离本标准的内容，或者任何可能影响结果的因素。

附　录　A
（规范性附录）
瓦利打浆机

A.1　瓦利打浆机如图 A.1 所示。

单位为毫米

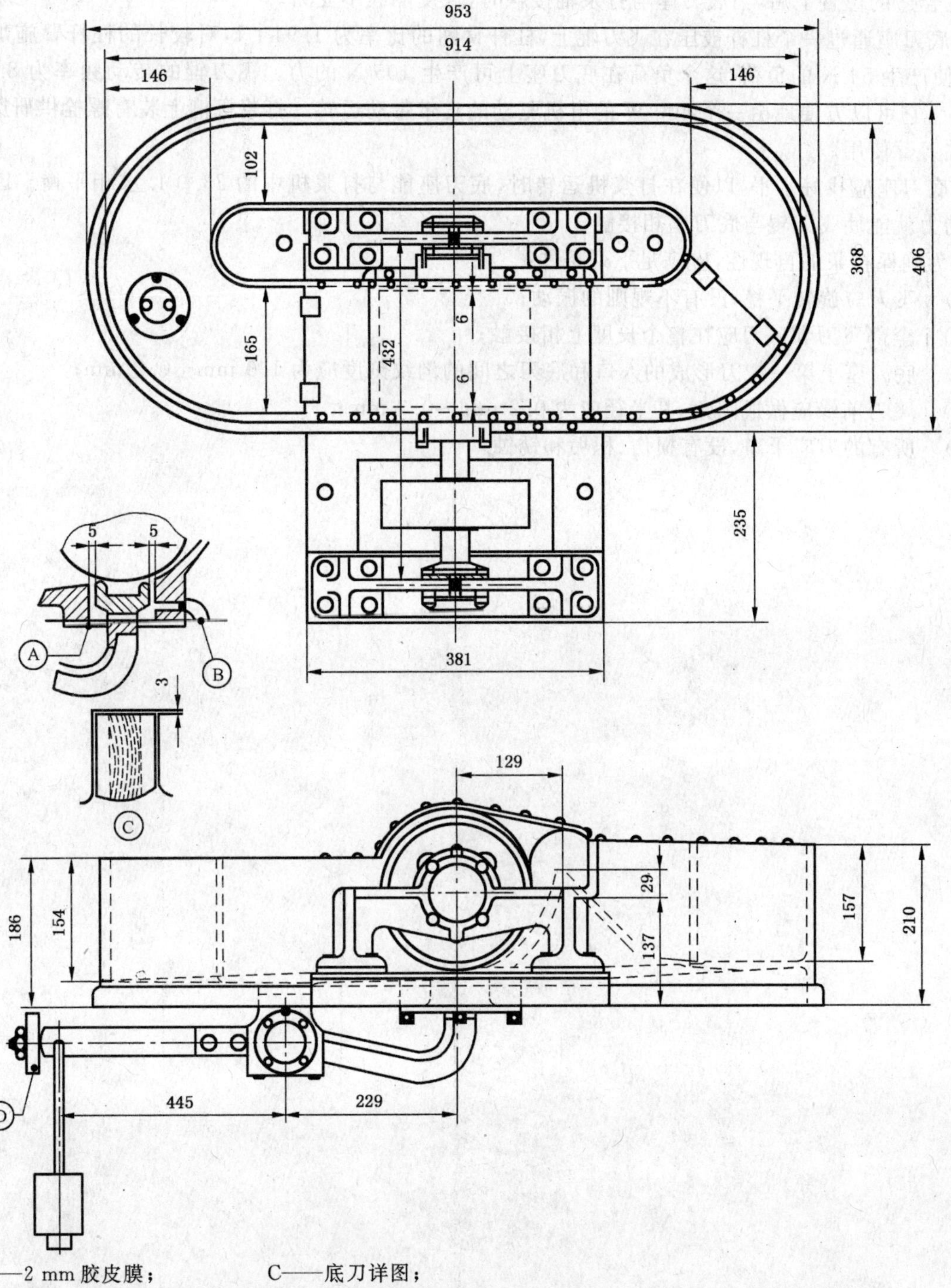

A——2 mm 胶皮膜；　　　　　　　　　　C——底刀详图；

B——2 个清洗接头；　　　　　　　　　D——平衡器辊子尺寸：194 mm×157 mm；皮带轮尺寸：187 mm×64 mm。

图 A.1

A.2 飞刀片和底刀由不锈钢制成，底刀的布氏硬度为325 HB～375 HB，飞刀的布氏硬度为350 HB～400 HB。飞刀辊直径168 mm，镶有32把飞刀，镶刀后辊子直径为190 mm～194 mm，每把飞刀厚4.7 mm，飞刀辊宽52 mm。

A.3 底刀座上嵌有七个底刀片，每个厚3.2 mm，间距2.4 mm。底刀之间的沟槽中填有烘干的白栎木条。底刀横切面为矩形，弯成V形，V形的顶点向着试样流动方向，V形臂与飞刀辊的轴向成5°角。底刀宽159 mm，它被研磨到与飞刀辊相同的弧度。

A.4 底刀座和打浆机的槽底由一个软的、有弹性的橡皮隔膜所连接，其厚度约为1.5 mm。橡皮隔膜安装在合适的位置上后，当底刀座与打浆辊接触时，橡皮隔膜不受力。

A.5 底刀座通过一个杠杆被压在飞刀辊上，杠杆臂间的比率为1.94∶1，对较长的杠杆臂施加适当的质量，使产生54 N的负荷，这个负荷在底刀座上可产生105 N的力。飞刀辊的转动频率为8.3 s^{-1}±0.2 s^{-1}，它可以方便地由一个400 W的电机驱动的皮带带动运转。打浆机槽上装有螺栓供研磨过程中固定底刀臂使用。

A.6 底刀座应找好水平，以便在打浆机运转时，底刀座能与打浆机中的23.0 L水相平衡。因为一个极小的力就能使飞刀辊与底刀座相接触。

A.7 为确保打浆的再现性，应满足下列条件：

a) 飞刀应旋转平稳，没有不规则的振动；

b) 全部飞刀和底刀应在整个长度上相接触；

c) 底刀座上第一把刀形成的入口和底刀之间的沟纹刻度应为1.0 mm±0.2 mm；

d) 飞刀前缘应做成圆角，其半径应为0.2 mm～0.3 mm；

e) 所有的刀应干净，没有损伤、积垢和锈蚀。

附 录 B
（资料性附录）
瓦利打浆机的校准

制定下列校准程序，以使打浆机处于良好的状态，在反复使用中保持稳定，在给定的打浆度下和有限的打浆时间范围内，保持实验室纸页性能的再现性。

该校准和稳定方法应在下列情况下应用：

——新的打浆机开始使用时；

——当复写纸的压痕表明底刀和打浆机刀辊之间严重失调时；

——在新的底刀座组件，橡皮隔膜、飞刀辊和辊子轴承安装完毕后。

B.1 辅助材料

B.1.1 纸浆，适于研磨。

B.1.2 金刚砂粉，125 μm 和 45 μm。

B.1.3 复写纸，将其置于两纸页之中，使总厚度达 0.15 mm。

B.1.4 合适的磨料（如 149 号金刚砂）。

B.1.5 轻机油。

B.1.6 参照浆，存档供校对使用，贮存足够长的时间，以避免纸浆再变化。参照浆的型号最好与有关打浆设备中正常打浆的浆的型号相同。

B.2 校准研磨

B.2.1 校准前，检查飞刀辊和飞刀，确保其未松动。检查飞刀辊，如果不圆，应在磨石上或机床上磨圆。由于打浆机几何结构的改变，如果飞刀被磨损 2 mm 以上，即飞刀辊的直径达不到 190 mm，就应更换飞刀。

B.2.2 经烤干后的新的底刀组件和刀片应在水中浸泡至少 24 h，以免发生润胀。当底刀磨损到 3.2 mm 以下时，应予以更换。

B.2.3 校准前，应卸下底刀和橡皮隔膜，并对其进行检查。将底刀前刃多出的固定金属刮到 1.0 mm±0.2 mm 深，由此产生 1.0 mm±0.2 mm 的入口。底刀间的每个沟纹深度也应调整到 1.0 mm±0.2 mm。刮削或研磨每一个带毛刺的底刀边缘并清洁底刀间的区域，将底刀末端升起的肩角研磨或锉到低于接触面的水平。用杠杆臂上的螺栓重新装上底刀组件和橡皮膜。

注：沿着底刀座的整个宽度都应有 1.0 mm 入口和沟槽深度。

B.2.4 用螺栓将杠杆臂夹固定在打浆机体上，杠杆臂穿过夹上的缝，它的位置可以通过两个支承在杠杆弧上表面和下表面的固定螺杆调整和支承着。研磨开始之前，应调整杠杆臂夹，以防止底刀和飞刀辊接触。

B.2.5 按普通方法准备标准的 360 g（按绝干计）打浆机用浆（B.1.1）。在不带负荷的情况下，使打浆机运转几分钟，然后加入 120 g（约 80 mL）的 125 μm 金刚砂粉（B.1.2），使之形成均匀的混合物。

B.2.6 在打浆机运转时，调整杠杆夹上的固定螺杆，使底刀与刀辊接触。继续研磨，隔一段时间进行一下调整，以保持底刀的接触，直至打浆机能平稳没有振动地运转，并在飞刀辊的飞刀上均匀地磨出一光亮的表面为止。如果底刀和飞刀辊是全新的，经过适当的校准，这个条件应在约 30 min 内得到。如果它们已使用过，几分钟即可满足要求。

B.2.7 将打浆机内的纸浆和研磨材料排空，将这种混合材料保留起来供再次研磨使用。彻底清洗打浆机，用吸水纸吸干底刀座的各部分。

B.2.8 按照下面的方法，用复写纸检查底刀座的情况：

将一张复写纸(B.1.3)置于两纸页之间，使其总厚度为 0.15 mm。将这种纸切成 160 mm×250 mm，再将制备好的复写纸放于底刀座和飞辊之间。向杠杆臂施加压力，压紧复写纸，防止其滑掉。用手转动飞刀辊，在飞刀辊的一些其他部位重复这一过程，直至得到底刀座各处的压痕。

注：使用两面包有纸页总厚度为 0.15 mm 的铝箔纸页，也可以得到类似的压痕。

B.2.9 用纸浆研磨材料的混合物继续研磨，直至复写纸的压痕表明底刀和飞刀辊完全接触。

B.2.10 一旦底刀和飞刀辊完全接触，放出打浆机内的混合物，并将这种研磨材料的混合物保留起来。将底刀座和橡皮隔膜作为一个整体卸下，反复去除底刀前刃多出的固定金属至 1.0 mm±0.2 mm 深。

B.2.11 刮削或研磨底刀，去除毛刺的边缘，清洁底刀间的区域。研磨或锉削底刀末端凸起的肩角，把底刀座放回原处。

B.2.12 将纸浆研磨材料的混合物倒入打浆机，在杠杆臂上施加标准的 54 N 负荷，研磨约 5 min，以校准由于移动底刀组件而造成的失调。

B.2.13 排空打浆机内的纸浆研磨材料的混合物，将底刀座弄干。用复写纸压痕检查底刀座的接触情况，如果接触良好，取下飞刀辊上的防溅罩。用手转动飞刀辊，检查每把飞刀是否与精确的直边相平直，使用磨料(B.1.4)和轻机油(B.1.5)仔细地研磨每把飞刀后缘的金属毛刺。

B.2.14 将每把飞刀的前缘仔细地磨圆成半径大约为 0.2 mm～0.3 mm。在这一阶段，不用试图改变飞刀上的沟纹表面。

B.2.15 用参照浆进行打浆，检查打浆机的运转情况。打阔叶木参照浆时，当把浆打到约 50°SR 或“加拿大标准”游离度 200 mL 所需要的正常时间时，肖伯尔值应高于那种浆的正常值约 10%，而“加拿大标准”游离度应低于那种浆的正常值约 10%。如果检查时，使用的是针叶木参照浆，脱水能力值应保持在有关浆的正常水平。

B.2.16 如果检查不符合要求，应采取下列步骤：

B.2.16.1 如果打浆机改变滤水性能太慢，在杠杆臂下施加标准的负荷，用 420 g(约 300 mL)的 45 μm 金刚砂粉(B.1.2)在打得很好的浆中来调整打浆机。连续精磨 15 s～30 s，精磨后应进行稳定运转(第 B.3章)，然后用参照浆(B.1.6)检查。

B.2.16.2 如果打浆机改变滤水性能太快，继续进行上述的研磨，但是加在杠杆臂上的负荷应小(5 N～10 N)，连续研磨 10 min～30 min，具体时间根据所需的效果而定。在用参照浆(B.1.6)检查之前，应使打浆机稳定运转。

B.3 稳定阶段

这个阶段的目的是为了稳定飞刀和底刀组合件的状况。

B.3.1 从打浆机上移去杠杆臂夹，按正常的方法准备标准的 360 g 打浆机用浆。

注：用能代表经常测定浆料的试样，并使底刀和飞刀间的间隙适合此类型浆料，对打浆机的稳定运转是有帮助的。

B.3.2 向打浆机的浆料中加入 50 g(约 35 mL)45 μm 金刚砂粉，在杠杆臂上没有任何负荷的情况下，使其循环，直至纸浆和金刚砂粉混合均匀为止。

B.3.3 在打浆机臂上施加标准的 54 N，使纸浆研磨材料的混合物循环 2 min～3 min，放出混合物，清洗所有残余的纸浆和研磨材料。松开橡皮隔膜螺栓，清洗橡皮隔膜区域残余的纸浆研磨材料。

B.3.4 用至少三份标准参照浆(B.1.6)打浆，打浆到“加拿大标准”游离度约 200 mL，或 50°SR，除非需要检查游离度外，让打浆机自由运转。

B.3.5 反复地进行粘状打浆也可能影响打浆机的稳定性。用参照浆打浆让打浆机充分地运转，检查打浆机的校准情况。如果滤水度在参照浆正常达到的±5%范围内，打浆机即可使用。

B.4 修整研磨

B.4.1 当发生下述情况时应进行修整研磨：

B.4.1.1 在打浆的较后阶段，底刀组件过度颤抖震动。

B.4.1.2 打浆机的测定结果超出了正常的控制限度。

B.4.2 检查底刀和飞刀辊，看其是否有过多的磨损、失调或松动。如果底刀磨损超过原来标准的 3.2 mm 以上，飞刀磨损超过原来标准的 1.6 mm 以上，应将它们更换。检查固定金属和底刀前缘间的间距，将其间距调整到 1.0 mm。

B.4.3 如果打浆机改变滤水性能太慢，在杠杆臂上施加标准的负荷，用 420 g（约 300 mL）45 μm 金刚砂粉在打得很好的阔叶木浆中对其进行精磨，连续精磨 15 s～30 s。精磨后应使打浆机进行稳定运转，然后通过打参照浆（B.1.6）进行检查。

B.4.4 如果打浆机改变滤水性能太快，继续上述的校准研磨，但加在杠杆臂上施加的负荷应为 5 N～10 N，这个处理应连续 10 min～30 min，具体时间取决于所需的效果。使打浆机稳定运转，然后用参照浆（B.1.6）检查。

ICS 85-010
Y 30

GB

中华人民共和国国家标准

GB/T 24326—2009

纸浆 物理试验用实验室纸页的制备 快速凯塞法

Pulps—Preparation of laboratory sheets for physical testing—Rapid-Köthen method

(ISO 5269-2:2004,MOD)

2009-09-30 发布　　　　2010-02-01 实施

中华人民共和国国家质量监督检验检疫总局
中国国家标准化管理委员会　发布

前 言

本标准修改采用ISO 5269-2:2004《纸浆 物理试验用实验室纸页的制备 第2部分:快速凯塞法》(英文版)。

本标准与ISO 5269-2:2004相比,主要差异如下:

——增加了GB/T 24325《纸浆 实验室打浆 瓦利(Valley)打浆机法》,并用GB/T 24325代替ISO 5264-1:1979,MOD;

——用GB/T 10739《纸、纸板和纸浆试样处理和试验的标准大气条件》代替ISO 187:1990,EQV;

——用QB/T 1462《纸浆实验室的湿解离》代替ISO 5263:1979,EQV;

——用QB/T 1463《纸浆实验室打浆 PFI磨法》代替ISO 5264-2:1979,EQV;

——对国际标准中的4.1、4.1.1、4.1.2、4.1.3和4.2条款标题后的内容保留,改作注的内容。

本标准由中国轻工业联合会提出。

本标准由全国造纸工业标准化技术委员会归口。

本标准起草单位:中国制浆造纸研究院、国家纸张质量监督检验中心、中国造纸协会标准化专业委员会。

本标准主要起草人:史记。

纸浆　物理试验用实验室纸页的制备 快速凯塞法

1　范围

本标准规定了采用快速凯塞纸页成型器来制备用于物理试验的实验室纸页，以便评价纸浆的有关性质。

本标准适用于大部分种类的纸浆，但不适用于某些具有很长纤维的浆料，如未经切短的棉纤维、亚麻和类似原料的纸浆。

本标准不适用于制备按 GB/T 8940.2 测定蓝光漫反射因数所用的实验室纸页。

注：使用未经切短的长纤维纸浆时，纸页的匀度也许不令人满意。

2　规范性引用文件

下列文件中的条款通过本标准的引用而成为本标准的条款。凡是注日期的引用文件，其随后所有的修改单(不包括勘误的内容)或修订版均不适用于本标准，然而，鼓励根据本标准达成协议的各方研究是否可使用这些文件的最新版本。凡是不注日期的引用文件，其最新版本适用于本标准。

GB/T 5399　纸浆　浆料浓度的测定(GB/T 5399—2004,ISO 4119:1995,IDT)

GB/T 10739　纸、纸板和纸浆试样处理和试验的标准大气条件(GB/T 10739—2002,eqv ISO 187:1990)

GB/T 24325　纸浆　实验室打浆　瓦利(Valley)打浆机法(GB/T 24325—2009,ISO 5264-1:1979,MOD)

QB/T 1462　纸浆实验室的湿解离(QB/T 1462—1992,eqv ISO 5263:1979)

QB/T 1463　纸浆实验室打浆 PFI 磨法(QB/T 1463—1992,eqv ISO 5264-2:1979)

3　原理

真空条件下，在金属丝网筛上用纸浆悬浮液制成圆形纸页。纸页需经加压并在干燥器中干燥。为完全防止纸页收缩，应用指定的方式加压，并在一定的真空和温度条件下压榨。

4　设备

4.1　快速凯塞装置

注：由纸页成型器、转移装置、一个或多个干燥器和附件组成(见图 1)。设备与浆料或水接触的部分应耐腐蚀。

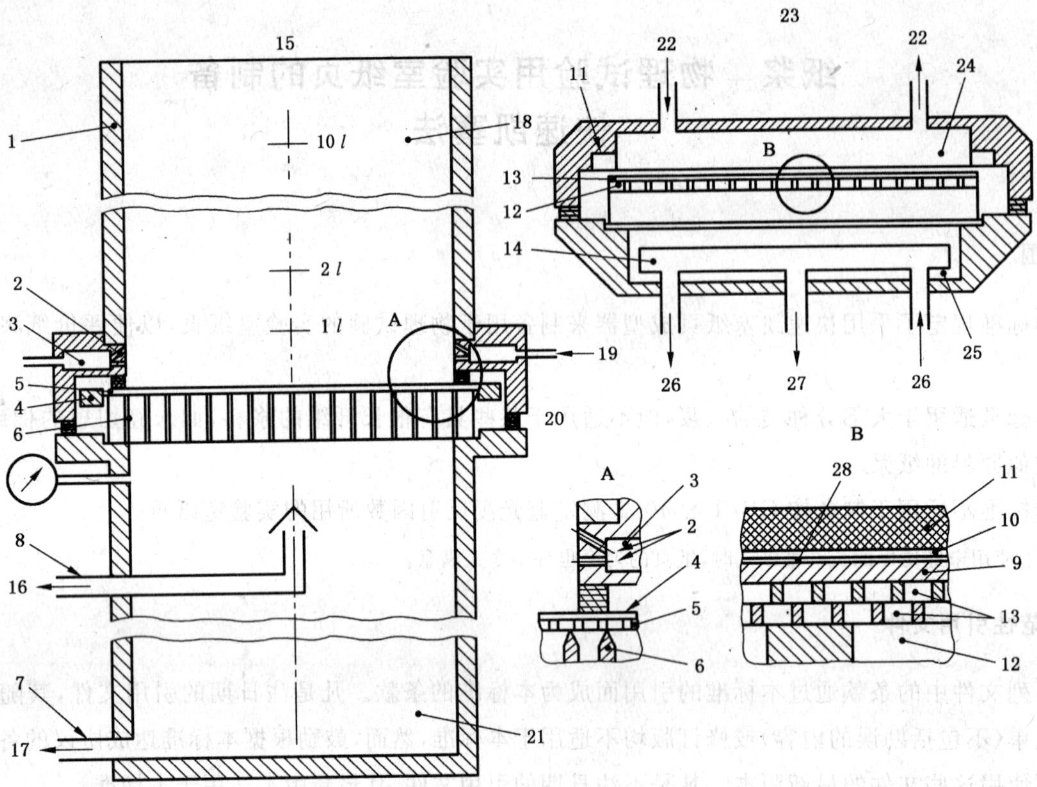

1——透明圆筒；
2——成排的孔；
3——环形室；
4——纸页成型筛网；
5——支撑筛网；
6——肋条；
7——排水口；
8——真空管；
9——衬垫纸板；
10——覆盖纸；
11——胶垫；
12——多孔平板；
13——磷青铜网；
14——冷却器；
15——纸页成型器；
16——空气；
17——水；
18——贮浆器；
19——水或空气；
20——筛网部；
21——抽吸室；
22——热水；
23——干燥器；
24——加热室；
25——汽室；
26——自来水；
27——真空泵；
28——实验室纸页。

图 1　快速凯塞成型器及干燥设备

4.1.1 **纸页成型器**

注：由制备浆料悬浮液的贮浆器、形成湿纤维层的筛网部、用于抽水和贮存网下水的抽吸室组成。贮浆器的下部、筛网部和抽吸室均可密封。

4.1.1.1 **贮浆器**

见图1，贮浆器包括透明的圆筒(1)，其内径为200 mm±0.5 mm，容积应不少于10 L。贮浆器应刻有升数。围绕贮浆器下部的圆周上有两排小孔(2)，孔径为1.5 mm，分上下两排，与圆筒外的环形室(3)径向相通，每排有40个小孔。筛网表面和下排小孔的距离是10 mm，上下两排小孔之间的距离是7 mm。下排小孔是水平钻出的，而上排小孔是向上倾斜的，与圆筒中心成30°角。

贮浆器应设计成筛网可卸的。环形槽可用空气和压缩空气充满。

4.1.1.2 **筛网部**

筛网部将贮浆器和抽吸室隔开，由纸页成型筛网(4)和支撑筛网(5)组成。

镍丝纸页成型筛网平整地张在网圈上，并可从支撑筛网上取下。斜织的纸页成型筛网尺寸如下：

经线数：60根/cm；

纬线数：55根/cm；

线径：0.060 mm～0.065 mm。

支撑筛网平整地张在彼此平行的、相隔10 mm±2 mm的肋条(6)上，肋条宽2 mm、高30 mm。

每个肋条上端的两边缘斜切成与水平线成75°的倒角，并使每个肋条顶端留下0.5 mm宽的凸缘作为支撑筛网的支架。支撑筛网要准确地水平定位。

支撑筛网是单线平织的，由磷青铜网制成，其尺寸如下：

经线数：8根/cm；

纬线数：7根/cm；

线径：0.35 mm。

4.1.1.3 **抽吸室**

抽吸室容积大于10 L，有一个可以关闭的排水口(7)。抽吸室可通过沿它的轴中心直接安装的真空管(8)与真空泵相连，真空管被封盖可防止水的渗入。有一个调节阀可将抽吸室的最大真空度限制为27 kPa。

4.1.2 **转移装置**

注：转移湿纤维纸页的装置由伏辊、衬垫纸板和覆盖纸组成。

4.1.2.1 **伏辊**

伏辊直径120 mm～130 mm，长240 mm～260 mm，质量3.0 kg±0.2 kg。伏辊外表面应有弹性，用毛布做成大约20 mm厚。

4.1.2.2 **衬垫纸板(9)**

由漂白挂面折叠箱纸板裁成的圆片，不含染色剂和荧光增白剂，直径为240 mm，定量为200 g/m²，表面施胶良好。

4.1.2.3 **覆盖纸(10)**

由施胶良好并经过压光的书写纸做成的圆片，定量为65 g/m²±5 g/m²，直径为205 mm。

注：适用的衬垫纸板和覆盖纸的其他性质如下：

衬垫纸板由仿彩色纸板制成，仿彩色纸板以机械浆为芯层，用不含磨木浆、机内施胶的漂白化学浆挂面。表层挂面的定量为60 g/m²±5 g/m²，表面吸水(Cobb法)为20 g/m²±5 g/m²，平滑度(别克法)为20 s～25 s。衬垫纸板的透气度应大于1.83×10^{-6} m/(Pa·s)，表观密度为0.65 g/cm³～0.70 g/cm³。

覆盖纸为不含磨木浆、超级压光的白纸，灰分低于5%，表面吸水(Cobb法)为15 g/m²±2 g/m²，平滑度(别克法)为80 s～120 s。

合适的衬垫纸板和覆盖纸可从市面上购买。

4.1.3 干燥器

注：由一个用橡胶膜传递热和压力的加热室、一个支撑网筛和一个带冷却器的汽室组成。加热室、支撑筛网和汽室均可密封。

4.1.3.1 加热室

加热室包括一个小室，小室带有可供 93 ℃±4 ℃的热水通过的出口和入口。室底是由厚 1 mm～2 mm、耐高温、高弹性的橡胶膜构成。橡胶膜直径稍大于 201 mm。加热室可以从支撑筛网上卸下。采用沉浸式加热室时，平板橡胶隔膜和支撑筛网间的距离是 1 mm。

4.1.3.2 支撑筛网

支撑筛网是一个多孔平板(12)，板面张有两层磷青铜网(13)，牢固地固定在板的边缘上。平板应能承受 100 kPa 表面压力而不发生变形。

支撑筛网的尺寸如下：

上网：

——经线数：32 根/cm；

——纬线数：24 根/cm；

——线径：0.16 mm～0.17 mm。

下网：

——经线数：8 根/cm；

——纬线数：7 根/cm；

——线径：0.35 mm。

支撑板：

——厚度：2 mm；

——孔径：3 mm～4 mm；

——孔距：5 mm。

4.1.3.3 汽室

汽室包括一个直接位于支撑筛网下边的密封小室，并且在最低处有一个排气嘴，排气嘴使汽室压力达 5 kPa。

汽室里装有一个大面积的冷却器(14)，自来水流经此冷却器。冷却水温度不高于 20 ℃，部分蒸汽穿过支撑筛网在冷却器上冷凝。

4.2 辅助设备

注：以下是快速凯塞法纸页成型器和干燥设备的重要辅助设备，用于检查是否符合上述操作条件的测量设备除外。

4.2.1 稀释水泵

每分钟能向纸页成型器的贮浆器(4.1.1.1)中注入 18 L～20 L 的水。

注：稀释水、冷凝水、压缩空气在通过和抽真空时常用此类泵。

4.2.2 压缩空气泵

以 60 L/min 的速度向纸页成型器的贮浆器(4.1.1.1)中通入空气。

4.2.3 热水加热器

提供 93 ℃±4 ℃的热水。

4.2.4 热水泵

在热水加热器(4.2.3)和加热室(4.1.3.1)之间以 3 L/min～6 L/min 的速度循环输送热水。

4.2.5 冷却水泵

以约 2 L/min 的速度向干燥器汽室(4.1.3.3)的冷却器中通自来水。

4.2.6 真空泵

能在 10 s 内使干燥器的汽室(4.1.3.3)的真空达 5 kPa。

5 试样的制备

5.1 预处理

5.1.1 未经打浆的纸浆

未经打浆的纸浆按 QB/T 1462 规定解离。

5.1.2 经实验室打浆的纸浆

经实验室打浆的纸浆按 GB/T 24325 或 QB/T 1463 的规定处理。

5.1.3 取自生产线上悬浮浆料

没必要进行预处理。

5.2 试样的制备

将试样浓度稀释至 0.2%～0.5%。对于含有絮状物的纸浆，应稀释浓度至 0.2%～0.3%。按 GB/T 5399 测定试样浓度，或按 6.1 的规定抄造一张已知定量范围(绝干定量为 65 g/m^2～85 g/m^2)的实验室纸页。若用实验室纸页测定试样浓度，则不必校正通过纸页筛网时的细小纤维流失(见 6.1.3)。

稀释后的试样应尽快用于抄纸。

6 试验步骤

6.1 纸页成型

6.1.1 将干净的抄纸网放置在支撑筛网上。将贮浆器(4.1.1.1)放置在筛网部(4.1.1.2)上，并关闭抽吸室(4.1.1.3)的出口。

6.1.2 用稀释水泵(4.2.1)向贮浆器(4.1.1.1)中注入 4 L 自来水。往贮浆器顶部注入按 5.2 制备的一定量的试样，这些试样相当于 2.4 g 绝干浆或定量 75 g/m^2 ± 2 g/m^2 实验室纸页所需的试样量。向贮浆器中注入更多的稀释水，直至总体积达到 7 L。如果纸页被用来测定其特定属性，例如挺度和压缩性，纸页的定量应为按绝干计算的 140 g/m^2 ± 4 g/m^2。

6.1.3 在大多数情况下会有细小纤维流失，所以应多加些纸浆来补充。

6.1.4 用压缩空气泵(4.2.2)在 5 s 内快速往贮浆器(4.1.1.1)中通入空气以搅拌试样。停止输送压缩空气，用 5 s 时间使涡流停止。打开通抽吸室(4.1.1.3)的真空泵阀门，开始脱水。在脱水过程中，真空度应不超过 27 kPa(见 4.1.1.3)。

6.1.5 当悬浮液中的全部水通过纤维层被抽走后，继续抽 10 s ± 1 s。关上真空泵，排除抽吸室(4.1.1.3)中的真空，并打开抽吸室的排水口。将贮浆器(4.1.1.1)从筛网部(4.1.1.2)移开。

注：如果是易絮聚纸浆，可通过加速脱水来改善纸页的成型，也可在脱水开始时打开抽吸室(4.1.1.3)的一个与大气相通的出口约 2 s。

注意：如果由一个自动定时器来控制脱水，当脱水终止时，会有大量的悬浮液保留在贮浆器(4.1.1.1)中。当用含磨木浆或短纤维纸浆制备纸页时可观察到这一特征。

6.2 纸页的转移

6.2.1 在湿纸页上同心放置一张衬垫纸板(4.1.2.2)和一张覆盖纸(4.1.2.3)，衬垫纸板光滑的一面朝下。在没有施加任何附加外力的情况下，在纸页上来回滚压伏辊(4.1.2.1)约 2 s，并在两个相垂直的方向上各滚压一次。伏辊(4.1.2.1)应放置在网子的边缘而不是放在湿纸页上。衬垫纸板和覆盖纸仅能使用一次。

6.2.2 将纸页成型筛网连同湿纸页和衬垫纸板(4.1.2.2)从支撑筛网(4.1.3.2)上取下，使其稍微倾斜。将其边缘对准一个水平的垫板，使载有湿纸页的衬垫纸板(4.1.2.2)移到垫板上去。

6.2.3 再次使用纸页成型筛网以前，应先从网的背面用较大的水流冲掉粘附在网上的纤维。

6.3 纸页的干燥和温湿处理

6.3.1 在从网上取下纸页的 1 min 内，将附在衬垫纸板(4.1.2.2)上的湿纸页放在开动的干燥器

(4.1.3)的支撑筛网(4.1.3.2)上。在湿纸页上放一张新的覆盖纸(4.1.2.3)，立即关上干燥器(4.1.3)，并用真空泵(4.2.6)抽真空。

6.3.2 从达到预定 96 kPa 的真空度开始计时，干燥过程约为 5 min～7 min。然后关上真空泵，排除干燥器中的真空，将已抄成的纸页和衬垫纸板及覆盖纸一起移开。再将衬垫纸板和覆盖纸从抄成的纸页上揭去。如果要制备较高定量的纸页，应延长干燥时间(最少为 12 min)。

6.3.3 在进行物理测试以前，应按 GB/T 10739 将采用快速凯塞法抄造的实验室纸页进行温湿处理。

7 试验报告

试验报告应包括以下内容：

a) 对本国家标准编号的引用；

b) 完整鉴定试样的所有必要信息；

c) 取样方法的叙述；

d) 所用的解离方法；

e) 纸页的目标定量；

f) 所用水的特征(例如：pH，硬度)；

g) 在试验过程中观察到的任何异常现象；

h) 任何偏离本标准或可能影响结果的任何操作。

ICS 85-010
Y 30

中华人民共和国国家标准

GB/T 24327—2009

纸浆 实验室湿解离
化学浆解离

Pulps—Laboratory wet disintegration—Disintegration of chemical pulps

(ISO 5263-1:2004,MOD)

2009-09-30 发布　　2010-02-01 实施

中华人民共和国国家质量监督检验检疫总局
中国国家标准化管理委员会　发布

前　言

本标准修改采用 ISO 5263-1:2004《纸浆　实验室湿解离　第 1 部分:化学浆解离》(英文版)。

本标准与 ISO 5263-1:2004 相比,主要技术差异如下:

——天平感量改为±0.1 g;

——用 GB/T 462《纸、纸板和纸浆　分析试样水分的测定》代替 ISO 287:1985,MOD 和 ISO 638:1978,MOD。

本标准的附录 A 为规范性附录,附录 B 为资料性附录。

本标准由中国轻工业联合会提出。

本标准由全国造纸工业标准化技术委员会归口。

本标准起草单位:中国制浆造纸研究院、国家纸张质量监督检验中心、中国造纸协会标准化专业委员会。

本标准主要起草人:史记。

纸浆 实验室湿解离 化学浆解离

1 范围

本标准规定了化学浆实验室湿解离的仪器和设备、试样制备、试验步骤及试验报告。

本标准适用于各种化学浆,包括回用纸浆。

本标准不适用于机械浆和一些纤维非常长的化学浆,如棉浆或用类似物质制成的纸浆。

2 规范性引用文件

下列文件中的条款通过本标准的引用而成为本标准的条款。凡是注日期的引用文件,其随后所有的修改单(不包括勘误的内容)或修订版均不适用于本标准,然而,鼓励根据本标准达成协议的各方研究是否可使用这些文件的最新版本。凡是不注日期的引用文件,其最新版本适用于本标准。

GB/T 462 纸、纸板和纸浆 分析试样水分的测定(GB/T 462—2008;ISO 287:1985,MOD;ISO 638:1978,MOD)

GB/T 5399 纸浆 浆料浓度的测定(GB/T 5399—2004,ISO 4119:1995,IDT)

3 术语和定义

下列术语和定义适用于本标准。

3.1

化学浆解离 disintegration of chemical pulps

在水中对游离在浆料中、相互缠结的纤维进行机械处理,使其彼此分离,但不改变其结构性质。

4 仪器和设备

常用实验室仪器以及以下各项。

4.1 标准解离器,见附录 A。

注:标准解离器的检查步骤参见附录 B。

4.2 天平,其感量应达到±0.1 g。

4.3 标准水:蒸馏水或去离子水,或相当纯度的水。

5 试样的制备

5.1 对于湿浆和风干浆,应按照 GB/T 462 的规定测定绝干物含量。对于液体浆,应按照 GB/T 5399 的规定测定绝干物含量。

5.2 如果液体浆的浓度低于 1.5%(质量百分比),应将其浓缩至合适的体积,谨慎操作应避免纤维损失。最简单的方法是沉降悬浮液后移走一部分水,也可以通过在布氏漏斗上放一张滤纸来脱水。

5.3 在某些试验中,纸浆的滤水性能非常重要,此时应使用标准水(4.3)解离纸浆。在纸浆解离的整个过程中,均应使用标准水。

5.4 每次解离时应采取相当于(30.0±0.5)g 绝干质量的试样。对于浆板,不应通过切割来取样,且应避免取用切边处的试样。

5.5 如果试样纸浆的绝干物含量大于等于 20%,应用 1 L~1.5 L 的(20±5)℃标准水浸泡试样,最低浸泡时间应符合表1中的规定。对于浆板或浆块，应在浸泡后将浆样撕成大约25 mm×25 mm的片状。试验证明，如果浸泡时间超过规定的最低时间，例如一个晚上，也不会对结果产生明显的影响。但是，对于任何纸浆，浸泡时间应不超过24 h。

表 1

试样的绝干物含量/%(质量分数)	最低浸泡时间
＜20	0 min
20～60	30 min
＞60	4 h

5.6 考虑到气候的因素，浸泡温度可以为25 ℃～30 ℃，但应在试验报告中说明。

6 试验步骤

6.1 按上述步骤制备好试样后，将其转移到标准解离器(4.1)的圆筒中。

6.2 将(20±5)℃标准水加到圆筒中，直至圆筒中的总体积达到(2 000±25)mL。将回转计数器清零，启动发动机，使螺旋桨的转数符合表2的规定。停止转动，目测试样是否已完全解离。例如，可以从圆筒中取出少量试样，用水稀释，在玻璃量筒中迎光观察解离情况。如果没有完全解离，则继续解离至纤维间完全分开。

表 2

试样的绝干物含量/%(质量分数)	转数
＜20	10 000
≥20	30 000

如果试料用量或转数与上述规定不同，则应在试验报告中说明。

7 试验报告

试验报告应包括以下内容：

a) 对本国家标准编号的引用；

b) 完整鉴别试样所需的信息；

c) 所用水的等级(标准水、蒸馏水或自来水)；

d) 浸泡时间；

e) 试样的绝干物含量；

f) 试验过程中观察到的任何异常情况；

g) 任何偏离本标准的内容，或者任何可能影响结果的因素。

附 录 A
（规范性附录）
标准解离器的结构

A.1 材料

接触纸浆悬浮液的所有材料都应防水、弱酸和弱碱。常使用不锈钢或由玻璃纤维包覆的塑料。

A.2 标准解离器

A.2.1 图 A.1 所示，圆柱形圆筒内有四个等距安装的挡板，挡板距杯底 32 mm，距杯盖 57 mm，每个挡板横跨圆筒内部的半个圆周。挡板被设计成沿顺时针方向向下延伸。在圆筒内部，杯底圆角半径为 13 mm。配有三个叶片的螺旋桨被固定在圆筒中部一根垂直的轴上，距底部一定距离。螺旋桨在浆料中按照规定的速度旋转，计数器用于记录转数。计数器应是可以预先定位的，可以在到达规定转数后自动关闭解离器。从上往下观察时，螺旋桨沿顺时针方向旋转。

单位为毫米

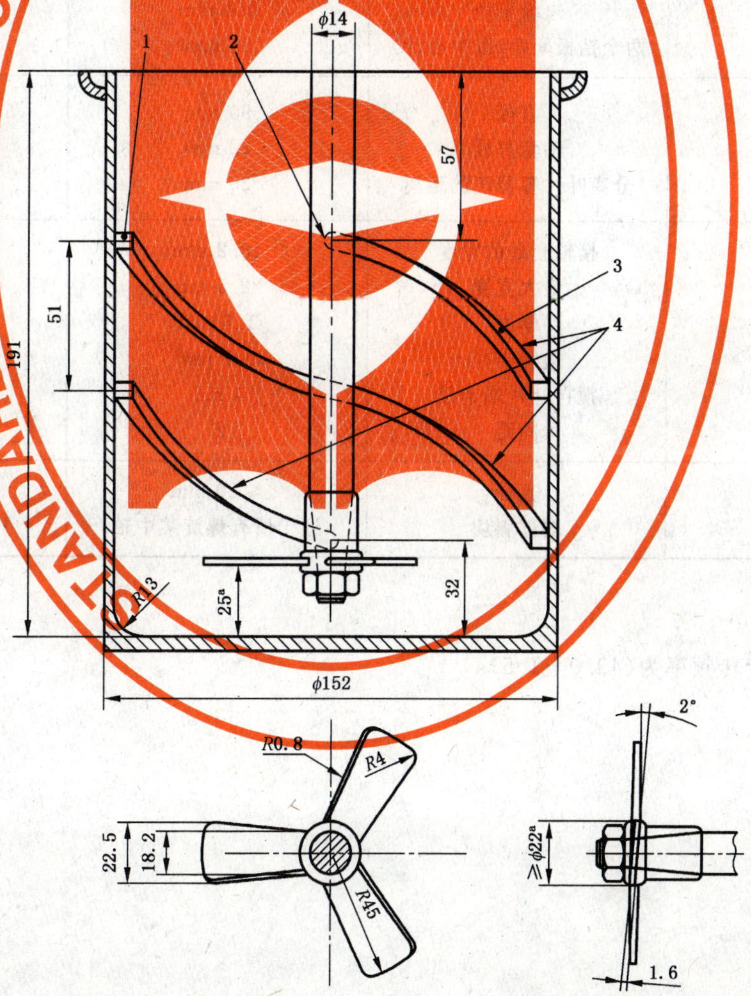

1——6.5 mm×6.5 mm 部分；
2——边缘 $R3$；
3——倒角 $R0.4$；
4——四个螺旋桨，每个螺旋桨横跨半个圆周（示出三个）。

a 并非按比例绘制。

图 A.1

A.2.2 圆筒配有盖子，在大多数解离器中，盖子的尺寸与螺旋桨/发动机相匹配。

A.2.3 在解离器运行时，圆筒被牢固地固定。但是，圆筒可以方便快捷地移动或被其他装置取代。

A.3 尺寸

标准解离器的尺寸见表 A.1。

表 A.1

部件	尺寸	标准值 （有特殊说明除外）	偏差
圆筒	内高 内径 底部内圆角半径	191 mm 152 mm 13 mm	±2 mm ±2 mm ±2 mm
挡板	方切面 与圆筒底部的距离 与圆筒边缘的距离 端部半径 边缘半径 两个挡板间距（以中心计）	6.5 mm 32 mm 57 mm 3 mm 0.4 mm 51 mm	±1 mm ±1 mm ±1 mm ±0.5 mm ±0.1 mm ±1 mm
螺旋桨	直径 轴套直径 分离叶片容器底的距离	90 mm 22 mm 25 mm	±0.5 mm — ±2 mm
螺旋桨叶片	接轴套处的宽度 最大宽度 厚度 边缘半径 搅拌叶片端半径 间距	18.2 mm 22.5 mm 1.6 mm 0.8 mm 4 mm 2°	±0.5 mm ±0.5 mm ±0.5 mm ±0.2 mm ±1 mm ±15′
螺旋桨轴	直径 端部斜切	≤20 mm 适于所有螺旋桨中轴	—

A.4 旋转频率

螺旋桨轴的旋转频率为$(49.0\pm1.5)s^{-1}$。

附　录　B
(资料性附录)
标准解离器的检查

定期检查标准解离器。应特别注意保证以下几点：

a)　搅拌器轴应平稳转动，并总位于圆筒的中心；

b)　搅拌器轴应按规定的频率转动；

c)　搅拌器刀片应按规定装备(可以用一个搅拌器量尺检查)；

d)　搅拌器刀片的尺寸应符合规定(见第A.3章)，并不应有损伤。

如果正常使用仪器，标准解离器的其他尺寸应恒定，而且应定期检查尺寸。

ICS 85-010
Y 30

中华人民共和国国家标准

GB/T 24328.1—2009

卫生纸及其制品 第1部分:总则及术语

Tissue paper and tissue products—Part 1:General principles and terms

(ISO 12625-1:2005,Tissue paper and tissue products—Part 1:General guidance on terms,MOD)

2009-09-30 发布 2010-02-01 实施

中华人民共和国国家质量监督检验检疫总局
中国国家标准化管理委员会 发布

前　言

GB/T 24328《卫生纸及其制品》分为以下7个部分：

——第1部分：总则及术语；

——第2部分：厚度、层积厚度和表观密度的测定；

——第3部分：抗张强度、裂断时伸长率和抗张能量吸收的测定；

——第4部分：湿抗张强度测定；

——第5部分：定量的测定；

——第6部分：吸水时间和吸水能力(篮筐浸没法)；

——第7部分：球形耐破度的测定。

本部分为GB/T 24328的第1部分。

本部分修改采用ISO 12625-1:2005《卫生纸及其制品　第1部分:卫生纸及其制品术语导则》(英文版)。

本部分与ISO 12625-1:2005相比，主要差异如下：

——标准名称改为《卫生纸及其制品　第1部分:总则及术语》；

——删除了"范围"中尘埃和水分测试方法的提示；

——用GB/T 24328.5《卫生纸及其制品　第5部分:定量的测定》代替ISO 12625-6:2005，MOD。

本部分由中国轻工业联合会提出。

本部分由全国造纸工业标准化技术委员会归口。

本部分起草单位：中国制浆造纸研究院、中国造纸协会标准化专业委员会。

本部分主要起草人：卢宝荣。

卫生纸及其制品
第1部分:总则及术语

1 范围

GB/T 24328 的本部分规定了卫生纸及其制品行业的总则、术语和定义。

本部分适用于卫生纸及其制品。

2 规范性引用文件

下列文件中的条款通过 GB/T 24328 的本部分的引用而成为本部分的条款。凡是注日期的引用文件,其随后所有的修改单(不包括勘误的内容)或修订版均不适用于本部分,然而,鼓励根据本部分达成协议的各方研究是否可使用这些文件的最新版本。凡是不注日期的引用文件,其最新版本适用于本部分。

GB/T 24328.5 卫生纸及其制品 第5部分:定量的测定(GB/T 24328.5—2009,ISO 12625-6:2005,MOD)

3 总则

3.1 卫生纸指由低定量、干起皱和某些"不起皱"的原纸加工的纸制品,例如厕用纸、厨房用纸巾、纸手帕、纸面巾、纸餐巾、擦手纸巾、擦拭纸。

3.2 这些产品可以被做成一层或多层、平张或卷筒、折叠或未折叠、压花或未压花、层合或未层合、印刷或未印刷,也可能有后处理,例如添加乳霜。

3.3 这类产品由单层、半成品、湿法成形的卫生纸原纸制得,主要由天然纤维组成。所用纤维可以是原生的或回用的。单层卫生纸原纸的典型定量为 10 g/m^2～50 g/m^2。

3.4 卫生纸原纸可以赋予加工产品较高的抗张能量吸收、类似于纺织品的较好柔韧性和表面柔软度、较低的层积密度和较高的吸液能力。

3.5 卫生纸及其制品标准范围内的卫生纸都是湿法成形纸,通常用于一次性卫生目的。

3.6 用于制造这些产品的原纸也包括在此范围。包括使用或不使用扬克烘缸起皱,或利用其他技术,如速差法生产的原纸。速差法可提供低的层积密度,同时保持良好的强度和柔软度。

3.7 即使某些非织造布采用湿法工艺制造,类似于造纸工艺,但非织造布不属于卫生纸的范畴。

4 术语和定义

下列术语和定义适用于本系列标准。

4.1

吸收性 absorbency

卫生纸和/或其制品从所接触的含液物质里吸收液体以及保留液体的性能。

4.2

吸收能力 absorption capacity

单位质量的样品吸收液体的最大质量。

4.3

吸收速度 absorption rate

在单位时间内,样品吸收液体的质量。

4.4

吸收时间　absorption time

试样从浸水开始到完全润湿所需要的时间。

4.5

粘合剂　adhesive

在多层产品的加工过程中，用于层间粘合的物质。

4.6

居家外用产品　AFH products

不在家庭使用的卫生纸产品。

例如：工业擦拭纸或其他公共场合用产品。

注：AFH 为 Away From Home。

4.7

加速老化　accelerated ageing

预测卫生纸性质在一段时间内发生不可逆变化的方法。

注：卫生纸及制品长时间后的湿强度变化，可以通过在高于环境温度下对卫生纸进行短时间加热来予以模拟。实际老化的方法需要通过试验确定。

4.8

表观层积密度　apparent bulk density

单位体积卫生纸及其制品的质量，由**定量**(4.50)和层积厚度计算得到。

注：表观层积密度以 g/cm^3 表示。通过卫生纸或其制品的定量(每平方米的质量)除以由一叠样品测得的厚度来计算表观层积密度。

4.9

原纸　base paper

在卫生纸纸机上生产出的半成品单层卫生纸，用于加工制品。

4.10

原纸成形　base sheet forming

在一个或两个成形网上形成连续的纸幅，其**定量**(4.50)为 $10\ g/m^2 \sim 50\ g/m^2$(未起皱状态)。

4.11

边缘压花　border embossing

沿卫生纸产品的边缘线平行**压花**(4.37)。

注：主要通过机械方法压花，以产生层间结合，或用于装饰目的。通常应用于**纸手帕**(4.52)或**纸餐巾**(4.88)。

4.12

松厚度　bulk

密度的倒数。

4.13

层积柔软度　bulk softness

在手中揉卫生纸时感到的柔软程度。

4.14

C 形折叠　C-fold

卫生纸页被折叠成字母“C”的形状，通常在纵向折叠，用于将卫生纸加工成制品，如**擦手纸**(4.51)或**纸面巾**(4.41)。

4.15

压光　calendering

纸页在辊筒压区的机械处理。

注：使用压光机进行该项操作，其目的是改善卫生纸原纸及制品的平滑度或**表面柔软度**(4.98)。同时该操作可在一定程度上控制卫生纸的厚度。

4.16

纤维素填絮　cellulose wadding; wadding; creped cellulose

由纤维素纤维(主要是化学浆)制成的起皱纸幅或纸页，由一层或多层低定量纸组成。

注：**定量**(4.50)非常低、柔软的皱纹纸，通常成包或成叠使用。

4.17

化学层间结合　chemical ply bonding

使用胶黏剂产生多层之间的层间结合。

4.18

似布感　cloth-like feel

卫生纸或其制品具有像布质材料感觉的特征。

4.19

涂布(卫生纸行业)　coating(tissue industry)

起皱前，在**扬克烘缸**(4.111)上施加一层粘缸剂/剥离剂。

注：与印刷纸和书写纸行业相比，卫生纸行业中"涂布"有不同的含义。在造纸行业中，"涂布"的意思是：

——施加在纸或纸板表面的一层颜料/粘合剂混合物，影响涂布产品的表面结构、光学性质和印刷性能；

——施加涂料的工艺过程。

4.20

温湿处理　conditioning

在样品与规定的温度和相对湿度大气间建立一个可再现水分平衡的过程。

注：在不小于1 h的时间间隔内，样品连续两次的质量差不超过规定的范围时，可认为达到平衡。

4.21

加工　converting

在造纸过程完成后生产制品的处理或操作过程。

注：例如，退卷和复卷，将单层原纸叠成多层，压光、压花、层合、打孔，在纵向或横向裁切，成品小纸卷的复卷，在纵向或横向折叠，折叠纸页的堆垛和各种包装。加工可以包括添加乳霜和印刷。

4.22

卷芯　core

将纸绕成筒或卷时所用的纸管。

注：卷芯由多层纸卷绕，并使用胶黏剂层合而成。

4.23

无芯卷纸　coreless roll

没有卷芯的卷纸(如厕用卫生纸)。

4.24

起皱　creping

为了增强纸张的**伸长率**(4.97)和**柔软度**(4.93)而进行的起皱操作过程。

4.25

皱纹纸　creped paper

在"湿"条件下(干度范围通常为50%～75%)，在一个专用纸机上沿纵向起皱，形成表面粗糙、薄、低定量的纸。

4.26

起皱刮刀　creping doctor; blade

一种薄型刀片状部件，以较高的压力和一定角度压在卫生纸纸机的**扬克烘缸**(4.111)上，用以对纸幅进行起皱处理，并将纸幅从烘缸剥离。

注：在刮刀的作用下，卫生纸纸页在离开烘缸时被起皱，长度变短。

4.27

交叉折叠制品　cross-folded products

单层或多层纸页特殊的折叠形式，以利于随后从盒中或分配器中抽取。

4.28

柔化　cushioning

由具有纤维间强结合力的高密度区域隔开的低密度材料“柔化区”规则分布形成的宏观结构。

注：产生柔化结构的过程。

4.29

双起皱　double creped

在两个独立的工序起皱。

注：第二个起皱烘缸在主**扬克烘缸**(4.111)的下游，一般在主起皱缸起皱纸页的反面起皱。

4.30

双压花　double embossed

在两个独立的工序压花。

4.31

悬垂性　drapability

卫生纸产品像纺织品一样覆盖物品的性能。

4.32

干起皱　dry crepe

使用干起皱工序起皱。

注：典型的例子是，使用**扬克烘缸**(4.111)上的**起皱刮刀**(4.26)对干度为85%～98%几乎干的纸页起皱。

4.33

干擦　dry wiping

擦拭在干的条件下进行，如从待清洁的表面将灰尘清除。

4.34

擦干　dry wiping

为了保持表面干爽，用擦拭纸擦去表面液体。

4.35

边缘压花　edge embossing

滚花　knurling

沿卫生纸产品的边缘压花。

注：平行于纸页纵向，产生机械层间结合的工序。常会显现出较小的环状压痕。对照**边缘压花**(4.11)。

4.36

压合　embossed laminate

在加工过程中，由至少两层卫生纸产生层合，其中至少一层已被压花，胶料涂在压花点以粘合。

注：也可使用机械的方法使压花层与其他层层合，使用足够大的压力，在压花点产生纤维与纤维之间结合。

4.37

压花　embossing

形成凸纹或凹纹图案的工艺过程。通常情况下，压花在雕刻辊或压板间，或在一个雕刻辊或压板和一个无弹性或不变形的支撑表面间加压产生。

注：典型的卫生纸压花制品是全幅压花或结合点压花，如**厕用卫生纸**(4.105)或**厨房用纸巾**(4.55)。

4.38

压花模型　embossing pattern

通过**压花**(4.37)过程,使纸页或制品产生的图案。

4.39

压花套准　embossing registration

将独立的压花模板定位在多层产品中,使压花图案在两层或多层间同步形成。

注:通常可以通过机械方法来实现,例如,使用相同直径的压花辊,保证每张压花纸幅以相同的速度运行,每层的压花图案相对固定。

4.40

初始纸幅　embryonic web

刚成形的湿纸幅。

4.41

纸面巾　facial tissue

多层的卫生纸产品,常被折叠,用于擦拭面部。

注:常用的纸面巾具有非常高的**柔软度**(4.93)和湿强度,生产时尽可能不使用二次纤维。

4.42

凹版压花　female embossing

使用由凹陷区域形成图案模型的压花辊或压花板来**压花**(4.37)。

4.43

成品　finished product

在可能的回收和回用前,供消费者使用的卫生纸制品。

注:整饰(finished)的意思是指在纸机干燥部与贮存和/或成品配送之间进行的加工操作。

4.44

折叠产品　folded product

为满足终端消费的需要,在加工时被折叠的卫生纸制品。

注:典型的例子是,**纸手帕**(4.52)、**纸面巾**(4.41)和**擦手纸**(4.51)。

4.45

点对点　foot to foot

利用胶黏剂,使两个已压花的卫生纸纸幅在配接压花的顶点处粘结的加工方法。

4.46

成形　formation

纤维被分散、排列、混合,形成纸的过程。

4.47

成形网　forming fabric

由合成纤维制成的连续织物或由织物加固的透水网带,在脱水和湿纸幅成形时对纤维提供支撑作用。

4.48

胶合　glue laminating

使用胶黏剂层合。

4.49

胶粘边缘压花　glued borded embossing

在**边缘压花**(4.11)的同时,在压花凸面用胶黏剂粘合。

注:本方法尤其适用于生产**纸手帕**(4.52)。

4.50

定量 grammage

按照GB/T 24328.5规定测得的单位面积卫生纸及其制品的质量。

注：定量以 g/m^2 表示。

4.51

擦手纸 hand towel

用于将手擦干的纸巾。

4.52

纸手帕 handkerchief

多层、边缘压花、松厚、非常柔软、湿强度高的吸收性卫生纸产品，用于擦鼻子。

4.53

触感 haptic feel

通过触摸感觉评价卫生纸及其制品的性质。

注：触感这个术语有时被用作柔软度的同义词，如描述家用擦拭纸巾或**厨房用纸巾**(4.55)这类高定量卫生纸产品的特性时，与低定量柔软的卫生纸产品如纸面巾或**纸手帕**(4.52)相比，这类产品具有不同类型的柔软度和低柔软度水平。

4.54

家用卷纸 household roll

有一定的湿强度，多层的、卷筒状的卫生纸产品，通过打孔分割纸页，一般在家庭中使用。

注：零售型卫生卷纸。

4.55

家用擦拭纸巾 household towel

厨房用纸巾 kitchen towel

高松厚度、通常柔软、经压花处理的卫生纸制品，经过模压、**热风穿透干燥**(4.99)、预干燥、压印和结构性压花后，常常有明显的布质特性。

注：该产品在市场上以卷纸的形式销售，通过打孔分成纸页，有些时候以成叠或成包的纸页形式销售，为了满足使用，具有快速吸水性质，特别高的吸水能力和较高的湿抗张强度。

4.56

卫生纸 hygiene paper

用于个人卫生目的的卫生纸。

4.57

压印纸幅 imprinted web

带有典型的TAD特征的预干燥或干燥后的纸幅，在枕头状、低密度、高松厚度区域的周围，带有压实线或压实带的宏观压印结构。

4.58

工业擦拭纸 industrial wipes

用于工业用途的擦拭纸，与家庭用擦拭纸不同，主要用于有大量尘埃的场合。

4.59

交互折叠的卫生纸制品 interfolded tissue product

卫生纸纸页交互折叠，当从盒(包)中抽取一张纸时，下一张纸页能易于抽取。

注：当单个纸幅或多个纸幅自一个或多个**母卷**(4.73)从卷绕状态沿全幅松开时，将单层或多层卫生纸原纸(卫生纸原纸纸页或纸幅)沿垂直于纵向交互折叠，生产出交互折叠的卫生纸制品。成品大体形成一段一段的相互折叠的纸巾，如擦手纸，它们的宽度与母卷纸页的宽度一致。

4.60

隐形层间结合　invisible ply bonding

沿与纵向平行的方向使用热熔性胶黏剂形成层间结合，使层间结合变得多少有些隐蔽。

注：与机械层间结合如边缘压花或滚花不同，不会干扰制品全版压花或任一结构压花的视觉外观。

4.61

ISO 亮度　ISO brightness

主波长为 457 nm 时测得的内反射因数。

4.62

J 形折叠　J-fold

将卫生纸折叠成字母“J”的形状。

注：可能折叠的不同类型的一例。

4.63

大卷筒原纸　jumbo roll

大卷的卫生纸原纸，以卫生纸纸机全宽卷成的大卷筒。

4.64

厨房用纸巾　kitchen towel

见 4.55。

4.65

滚花　knurling

见 4.35。

4.66

层合纸幅　laminated web

将“胶黏剂”涂在一层或多层卫生纸上，一般涂在压花凸出点的最高处，这样结合形成的多层卫生纸纸幅(通常被压花)。

4.67

层合　laminating

将两层或多层卫生纸(卫生纸纸幅，卫生纸纸页)结合起来，形成多层卫生纸制品的过程。

注：见胶合(4.48)。

4.68

分层　layer

具有相同配料性质的单层卫生纸的一个分层。

注：分层数是指一层中具有截然不同配料的分层数。使用多层流浆箱，可能生产多个分层结构的单层纸幅或纸页。

4.69

凸压花　male embossing

使用带有凸纹图案的压花辊或压花板来**压花**(4.37)。

4.70

结合辊　marrying roll

附加的橡胶压力辊，通常与套叠压花配套使用实现层合。

注：在两层产品套叠压花情况下，该压辊通过与钢压花辊一起形成压区来工作，钢压花辊与涂胶装置相连接。然后压辊系统接触并压在已压花纸幅上，第一张未经涂胶处理的卫生纸原纸纸幅对着第二张套叠压花纸幅的凸出面。两者的顶面都涂了胶而实现层合。

4.71

配对钢辊压花　matched steel embossing

钢辊对钢辊的压花工艺。第一个钢辊带有凸状花纹，第二个钢辊带有与之对应的凹状花纹，使得第一个辊的凸纹能部分地嵌入第二个辊中。

4.72

机械层合　mechanical ply bonding

不使用胶黏剂的层合方法。

注：如：以足够大的压力负荷在两个钢辊中形成挤压，对两层或多层卫生纸**压花**(4.37)，以形成层合。其中一个辊有凸纹压花模版，另外一个辊具有平滑的表面。

4.73

母卷　mother roll

大直径卫生纸原纸卷筒，其宽度是**大卷筒原纸**(4.63)的一半或一部分。

4.74

多分层纸页　multi-layer sheet

由多个分层组成的卫生纸原纸纸页或其制品。

注：由多个不同配料的**分层**(4.68)组成的单层卫生纸纸幅(原纸)。

4.75

多分层纸幅　multi-ply web

由多个不同配料的**分层**(4.68)组成的单层卫生纸纸幅(原纸)。

4.76

套叠压花结合　mested embossing marrying

将胶黏剂涂在一个预压花纸页的凸起面，将该层纸页压在另一个未用胶黏剂处理的预压花纸页上，以套叠的方式形成一个多层**层合纸幅**(4.66)。此过程为套叠压花结合。

4.77

外观　visual appearance

在通常光源条件下观测到的性质，例如，尺寸、形状、颜色、印刷、装饰等。

注：卫生纸产品的形状如：一卷**厕用卫生纸**(4.105)或一沓折叠的**纸手帕**(4.52)，当卫生纸产品放在零售商店的货架上时，产品的压花模型(4.38)或印刷装饰可供识别，产品尺寸、包装形式、包装上的印刷装饰、卫生纸及其制品表面的颜色和质地也可供识别。相邻两条打孔线之间纸页的型式和尺寸、其印刷装饰、**热风穿透干燥　TAD**(4.99)的压痕或压花图案等，在通常光源条件下观测到的任一性质。

4.78

纸巾　paper towel

由卫生纸制的擦拭巾。

4.79

打孔压花　perforation embossing

包括打孔的**压花**(4.37)。

4.80

节距　perforation length

打孔线将卷纸分成若干纸页，两个相邻打孔线间的长度称为节距。

4.81

打孔强度　perforation strength

在纸张平面上，沿垂直于打孔线的方向向打孔线施加张力，测定打孔线的抗张强度。

4.82

卫生纸纸层　ply of a tissue paper

独立成形的纤维纸幅，例如卫生纸原纸。

注：单张纸页可以与其他纸页结合而形成多层制品。

4.83

层间结合 ply bonding

将两层或多层结合起来的加工过程。

4.84

填絮绗缝状产品 quilted

有TAD(4.99)卫生纸原纸质地特点的低密度“枕头”状区域规则分布，具有该三维宏观结构的产品。

4.85

填絮绗缝 quilting

规律性分布的“衬垫”或“枕头”状低密度材料被高密度纤维结合区域分开，形成该三维宏观结构的过程。

注：该结构通常与**热风穿透干燥**TAD(4.99)有关。

4.86

弹性 resilience

移走施加在卫生纸上的压力后，卫生纸恢复原有体积的能力。

4.87

卷硬度 roll firmness

卷纸坚硬度的测量值(卷纸密度)。

注：该属性用于测定如厕用卫生卷纸等制品在运输过程中抗外力破坏的能力。

4.88

餐桌用纸 serviette

就餐时使用的卫生纸制品。

注：典型的制品如纸餐巾。

4.89

纸页 sheet

具有基本二维尺寸、由纤维制成的薄型材料，例如，卫生纸及其制品。

注：该术语不能用于描述连续的纸幅。

4.90

纸页数 sheet count

一沓折叠制品或一卷制品的纸页数量，例如厕用卫生卷纸或**厨房用纸巾**(4.55)卷中纸页的数量。

4.91

纸页尺寸 sheet size

一张卫生纸制品的尺寸(长和宽)，可以通过加工中的裁切或打孔来预测。

4.92

单层 single ply

在卫生纸纸机上生产出的单层纸幅。

4.93

柔软度 softness

一个人触摸制品或材料的表面时感觉到的有关触感的性质。

注：柔软度性质可分为**层积柔软度**(4.13)和**表面柔软度**(4.98)。评估卫生纸及制品柔软度水平的一种方法是：多个经过训练的人根据标准程序试验一个样品，与一个可描述柔软度水平的样品相对照，通过一个小组试验结果来评价。

4.94

点压花　spot embossing

使用预先排列好的线状压花点来形成图形，例如花朵或树叶，其操作过程为点**压花**(4.37)。

4.95

钢对胶压花　steel/rubber embossing

利用经雕刻、带有凸纹图案的压花钢辊和橡胶支撑辊间的压力进行**压花**(4.37)。

4.96

钢对钢压花　steel/steel embossing

使用两个钢辊进行**压花**(4.37)，一个钢辊带有凸纹图案，另一个钢辊带有凹纹图案。

4.97

伸长率　stretch

在载荷的作用下，样品伸长的长度与其初始长度的比率。

4.98

表面柔软度　surface softness

手指头在物体表面轻轻拂过时感受到的柔软感觉。

注：见**柔软度**(4.93)。

4.99

热风穿透干燥　through air drying

TAD

由带有压纹图案的毛毯或传送带支撑的湿纸幅经过一个或多个烘缸时，吹入的热空气穿过运行的湿纸幅进行预干燥。

注：TAD是配备TAD工艺纸机的一部分。

4.100

抗张能量吸收　tensile energy absorption

TEA

在抗张试验中，拉伸试样至断裂时(最大抗张力时)，单位面积的试样吸收的能量。

注：这是卫生纸及其制品的很重要的物理性质，特别是被机械拉伸时的伸长或收缩。

4.101

似布性　textile-like

卫生纸制品具有良好的布质性能、柔软触感和类似于纺织品外观的性质。

4.102

卫生纸　tissue

低定量、薄而柔软、通常起皱和压花的单层或多层材料。

注：在本部分中，卫生纸包括卫生纸制品和卫生原纸。这类产品使用低定量干或湿起皱或不起皱技术。典型的制品是：**厕用卫生纸**(4.105)、**厨房用纸巾**(4.55)、**纸手帕**(4.52)、**纸面巾**(4.41)、纸餐巾、**擦手纸**(4.51)和擦拭纸。这些产品可以是单层或多层层合，纸张成形时可以是一层或几层，制品可以是平张纸或卷筒状，折叠或未折叠、压花或未压花、印刷或未印刷。一些产品被进行后处理，例如添加乳霜。这类产品由单层、半成品、湿成形卫生纸原纸制成，主要成分为天然纤维。这些纤维可以是原生的或回用的。单层卫生纸的常见**定量**(4.50)为 10 g/m^2～50 g/m^2。

4.103

卫生纸原纸　tissue paper

薄的、单层、干或湿起皱的纸，具有较低的定量(4.50)(常见定量为 10 g/m^2～50 g/m^2)。

注：原纸材料取自于卫生纸纸机，以单层纸幅的形式在卷取轴上卷取。原纸用于加工单层或多层卫生纸制品，如**厕用卫生纸**(4.105)或**厨房用纸巾**(4.55)。

4.104

卫生纸制品　tissue product

用卫生纸原纸加工成终端用户消费的产品。

4.105

厕用卫生纸　toilet paper

满足厕所卫生需要的卫生纸产品。

注：一般以小卷的形式提供使用，具有一定数量被打孔线分隔的纸页。

4.106

未起皱卫生纸　"uncreped" tissue paper

通过内起皱工艺生产的卫生纸原纸，具有较高的抗张能量吸收。

注1：与常见的起皱不同，该工艺过程利用成形网与TAD压纹毯之间的速差或两个传送毯之间的速差。

注2：这也被称作"急速传送"("rush transfer")。

4.107

纸幅成形　web forming

形成湿纸幅的过程。

注1：卫生纸原纸纸幅有许多不同的湿成形工艺。在这些工艺中，木纤维或一年生植物纤维水悬浮液在一个或两个转动的无端塑料网上脱水，成形后湿纸幅的最终干度为12%～15%。

注2：纸幅形成：纤维网状结构形成纸幅。

4.108

湿起皱　wet crepe

在烘缸表面起皱后用传统的烘缸或其他干燥设备进行干燥，在传统的纸机上生产的皱纹纸。

注：在纸幅干度为50%～75%时起皱的工艺过程。

4.109

湿法单层卫生纸原纸　wet-laid single-ply tissue base paper

使用典型的造纸工艺生产的卫生纸原纸。在一个旋转动的无端成形网上或两个这样的网间使纤维悬浮液形成纸幅并脱水。

注：术语"卫生纸"不包括使用干法成形的卫生制品。当"卫生纸"描述的是所谓干法成形(如气流法)制品时，属于非织造布领域。

4.110

白度　whiteness

卫生纸或其制品在高亮度、高光散射和非常低可觉察色调条件下显示出白色的视觉属性。

注：对照ISO亮度(4.61)。

4.111

扬克烘缸　yankee cylinder

直径通常大于4 m，通过蒸汽加热进行干燥，表面经高度抛光的铸钢烘缸。

注：扬克烘缸是这类卫生纸机使用的唯一烘缸，是典型的传统卫生纸机，没有任何类似TAD(4.99)的预热装置。由于卫生纸定量很低，这类纸机可以以2 000 m/min或更快的速度运行。

中文索引

英 文 索 引

A

B

C

D

ICS 85-010
Y 30

中华人民共和国国家标准

GB/T 24328.2—2009

卫生纸及其制品 第2部分：厚度、层积厚度和表观密度的测定

Tissue paper and tissue products—
Part2: Determination of thickness, bulking thickness and apparent bulk density

(ISO 12625-3:2005, MOD)

2009-09-30 发布　　　　2010-02-01 实施

中华人民共和国国家质量监督检验检疫总局
中国国家标准化管理委员会　发布

前　言

GB/T 24328《卫生纸及其制品》分为以下7个部分：

——第1部分：总则及术语；

——第2部分：厚度、层积厚度和表观密度的测定；

——第3部分：抗张强度、裂断时伸长率和抗张能量吸收的测定；

——第4部分：湿抗张强度测定；

——第5部分：定量的测定；

——第6部分：吸水时间和吸水能力(篮筐浸没法)；

——第7部分：球形耐破度的测定。

本部分为GB/T 24328的第2部分。

本部分修改采用ISO 12625-3:2005《卫生纸及其制品　第3部分：厚度、层积厚度和表观密度的测定》。

本部分与ISO 12625-3:2005相比，主要差异如下：

——用GB/T 450《纸和纸板　试样的采取及试样纵横向、正反面的测定》代替ISO 186:2002，MOD；

——用GB/T 10739《纸、纸板和纸浆试样处理和试验的标准大气条件》代替eqv ISO 187:1990；

——用GB/T 24328.5《卫生纸及其制品　第5部分：定量的测定》代替ISO 12656-6:2005，MOD；

——将ISO 12625-3:2005中第6章并入7.1中，作为本部分的“6.1样品的采取和处理”。

本部分的附录A为规范性附录，附录B为资料性附录。

本部分由中国轻工业联合会提出。

本部分由全国造纸工业标准化技术委员会归口。

本部分起草单位：中国制浆造纸研究院、国家纸张质量监督检验中心、中国造纸协会标准化专业委员会。

本部分主要起草人：张青。

卫生纸及其制品
第2部分：厚度、层积厚度和
表观密度的测定

1 范围

GB/T 24328的本部分规定了卫生纸及其制品的厚度、层积厚度的测定方法，以及表观密度的计算方法，测定压力为2.0 kPa。

本部分适用于卫生纸及其制品。

注：本部分用于测定卫生纸及其制品的厚度和密度。纸和纸板厚度测定的常用方法是GB/T 451.3。

2 规范性引用文件

下列文件中的条款通过GB/T 24328的本部分的引用而成为本部分的条款。凡是注日期的引用文件，其随后所有的修改单(不包括勘误的内容)或修订版均不适用于本部分，然而，鼓励根据本部分达成协议的各方研究是否可使用这些文件的最新版本。凡是不注日期的引用文件，其最新版本适用于本部分。

GB/T 450　纸和纸板试样的采取及试样纵横向、正反面的测定(GB/T 450—2008,ISO 186:2002,MOD)

GB/T 10739　纸、纸板和纸浆试样处理和试验的标准大气条件(GB/T 10739—2002,neq ISO 187:1990)

GB/T 24328.1　卫生纸及其制品　第1部分：总则及术语(GB/T 24328.1—2009,ISO 12625-1:2005,MOD)

GB/T 24328.5　卫生纸及其制品　第5部分：定量的测定(GB/T 24328.5—2009,ISO 12656-6:2005,MOD)

3 术语和定义

GB/T 24328.1给出的及下列术语和定义适用于GB/T 24328的本部分。

3.1

单层厚度　single-ply thickness

在规定的静态压力下，所测定的单层卫生纸的两表面间的距离。

注：单层是指未分层的卫生纸，例如直接由卫生纸纸机生产的纸。

3.2

单张厚度　single sheet thickness

在规定的静态压力下，所测定的单张卫生纸的两表面间的距离。

注：单张是指多层或未分层的卫生纸，例如已经完成加工的卫生纸制品。

3.3

层积厚度　bulking thickness

在规定的静态压力下，测定几张纸页的叠加厚度后，计算出的卫生纸或其制品的单张厚度。

3.4

表观密度　apparent bulk density

单位体积的卫生纸及其制品的质量，由定量和层积厚度计算得到。

注：表观密度以g/cm^3表示。

4 原理

在试验过程中抽取卫生纸试样，测定其厚度，或测定卫生纸制品的成品厚度。测定时，厚度仪的一个平面固定，用于放置试样，该平面与另一平行的、施加规定压力的测量头间的距离即为试样的厚度。

5 仪器和设备

5.1 厚度仪

该仪器有两个相互平行的水平平面，平面度在 0.001 mm 以内，试样放置在两平面之间。下平面(量砧)应该是固定的，上平面(测量头)可在垂直于固定平面的方向上移动。

圆形测量头的直径应为(35.7±0.1)mm，标称面积为 10.0 cm^2，且应与量砧保持平行，平行度符合第 A.3 章的规定。

下平面用于支持试样，因此，测定过程中试样应保持平直。事实上，量砧的尺寸应比测量头直径至少大 20%。两平面间的压力应为(2.0±0.1)kPa(参见附录 B)。

测量头下降的速度应能自动控制，且设置在(2.0±0.2)mm/s。

仪器的最小分度应为 0.001 mm。

测量头与量砧间的开口根据仪器制造商和顾客间的协议而定。对于大多数厚度仪来说，仪器的常见开口为 10 mm～12 mm 时比较合适。测定单张纸或单层纸时，2 mm～3 mm 的开口就足够了。

5.2 厚度块规

这些块规用于校准厚度仪，且其厚度应为厚度仪全量程的 10%、30%、50%、70%、90%。每个块规厚度值的精确度应高于 0.001 mm。

5.3 天平及附件

一台合适的天平及其附件或校准用测压元件，用于校准测量头压力，测量能力可达 300 g，精度为 0.01 g。

6 试样的制备

6.1 样品的采取和处理

按 GB/T 450 选取样品。

在 GB/T 10739 规定的(23±1)℃、相对湿度(50±2)%的标准大气下处理样品，除非协议双方另有规定，测试过程也应在该标准大气中进行。

每张试样均不应有洞眼和纸病。

试样的尺寸没有严格限制，但其任何一个方向的长度都应不小于 80 mm。应使用剪刀、裁纸刀或裁切板和压具，将较大的试样裁切至大小合适。在该操作过程中，不应向试样施压，因为压力会对厚度测定产生影响。

6.2 单层厚度

如果样品直接来自于纸机，则从每层样品上制备 10 张试样；如果取样在加工过程中或加工完成后进行，若可行的话，可从多层产品的单层中制备 10 张试样。若是后者，应注意每层在成品中的位置。

如果试样的每层间带有胶黏物或压力，不应试图使其分层。

对于多层产品，不应将来自不同位置的多层混淆成一层。

6.3 单张厚度

在加工过程中或加工完成后取样，由单层或多层产品制备 10 张试样。

6.4 层积厚度

制备 10 叠试样，每叠由数张纸页叠加而成，所有纸页应以相同的方向放置。

纸叠在水平方向的尺寸应足够大，可允许进行 10 次独立的测定。

不应将多层产品分层。通常情况下，每叠应包含12层。当12层导致纸叠过高，超过了所用厚度仪的最大开口尺寸时，也可去掉几层，但应不少于8层。在所有情况下，都应报告纸页的数量和每张的层数。

7 试验步骤

在 GB/T 10739 规定的标准大气下，将厚度仪放置在水平无震动的台面上，并按仪器操作指南进行预热。

厚度仪的工作面应保持清洁。

检查厚度仪的零点，如需要，则调零。

按照第 A.1 章检查厚度仪的校准情况。

抬起测量头，在测量头和量砧间插入试样。在自动控制的速率下，释放测量头至试样表面。5 s 后记录厚度，准确至 0.001 mm。

重复测定其余试样，直至获得至少10个测定值。在2个或多个试样的连续读数期间，应保证工作面处于无尘状态。

如需计算样品的表观密度，则应按 GB/T 24328.5 测定样品的定量。

8 计算

8.1 单层厚度

计算10个(或更多)读数的平均值和标准偏差，报告单层厚度 t_p，准确至 0.01 mm，标准偏差应保留两位有效数字。

8.2 单张厚度

计算10个(或更多)读数的平均值和标准偏差，报告单张厚度 t_s，准确至 0.01 mm，标准偏差应保留两位有效数字。

8.3 层积厚度

计算10个(或更多)读数的平均值和标准偏差。分别除以每叠中纸页的张数(不是层数)，报告层积厚度 t_b，准确至 0.01 mm，标准偏差保留两位有效数字。

8.4 表观密度

按式(1)计算表观密度 x，以 g/cm³ 表示：

$$x = \frac{g}{t_b} \qquad \cdots\cdots\cdots\cdots (1)$$

式中：

g——定量，单位为克每平方米(g/m²)；

t_b——层积厚度，单位为微米(μm)。

报告表观密度，保留两位有效数字。

9 试验报告

试验报告应包括以下内容：

a) 对 GB/T 24328 本部分编号的引用；

b) 试验的日期和地点；

c) 鉴别材料的所有细节，包括所接受的层数，如果需要从多层产品中测定单层厚度，则应报告单层的位置。如果需要报告多层产品的层积厚度，则应标明样品(纸页)，并说明每张纸页中单层的数量，以及每叠中纸页的张数；

d) 测定的次数和结果；

e) 任何偏离 GB/T 24328 本部分的情况，以及其他可能影响测定结果的因素。

10 精密度

10.1 通则

按照本部分的规定，在 6 个实验室测试了 4 个样品。

10.2 单张厚度

单张厚度的实验室比对结果，见表 1。

表 1 单张厚度的实验室比对结果

样品	单张厚度平均值/mm	实验室间的标准偏差 s/mm	再现性变异系数/%	再现性极限 R^a/mm
纸手帕	0.12	0.005	3.9	0.014
厨房纸巾	0.19	0.007	3.8	0.019
餐巾纸	0.18	0.005	3.0	0.014
厨房用卷纸	0.79	0.027	3.5	0.076
[a] 95%的概率范围内，$R=1.96\sqrt{2}\times s$。				

10.3 层积厚度

层积厚度的实验室比对结果，见表 2。

表 2 层积厚度的实验室比对结果

样品	层积厚度平均值/mm	实验室间的标准偏差 s/mm	再现性变异系数/%	再现性极限 R^a/mm
纸手帕	0.09	0.001	1.2	0.003
厨房纸巾	0.13	0.004	2.7	0.011
餐巾纸	0.15	0.003	1.8	0.007
厨房用卷纸	0.75	0.015	2.1	0.043
[a] 95%的概率范围内，$R=1.96\sqrt{2}\times s$。				

10.4 表观密度

表观密度的实验室比对结果见表 3。

表 3 表观密度的实验室比对结果

样品	表观密度平均值/(g/cm^3)	实验室间的标准偏差 s/(g/cm^3)	再现性变异系数/%	再现性极限 R^a/(g/cm^3)
纸手帕	0.18	0.003 2	1.8	0.008 3
厨房纸巾	0.16	0.005 4	3.5	0.013 9
餐巾纸	0.27	0.005 8	2.1	0.016 2
厨房用卷纸	0.07	0.002 0	2.8	0.055 9
[a] 95%的概率范围内，$R=1.96\sqrt{2}\times s$。				

附 录 A
（规范性附录）
测 定 条 件

A.1 校准

应经常检查厚度仪的精度，若仪器使用频率很高，建议使用一个厚度块规进行日常检查，并每月检查工作面的平行度和测量头压力。规范的精度确认、工作面的平行度、工作面平面度和测量头压力的校准方法分别见第A.2章、第A.3章、第A.4章和附录B。

所用的厚度块规应能反映日常测定产品的厚度。

在(23±2)℃下检查厚度仪。

A.2 精度

用一张清洁的A4复印纸(或等效物品)在受压平面间滑过，用以清洁受压平面。将仪器调零，在测量头和量砧间插入一个厚度块规(见5.2)，读其示值。每次只使用一个块规。分别在全量程读数的大约10%、30%、50%、70%、90%处读取示值。

在每个厚度情况下，其示值误差均不应大于0.003 mm或读数的±0.5%，取较大者。

重新调零，用块规重复检查，其变动性不应大于0.003 mm或读数的±0.5%，取较大者。

A.3 工作面的平行度

按下述方法测定工作面的平行度。

a) 选择一个厚度块规(5.2)，分开测量面，插入块规，测量头应距块规一侧的边缘约2 mm；使测量面与块规接触，读取厚度仪读数；

b) 分开测量面，插入块规，测量头应距与a)中相对的另一侧边缘约2 mm；使测量面与块规接触，再次读取厚度仪读数；

c) 计算a)和b)中读数的差值d_1；

d) 在与a)和b)中测定点连线垂直的直径上，用同样的厚度块规重复a)和b)的操作，测量头应距块规一侧的边缘约2 mm；

e) 计算d)中读数的差值d_2；

f) 依次使用剩下的每个厚度块规重复以上步骤；

g) 利用读数时使用的每个厚度块规，按式(A.1)计算平行度误差：

$$x = 0.5\sqrt{(d_1^2 + d_2^2)} \qquad \text{(A.1)}$$

式中：

x——平行度误差，单位为毫米(mm)；

d_1——a)和b)中读数间的差值，单位为毫米(mm)；

d_2——d)中读数间的差值，单位为毫米(mm)。

在每个厚度情况下，平行度误差x均不应超过0.000 4 mm。

A.4 工作面平面度

按下述步骤检查测量面：

——仔细清洁厚度仪的工作面(见第A.2章)；

——微微抬起测量头，迎光检查缝隙；

——分别在垂直方向检查该缝隙。

从两个方向观察缝隙时，应完全一致。

附　录　B
（资料性附录）
测量头压力的校准

任何满足精度要求的校准方法均可使用。测量头压力为(2.0±0.1)N。

下面提供了校准测量头压力的三种方法：

a）　将一条细线穿过厚度仪顶部，系在测量头上，使用一个校准用弹簧秤或杆式天平，拿走一个托盘后测定压力。需考虑拿走的托盘和增加的细线的质量。

b）　使用一个金属盘制成的马镫支撑测量头，马镫中间留有一个比测量头大的洞眼，底部金属盘的厚度约等于试样的平均厚度。对于杆式天平，用拿走托盘后的一个悬臂将马镫挂起，测定力的大小。应考虑被拿走的托盘与马镫的质量差。

c）　与 a)或 b)相同，但使用一个校准用测压元件，并使用一个刚硬的支撑座。

ICS 85-010
Y 30

中华人民共和国国家标准

GB/T 24328.3—2009

卫生纸及其制品 第3部分：抗张强度、断裂时伸长率和抗张能量吸收的测定

Tissue paper and tissue products—Part 3: Determination of tensile strength, stretch at break and tensile energy absorption

(ISO 12625-4:2005, MOD)

2009-09-30 发布 2010-02-01 实施

中华人民共和国国家质量监督检验检疫总局
中国国家标准化管理委员会 发布

前　言

GB/T 24328《卫生纸及其制品》分为以下7个部分：

——第1部分：总则及术语；

——第2部分：厚度、层积厚度和表观密度的测定；

——第3部分：抗张强度、裂断时伸长率和抗张能量吸收的测定；

——第4部分：湿抗张强度测定；

——第5部分：定量的测定；

——第6部分：吸水时间和吸水能力(篮筐浸没法)；

——第7部分：球形耐破度的测定。

本部分为GB/T 24328的第3部分。

本部分修改采用ISO 12625-4:2005《卫生纸及其制品　第4部分：抗张强度、裂断时伸长率和抗张能量吸收的测定》(英文版)。

本部分与ISO 12625-4:2005相比，主要技术差异如下：

——ISO 12625-4:2005中抗张试验仪的夹头宽度规定为至少50 mm，本部分增加了15 mm的夹头宽度，而且试样宽度也作了相应的增加；

——用GB/T 450《纸和纸板试样的采取及试样纵横向、正反面的测定》代替ISO 186:2002，MOD；

——用GB/T 10739《纸、纸板和纸浆　试样处理和试验的标准大气条件》代替eqv ISO 187:1990；

——用GB/T 12914《纸和纸板　抗张强度的测定》代替ISO 1924-1:1992，MOD和ISO 1924-2:1994，MOD；

——用GB/T 24328.1《卫生纸及其制品　第1部分：总则及术语》代替ISO 12625-1:2005，MOD；

——用GB/T 24328.5《卫生纸及其制品　第5部分：定量的测定》代替ISO 12625-6:2005，MOD。

本部分由中国轻工业联合会提出。

本部分由全国造纸工业标准化技术委员会归口。

本部分起草单位：中国制浆造纸研究院、国家纸张质量监督检验中心、中国造纸协会标准化专业委员会。

本部分主要起草人：张青。

卫生纸及其制品
第3部分：抗张强度、断裂时伸长率和抗张能量吸收的测定

1 范围

GB/T 24328的本部分规定了使用恒速拉伸型抗张强度试验仪，测定卫生纸及其制品的抗张强度、裂断时伸长率和抗张能量吸收，以及抗张指数和抗张能量吸收指数的计算。

本部分适用于卫生纸及其制品。

2 规范性引用文件

下列文件中的条款通过GB/T 24328的本部分的引用而成为本部分的条款。凡是注日期的引用文件，其随后所有的修改单(不包括勘误的内容)或修订版均不适用于本部分，然而，鼓励根据本部分达成协议的各方研究是否可使用这些文件的最新版本。凡是不注日期的引用文件，其最新版本适用于本部分。

GB/T 450 纸和纸板试样的采取及试样纵横向、正反面的测定(GB/T 450—2008，ISO 186:2002，MOD)

GB/T 10739 纸、纸板和纸浆 试样处理和试验的标准大气条件(GB/T 10739—2002，eqv ISO 187:1990)

GB/T 12914 纸和纸板 抗张强度的测定(GB/T 12914—2008；ISO 1924-1:1992，MOD；ISO 1924-2:1994，MOD)

GB/T 24328.1 卫生纸及其制品 第1部分：总则及术语(GB/T 24328.1—2009，ISO 12625-1:2005，MOD)

GB/T 24328.5 卫生纸及其制品 第5部分：定量的测定(GB/T 24328.5—2009，ISO 12625-6:2005，MOD)

3 术语和定义

GB/T 24328.1给出的以及下列术语和定义适用于GB/T 24328的本部分。

3.1

抗张强度 tensile strength

在标准试验方法规定的条件下，单位宽度的试样裂断前所能承受的最大张力。

3.2

抗张指数 tensile index

抗张强度除以定量，以牛顿·米/克表示。

3.3

裂断时伸长率 stretch

在标准试验方法规定的条件下，试样断裂时的伸长长度与原始长度的比率，以百分数表示。

3.4

抗张能量吸收 tensile energy absorption (TEA)

将单位面积的试样拉伸至断裂时所做的总功。

3.5

抗张能量吸收指数 tensile energy absorption index

抗张能量吸收除以定量。

4 原理

使用抗张试验仪，将规定尺寸的卫生纸及其制品的试样恒速拉伸至断裂，测定并记录其抗张力，作为试样伸长的函数。

由记录的数据可以计算出抗张强度、相应的裂断时伸长率和抗张能量吸收。

5 仪器和设备

5.1 抗张试验仪

5.1.1 基本功能

抗张试验仪应符合 GB/T 12914 中恒速拉伸法的规定。能拉伸规定尺寸的卫生纸及其制品试样，拉伸速度恒定为(50±2)mm/min，并可在带状记录纸或其他电子设备上记录抗张力以作为伸长的函数。

伸长长度应准确至±0.1 mm，伸长的测定应从抗张强度(1.0±0.5)N/m 开始。

测力系统测定载荷的精度应达到读数的±1%或±0.05 N，取较大者。应定期对其进行校准和验证。

5.1.2 测定张力-伸长曲线下面积的功能

抗张试验仪应能测定张力-伸长曲线与伸长坐标间的面积，精度为其真值的±2%。大多数现代化抗张试验仪配有电子式或机电式积分仪。也可使用一个测面计在坐标纸上通过数据的曲线输出测定该面积。

5.1.3 抗张试验仪夹具

抗张试验仪应有两对夹头，宽度为 15 mm 或 50 mm。每对夹头应能牢固抓住试样，且不应损伤试样。在试样的全宽方向以直线夹住(夹持线)，并能调节夹持力。

夹具最好能在一个圆柱形和一个扁平面间夹住试样，试样面与圆柱形表面相切。也可使用其他类型的夹具，只要能保证试样在测定过程中不会滑动或被破坏。

测定过程中，夹持线应彼此保持平行，并垂直于张力的施加方向和试样的长边。

对于加工后的卫生纸制品，一个或两个方向的尺寸不能满足 6.2 中测定长度的要求，夹持线间的距离(测定长度)应为(50±1)mm，其他情况下应为(100±1)mm。

5.2 裁切装置

裁切装置应满足 GB/T 450 的规定，裁切出的试样宽度为(15.0±0.5)mm 或(50.0±0.5)mm，边缘应笔直、光滑、平行、无损坏。

6 试样的制备

6.1 样品选取和处理

按 GB/T 450 选取样品。

在 GB/T 10739 规定的标准大气下处理样品，整个测定过程都应在标准大气中进行。

6.2 试样规格

每个试样的宽度应为(15.0±0.5)mm 或(50.0±0.5)mm，长度应至少为 150 mm，且应避免洞眼和纸病。除了表面全部或部分是压花的卫生纸及其制品外，试样不应有折痕、扭结、皱纹、折叠或其他影响厚度的因素。

对于终端产品，如果由于尺寸或洞眼的原因，导致无法裁切出 150 mm 的试样，则应尽量裁切最长的试样。在这种情况下，可使用(50±1)mm 的测定长度。这种与正常操作有差异的特殊情况，应在试验报告中说明。

6.3 试样数量

从每种卫生纸及其制品中抽取 10 个样品。在每个样品上分别沿纵向、横向各裁切 1 个试样。每种卫生纸及其制品应一共裁切出 20 个试样。在某些情况下，无法在每个方向上裁切出 10 个试样，则应从能得到的样品中至少获得 10 个试样。

7 试验步骤

a) 确保抗张试验仪被校准，检查记录装置的零点；

b) 将试样夹好，不应出现可观察到的松弛现象，且试样不应承受任何明显的应力；

c) 不应用手触摸试样在夹具间的测定区域，摆平并夹紧试样，开始测试；

d) 每种卫生纸及其制品(6.3)测定 20 个试样；

e) 夹具间的伸长率应稳定在(50±2)mm/min(见 5.1)；

f) 记录所有读数，剔除那些在距夹持线 5 mm 内断裂的试样。后者情况应作如下处理：

如果 20%以上的试样在距夹持线 5 mm 内断裂，则剔除所有的读数。按说明书检查仪器的一致性，采取正确的补救措施。

8 计算

8.1 抗张强度

由所有的测定值(F，代表可接受的测定结果)计算最大抗张力的平均值($\overline{F}$)，以牛顿表示。由式(1)计算抗张强度平均值：

$$\overline{S} = \frac{\overline{F}}{w_x} \times 10^3 \qquad (1)$$

式中：

$\overline{S}$——抗张强度平均值，单位为牛顿每米(N/m)；

$\overline{F}$——最大抗张力的平均值，单位为牛顿(N)；

w_x——试样的初始宽度(标准宽度为 15 mm 或 50 mm)，单位为毫米(mm)。

报告抗张强度，以 N/m 表示，保留三位有效数字。

8.2 抗张指数

由式(2)计算抗张指数：

$$I = \frac{\overline{S}}{g} \qquad (2)$$

式中：

I——抗张指数，单位为牛顿米每克(N·m/g)；

$\overline{S}$——抗张强度平均值，单位为牛顿每米(N/m)；

g——定量，单位为克每平方米(g/m^2)，按 GB/T 24328.6 的规定进行测定。

报告抗张指数，以 N·m/g 表示，保留三位有效数字。

8.3 裂断时伸长率

根据试样断裂时的伸长，按式(3)计算裂断时伸长率的平均值：

$$A = \frac{\varepsilon}{L} \times 100 \qquad (3)$$

式中：

A——裂断时伸长率的平均值，%；

ε——裂断时伸长长度的平均值，单位为毫米(mm)；

L——拉伸前(5.1.2)试样在夹具间的长度,单位为毫米(mm)。

结果保留一位小数。

8.4 抗张能量吸收

计算张力-伸长曲线下直至最大抗张力间的面积,根据式(4)计算抗张能量吸收:

$$Z=\frac{E}{w_x\times l_x}\times 1\ 000 \qquad\cdots\cdots(4)$$

根据式(5)计算抗张能量吸收平均值:

$$\overline{Z}=\frac{\sum Z}{n} \qquad\cdots\cdots(5)$$

式中:

Z——试样测定直至断裂时的抗张能量吸收,单位为焦耳每平方米(J/m^2);

$\overline{Z}$——抗张能量吸收平均值,单位为焦耳每平方米(J/m^2);

E——与张力-伸长曲线下面积相当的功,单位为毫焦耳(mJ);

w_x——试样的初始宽度(标准宽度为 15 mm 或 50 mm),单位为毫米(mm);

l_x——试样的长度(标准长度为 100 mm),单位为毫米(mm);

n——测定抗张能量吸收的次数。

报告抗张能量吸收的平均值,以 J/m^2 表示,保留一位小数。

8.5 抗张能量吸收指数

根据式(6)计算抗张能量吸收指数:

$$I_z=\frac{\overline{Z}}{g} \qquad\cdots\cdots(6)$$

式中:

I_z——抗张能量吸收指数,单位为焦耳每克(J/g);

$\overline{Z}$——抗张能量吸收平均值,单位为焦耳每平方米(J/m^2);

g——定量,单位为克每平方米(g/m^2),按照 GB/T 24328.6 测定。

报告抗张能量吸收指数,以 J/g 表示,保留一位小数。

9 试验报告

试验报告应包括以下项目:

a) 对 GB/T 24328 本部分编号的引用;

b) 试验的日期和地点;

c) 样品的描述和鉴别,例如产品种类、测定时的尺寸;

d) 用于计算抗张强度、裂断时伸长率和抗张能量吸收的试验次数;

e) 纵向和横向的抗张强度,以 N/m 表示:

——不大于 100 N/m 时,修约至 0.1;

——大于 100 N/m 时,修约至 1;

f) 标准偏差和变异系数;

g) 纵向和横向裂断时的伸长率,以%表示,修约至小数点后一位,标准偏差或变异系数;

h) 纵向和横向的抗张能量吸收,以 J/m^2 表示,修约至小数点后一位;

i) 如果需要,可测试多层卫生纸产品中每层的抗张强度,报告其平均值和标准偏差或变异系数,并记录每层在多层产品中的位置;

j) 任何偏离 GB/T 24328 本部分的情况,以及其他可能影响测试结果的因素。

10 精密度

10.1 通则

按照本部分的规定，9 个实验室测试了 4 种产品。

10.2 抗张强度

实验室对抗张强度的比对结果，见表 1。

表 1 实验室对抗张强度的比对结果

品种		抗张强度平均值/(N/m)	实验室间的标准偏差 s/(N/m)	再现性变异系数/%	再现性极限 R^a/(N/m)
面巾纸	MD	105.3	6.1	5.5	16.9
	CD	35.3	2.0	2.8	5.54
厕用卫生纸	MD	101.9	3.8	3.7	10.5
	CD	47.6	1.2	2.5	3.32
餐巾纸	MD	851	34.6	4.1	95.8
	CD	463	17.5	3.8	48.5
厨房用卷纸	MD	480	53.7	11.2	149
	CD	306	22.5	7.3	62.2

注：MD——纵向；CD——横向。

[a] 95%的概率范围内，$R=1.96\sqrt{2}\times s$。

10.3 裂断时伸长率

实验室对裂断时伸长率的比对结果，见表 2。

表 2 实验室对裂断时伸长率的比对结果

品种		抗张强度平均值/%	实验室间的标准偏差 s/%	再现性变异系数/%	再现性极限 R^a/%
面巾纸	MD	22.2	1.3	6.0	3.60
	CD	7.0	1.2	16.5	3.32
厕用卫生纸	MD	23.0	1.1	4.9	2.97
	CD	5.4	0.9	16.5	2.49
餐巾纸	MD	11.3	0.56	4.9	1.54
	CD	2.8	0.21	7.6	0.59
厨房用卷纸	MD	12.9	1.26	9.8	3.5
	CD	5.7	0.55	9.7	1.52

注：MD——纵向；CD——横向。

[a] 95%的概率范围内，$R=1.96\sqrt{2}\times s$。

10.4 抗张能量吸收

实验室对抗张能量吸收的比对结果，见表 3。

表 3 实验室对抗张能量吸收的比对结果

品种		TEA[a] 平均值/(J/m²)	实验室间的标准偏差 s/(J/m²)	再现性变异系数/%	再现性极限 R^{b}/(J/m²)
面巾纸	MD	14.0	1.07	7.6	2.96
	CD	1.9	0.50	25.8	1.39
厕用卫生纸	MD	14.0	1.11	7.9	3.07
	CD	1.8	0.34	18.4	0.94
餐巾纸	MD	51.5	2.57	5.0	7.12
	CD	8.7	1.06	12.3	2.95
厨房用卷纸	MD	33.0	5.46	16.6	15.1
	CD	10.7	2.7	25.7	7.61

注：MD——纵向;CD——横向。

a TEA:抗张能量吸收。

b 95%的概率范围内,$R=1.96\sqrt{2}\times s$。

ICS 85-010
Y 30

中华人民共和国国家标准

GB/T 24328.4—2009

卫生纸及其制品 第4部分：湿抗张强度的测定

Tissue paper and tissue products—
Part 4: Determination of wet tensile strength

(ISO12625-5:2005,MOD)

2009-09-30 发布　　2010-02-01 实施

中华人民共和国国家质量监督检验检疫总局
中国国家标准化管理委员会　发布

前　言

GB/T 24328《卫生纸及其制品》分为以下7个部分：

——第1部分：总则及术语；

——第2部分：厚度、层积厚度和表观密度的测定；

——第3部分：抗张强度、裂断时伸长率和抗张能量吸收的测定；

——第4部分：湿抗张强度的测定；

——第5部分：定量的测定；

——第6部分：吸水时间和吸水能力(篮筐浸没法)；

——第7部分：球形耐破度的测定。

本部分为GB/T 24328的第4部分。

本部分修改采用ISO 12625-5:2005《卫生纸及其制品　第5部分：卫生纸及其制品湿抗张强度的测定》(英文版)。

本部分与ISO 12625-5:2005相比，主要差异如下：

——用GB/T 450《纸和纸板试样的采取及试样纵横向、正反面的测定》代替ISO 186:2002,MOD；

——用GB/T 10739《纸浆、纸和纸板　试样处理和试验的标准大气条件》代替eqv ISO 187:1990；

——用GB/T 12914《纸和纸板　抗张强度的测定》代替ISO 1924-1:1992,MOD和ISO 1924-2:1994,MOD；

——用GB/T 24328.1《卫生纸及其制品　第1部分：总则及术语》代替ISO 12625-1:2005,MOD；

——用GB/T 24328.3《卫生纸及其制品　第3部分：抗张强度、断裂时伸长率和抗张能量吸收的测定》代替ISO 12625-4:2005,MOD。

本部分由中国轻工业联合会提出。

本部分由全国造纸工业标准化技术委员会(SAC/TC 141)归口。

本部分起草单位：国家轻工业卫生纸制品质量监督检测站、杭州纸邦仪器有限公司、中国制浆造纸研究院、国家纸张质量监督检验中心。

本部分主要起草人：李一鸣、吕俊来。

卫生纸及其制品
第4部分:湿抗张强度的测定

1 范围

GB/T 24328的本部分规定了卫生纸及其制品湿抗张强度的测定方法。

本部分适用于卫生纸及其制品。

2 规范性引用文件

下列文件中的条款通过GB/T 24328的本部分的引用而成为本部分的条款。凡是注日期的引用文件,其随后所有的修改单(不包括勘误的内容)或修订版均不适用于本部分,然而,鼓励根据本部分达成协议的各方研究是否可使用这些文件的最新版本。凡是不注日期的引用文件,其最新版本适用于本部分。

GB/T 450 纸和纸板试样的采取及试样纵横向、正反面的测定(GB/T 450—2008,ISO 186:2002,MOD)

GB/T 10739 纸浆、纸和纸板 试样处理和试验的标准大气条件(GB/T 10739—2002,eqv ISO 187:1990)

GB/T 12914 纸和纸板 抗张强度的测定(GB/T 12914—2008;ISO 1924-1:1992,MOD;ISO 1924-2:1994,MOD)

GB/T 24328.1 卫生纸及其制品 第1部分:总则及术语(GB/T 24328.1—2009,ISO 12625-1:2005,MOD)

GB/T 24328.3 卫生纸及其制品 第3部分:抗张强度、断裂时伸长率和抗张能量吸收的测定(GB/T 24328.3—2009,ISO 12625-4:2005,MOD)

3 术语和定义

GB/T 24328.1给出的以及下列术语和定义适用于GB/T 24328的本部分。

3.1

湿抗张强度 wet tensile strength

先将试样在蒸馏水或去离子水中浸湿,单位宽度的湿试样断裂前所承受的最大抗张力,以N/m表示。

3.2

湿抗张强度保留率 wet tensile strength retention rate

在标准大气条件下,同一试样浸湿后抗张强度与浸湿前抗张强度之比,以百分数表示。

4 原理

将规定尺寸的卫生纸及其制品试样在规定条件下在水中浸湿规定时间,然后在抗张强度试验仪上被恒速拉伸至断裂,记录抗张力。

在标准大气条件下,分别测定同一试样浸湿前后的抗张强度,然后计算湿抗张强度保留率。

5 仪器

5.1 立式抗张强度试验仪

5.1.1 抗张强度试验仪

抗张强度试验仪应符合 GB/T 12914 的规定。仪器能以(50±2)mm/min 的恒定速率对规定尺寸的卫生纸及制品试样进行拉伸,并能记录抗张力。

测力系统准确至其读数的±1%或±0.1 N,取精度较高者。

5.1.2 夹头

夹头的最小宽度应为 50 mm,夹头应能夹紧试样,试验过程中试样不应有滑动。为避免损坏试样,与试样接触的夹头表面应平滑,边角应圆整,不应有毛口。下端的夹头应能夹紧芬奇杯(5.1.3)并能调节夹持力。

试验过程中,上夹具形成的夹持线应与芬奇杯浸泡装置(5.1.3)的定位棒平行,这两条线还应垂直于张力的施加方向和试样的长边。

试验长度是指夹持线与芬奇杯浸泡装置中圆柱形定位棒的上表面间的距离,准确至±1 mm。见图 1。

单位为毫米

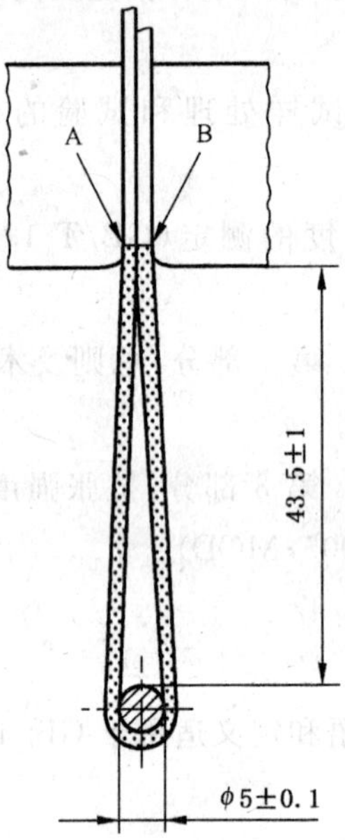

$\overline{AB}$——(100±2)mm,即总测试长度;

$\frac{\overline{AB}}{2}$——(50±1)mm,即测试夹距。

图 1 试样的固定方式

5.1.3 芬奇杯浸泡装置

芬奇杯浸泡装置(见图 2)由一个水平的圆柱形定位棒和盛水容器组成,定位棒直径为(5±0.1)mm,长度约 60 mm。

盛水容器应能垂直移动,并锁定在凸起的位置上。盛水容器被锁定时,容器中的水应能完全浸没圆柱形定位棒,此时,定位棒在水中的浸没深度应为(20±1)mm,见图 2。

装置的底部是一个坚硬的金属舌片,该舌片可以固定在抗张强度试验仪的下夹头上。

单位为毫米

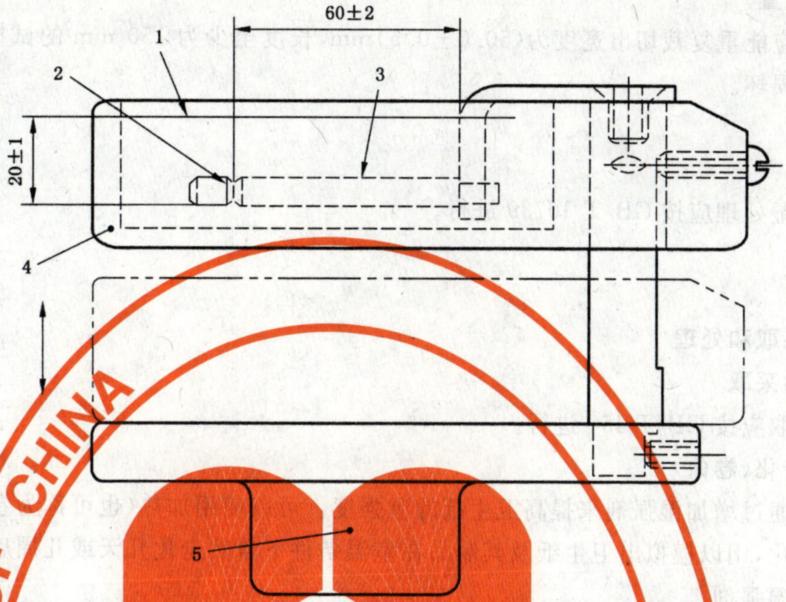

1——液面刻度线；
2——定位槽；
3——定位棒，直径(5±0.1)mm；
4——盛水容器(可移动)；
5——舌片。

图2 芬奇杯浸泡装置

5.2 卧式抗张强度试验仪

5.2.1 抗张强度试验仪

抗张强度试验仪应符合 GB/T 12914 的规定。仪器能以(50±2)mm/min 的恒定速率对规定尺寸的卫生纸及其制品试样进行拉伸，并能记录抗张力。

测力系统应能准确至其读数的±1%或±0.1 N，取精读较高者。

5.2.2 夹头

抗张强度试验仪应有两个夹头的全宽。每个夹头应能夹紧试样，试验过程中应保证试样既不滑动亦不受损伤。试样夹应能调节夹持力，夹具间的试样托应是可拆装的。

在试验过程中，夹持线应保持平行，夹持线间的夹角应不超过1°。夹持线应垂直于张力的施加方向和试样的长边，并确保相同的精确度。

夹持线间的距离，即测定长度应为(100.0±0.5)mm。

5.2.3 盛水容器

可以将盛水容器放在抗张强度试验仪(5.2.1)的夹具之间，见图3。

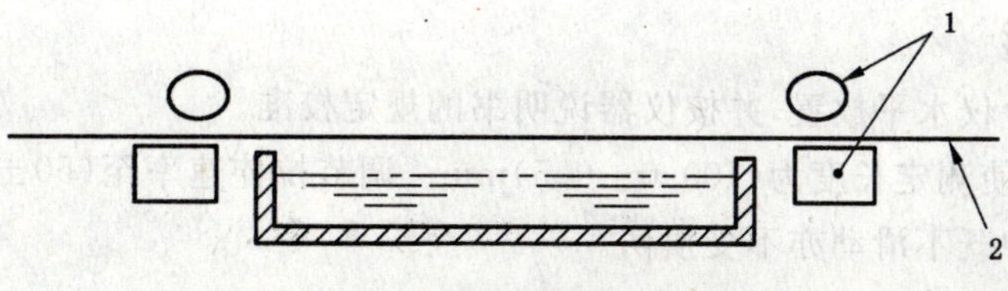

1——夹头；
2——试样。

图3 两个夹头，装满水的浸泡容器和插在两夹头间的试样

盛水容器还应配有一个可调节水位的装置，以控制水位在恒定的位置上。

5.2.4　裁切装置

裁切装置应能重复裁切出宽度为(50.0±0.5)mm，长度至少为150 mm的试样，试样边缘应笔直、光滑、平行、无损坏。

6　温湿处理

试样的温湿处理应按GB/T 10739进行。

7　试样的制备

7.1　试样的采取和处理

7.1.1　试样的采取

试样的采取应按GB/T 450进行。

7.1.2　加速老化（卷曲）

通常可以通过增加湿强剂来提高卫生纸的湿强度。可以使用加热（也可称为卷曲）的方法来对卫生纸进行加速老化，用以模拟出卫生纸及其制品在室温条件下自然老化几天或几周后的最大湿强度，该强度取决于所用湿强剂。

7.1.2.1　产品一般在未离开生产环境时加速老化。可用的加速老化条件为：在(80±2)℃下加热30 min。标准大气中，温湿处理至少1 h，然后进行测定。

如果急需得到产品的加速老化数据，加速老化的条件应为：在(105±2)℃下加热15 min。

7.1.2.2　若试样进入销售领域，尤其是销售给终端消费者，通常不需要进行加速老化。

应注意，加速老化后得到的湿强度，与终端消费者感知的湿强度是不同的。

试验报告中应注明是否使用了加速老化，如果使用了加速老化，应注明所用的方法。

7.2　试样尺寸

7.2.1　立式抗张强度试验仪

每个试样的宽度应为(50.0±0.5)mm，长度应至少为150 mm，应避开洞眼和纸病。对于经加工后非常短的卫生纸及其制品，应裁切尽可能长的试样，缩短芬奇杯浸泡装置定位棒顶端与抗张强度试验仪上夹头的底端间的距离，由(43.5±1)mm缩短至(23.5±1)mm。

7.2.2　卧式抗张强度试验仪

试样的宽度应为(50.0±0.5)mm，长度应至少为150 mm，应避开洞眼和纸病。

如果试样太小，试样长度小于150 mm，则裁切尽可能长的试样。测定试样时，在保证夹紧试样的前提下使用最大测定长度，并在试验报告中注明所用长度。

7.3　试样数量

纵横向各取10个试样进行测定，如果无法满足纵横向各取10个试样，则应至少各取5个试样。

8　试验步骤

8.1　仪器的校准和调整

8.1.1　将抗张强度试验仪水平放置，并按仪器说明书的规定校准。

8.1.2　固定夹头位置，使测定长度为(100.0±0.5)mm。调节拉伸速率至(50±2)mm/min。调节夹持力，使试样在测定过程中既不滑动亦不受损伤。

8.2　立式测定法

8.2.1　安装芬奇杯浸泡装置

水平放置芬奇杯浸泡装置中的定位棒，将芬奇杯的舌片安装在抗张试验仪的下夹头上。

先将芬奇杯浸泡装置的定位棒顶端与抗张强度试验仪上夹头的底端间的距离调节至(43.5±1)mm。干试样总测定长度为(100±2)mm。该距离的一半为测定夹具。对于非常短的试样,该距离应缩短至(23±5)mm(见7.2.1)。

8.2.2 测定

8.2.2.1 湿抗张强度

将盛水容器置于装置底部,加入(23±1)℃的蒸馏水或去离子水至刻度。将干燥试样水平插入定位棒的下方,并绕定位棒弯曲成一个环,将试样的两端夹在抗张试验仪的上夹头中,见图1。夹头应夹紧试样,试验过程中应使试样既不滑动亦不受损伤。

升高盛水容器,将试样的环形端浸入水面以下至少20 mm并锁定。

同时用秒表计时。

浸泡15 s后,降低盛水容器,然后立即进行抗张试验。测定试样的湿抗张强度,拉伸速率为(50±2)mm/min。

用得到的湿抗张力除以2,即为单个试样的湿抗张力。

如果试样在芬奇杯浸泡装置的定位棒或在上夹头处断裂,则舍弃该读数,用其他试样继续测定。每个试样测定完后,擦干芬奇杯浸泡装置的定位棒,再测定下一个试样。每次测定完后,向盛水容器中加入蒸馏水或去离子水至刻度。测定完每个试样后,应清洗盛水容器,重新加入新鲜水。

8.2.2.2 湿抗张强度保留率

如需测定湿抗张强度保留率,还应测定温湿处理后干试样的抗张强度。

8.3 卧式测试法

8.3.1 湿抗张强度

移走抗张试验仪夹头(5.2.2)间的试样托,将盛水容器(5.2.3)放在两夹头间,然后在盛水容器中加入(23±1)℃的蒸馏水或去离子水。

若浸泡过程手动完成,则应将试样置于图3所示位置。推动试样两端以使试样的中间部位浸入水中,浸泡15 s,见图4。

将试样从盛水容器中轻轻拉起,使其恢复初始位置,夹住试样,如图5所示。启动抗张强度试验仪,记录湿抗张力F,单位为N。

对于可自动浸泡的抗张试验仪,设置浸泡时间为15 s。按图3所示插入试样,并夹紧试样,自动浸泡过程按说明书操作。记录湿抗张力F,单位为N。

距夹持线2 mm内断裂的试样,应舍弃不计。每测定完10个试样后,应重新加入新鲜水。

注:如果盛水容器的体积很小,测定完10个试样后水已被用完,则需在每测定完10个试样后换新水。

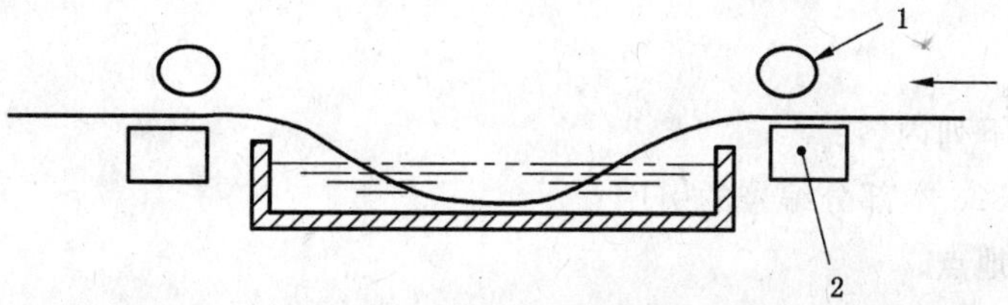

1——上夹头;

2——下夹头。

图4 在水中浸泡试样

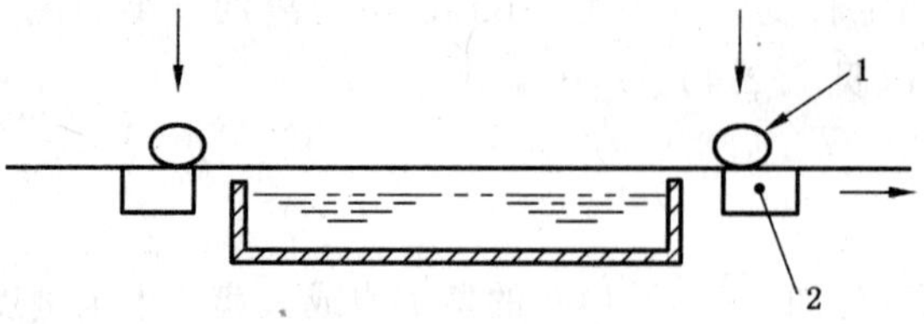

1——上夹头；

2——下夹头。

图5 夹紧浸泡过的试样，测试湿抗张强度

8.3.2 湿抗张强度保留率

如需测定湿抗张强度保留率，则应按 GB/T 24328.3 测定温湿处理后干试样的抗张强度。

9 计算与结果表示

分别计算并报告试样纵、横向的测定结果。

9.1 湿抗张强度

按式(1)计算湿抗张强度，用 N/m 表示：

$$S = F/w_i \times 10^3 \quad \cdots\cdots (1)$$

式中：

S——平均湿抗张强度，单位为牛顿每米(N/m)；

F——最大抗张力的平均值，单位为牛顿(N)；

w_i——试样的初始宽度(标准宽度为 50 mm)，单位为毫米(mm)。

报告试样平均湿抗张强度，单位为牛顿每米(N/m)，保留三位有效数字。

9.2 湿抗张强度保留率

由式(2)计算湿抗张强度保留率的平均值：

$$S_R = 100 \times S/S_D \quad \cdots\cdots (2)$$

式中：

S_R——平均湿抗张强度保留率，%；

S——平均湿抗张强度，单位为牛顿每米(N/m)；

S_D——温湿处理后干试样的平均抗张强度，单位为牛顿每米(N/m)。

报告试样的湿抗张强度保留率，%，保留一位小数有效数字。

10 试验报告

试验报告应包括下列内容：

a) 对 GB/T 24328 本部分编号的引用；

b) 试验日期和地点；

c) 所采用温湿处理条件；

d) 样品描述和鉴别(例如产品种类、取样的时间和地点)；

e) 如果不是 10 个测定值，则应报告湿抗张强度的测定次数；

f) 试样的纵、横向的湿抗张强度，单位为牛顿每米(N/m)；

——不大于 100 N/m 时，准确至一位小数；

——大于 100 N/m 时，结果取整数。

g) 标准偏差和变异系数；

h) 湿抗张强度保留率，%（如需要）；

i) 试样是否经过老化，采用的老化处理条件；

j) 偏离 GB/T 24328 本部分的任何试验条件和操作。

11 精密度

11.1 通则

按照 GB/T 24328 的本部分规定，在 11 个实验室测试了 5 个样品的纵横向。5 个实验室使用立式抗张强度试验仪和芬奇杯浸泡装置，6 个实验室使用卧式抗张强度试验仪和盛水容器。统计计算表明，两种仪器间没有显著的差异。由表 1～表 3 可知，立式和卧式抗张强度试验仪的结果比较接近。

11.2 湿抗张强度

湿抗张强度的实验室比对结果见表 1。

表 1 湿抗张度的实验室比对结果

样品	湿抗张强度平均值/(N/m)	实验室间的标准偏差 s/(N/m)	再现性变异系数/%	再现性极限 R^a/(N/m)
B1,CD	19.0	2.4	12.4	7.5
D1,CD	35.3	2.4	6.8	7.7
A1,CD	66.8	3.3	4.9	10.6
B1,MD	41.7	3.3	7.8	10.5
E1,CD	84.9	6.7	7.9	21.5
E2,CD	89.8	4.2	4.7	13.5
A1,MD	148	5.4	3.7	17.4
D1,MD	85.7	6.1	7.1	19.6
E2,MD	168	7.5	4.4	23.9
E1,MD	182	9.2	5.0	29.3

注：MD——纵向；CD——横向。

a 95%的概率范围内，$R=1.96\sqrt{2}\times s$。

11.3 湿抗张强度保留率

湿抗张强度保留率的实验室比对结果见表 2。

表 2 湿抗张强度保留率的实验室比对结果

样品	湿抗张强度保留率平均值/%	实验室间的标准偏差 s/%	再现性变异系数/%	再现性极限 R^a/%
B1,CD	17.8	2.1	11.7	6.7
D1,CD	18.5	1.4	7.4	4.4
A1,CD	34.3	1.7	4.8	5.3
B1,MD	19.5	1.5	7.9	5.0
E1,CD	24.9	1.8	7.2	5.7

表 2（续）

样品	湿抗张强度保留率平均值/%	实验室间的标准偏差 s/%	再现性变异系数/%	再现性极限 R^a/%
E2,CD	25.4	1.7	6.6	5.4
A1,MD	35.6	1.5	4.3	4.9
D1,MD	18.6	1.4	7.5	4.5
E2,MD	32.2	1.9	5.9	6.1
E1,MD	27.8	1.5	5.2	4.7

注：MD——纵向；CD——横向。

[a] 95%的概率范围内，$R=1.96\sqrt{2}\times s$。

11.4 干抗张强度

干抗张强度的实验室比对结果见表 3。

表 3 干抗张强度的实验室比对结果

样品	干抗张强度平均值/(N/m)	实验室间的标准偏差 s/(N/m)	再现性变异系数/%	再现性极限 R^a/(N/m)
B1,CD	107	9.9	9.2	31.6
D1,CD	191	12.8	6.7	41.0
A1,CD	195	7.0	3.6	22.2
B1,MD	214	5.6	2.6	17.9
E1,CD	341	18.1	5.3	57.8
E2,CD	354	15.5	4.4	49.5
A1,MD	417	11.3	2.7	36.3
D1,MD	461	16.7	3.6	53.5
E2,MD	524	33.4	6.4	106.9
E1,MD	656	25.0	3.8	80.0

注：MD——纵向；CD——横向。

[a] 95%的概率范围内，$R=1.96\sqrt{2}\times s$。

ICS 85-010
Y 30

中华人民共和国国家标准

GB/T 24328.5—2009

卫生纸及其制品
第5部分:定量的测定

Tissue paper and tissue products—
Part 5:Determination of grammage

(ISO 12625-6:2005,MOD)

2009-09-30 发布　　2010-02-01 实施

中华人民共和国国家质量监督检验检疫总局
中国国家标准化管理委员会　发布

前　言

GB/T 24328《卫生纸及其制品》分为以下7个部分：

——第1部分：总则及术语；

——第2部分：厚度、层积厚度和表观密度的测定；

——第3部分：抗张强度、裂断时伸长率和抗张能量吸收的测定；

——第4部分：湿抗张强度的测定；

——第5部分：定量的测定；

——第6部分：吸水时间和吸水能力（篮筐浸没法）；

——第7部分：球形耐破度的测定。

本部分为GB/T 24328的第5部分。

本部分修改采用ISO 12625-6:2005《卫生纸及其制品　第6部分：定量的测定》（英文版）。

本部分与ISO 12625-6:2005相比，主要差异如下：

——用GB/T 450《纸和纸板试样的采取及试样纵横向、正反面的测定》代替ISO 186:2002，MOD；

——用GB/T 451.2《纸和纸板定量的测定》代替eqv ISO 536:1995；

——用GB/T 10739《纸、纸板和纸浆试样处理和试验的标准大气条件》代替eqv ISO 187:1990；

——用GB/T 24328.1《卫生纸及其制品　第1部分：总则及术语》代替ISO 12625-1:2005，MOD。

本部分由中国轻工业联合会提出。

本部分由全国造纸工业标准化技术委员会归口。

本部分起草单位：中国制浆造纸研究院、国家纸张质量监督检验中心、中国造纸协会标准化专业委员会。

本部分主要起草人：张青。

卫生纸及其制品
第5部分:定量的测定

1 范围

GB/T 24328 的本部分规定了卫生纸及其制品的定量测定方法。

本部分适用于卫生纸及其制品。

2 规范性引用文件

下列文件中的条款通过 GB/T 24328 的本部分的引用而成为本部分的条款。凡是注日期的引用文件,其随后所有的修改单(不包括勘误的内容)或修订版均不适用于本部分,然而,鼓励根据本部分达成协议的各方研究是否可使用这些文件的最新版本。凡是不注日期的引用文件,其最新版本适用于本部分。

GB/T 450 纸和纸板 试样的采取及试样纵横向、正反面的测定(GB/T 450—2008,ISO 186:2002,MOD)

GB/T 451.2 纸和纸板定量的测定(GB/T 451.2—2002,eqv ISO 536:1995)

GB/T 10739 纸、纸板和纸浆试样处理和试验的标准大气条件(GB/T 10739—2002,eqv ISO 187:1990)

GB/T 24328.1 卫生纸及其制品 第1部分:总则及术语(GB/T 24328.1—2009,ISO 12625-1:2005,MOD)

3 术语和定义

GB/T 24328.1 给出的以及下列术语和定义适用于 GB/T 24328 的本部分。

3.1

定量 grammage

按本部分规定的步骤,测得的单位面积卫生纸及其制品的质量。

注:根据 GB/T 451.2,定量以 g/m^2 表示。

4 原理

测定一份或多份试样的质量和面积,通过单位面积试样的质量来计算定量。对于加工后的卫生纸制品,也可通过测定质量和面积来计算定量。

5 仪器和设备

5.1 裁切装置,符合 GB/T 450 的规定。

5.2 天平,测量精度为 0.001 g。

5.3 长度测定装置:一把钢尺、一个电动数字尺、扫描仪或其他装置,最小测量精度为 0.5 mm。

6 试样的制备

6.1 样品采取和处理

按 GB/T 450 选取样品。

在 GB/T 10739 规定的(23±1)℃、相对湿度(50±2)%的标准大气下处理样品，除非协议双方另有规定，测定过程也应处于该标准大气中。

6.2 试样裁切

按 GB/T 450 将试样裁切至规定尺寸，精度应至少达到其真值的 1%。

裁切试样时，可在纸叠上下面各放置一张衬纸，例如裁切后的办公用纸，以保证试样切边整洁、光滑，尺寸满足精度规定。

6.2.1 试样尺寸

由于卫生纸及其制品的尺寸差异很大，仅能给出试样尺寸的统一值，每个试样的最小面积应为 100 cm^2。

6.2.2 试样数量

由于卫生纸及其制品的尺寸差异很大，仅能给出试样数量的统一值，应至少有 10 张试样，应测定最小面积为 1 000 cm^2 的质量。为满足本部分的规定，应选用更大的试样面积。

6.2.3 从加工后卫生纸制品中选取试样

如果试样是加工后卫生纸制品(例如纸手帕)时，应至少选取 10 张试样。

从样品中随机裁取 10 个或以上的试样(加工后卫生纸制品)，以保证所取试样在尺寸和质量上均具有代表性。

7 试验步骤

7.1 试样质量的测定

7.1.1 在 GB/T 10739 规定的部分大气下，将天平放置在水平无震动的台面上。

7.1.2 测定所有试样(见 6.2)的总质量，准确至 0.001 g。

7.2 试样面积的测定

7.2.1 当试样已被裁切成 6.2 规定的尺寸时，用裁切装置(5.1)的面积乘以试样的数量(6.2.2)，计算所有试样的总面积。

7.2.2 测定加工后卫生纸制品的定量，用长度测定装置(5.3)测定总面积，其测量精度应高于 1%。

测定试样时，应将试样平放，且不施加张力。

所有的试样逐个测完后，将所有的面积加到一起，计算试样的总面积。

7.3 试验报告中应清楚地注明所有偏离上述步骤的内容。

8 计算

按式(1)计算每个试样的定量：

$$g = \frac{m}{S} \qquad \cdots\cdots(1)$$

式中：

g——定量，单位为克每平方米(g/m^2)；

m——试样或所有试样的总质量，单位为克(g)；

S——试样或所有试样的总面积，单位为平方米(m^2)。

9 试验报告

试验报告应包括以下项目：

a) 对 GB/T 24328 本部分编号的引用；

b) 试验的日期和地点；

c) 样品的描述和鉴别，例如产品种类、测定时尺寸；

d) 定量(以 g/m² 表示,修约至小数点后一位)、测定次数、部分偏差(保留两位有效数字)、变异系数(保留两位有效数字);

e) 任何偏离 GB/T 24328 本部分的情况,以及其他可能影响测试结果的因素。

10 精密度

按照 GB/T 24328 本部分的规定,10 个实验室测定了 4 种产品,结果如表 1 所示。

表 1 实验室比对结果

品种	定量平均值/(g/m²)	实验室间的部分偏差 s/(g/m²)	再现性变异系数/%	再现性极限 R[a]/(g/m²)
纸手帕	15.4	0.10	0.7	0.3
厨房用擦拭纸	20.9	0.07	0.4	0.2
餐巾纸	39.5	0.40	1.0	1.1
厨房用卷纸	53.7	0.63	1.2	1.8

[a] 95%的概率范围内,$R=1.96\sqrt{2}\times s$。

ICS 85-010
Y 30

中华人民共和国国家标准

GB/T 24328.6—2009

卫生纸及其制品 第6部分：吸水时间和吸水能力 （篮筐浸没法）

Tissue paper and tissue products—
Part 6: Water-absorption time and water-absorption capacity
(basket-immersion test method)

(ISO 12625-8:2006, MOD)

2009-09-30 发布　　　　2010-02-01 实施

中华人民共和国国家质量监督检验检疫总局
中国国家标准化管理委员会　发布

前　言

GB/T 24328《卫生纸及其制品》分为以下 7 个部分：

——第 1 部分：总则及术语；

——第 2 部分：厚度、层积厚度和表观密度的测定；

——第 3 部分：抗张强度、裂断时伸长率和抗张能量吸收的测定；

——第 4 部分：湿抗张强度测定；

——第 5 部分：定量的测定；

——第 6 部分：吸水时间和吸水能力(篮筐浸没法)；

——第 7 部分：球形耐破度的测定。

本部分为 GB/T 24328 的第 6 部分。

本部分修改采用 ISO 12625-8:2006《卫生纸及制品　第 8 部分：卫生纸及其制品吸水时间和吸收能力(篮筐浸没法)》(英文版)。

本部分与 ISO 12625-8:2006 相比，主要差异如下：

——用 GB/T 450《纸和纸板试样的采取及试样纵横向、正反面的测定》代替 ISO 186:2002，MOD；

——用 GB/T 10739《纸、纸板和纸浆试样处理和试验的标准大气条件》代替 eqv ISO 187:1990；

——用 GB/T 22903《纸浆　物理实验用标准水》代替 ISO 14487:1997，MOD。

本部分由中国轻工业联合会提出。

本部分由全国造纸工业标准化技术委员会归口。

本部分起草单位：中国制浆造纸研究院、中国造纸协会标准化专业委员会。

本部分主要起草人：卢宝荣。

卫生纸及其制品 第6部分:吸水时间和吸水能力 (篮筐浸没法)

1 范围

GB/T 24328的本部分规定了卫生纸及其制品吸水时间和吸水能力的手动和自动测定方法(浸没篮筐法)。

本部分适用于卫生纸及其制品。

2 规范性引用文件

下列文件中的条款通过GB/T 24328的本部分的引用而成为本部分的条款。凡是注日期的引用文件,其随后所有的修改单(不包括勘误的内容)或修订版均不适用于本部分,然而,鼓励根据本部分达成协议的各方研究是否可使用这些文件的最新版本。凡是不注日期的引用文件,其最新版本适用于本部分。

GB/T 450 纸和纸板试样的采取及试样纵横向、正反面的测定(GB/T 450—2008,ISO 186:2002,MOD)

GB/T 10739 纸、纸板和纸浆试样处理和试验的标准大气条件(GB/T 10739—2002,eqv ISO 187:1990)

GB/T 22903 纸浆 物理试验用标准水(GB/T 22903—2008,ISO 14487:1997,MOD)

3 术语和定义

下列术语和定义适用于GB/T 24328的本部分。

3.1

吸水时间 water-absorption time

从浸水开始到试样完全润湿所需要的时间。

3.2

吸水能力 water-absorption capacity

在规定的条件下单位质量的试样吸收水的质量。

4 原理

卫生纸或其制品的试样被放置在一个圆柱形的篮筐中,在自重的作用下浸泡在水中,测定试样完全润湿所需要的时间。在规定的浸渍时间后,按规定的条件沥干试样,测定吸收水的质量。

5 试剂

去离子水:符合GB/T 22903的规定,电导率为0.25 mS/m;温度符合GB/T 10739的规定,为(23±1)℃。为避免前次试样对水污染的干扰,测定不同系列的样品时应更换去离子水。

6 试样的制备和温湿处理

6.1 取样

应按照GB/T 450的规定取样。从加工后的卷筒纸中取样时,为了避免可能存在的胶黏物或机械损伤的影响，应剥去最外边的至少六层和最里边的至少六层。

6.2 试样的制备

从样品中制备5个试样，试样的宽度为(76±1)mm，沿纵向的长度应足够长，以保证每个试样的质量达到(5.0±0.2)g。

当制备的试样是成叠的纸页时，每张纸页的朝向应相同。当许多纸张一起裁切时，测试前应将其分开。记录每个试样的质量(m_0)，准确到 mg。

协议双方可以规定其他的试样尺寸，但应在试验报告中注明。

6.3 温湿处理

试样的温湿处理按 GB/T 10739 进行。

7 手动测试方法

7.1 仪器

7.1.1 水容器

应足够大，能使横躺着的篮筐完全浸没在水中(总体积 3 L)。水容器中装有(23±1)℃的去离子水，水深 100 mm。

7.1.2 浸没和沥干装置

带一个支撑架，能悬挂圆柱形篮筐，并使篮筐与水平面成30°(见图1)。

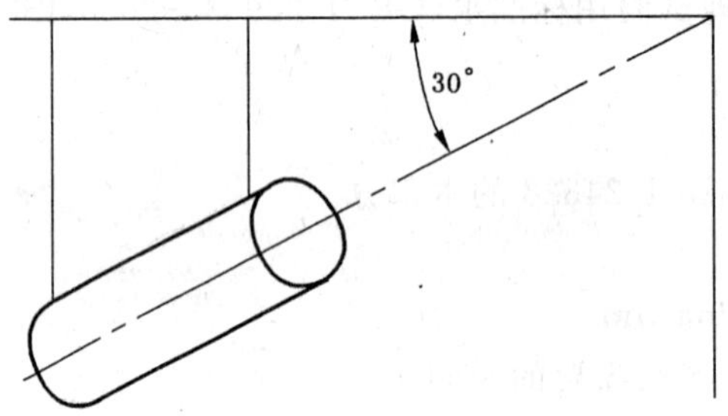

图1 沥干位置原理

7.1.3 计时器

精确到 0.01 s。

7.1.4 天平

精确到 0.001 g。

7.1.5 圆柱形篮筐

网状结构，其尺寸(高度和直径)见图2，可以由任何耐腐蚀的钢丝制成，钢丝的直径为 0.5 mm，密度为 8.0 g/cm³～8.1 g/cm³，圆柱形篮筐的总质量为(3.0±0.1)g。

单位为毫米

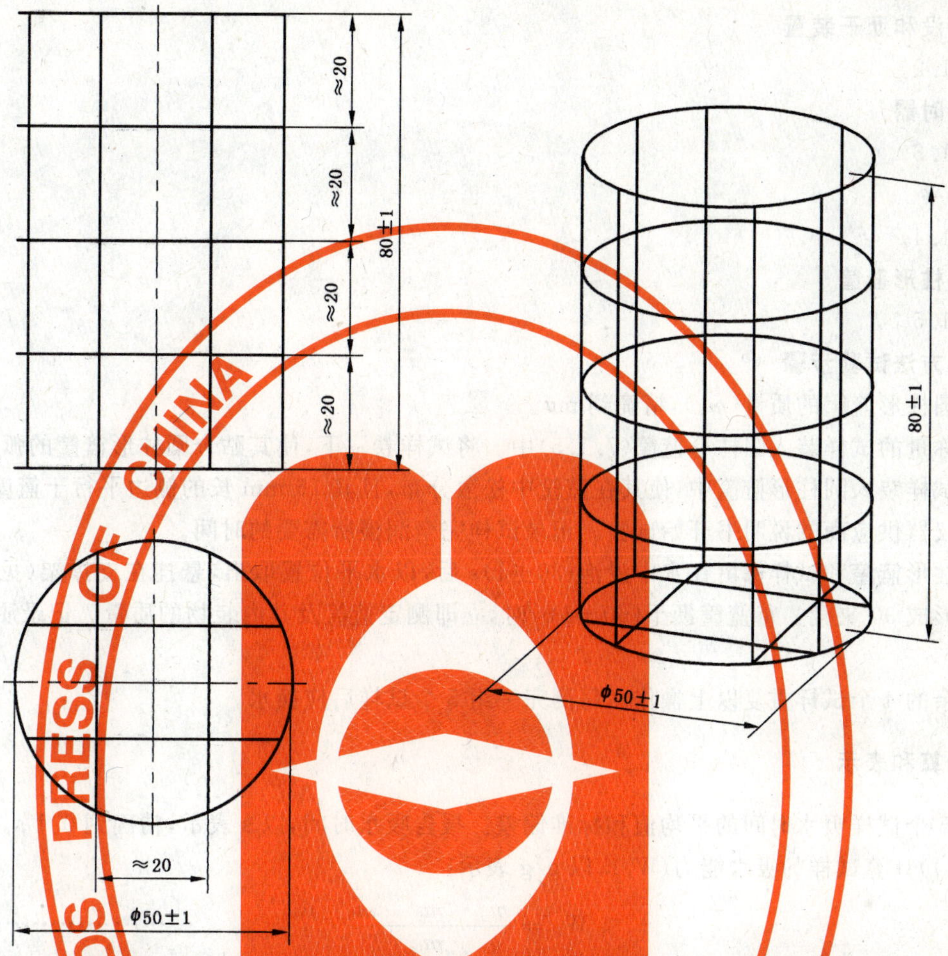

图 2　圆柱形篮筐示意图

7.2　手动方法试验步骤

记录圆柱形篮筐的质量(m_b)，精确到 mg。

将已称量的试样放入圆柱形篮筐(7.1.5)中。将试样卷一下，使其贴合圆柱形篮筐的弧面。不要折试样。将试样装入圆柱形篮筐中，使其在篮筐中松散分布，且其 76 mm 长的侧边平行于篮筐的侧面。

将圆柱形篮筐沿其侧边在离水面 (25±5)mm 的高度处放入水容器(7.1.1)中，同时启动计时器(7.1.3)。观察试样润湿的情况，在试样完全润湿时停止计时。记录试样完全润湿所需要的时间。

将圆柱形篮筐和试样保留在水中浸泡 (30±1)s 后，以水平位置取出，悬挂在支撑架(见 7.1.2)上，与水平面成 30°夹角。待篮筐沥干(60±1)s 时，立即测定篮筐及其内装物的质量。记录质量(m_n)，精确到 mg。

将其余的 4 个试样重复以上操作，确保满足 7.1.1 的规定。每测完一组 5 个试样后应换水。

8　自动测试方法

8.1　概述

使用电动计时的仪器时，试验操作可以得到更实用的改善，还可以给出比较性的结果。

8.2　设备

可使用任何可排水的合适仪器，如图 1 所示。

8.2.1 水容器

见7.1.1。

8.2.2 浸没和沥干装置

见7.1.2。

8.2.3 计时器

见7.1.3。

8.2.4 天平

见7.1.4。

8.2.5 圆柱形篮筐

见7.1.5。

8.3 自动方法试验步骤

记录圆柱形篮筐的质量(m_b)，精确到mg。

将已称量的试样装入圆柱形篮筐(7.1.5)中。将试样卷一下，使其贴合圆柱形篮筐的弧面。不要折试样。将试样装入圆柱形篮筐中，使其在篮筐中松散分布，且其76 mm长的侧边平行于篮筐的侧面。

按照仪器供应商的说明书开始试验。记录试样完全润湿所需要的时间。

将圆柱形篮筐和试样保留在水中浸泡(30±1)s后，以水平位置取出，悬挂在支撑架(见7.1.2)上，与水平面形成30°夹角。待篮筐沥干(60±1)s时，立即测定篮筐及其内装物的质量。记录质量(m_n)，精确到mg。

将其余的4个试样重复以上操作。每测完一组5个试样后应换水。

9 结果计算和表示

计算5个试样吸水时间的平均值和标准偏差。报告吸水时间，以s表示，精确到0.1 s。

按式(1)计算试样的吸水能力(W_a)，以g/g表示：

$$W_a = \frac{m_n - m_0 - m_b}{m_0} \qquad \cdots\cdots(1)$$

式中：

W_a——吸水能力，单位为克每克(g/g)；

m_n——浸水和沥干后圆柱形篮筐及其内装物的质量，单位为克(g)，保留三位小数；

m_0——每个试样的绝干质量，单位为克(g)，保留三位小数；

m_b——圆柱形篮筐的质量，单位为克(g)，保留三位小数。

以5个平行试验的平均值计算吸水能力，以每克试样吸收水的克数表示，并计算标准偏差，报告结果至一位小数。

10 试验报告

试验报告应包括以下内容：

a) 对GB/T 24328本部分的编号的引用；

b) 试验的日期和地点；

c) 鉴别样品所需要的全部描述；

d) 试样的尺寸(如果适用)；

e) 所用试验方法(手动或自动)；

f) 吸水时间平均值和标准偏差；

g) 吸水能力平均值和标准偏差；

h) 任何因偏离GB/T 24328本部分而可能影响测试结果的情况。

11 精确度

11.1 概述

按照本部分的规定，12 个实验室测试了 10 个样品。

11.2 再现性

再现性是指两个不同的操作者，在不同的实验室测定相同的样品所得试验结果间的差异。所报告的数据采用手动方法测得，结果如表 1 和表 2 所示。

表 1 实验室间测试结果（Ⅰ）

样品	吸水时间平均值/s	实验室间的标准偏差 s	再现性变异系数/%	再现性极限 R[a]/s
A	3.2	0.2	6.3	0.6
B	25.6	3.5	13.7	9.7
C	2.6	0.2	7.7	0.6
D	7.9	0.4	5.1	1.1
E	3.8	0.3	7.9	0.8
F	4.7	0.5	10.6	1.4
G_a	10.1	1.2	11.9	3.3
G_b	6.8	0.7	10.3	1.9
H	4.8	0.6	12.5	1.7
I	3.8	0.3	7.9	0.8

[a] 95%的概率范围内，$R=1.96\sqrt{2}\times s$。

注：目前仅有一家公司能够生产自动测试仪器，因此无法给出精度数据。将在以后补充该内容。

表 2 实验室间测试结果（Ⅱ）

样品	吸水能力平均值/(g/g)	实验室间的标准偏差 s/(g/g)	再现性变异系数/%	再现性极限 R[a]/(g/g)
A	7.6	0.2	2.6	0.7
B	5.6	0.3	5.4	0.8
C	11.2	0.4	3.6	1.1
D	9.2	0.6	6.5	1.7
E	17.3	0.5	2.9	1.4
F	7.1	0.5	7.0	1.4
G_a	7.8	0.4	5.1	1.1
G_b	7.6	0.2	2.6	0.6
H	7.1	0.3	4.2	0.8
I	8.3	0.4	4.8	1.1

[a] 95%的概率范围内，$R=1.96\sqrt{2}\times s$。

注：目前仅有一家公司能够生产自动测试仪器，因此无法给出精度数据。将在以后补充该内容。

ICS 85-010
Y 30

中华人民共和国国家标准

GB/T 24328.7—2009

卫生纸及其制品
第7部分：球形耐破度的测定

Tissue paper and tissue products—
Part 7: Determination of ball burst strength

(ISO 12625-9:2005, MOD)

2009-09-30 发布　　　　2010-02-01 实施

中华人民共和国国家质量监督检验检疫总局
中国国家标准化管理委员会　发布

前　言

GB/T 24328《卫生纸及其制品》分为以下7个部分：

——第1部分：总则及术语；

——第2部分：厚度、层积厚度和表观密度的测定；

——第3部分：抗张强度、裂断时伸长率和抗张能量吸收的测定；

——第4部分：湿抗张强度测定；

——第5部分：定量的测定；

——第6部分：吸水时间和吸水能力(篮筐浸没法)；

——第7部分：球形耐破度的测定。

本部分为GB/T 24328的第7部分。

本部分修改采用ISO 12625-9:2005《卫生纸及其制品　第9部分：卫生纸及其制品球形耐破度的测定》(英文版)。

本部分与ISO 12625-9:2005相比，主要差异如下：

——用GB/T 450《纸和纸板　试样的采取及试样纵横向、正反面的测定》代替ISO 186:2002,MOD；

——用GB/T 10739《纸、纸板和纸浆试样处理和试验的标准大气条件》代替eqv ISO 187:1990；

——用GB/T 24328.1《卫生纸及其制品　第1部分：总则及术语》代替ISO 12625-1:2005,MOD；

——用GB/T 24328.5《卫生纸及其制品　第5部分：定量的测定》代替ISO 12625-6:2005,MOD。

本部分由中国轻工业联合会提出。

本部分由全国造纸工业标准化技术委员会归口。

本部分起草单位：中国制浆造纸研究院、中国造纸协会标准化专业委员会。

本部分主要起草人：卢宝荣。

卫生纸及其制品
第7部分:球形耐破度的测定

1 范围

GB/T 24328 的本部分规定了卫生纸及其制品抗机械穿透能力(球形耐破度)的测定方法。

本部分适用于卫生纸及其制品。

2 规范性引用文件

下列文件中的条款通过 GB/T 24328 的本部分的引用而成为本部分的条款。凡是注日期的引用文件,其随后所有的修改单(不包括勘误的内容)或修订版均不适用于本部分,然而,鼓励根据本部分达成协议的各方研究是否可使用这些文件的最新版本。凡是不注日期的引用文件,其最新版本适用于本部分。

GB/T 450 纸和纸板 试样的采取及试样纵横向、正反面的测定(GB/T 450—2008,ISO 186:2002,MOD)

GB/T 10739 纸、纸板和纸浆试样处理和试验的标准大气条件(GB/T 10739—2002,eqv ISO 187:1990)

GB/T 16825.1 静力单轴试验机的检验 第1部分:拉力和(或)压力试验机测力系统的检验与校准(GB/T 16825.1—2008,ISO 7500-1:2004,IDT)

GB/T 24328.1 卫生纸及其制品 第1部分:总则及术语(GB/T 24328.1—2009,ISO 12625-1:2005,MOD)

GB/T 24328.5 卫生纸及其制品 第5部分:定量的测定(GB/T 24328.5—2009,ISO 12625-6:2005,MOD)

3 术语和定义

下列术语和定义适用于 GB/T 24328 的本部分。

3.1

定量 grammage

按 GB/T 24328.5 的规定测得的单位面积卫生纸及其制品的质量。

3.2

耐破度 burst force

在试验条件下,卫生纸及其制品试样的表面在垂直方向所能承受的最大力。

3.3

耐破指数 burst index

卫生纸及其制品的耐破度除以经温湿处理样品的定量,定量按照标准方法测定。

4 原理

试样被两个同心盘环的外围牢固夹住,使用一个被固定在合适机械装置上的硬质、不变形、高度抛光、以恒定速率运动的圆球,从垂直方向对固定在盘中央的试样施加力使其凸起,从而测定试样的抗机械穿透能力(耐破度)。

5 仪器

5.1 夹持系统

应能将试样牢固、均匀地夹在两个同心盘环间，同心盘环的表面彼此平行。盘环可以被机械或气动装置驱动。

夹持力应足够大，防止试样在试验过程中滑动，但要避免损坏试样。

夹持环的夹持表面涂有商品级适宜的塑料材料，厚度一般为 1.5 mm～2 mm，IRHD(国际橡胶硬度)为 75±5。

涂层的边缘应与夹持环的内径一致，宽度至少为 12.5 mm。

两个同心环的内径应为(89.0±0.2)mm。

夹持系统的尺寸见图 1。

单位为毫米

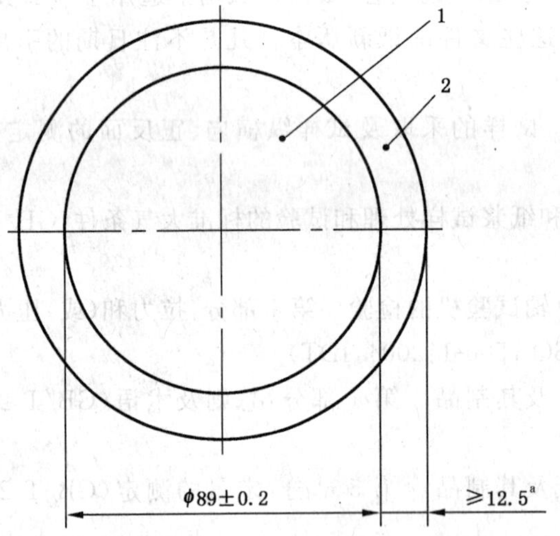

1——测试区域；

2——夹持环。

ª 合适的涂层。

图 1 夹持系统原理图

5.2 穿透系统

穿透(破裂)系统由一个硬质、不变形、高度抛光材料制成的圆球组成，其尺寸为：

——直径：(16±0.05)mm；

——球度：大于 1 μm。

圆球被永久地固定在(9.0±1)mm 长的硬质杆的末端，在环形夹盘的中心位置，将所受到的力传送给配置的测压系统和测力系统。

5.3 测力系统

采用 1 级以上的测力系统测定载荷，并应按 GB/T 16825.1 的规定进行校准和验证。读数系统应带有一个显示器，显示破裂时的最大力并加以记录。

5.4 驱动装置

驱动装置由一个静态的单轴测试设备组成，它带有一个能以一定速度上下往复运动的装置，其运动方向与夹盘中受力的试样垂直。驱动装置提供的驱动速率可以变化，也可以固定。穿透试样的速率应为(125±5)mm/min。

6 试样温湿处理

除非协议双方另有规定，测试前，应在 GB/T 10739 规定的标准大气条件下处理样品。样品应在该标准大气中测试。

7 试样的制备

7.1 按 GB/T 450 选取试样。

7.2 试样不应有褶皱、尘埃或明显的损坏。

7.3 试样测试区域的面积应大于测试仪的夹环，被夹持的区域不可用于下次测试。

7.4 从按第 6 章规定的经温湿处理过的样品中制备 10 个试样。

7.5 试样被测试部分的尺寸由夹持系统的内心尺寸决定。

7.6 对于加工后的卫生纸产品，应在产品上直接测试，不考虑产品的层数。一个加工后的产品通常可直接当作一个试样。

7.7 未经加工的卫生纸应测定单层，除非协议双方另有规定。

7.8 厕用卫生纸通常是经打孔的卷筒纸。测试这种样品时，采取三节连着的纸页比较方便。靠外边的两节纸页用于移送试样到夹持系统中，中间的纸页用于测试。对于节距大于 120 mm 的厕用卫生纸，以及未打孔的厕用卫生纸，采取试样长度约为 300 mm。

7.9 卫生纸产品可能有压花、印刷、易于截取的打孔线、折叠或兼具以上特征。在这种情况下，避免将以上特征部位直接放在夹持系统的穿透位置上(尤其是折叠和打孔)。

8 试验步骤

a) 仪器应放置在无外来震动的水平面上；

b) 用前，打开仪器，预热至少 30 min；

c) 将试样放在仪器的夹持系统中；

d) 启动夹持系统，夹好试样；

e) 启动测试程序，使穿透装置以测试速度运动；

f) 当试样被穿透装置顶破时，记录测力系统显示的力值，该数值即为抗穿透能力(耐破力 F)；

g) 松开夹持系统，移去试样；

h) 对所有试样重复以上操作。

9 结果计算

计算 10 个试样抗穿透力的平均值 $\overline{F}$。

按式(1)计算耐破指数 X，以 N·m²/g 表示：

$$X = \frac{\overline{F}}{g} \qquad \cdots\cdots(1)$$

式中：

$\overline{F}$——样品抗穿透力的平均值，单位为牛顿(N)；

g——样品的定量，单位为克每平方米(g/m²)。

10 试验报告

试验报告应包括以下内容：

a) 对 GB/T 24328 本部分编号的引用；

b) 试验的日期和地点；

c) 对样品的完整鉴别和所用试验方法；

d) 测量结果，以平均值 $\overline{F}$ 表示，单位为N，修约至小数点后两位；

e) 标准偏差，保留两位小数，以及测得的最大值和最小值；

f) 如果需要，报告耐破指数 X，保留两位有效数字；

g) 任何偏离GB/T 24328本部分以及其他可能影响测试结果的情况。

11 精确度

按照本部分的规定，8个实验室测试了11个样品。球形耐破度的实验室比对试验结果见表1。

表1 球形耐破度的实验室比对试验结果

样品	耐破指数 X/ (N·m²/g)	定量 g/ (g/m²)	平均耐破力 $\overline{F}$/ N	实验室间的标准偏差 s/ N	再现性变异系数 CV/ %	再现性极限 R[a]/ N
擦拭纸	0.20	73.24	14.39	0.42	6.8	1.17
	0.12	47.33	5.63	0.19	11.9	0.53
	0.14	62.71	8.78	0.16	11.3	0.44
厕用卫生纸	0.14	39.46	5.69	0.40	10.7	1.11
	0.08	35.26	2.95	0.17	16.9	0.46
	0.07	32.25	2.20	0.07	12.5	0.19
	0.09	37.82	3.42	0.12	10.1	0.33
纸手帕	0.09	65.75	5.86	0.29	11.2	0.82
	0.06	39.43	2.52	0.14	14.8	0.38
	0.09	58.43	5.36	0.25	12.4	0.71
	0.10	68.53	6.69	0.52	11.3	1.43

a 95%的概率范围内，$R=1.96\sqrt{2}\times s$。

ICS 97.190
Y 04

中华人民共和国国家标准

GB/T 24329—2009

出口儿童高椅安全要求及测试方法

Safety requirements and test methods of children's high chairs for export

(ISO 9221-1:1992, Furniture—Children's high chairs—
Part 1:Safety requirements, ISO 9221-2:1992, Furniture—
Children's high chairs—Part 2:Test methods, MOD)

2009-09-30 发布　　2010-02-01 实施

中华人民共和国国家质量监督检验检疫总局
中国国家标准化管理委员会　发布

前言

本标准修改采用 ISO 9221-1:1992《家具　儿童高椅　第 1 部分:安全要求》和 ISO 9221-2:1992《家具　儿童高椅　第 2 部分:测试方法》。

本标准与 ISO 9221-1:1992,ISO 9221-2:1992 相比,主要技术差异如下:

——将两项标准进行编辑性修改并整合作为一项标准;

——增加了 GB 6675—2003《国家玩具安全技术规范》中“燃烧性能”和“特定元素的迁移”两部分内容。

本标准由国家认证认可监督管理委员会提出并归口。

本标准起草单位:中华人民共和国宁波出入境检验检疫局检验检疫技术中心、中华人民共和国江苏出入境检验检疫局。

本标准主要起草人:韩振国 、顾明凯、罗英、张海潮、张学峰、方娜云、罗建峰。

出口儿童高椅安全要求及测试方法

1 范围

本标准规定了出口儿童高椅的安全要求、测试方法及标志、使用说明。

本标准适用于供6个月到36个月之间的儿童使用的出口儿童高椅。

本标准不适用于以下两种情况：

——多功能儿童高椅被调节成婴儿学步车、推椅、摇椅、汽车座椅以及斜躺矮椅等附加功能时；

——大龄儿童与椅中儿童进行互动或者3岁以上使用者的滥用或不正确使用高椅时。

2 规范性引用文件

下列文件中的条款通过本标准的引用而成为本标准的条款。凡是注日期的引用文件，其随后所有的修改单(不包括勘误的内容)或修订版均不适用于本标准，然而，鼓励根据本标准达成协议的各方研究是否可使用这些文件的最新版本。凡是不注日期的引用文件，其最新版本适用于本标准。

GB 5296.6　消费品使用说明　第6部分：家具

GB 6675—2003　国家玩具安全技术规范

GB/T 1766　色漆和清漆　涂层老化的评价方法

GB/T 3922—1995　纺织品耐汗渍色牢度试验方法(eqv ISO 105-E04:1994)

GB/T 5209—1985　色漆和清漆耐水性的测定　浸水法(neq ISO 1521:1973)

GB/T 18886—2002　纺织品　色牢度试验　耐唾液色牢度

ISO 554　调节和(或)试验用标准大气规格

3 术语与定义

下列术语和定义适用于本标准。

3.1

高椅　high chair

用于6个月到36个月之间的儿童使用的椅子，并能够承受儿童体重，在儿童自身的协调下，能坐在椅子上。椅子上可以装有托盘，可以用来给儿童喂食，吃或者玩耍。高椅的设计目的是为了让儿童能坐在椅子上休息，并能够使儿童刚好可以够到餐桌桌面。一般用于家庭或其他室内场合。

3.2

紧固件　fastening

使用者能够利用这个装置把高椅的一部分固定到其他地方。例如螺栓和蝶形螺母。

3.3

胯带　crotch strap

防止儿童从椅上滑落的装置。

4 安全要求

4.1 材料

4.1.1 材料质量

所有材料目视检查应清洁干净、无污染,且便于擦拭、清理。材料的检查应用目视检查而非放大检查。

4.1.2 木材

高椅中使用的木材或木质材料,应该具有防腐和防虫蛀的功能。

4.1.3 金属

当高椅是组装件时,其所使用的所有曝露在空气中的金属,包括金属零部件,例如弹簧、螺母、螺栓和垫圈,应使用防锈材料,例如铝、不锈钢或者加以一定的防锈处理。按5.4进行检测时,锈蚀度不应超过1级。

4.1.4 染色纺织品

取样后,按GB/T 3922—1995与GB/T 18886—2002分别进行测试,试样变色级数不应小于4级,沾色级数不应小于3级。

4.2 结构

4.2.1 适用性

按照厂商说明书组装起来的儿童高椅,无论是否含有可拆除零部件(例如喂食托盘、踏板),都应符合本标准的技术要求。

4.2.2 外露突出物

儿童高椅中不能有外露的管口、突起物、孔洞、松合垫片、调节器、螺母或者间隙,以免在使用中,造成儿童的手指或者肉体被夹住。同时,也不允许出现外露的锐利边缘、锐利尖端或毛刺。

4.2.3 零部件组装

出于运输和储藏的需要,儿童高椅经拆解后,其任何零部件的组装都不得使用自攻螺钉。

4.2.4 机构设计

当高椅部件做旋转或折叠运动,包括试图移动折叠高椅时,都不会对高椅中的儿童造成剪切或挤夹伤害。

当儿童坐在高椅上时,儿童本人应无法使用固定装置,以保证其自身安全。

4.2.5 零部件和附件

向高椅的任何零部件或附件在任何方向上施加90 N的力时,均不应发生分离或损坏。如在紧固装置的合理使用方向上作用20 N的外力,则紧固装置也不应发生分离或损坏。当被测部件的材料为塑料时,环境温度应该为20 ℃±3 ℃。

4.2.6 保险带、胯带、腰带的固定点

儿童高椅应该提供保险带、胯带或者腰带。如果要求提供保险带、胯带或者腰带,那么高椅还应提供固定点,固定点的形式可以采取圈、环或者类似结构,而且位置应分布在图1中的阴影区。固定点和任何形式的联接,按照5.5规定的试验方法测试后,不应发生肉眼可见的损坏。任意一个固定点的移动不能对其他的固定点造成影响,且每个固定点离椅背前方的距离不得超过50 mm,距离座位高度不得超过75 mm。当测试砝码按照5.1.3.1在高椅上放置时,应该使砝码尽可能地靠近椅背。此外,如有需要,儿童高椅需提供一个构成整体所必须的、永久的保险带装置,该保险带固定于高椅上,包括腰带和肩带,宽度至少为15 mm。

单位为毫米

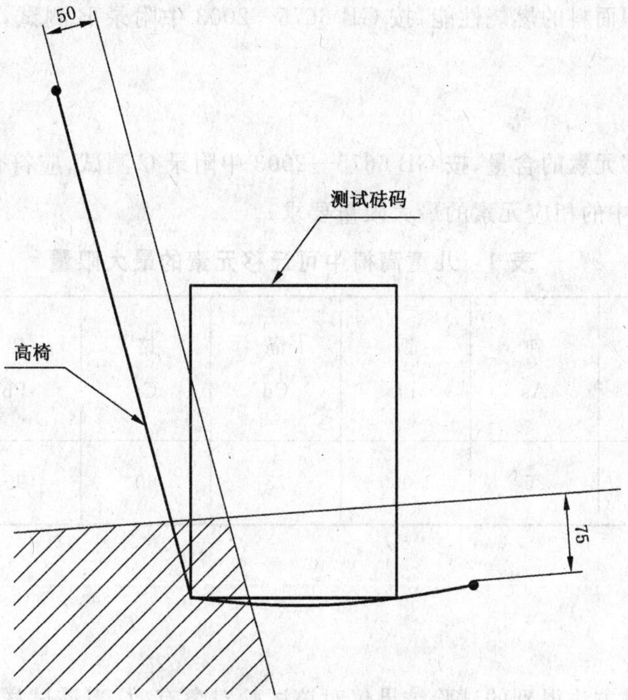

图 1 固定点的位置

4.2.7 胯带

儿童高椅无论有没有托盘，应有能够防止儿童从座位上滑落下来的装置。

通常可以用一根宽度不少于 20 mm 的胯带来满足这个要求。这根胯带可以固定在座位与托盘之间，座位与水平横栏之间，或者座位与安全带之间。

按照 5.6 对胯带进行测试后，胯带不能有任何损坏。

4.2.8 稳定性

按照 5.11.2 和 5.11.3 对高椅的椅腿进行测试时，外力分别施加在距离椅腿端小于等于 140 mm 和 120 mm，任何一个椅腿不得离地。

按照 5.11.4 和 5.11.5 对高椅的椅腿进行测试时，在小于等于 200 N 的外力作用下，任何一个椅腿不得离地。

4.2.9 高椅强度

按照 5.7 对高椅进行测试后，高椅的任何部件不得分离或者损坏。当高椅装有托盘时，按照 5.7.7 对其进行测试后，托盘不能出现松脱现象。

4.2.10 折叠型儿童高椅

可折叠的儿童高椅，按照 5.8 进行测试后，高椅不得折叠。

4.2.11 儿童高椅脚轮

儿童高椅一般情况下是没有脚轮的，除非高椅可以作为婴儿学步车来使用。如果可以作为婴儿学步车，在高椅模式时，脚轮应固定住，不能移动。

4.2.12 可调节靠背的强度

按照 5.9 进行测试时，高椅中用来调节椅背的机械装置不能滑动，也不能增大座位与椅背之间的夹角。

4.3 燃烧性能

儿童高椅中的纺织面料的燃烧性能，按 GB 6675—2003 中附录 B 测试，应符合 GB 6675—2003 中 4.2 的要求。

4.4 特定元素的迁移

儿童高椅中可迁移元素的含量，按 GB 6675—2003 中附录 C 测试，应符合 GB 6675—2003 中4.3的要求(低于或等于表 1 中的相应元素的最大限量要求)。

表 1 儿童高椅中可迁移元素的最大限量　　单位为毫克每千克(mg/kg)

元素	锑 Sb	砷 As	钡 Ba	镉 Cd	铬 Cr	铅 Pb	汞 Hg	硒 Se
最大限量	60	25	1 000	75	60	90	60	500

5 测试方法

5.1 一般要求

根据本标准的测试方法得到的试验结果仅对该试验对象有效，当该试样的检测结果预定用于其他同类的产品时，则测试样品应具有代表性，即使由于设计有碍测试程序的，应尽可能遵守测试程序进行，并记录测试偏差情况。

5.1.1 测试顺序

原则上所有测试应在同一样品上进行。

测试顺序应按照先进行对样品无损坏的项目，后进行对样品有损坏的项目。如样品的损坏导致以后的测试项目无法进行，则可在新的样品上进行剩余项目的测试。

5.1.2 测试仪器精度

除非特殊规定，本标准中力的测量精度为±5%；质量的测量精度为±0.5%；尺寸的测量精度为±0.5 mm。

5.1.3 检测设备

5.1.3.1 测试砝码：直径 200 mm，高度为 300 mm，质量为 15 kg，重心距离底面 150 mm 以上的圆柱体，所有的倒角半径不能小于 5 mm，砝码本体应有两个系安全带固定点，固定点距离底部高度150 mm，在一个圆周上对称分布。

5.1.3.2 强度测试冲击锤：冲击锤为一圆柱体，质量为 6.5 kg±0.07 kg(包括冲头)，固定在一根直径为 38 mm、壁厚 1.6 mm 的钢管上，钢管固定在一转轴，可以绕转轴旋转。锤头末端用橡胶和硬木材料制成。转轴距离冲击锤的重心位置为 1 m，冲击锤臂固定在低摩擦的轴承上。具体参数如图 2 所示。

单位为毫米

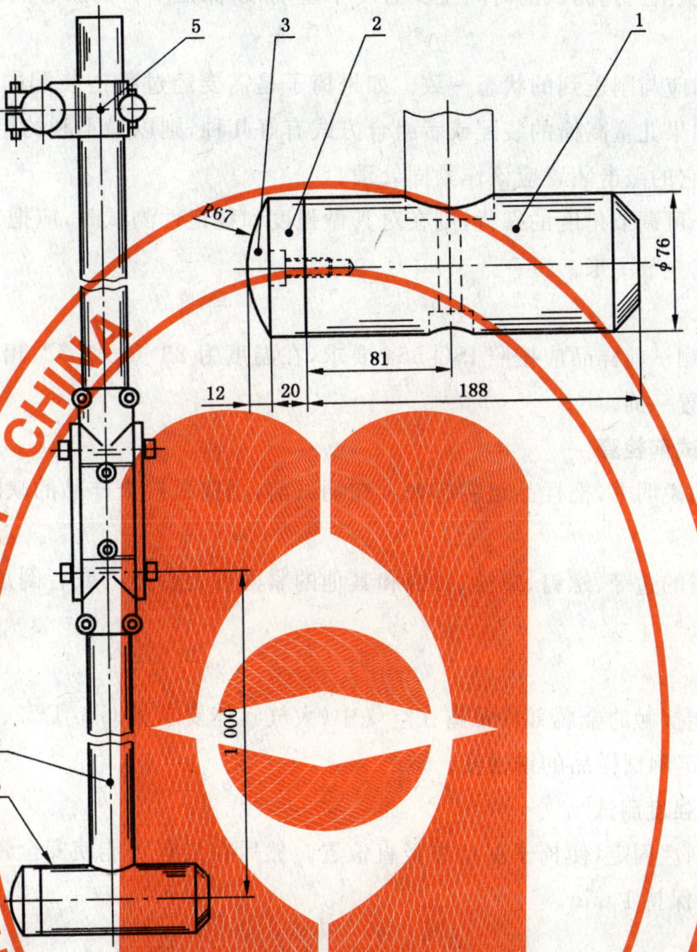

1——摆锤头,低碳钢,质量为 6.4 kg;

2——硬木;

3——橡胶,邵氏硬度 50°;

4——摆锤臂,长 950;冷拔无缝钢管;

5——高度调节器;

6——摆锤头,总质量为 1+2+3=6.5 kg±0.07 kg;

7——转轴。

注:图示锤头位置已于实际工作位置转过 90°。

图 2 冲击锤

5.1.3.3 负重踏板:直径为 100 mm 的刚性圆柱体,表面坚硬光滑,边缘经过倒角处理。

5.1.3.4 挡块:为了防止样品滑移(不适用倾倒防护),一般挡块高度不超过 12 mm,除非设计需要。

5.1.3.5 地板表面:要求水平,平坦,坚硬,例如混凝土表面。

5.1.3.6 梁:900 mm 长,质量为 450 g±10 g。

5.1.3.7 G 型夹头:质量为 0.25 kg±0.05 kg。

5.1.3.8 挂钩:质量为 1.00 kg±0.05 kg。

5.1.4 样品要求

在开始试验前，试样应该出厂一段时间，以确保试样已经达到它的最大强度。一般情况下，应保证样品在室内状态下，从出厂到测试的时间至少有4个星期，以保证木材的胶合点以及类似结构达到最大强度。

样品测试的状态应与刚送到的状态一致。如果椅子是需要经过敲击装配的，则椅子应按照提供的说明书进行装配。如果儿童高椅的装配或者组合方式有好几种，则以最不利的组合方式进行试验。

样品在测试前，它的敲击装置应该作紧固处理。

如果高椅有一个可调节角度的靠背，则在对其做强度和稳定性测试时，应把靠背调节到最不利的位置：通常，都把靠背完全放下来。

5.1.5 测试环境

除非特殊规定，测试前样品应按照ISO 554要求，在温度为23 ℃±2 ℃、相对湿度为50%±5%的大气条件下，至少放置一周。

5.2 样品组装和测试前检查

根据厂商提供的说明书，把样品组装起来。在测试前，用肉眼检查样品的缺陷。

5.3 工艺检查

检查样品的暴露的边缘、螺钉、螺栓、拉链和其他的紧固件是否光滑或者倒角处理，不得含有毛刺或锐利边缘。

5.4 防锈测试

把样品中儿童能接触的金属部件暴露在空气中（大气具体要求见GB/T 5209—1985）48 h。然后根据GB/T 1766来判定测试样品的锈蚀度。

5.5 安全带固定点强度测试

把椅子的座位刚性固定，使椅子保持在竖直位置。然后在最有可能使安全带固定点失效的方向上，施加150 N的拉力，保持1 min。

5.6 胯带强度测试

在最容易引起失效的方向，对胯带施加150 N的拉力（动载荷可以忽略不计），保持1 min。

5.7 高椅强度测试

5.7.1 在儿童高椅的任何部分或附件上施加90 N大小的力，对于紧固件，不要在正常紧固的方向上施力。

5.7.2 将准备测试的儿童高椅竖直放在地面上，所有椅腿都与地面接触。在以座椅的中心为圆心，150 mm直径的区域内加载一质量为40 kg的砝码，保持1 min。然后抓住椅臂，提升椅子离开地面，保持1 min，再卸去负载。

5.7.3 在脚踏板中央，面积大小为75 mm×150 mm的区域内加载一质量为20 kg的砝码，保持1 min，再卸去负载。

5.7.4 当儿童高椅配置有托盘时，在托盘中央，面积大小为75 mm×150 mm的区域内加载一质量为20 kg的砝码，保持1 min。卸去砝码。

5.7.5 把儿童高椅的椅腿牢牢地固定在地面上，使它不能在外力作用方向上移动。如果有托盘，应该把托盘卸掉。如果不能卸下托盘，应该把托盘调节到最容易引起失效的位置上施力。用5.1.3.2的冲击锤以1.5 m/s的速度冲击靠背内面的顶部中心。然后以同样的速度和方式冲击靠背外面（如图3所示），每个方向各重复10次。

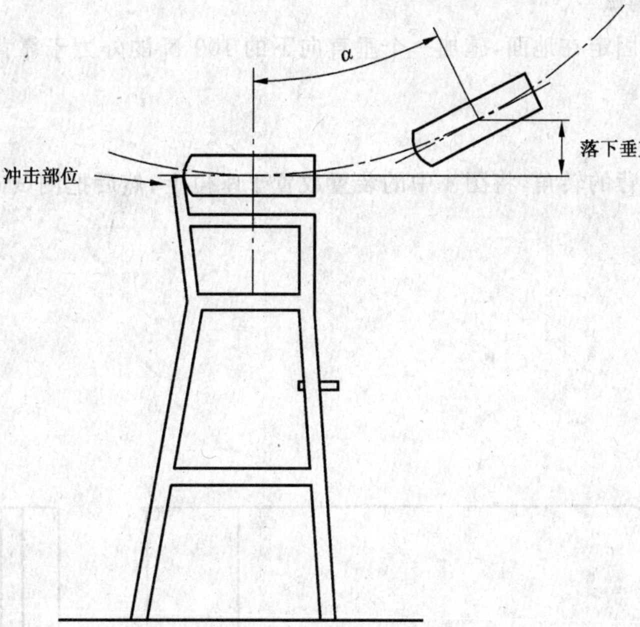

图 3　靠背冲击强度测试

注：冲击锤从 116 mm 高与水平面成 28°处自由下落，以使冲击锤在冲击靠背前达到 1.5 m/s 的速度。

5.7.6　卸去托盘，把托盘从 1 m 高处掉落地面，分别以下面几个容易发生破坏的位置着地：较长边缘、较短边缘、平坦的底面、紧固点附近位置以及其他容易发生破坏的位置。

5.7.7　保留托盘，把座位安全固定，使它不能在加载外力后，在力的方向下移动。然后分别在托盘的以下位置，水平方向轮流施加一个大小为 200 N 的外力：

a)　托盘上表面前后两个外边缘的中心；

b)　上表面每条边缘中央位置的外面。

在 1 s 内缓慢施加外力，保持 30 s。重复 10 次。

5.8　高椅的折叠测试

在有托盘的情况下，把 5.1.3.1 中的砝码放到座位上。然后在托盘末端或最近的合适部位施加 200 N 的力。如果没有托盘，则在最有可能使椅子折叠的方向上施加外力。重复 10 次(见图 4)。在其他容易引起椅子折叠的部位或方向上重复这个试验。

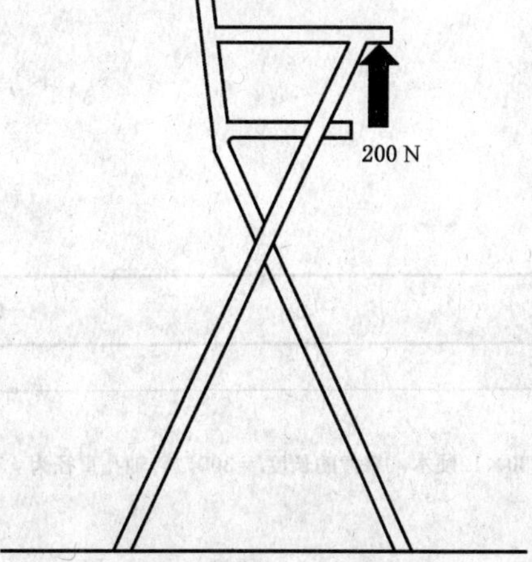

图 4　高椅折叠测试

5.9 可调节靠背的强度测试

将高椅的底部安全地固定在地面，施加一个垂直向下的100 N的外力于靠背的顶部边缘上的中间和两端，保持1 h。

5.10 靠背转角的测量

5.10.1 为了测定座椅靠背的转角，将图4中的装置放置于座位上，然后把测试砝码放置于基座板的中央（如图5所示）。

单位为毫米

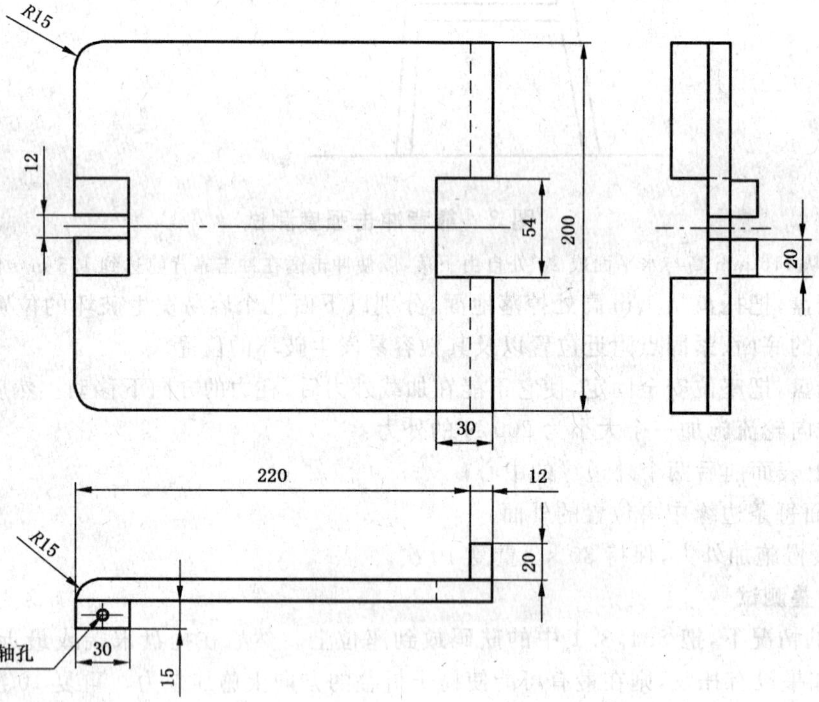

基座板：9 mm厚的夹板，转轴孔直径为ϕ5

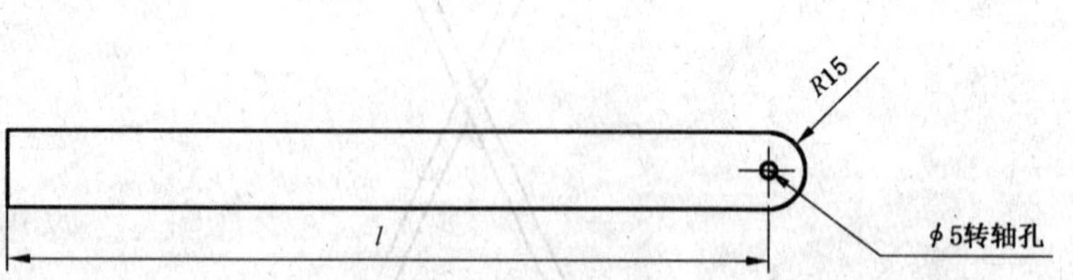

倾斜板：30×12硬木，靠背的长度l=300，转轴孔直径为ϕ5×52

图5 靠背转角测量装置

5.10.2　将 20 mm×12 mm 的块状物挡在座位的前边缘上，保证倾斜板能紧紧地贴在靠背上，测量倾斜板与水平面之间的夹角（如图 6 所示）。

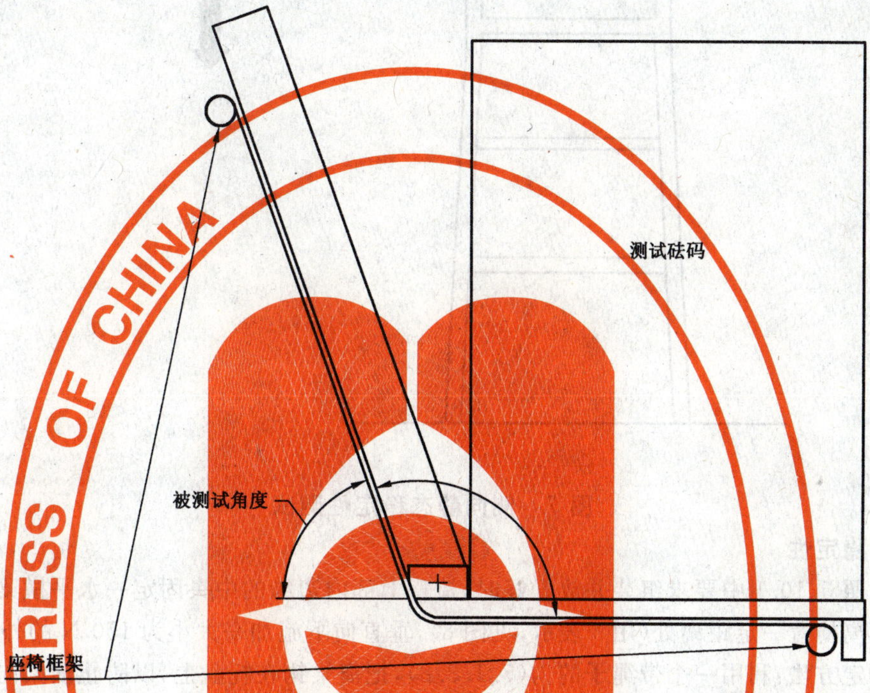

图 6　靠背转角的测量

5.11　稳定性测试

5.11.1　测试要求

把椅子竖直放置，使椅腿全部与水平地面接触。

如果样品测试时，有发生滑移的趋势，将 5.1.3.4 中的挡块放在地面上，并挡在适当的一支脚或多支脚，防止脚滑动但又不阻止倾翻。

如果样品在其他测试中发生过失效破坏，并可能会影响高椅的稳定性时，则在进行稳定性测试前应更换样品。

5.11.2　侧倾稳定性

当椅子按照 5.10.1 中要求组装并放置好时，椅臂上部内边缘侧固定一水平横梁，然后在椅子边缘一定距离处（用 a 表示，见图 7），垂直向下施加一大小为 150 N 的外力。

横梁的固定方法：用较轻的 G 型夹头（5.1.3.6）把横梁末端夹在椅臂上端距离加载点最远处。这样，横梁便可以紧紧压在距离加载点最近处的椅臂上（见图 7）。

增加距离 a，使力作用点沿着横梁逐渐向外偏移，直至椅子开始倾斜，然后记录距离 a。

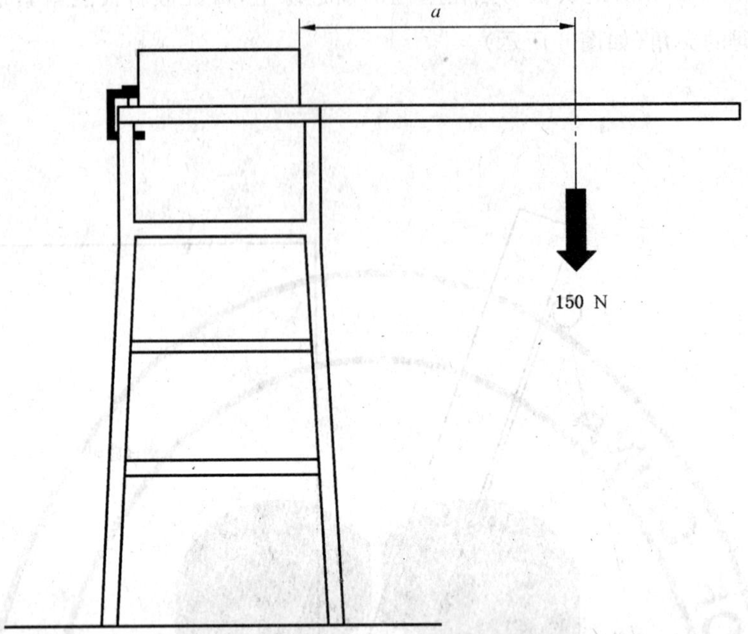

图 7　侧向静态稳定性测试

5.11.3　后倾稳定性

当椅子按照 5.10.1 中要求组装并放置好时，椅背上部内边缘的中央固定一水平横梁(5.1.3.6)，然后在横梁上距离椅背一定距离处(用 b 表示，见图 8)，垂直向下施加一大小为 150 N 的外力(见图 8)。

横梁的固定方法：利用一个带绳子的钩(5.1.3.8)，把横梁钩在托盘上，以防止横梁向上移动。

增加距离 b，使力作用点沿着横梁逐渐向外偏移，直至椅子开始倾斜，然后记录距离 b。

如果椅子没有踏板，那么就把力施加在椅架水平方向的最前方。

增加外力，直到椅子开始倾斜，记录所施加外力的数值。

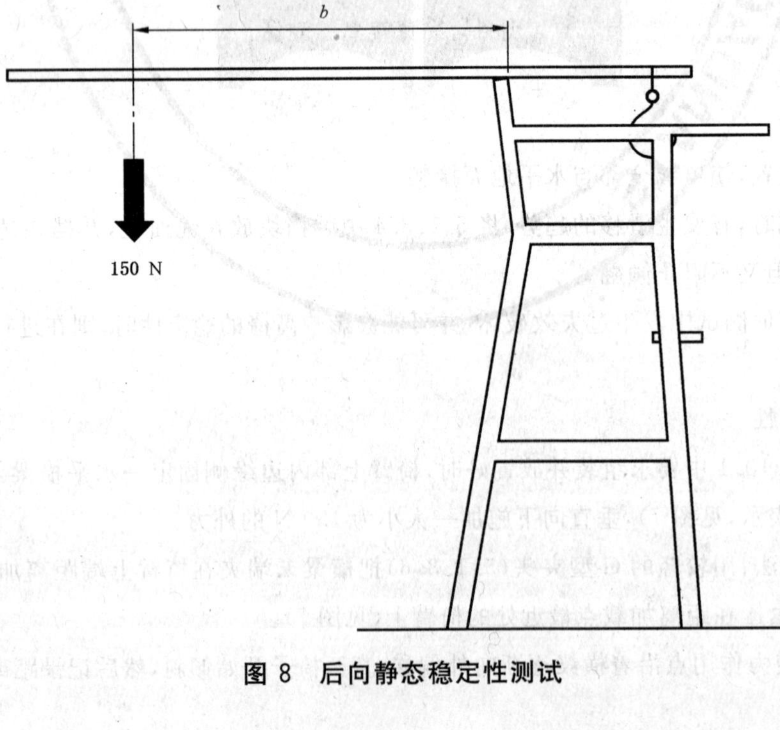

图 8　后向静态稳定性测试

5.11.4 **踏板稳定性**

把椅子按照5.10.1中要求组装并放置好，将踏板按照说明书的要求装到椅子上，卸去托盘，然后通过负重踏板在踏板处施加一个垂直向下的力，力的作用线与踏板前端的距离不得超过25 mm(见图9)。

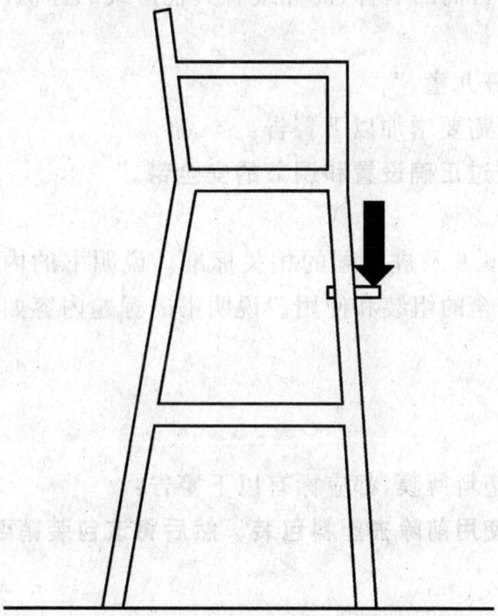

图9 脚踏静态稳定性测试

5.11.5 **托盘稳定性**

把椅子按照5.10.1中要求组装并放置好，如果有托盘，则按照说明书的要求把托盘装上。在椅子没有施加任何载荷的情况下，在托盘的中心处施加一个垂直向下的力(见图10)。

增加外力，直到椅子开始倾斜，记录力的数值。

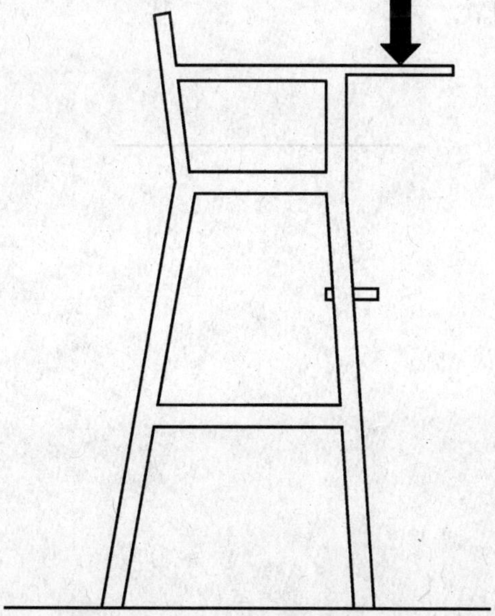

图10 托盘静态稳定性测试

6 警告标识和使用说明

6.1 警告标识

每个儿童高椅或者多功能座椅的产品标识，应永久易见，其内容包括：

a） 生产厂家、经销商或零售商的名称、商标或者其他形式的标识。

b） 警告说明：

“警告：看护人不得离开儿童。”

如果提供了安全带，则需要增加以下警告：

“孩子应该始终系上经过正确设置和调节的安全带。”

6.2 使用说明

产品说明书应符合 GB 5296.6 及进口国的相关标准。说明书的内容能够确保使用者能够对儿童高椅或多功能座椅进行正确、安全的组装和使用。说明书的标题内容如下：

“重要信息，保留备用。”

7 包装

用于包装的任何塑料袋或塑料薄膜，都应标有以下警告：

“为了防止窒息危险，请在使用前除去塑料包装。然后将该包装销毁或使之远离婴儿和儿童。”

8 检测报告

检测报告应包括以下信息：

a） 对本国家标准编号的引用；

b） 测试样品的相关信息；

c） 测试样品的状态描述；

d） 从 5.4 到 5.11 的测试结果；

e） 符合本标准中规定的相关要求；

f） 任何与本标准不符合的细节；

g） 测试机构的名称和地址；

h） 检测日期。

ICS 65.100.10
G 25

GB

中华人民共和国国家标准

GB 24330—2009

家用卫生杀虫用品安全通用技术条件

General security technical specification for domestic sanitary insecticide

2009-09-30 发布 2010-05-01 实施

中华人民共和国国家质量监督检验检疫总局
中国国家标准化管理委员会 发布

前言

本标准的第4章内容为强制性条文，其余为推荐性条文。

本标准中的电热蚊香片最低持效期与《粮农组织和世卫组织农药标准制定和使用手册》一致性程度为非等效。

本标准将毒理、烟尘量及GB 18416—2001《家用卫生杀虫用品　盘式蚊香》、GB 18417—2001《家用卫生杀虫用品　电热片蚊香》、GB 18418—2001《家用卫生杀虫用品　电热液体蚊香》、GB 18419—2001《家用卫生杀虫用品　杀虫气雾剂》标准中有关健康、环境安全的要求编入了本标准。

本标准的附录A、附录B、附录C、附录D、附录E为规范性附录。

本标准由中国轻工业联合会提出。

本标准由全国家用卫生杀虫用品标准化技术委员会归口。

本标准起草单位：中山榄菊日化实业有限公司、北京市轻工产品质量监督检验一站、成都彩虹电器(集团)股份有限公司、河北康达有限公司、浙江黑猫神蚊香集团有限公司、福建省金鹿日化股份有限公司、江苏同大股份有限公司、江苏三笑集团有限公司、温州瓯斯达电器实业公司、温州市雄正电器有限公司、中山市凯达精细化工股份有限公司、江苏爱特福股份有限公司、浙江正点实业有限公司。

本标准主要起草人：李传和、林炜、麻毅、耿玉川、王学民、秦孝明、吴智福、金宪杨、王宝勤、陈大为、陈祥雄、崔茹平、赵建洲、雷东平、何建国、魏晓英、侯桂丽。

家用卫生杀虫用品安全通用技术条件

1 范围

本标准规定了家用卫生杀虫用品类产品通用的术语和定义、要求、试验方法。

本标准适用于家用卫生杀虫用品类产品有关健康、环境安全通用要求。

2 规范性引用文件

下列文件中的条款通过本标准的引用而成为本标准的条款。凡是注日期的引用文件，其随后所有的修改单(不包括勘误的内容)或修订版均不适用于本标准，然而，鼓励根据本标准达成协议的各方研究是否可使用这些文件的最新版本。凡是不注日期的引用文件，其最新版本适用于本标准。

GB 13917.1～13917.7 农药登记卫生杀虫剂室内药效试验方法

GB/T 17322.1～17322.11 农药登记卫生用杀虫剂室内药效评价

国家质量监督检验检疫总局令第75号《定量包装商品计量监督管理办法》

中华人民共和国农业部[2007年]10号令《农药登记资料规定》

3 术语和定义

下列术语和定义适用于本标准。

3.1

有效成分 active ingredient

具有生物杀虫活性的化学成分。

3.2

药效 efficacy

产品在规定的条件下及规定的时间内，应达到的驱(灭)蚊虫(包括蝇、蜚蠊、蚂蚁等)效果。

3.3

击倒中时 median knockdown time, KT_{50}

在规定的条件下，50%的试虫被击倒(即仰倒)所需的时间。

3.4

最低持效期 minimum effective period

电热蚊香液中药液与电加热器配套使用所应达到最低的有效时间。

4 要求

4.1 有效成分使用要求

应是按照国家有关部门规定进行登记允许使用的药剂。

4.2 毒理

应符合中华人民共和国农业部[2007年]10号令中相应剂型的毒理学试验要求。

4.3 有效成分含量及允许波动范围

4.3.1 有效成分含量应在产品包装上明示。

4.3.2 有效成分含量允许波动范围见表1及以下规定：

a） 蚊香、蟑香、蝇香等烟制剂产品，其有效成分含量允许波动范围，应当不高于标明值的40%，不低于标明值的20%；

b） 电热蚊香液产品，其有效成分含量允许波动范围，应当不高于标明值的25%，不低于标明值的10%；

c） 电热蚊香片产品应当标明(mg/片)。其有效成分含量允许波动范围不高于标明值的35%，不低于标明值的10%；

d） 凡产品中有效成分含量低于0.1%的组分，应在企业生产线上抽取有效成分含量低于0.1%组分的料液，并测试其有效成分含量。

表1

标明含量 X/%或(g/100 mL)	允许波动范围
$X \leqslant 1$(或不以质量分数表示)	$-15\%X \sim 35\%X$
$1 < X \leqslant 2.5$	$\pm 25\%X$
$2.5 < X \leqslant 10$	$\pm 10\%X$
$10 < X \leqslant 25$	$\pm 6\%X$
$25 < X \leqslant 50$	$\pm 5\%X$
$X > 50$	±2.5%或2.5 g/100 mL
注：X指产品中每一种有效成分含量。	

4.4 药效

4.4.1 蚊香

$KT_{50} \leqslant 8.0$ min。

4.4.2 电热蚊香片

圆筒法$KT_{50} \leqslant 8.0$ min或方箱法$KT_{50} \leqslant 10.0$ min。

4.4.3 电热蚊香液

圆筒法$KT_{50} \leqslant 8.0$ min或方箱法$KT_{50} \leqslant 10.0$ min。

4.4.4 杀虫气雾剂

药效要求见表2。

表2

试虫	KT_{50}/min	死亡率/%
蚊	≤5.0	24 h≥95
蝇	≤5.0	24 h≥95
蜚蠊	≤9.0	72 h≥95
注：若产品明示特定昆虫，则只进行对应昆虫的药效试验。		

4.4.5 喷射剂、小型烟雾剂、毒饵、毒粉、毒笔、驱避剂

药效要求见表3。

表 3

剂型		对象	KT_{50}/min,或 LT_{50}/d	死亡率/%
喷射剂	油基类	蚊	剂量(mL/m^3):0.7143 ≤5.0	≥95.0
		蝇	剂量(mL/m^3):0.7143 ≤6.0	≥95.0
		蜚蠊	剂量(mL/m^3):7.143 ≤10.0	≥95.0
	水基和醇基类	蚊	剂量(mL/m^3):1.43 ≤5.0	≥95.0
		蝇	剂量(mL/m^3):1.43 ≤6.0	≥95.0
		蜚蠊	剂量(mL/m^3):7.143 ≤10.0	≥95.0
	乳油	蚊	剂量(mL/m^3):1.43 ≤10.0	≥90.0
		蝇	剂量(mL/m^3):1.43 ≤10.0	≥90.0
		蜚蠊	剂量(mL/m^3):7.143 ≤15.0	≥90.0
小型烟雾剂		蚊	≤8.0	≥95.0
		蝇	≤10.0	≥95.0
		蜚蠊		≥85.0
毒饵		蜚蠊	LT_{50}≤2 d	≥90.0
			LT_{50}>2 d	≥90.0
		蚂蚁		≥90.0
		蝇		≥90.0
毒粉、毒笔		蜚蠊		≥95.0
		蚂蚁		≥95.0
		蚤		≥95.0
驱避剂		人	有效保护时间≥4.0 h	

4.4.6 **未列剂型产品**

按国家相关产品标准中的技术要求执行。

4.5 **热贮稳定性**

产品经热贮稳定性试验后,菊酯类有效成分含量的降解率≤10%,其他类有效成分含量的降解率≤15%。

4.6 **烟尘量**

4.6.1 无烟、微烟蚊香的产品分类应在产品包装上明示。

4.6.2 烟尘量应符合表 4 要求。

表 4

产品分类	烟尘量 X/(mg/g)
无烟	$X \leq 5$
微烟	$X \leq 30$

4.7 **电热蚊香液最低持效期**

电热蚊香液应标明最低持效期(以小时表示),瓶内应装有足够的药液以确保产品高于最低持效期的使用。

4.8 **电热蚊香液净含量**

应明示在产品或包装上,用容积或质量单位标注,其偏差应符合国家质量监督检验检疫总局令第

75 号中附表 3 相应规定。

4.9 杀虫气雾剂内压

杀虫气雾剂内压值应小于等于 1.0 MPa。

4.10 杀虫气雾剂净含量

应明示在罐体上，用容积或质量单位标注，其偏差应符合国家质量监督检验检疫总局令第 75 号中附表 3 相应规定。

4.11 其他剂型产品的净含量

应明示在产品或包装上，用容积或质量单位标注，其偏差应符合国家质量监督检验检疫总局令第 75 号中附表 3 相应规定。

5 试验方法

5.1 有效成分使用要求

检查是否有用药的登记证书。

5.2 毒理

提供《农药登记资料规定》中相应剂型的毒理学试验报告。

5.3 有效成分含量及允许波动范围

5.3.1 目测。

5.3.2 有效成分含量按附录 A、附录 B、附录 C、附录 D 规定进行测试（未列剂型产品按国家相关标准中的试验方法执行）。

5.4 药效

5.4.1 喷射剂、气雾剂、小型烟雾剂、蚊香、电热蚊香片、电热蚊香液、蜚蠊毒饵按 GB 13917.1～13917.7 进行检测。

5.4.2 毒粉、毒笔、驱避剂按 GB/T 17322.9～17322.10 进行检测。

5.4.3 未列剂型产品按国家相关产品标准中的方法执行。

5.5 热贮稳定性

5.5.1 蚊香

一盒试验样品中取中间的一盘粉碎后，过 0.154 mm（100 目/英寸）标准分样筛，取其一半放到聚四氟乙烯试剂瓶中密封（另一半做有效成分含量测试），然后放置在（54±2）℃的恒温箱内 14 d，取出试样后于 24 h 内按有效成分含量测定方法测试并计算降解率。

5.5.2 电热蚊香片

测试样品应与贮前为同一列中的电热蚊香片，试验样品（带铝箔包装）放置在（54±2）℃的恒温箱内 14 d，取出试样后于 24 h 内按有效成分含量测定方法测试并计算降解率。

5.5.3 电热蚊香液

将一瓶测试样品先取出一部分作有效成分含量，剩余部分将外盖旋紧装入原包装中，再放置在（54±2）℃的恒温箱内 14 d，取出试样后于 24 h 内按有效成分含量测定方法测试并计算降解率。

5.5.4 杀虫气雾剂

5.5.4.1 防爆烘箱：控温（50±2）℃。

5.5.4.2 天平：分度值不低于 0.01 g。

5.5.4.3 试验样品整瓶放置在（50±2）℃的防爆烘箱内 14 d，取出试样后于 24 h 内按有效成分含量测定方法测试并计算降解率。

5.5.5 计算

有效成分的降解率按式（1）进行计算。

$$降解率=\frac{m_1-m_2}{m_1}\times 100\% \quad \cdots\cdots(1)$$

式中：

m_1——热贮前测出的样品有效成分含量；

m_2——热贮后测出的样品有效成分含量。

5.5.6 未列剂型产品

按国家相关产品标准中的方法执行。

5.5.7 结果判定

降解率不合格，可在同批抽样产品中进行二次测试。如仍不合格，则该项判定为不合格。

5.6 烟尘量

见附录E。

5.7 电热蚊香液最低持效期

旋开药液瓶盖，在温度(25±3)℃、湿度(65±15)%条件下，连续通电进行试验(药液瓶与配套的电加热器连接)。

5.8 电热蚊香液净含量

药液倒入量筒或用天平称量，读出测试值(量筒分度值：0.1 mL；天平分度值：0.1 g)。

5.9 杀虫气雾剂内压

5.9.1 仪器

5.9.1.1 压力表：量程 0～1.6 MPa，精度 2.5 级。

5.9.1.2 专用接头。

5.9.1.3 计时器。

5.9.1.4 恒温水浴锅：控温精度±2 ℃。

5.9.2 测试步骤

按产品说明的要求正确按压阀门的促动器，排除滞留在阀门和吸管中的空气，然后将试样置于(55±2)℃的水浴中，使水浸至罐身高度的五分之四处，恒温 30 min。戴厚皮手套，取出试样迅速擦干。拔掉阀门的促动器，将压力表进口对准阀杆，用力压紧，待压力表指针稳定后，记下压力表读数。以三次测量的最大值为准。

5.10 杀虫气雾剂净含量

5.10.1 杀虫气雾剂净容量

5.10.1.1 仪器

5.10.1.1.1 带刻度的玻璃气雾剂试管：容量 90 mL，最小分度值 1 mL。

5.10.1.1.2 天平：分度值不低于 0.01 g。

5.10.1.2 试验温度

试验温度为(25±3)℃。

5.10.1.3 测试步骤

取试样称其质量 m_3，装配好玻璃气雾剂试管，采用无吸管的阀门，将玻璃气雾剂试管擦拭干净，先注入适量抛射剂 10 mL 左右，然后喷空称其质量 m_4。

通过一截长约 8 mm、内径略大于试样阀杆直径的塑料管(可采用气雾剂阀门吸管)，在对接之前需充分摇匀，将二者的阀杆对接起来，然后将试样与玻璃气雾剂试管水平放置(见图1)，适当用力挤压，使试样与玻璃气雾剂试管相互接通，使其内容物注入玻璃气雾剂试管中。如转移后的内容物为气相时，则对试样与玻璃气雾剂进行旋转，直至转移后的内容物为液相。当注入内容物约占玻璃气雾剂试管容积的 65%～75%时，停止挤压，取下试样，称取此时玻璃气雾剂的试管质量 m_5，将玻璃试管气雾剂置于(25±3)℃的环境中约 30 min，待其中的内容物液面稳定后，读取液面的刻度，记下 V_1 值。

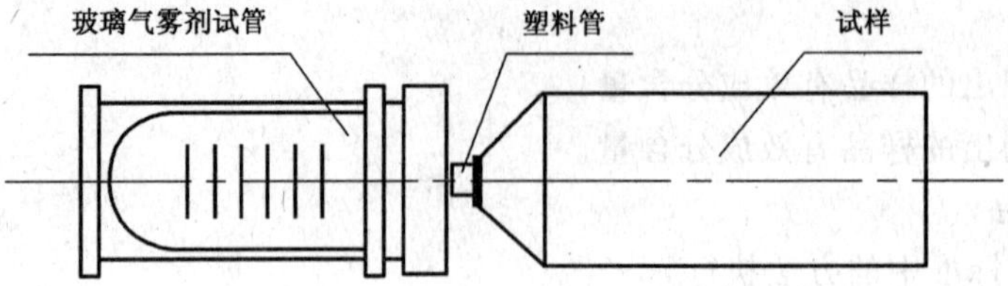

图 1　净容量测定装置

5.10.1.4　结果的计算

按式(2)计算每支试样的净容量,以 mL 表示。

$$净容量 = \frac{m_6}{m_5 - m_4} \times V_1 \qquad \cdots\cdots(2)$$

式中:

m_4——待注入试样内容物的玻璃气雾剂试管的质量,单位为克(g);

m_5——注入试样内容物后的玻璃气雾剂试管的质量,单位为克(g);

m_6——试样的净质量,单位为克(g);

V_1——导入玻璃气雾剂管中的容量,单位为毫升(mL)。

结果判定:杀虫气雾剂净容量不合格,可在同批抽样产品中进行二次测试。如仍不合格,则该项判定为不合格。

5.10.2　杀虫气雾剂净质量

天平分度值为 0.01 g。

称取试样质量 m_3,然后按产品标示的喷射方法喷出内容物,直到喷不出内容物为止,再称取质量 m_4。按式(3)计算试样的净质量,以 g 表示。

$$净质量 = m_3 - m_4 \qquad \cdots\cdots(3)$$

式中:

m_3——喷射前质量,单位为克(g);

m_4——喷射后质量,单位为克(g)。

5.11　其他剂型产品的净含量

5.11.1　其他剂型产品的净质量

将试样称其质量,然后去尽内容物,洗净烘干,称取皮重,按式(4)计算净质量 m,以 g 表示:

$$m = m_1 - m_2 \qquad \cdots\cdots(4)$$

式中:

m_1——毛重,单位为克(g);

m_2——皮重,单位为克(g)。

5.11.2　其他剂型产品的净容量

药液倒入量筒(量筒分度值为 0.1 mL)测量,读出测试值。

附 录 A
（规范性附录）
蚊香有效成分含量测定方法

A.1 鉴别试验

本鉴别试验可与有效成分含量的测定同时进行，在相同的色谱操作条件下，试样溶液某一色谱峰的保留时间与标样溶液中有效成分的保留时间，其相对差值应在1.5%以内。

A.2 方法提要

样品用邻苯二甲酸二丁酯或邻苯二甲酸二戊酯作内标物，在内涂SE-54毛细管柱上进行气相色谱分离和测定。

A.2.1 仪器

A.2.1.1 气相色谱仪：具有氢火焰离子化检测器。

A.2.1.2 色谱柱：φ0.25 mm×30 m×0.25 μm，内涂SE-54毛细管柱。

A.2.1.3 微量注射器：10 μL。

A.2.1.4 磨口三角瓶。

A.2.1.5 天平：分度值为0.1 mg。

A.2.1.6 粉碎机。

A.2.1.7 筛子：标准分样筛0.154 mm(100目/英寸)。

A.2.1.8 滤纸。

A.2.1.9 振荡器。

A.2.2 试剂

A.2.2.1 内标物：邻苯二甲酸二丁酯或邻苯二甲酸二戊酯，不含干扰杂质。

A.2.2.2 溶剂：丙酮、甲醇(分析纯)。

A.2.2.3 标准样品：烯丙菊酯、炔丙菊酯等。

A.2.3 气相色谱条件

A.2.3.1 温度

A.2.3.1.1 柱温：220 ℃。

A.2.3.1.2 气化温度：250 ℃。

A.2.3.1.3 检测器温度：250 ℃。

A.2.3.2 载气：氮气。

上述操作条件系典型操作参数，可根据不同仪器特点，对给定的操作条件作适当调整，以期获得最佳效果。

A.3 标准溶液的制备

在一支磨口三角瓶中准确称取与被测样品相当的标准样品约0.03 g～0.04 g(精确至0.000 2 g)，再称取邻苯二甲酸二丁酯或邻苯二甲酸二戊酯0.015 g～0.025 g(精确至0.000 2 g)，加入丙酮溶液甲醇-丙酮混合溶液，充分溶解后，闭塞摇匀，放入冰箱待用。

A.4 样品溶液的制备

A.4.1 样品的前处理

一盒试验样品取中间的一盘粉碎后，过 0.154 mm(100 目/英寸)标准分样筛，取其一半蚊香粉末待用(另一半做热贮稳定性测试)。

A.4.2 蚊香提取液的制备

在磨口三角瓶中准确称取蚊香粉末 10 g～15 g(精确至 0.000 2 g，估计被测成分约为0.03 g～0.04 g)，再称取内标物 0.015 g～0.025 g(精确至 0.000 2 g)，最后加入甲醇-丙酮混合溶液(体积比 1：1)，以能淹没样品略过量为宜，闭塞在振荡器上充分振荡 20 min，静置过滤至 10 mL 玻璃瓶中，供气相色谱分析。

A.5 测定

在 A.2.3 色谱条件下待仪器稳定后，连续用微量注射器注入标样溶液，直至相邻两针标准物与内标物的峰面积比变化小于 1.5%时，按标样溶液、样品溶液、样品溶液、标样溶液的顺序进样分析。

A.6 计算

将测得的样品溶液中的样品峰与内标峰面积比及两针标样溶液中两针内标峰与标样峰面积比分别进行平均，按式(A.1)和式(A.2)计算待测有效成分的质量分数 M_x。

校正因子：

$$f = A_2 \times \frac{m_{i2}}{m_{s2}} \times c_{标} \qquad \cdots\cdots(A.1)$$

待测成分的质量分数：

$$M_x = f \times \frac{m_{s1}}{m_{i1}} \times A_1 \times 100\% \qquad \cdots\cdots(A.2)$$

式中：

A_1——样品溶液中样品峰与内标峰面积比的平均值；

A_2——标样溶液中内标峰与标样峰面积比的平均值；

m_{s1}——样品溶液中内标物的质量，单位为克(g)；

m_{s2}——标样溶液中内标物的质量，单位为克(g)；

m_{i1}——样品溶液中样品的质量，单位为克(g)；

m_{i2}——标样溶液中标准物质的质量，单位为克(g)；

$c_{标}$——标准物质的含量，%。

结果判定：有效成分含量不合格，可在同批抽样产品中进行二次测试。如仍不合格，则该项判定为不合格。

附 录 B
（规范性附录）
电热蚊香片有效成分含量测定方法

B.1 鉴别试验

本鉴别试验可与有效成分含量的测定同时进行，在相同的色谱操作条件下，试样溶液某一色谱峰的保留时间与标样溶液中有效成分的保留时间，其相对差值应在1.5%以内。

B.2 方法提要

样品用邻苯二甲酸二丁酯或邻苯二甲酸二异辛酯作内标物，在内涂SE-54毛细管柱上进行气相色谱分离和测定。

B.2.1 仪器

B.2.1.1 气相色谱仪：具有氢火焰离子化检测器。

B.2.1.2 色谱柱：ϕ0.25 mm×30 m×0.25 μm，内涂SE-54毛细管柱。

B.2.1.3 微量注射器：10 μL。

B.2.1.4 磨口试管。

B.2.1.5 磨口三角瓶。

B.2.1.6 天平：分度值为0.1 mg。

B.2.2 试剂

B.2.2.1 内标物：邻苯二甲酸二丁酯或邻苯二甲酸二异辛酯，不含干扰杂质。

B.2.2.2 溶剂：丙酮、甲醇（分析纯）。

B.2.2.3 标准样品：烯丙菊酯、炔丙菊酯等。

B.2.3 气相色谱条件

B.2.3.1 温度

B.2.3.1.1 柱温：220 ℃。

B.2.3.1.2 气化温度：250 ℃。

B.2.3.1.3 检测器温度：250 ℃。

B.2.3.2 载气：氮气。

上述操作条件系典型操作参数，可根据不同仪器特点，对给定的操作条件作适当调整，以期获得最佳效果。

B.3 标准溶液的制备

在一支磨口试管中准确称取标准样品和内标物（称样量见表B.1），加入甲醇-丙酮混合溶液，充分溶解后，闭塞摇匀，放入冰箱待用。

表 B.1

内标物	称样量比例	称样量（精确到0.000 2 g）
邻苯二甲酸二丁酯	标准样品：内标物＝1.5～2.0：1	标准样品 0.03 g～0.04 g 内标物 0.015 g～0.020 g
邻苯二甲酸二异辛酯	标准样品：内标物＝1：1.2～1.5	标准样品 0.02 g～0.03 g 内标物 0.03 g～0.04 g

B.4 样品溶液的制备

B.4.1 样品的前处理

取一片电热蚊香片，将包装去掉，用剪刀剪成条状后剥开，待用。

B.4.2 电热蚊香片提取液的制备

在一支磨口三角瓶中准确称取邻苯二甲酸二丁酯 0.015 g～0.020 g 或邻苯二甲酸二异辛酯 0.03～0.04 g(精确至 0.000 2 g，以待测成分的量而定)，将处理好的电热蚊香片放入试管中，加入甲醇-丙酮混合溶液(体积比 1∶1)10 mL，以淹没药片为宜，充分振荡，浸泡 1 h。分析前充分震荡，取上层清液待分析。

B.5 测定

在 B.2.3 色谱条件下待仪器稳定后，连续用微量注射器注入标样溶液，直至相邻两针标准物与内标物的峰面积比变化小于 1.5%时，按标样溶液、样品溶液、样品溶液、标样溶液的顺序进样分析。

B.6 计算

将测得的样品溶液中的样品峰与内标峰面积比及两针标样溶液中两针内标峰与标样峰面积比分别进行平均，按式(B.1)和式(B.2)计算待测有效成分的质量 m_x。

校正因子：

$$f = A_2 \times \frac{m_{i2}}{m_{s2}} \times c_{标} \qquad \cdots\cdots(B.1)$$

待测成分的质量：

$$m_x = f \times A_1 \times m_{s1} \qquad \cdots\cdots(B.2)$$

式中：

A_1——样品溶液中样品峰与内标峰面积比的平均值；

A_2——标样溶液中内标峰与标样峰面积比的平均值；

m_{s1}——样品溶液中内标物的质量，单位为克(g)；

m_{s2}——标样溶液中内标物的质量，单位为克(g)；

m_{i2}——标样溶液中标准物质的质量，单位为克(g)；

$c_{标}$——标准物质的含量，%。

结果判定：有效成分含量不合格，可在同批抽样产品中进行二次测试。如仍不合格，则该项判定为不合格。

附 录 C
（规范性附录）
电热蚊香液有效成分含量测定方法

C.1 鉴别试验

本鉴别试验可与有效成分含量的测定同时进行，在相同的色谱操作条件下，试样溶液某一色谱峰的保留时间与标样溶液中有效成分的保留时间，其相对差值应在1.5%以内。

C.2 方法提要

样品用邻苯二甲酸二丁酯作内标物，在内涂SE-54毛细管柱上进行气相色谱分离和测定。

C.2.1 仪器

C.2.1.1 气相色谱仪：具有氢火焰离子化检测器。

C.2.1.2 色谱柱：ϕ0.25 mm×30 m×0.25 μm，内涂SE-54毛细管柱。

C.2.1.3 微量注射器：10 μL。

C.2.1.4 磨口试管。

C.2.1.5 磨口三角瓶。

C.2.1.6 天平：分度值为0.1 mg。

C.2.1.7 带橡皮头的滴管。

C.2.2 试剂

C.2.2.1 内标物：邻苯二甲酸二丁酯，不含干扰杂质。

C.2.2.2 溶剂：丙酮、甲醇（分析纯）。

C.2.2.3 标准样品：烯丙菊酯、炔丙菊酯等。

C.2.3 气相色谱条件

C.2.3.1 温度

C.2.3.1.1 柱温：220 ℃。

C.2.3.1.2 气化温度：250 ℃。

C.2.3.1.3 检测器温度：250 ℃。

C.2.3.2 载气：氮气。

上述操作条件系典型操作参数，可根据不同仪器特点，对给定的操作条件作适当调整，以期获得最佳效果。

C.3 标准溶液的制备

在一支磨口三角瓶中准确称取与被测样品相当的标准样品约0.03 g～0.04 g（精确至0.000 2 g），再称取邻苯二甲酸二丁酯0.015 g～0.025 g（精确至0.000 2 g），加入甲醇-丙酮混合溶液，充分溶解后，闭塞摇匀，放入冰箱待用。

C.4 样品溶液的制备

在一支磨口试管中准确称取待分析的电热蚊香液1 g～4 g（精确至0.000 2 g，估计被测成分约为0.03 g～0.04 g），再称取邻苯二甲酸二丁酯0.015 g～0.025 g（精确至0.000 2 g），闭塞摇匀，待分析。

C.5 测定

在C.2.3色谱条件下待仪器稳定后，连续用微量注射器注入标样溶液，直至相邻两针标准物与内标物的峰面积比变化小于1.5%时，按标样溶液、样品溶液、样品溶液、标样溶液的顺序进样分析。

C.6 计算

将测得的样品溶液中的样品峰与内标峰面积比及两针标样溶液中两针内标峰与标样峰面积比分别进行平均，按式(C.1)和式(C.2)计算待测有效成分的质量分数 M_x。

校正因子：

$$f = A_2 \times \frac{m_{i2}}{m_{s2}} \times c_{标} \qquad \text{(C.1)}$$

待测成分的质量分数：

$$M_x = f \times \frac{m_{s1}}{m_{i1}} \times A_1 \times 100\% \qquad \text{(C.2)}$$

式中：

A_1——样品溶液中样品峰与内标峰面积比的平均值；

A_2——标样溶液中内标峰与标样峰面积比的平均值；

m_{s1}——样品溶液中内标物的质量，单位为克(g)；

m_{s2}——标样溶液中内标物的质量，单位为克(g)；

m_{i1}——样品溶液中样品的质量，单位为克(g)；

m_{i2}——标样溶液中标准物质的质量，单位为克(g)；

$c_{标}$——标准物质的含量，%。

结果判定：有效成分含量不合格，可在同批抽样产品中进行二次测试。如仍不合格，则该项判定为不合格。

附 录 D

（规范性附录）

杀虫气雾剂有效成分含量测定方法

D.1 鉴别试验

本鉴别试验可与有效成分含量的测定同时进行，在相同的色谱操作条件下，试样溶液某一色谱峰的保留时间与标样溶液中有效成分的保留时间，其相对差值应在1.5%以内。

D.2 方法提要

样品用邻苯二甲酸二戊酯作内标物，在内涂SE-54毛细管柱上进行气相色谱分离和测定。

D.2.1 仪器

D.2.1.1 气相色谱仪：具有氢火焰离子化检测器。

D.2.1.2 色谱柱：ϕ0.25 mm×30 m×0.25 μm，内涂SE-54毛细管柱。

D.2.1.3 微量注射器：10 μL。

D.2.1.4 磨口试管。

D.2.1.5 容量瓶：50 mL、100 mL。

D.2.1.6 天平：分度值为0.1 mg。

D.2.1.7 带橡皮头的滴管。

D.2.2 试剂

D.2.2.1 内标物：邻苯二甲酸二戊酯，不含干扰杂质。

D.2.2.2 溶剂：丙酮或无水乙醇（分析纯）。

D.2.2.3 标准样品：烯丙菊酯、炔丙菊酯、胺菊酯、苯醚氰菊酯、氯菊酯、氯氰菊酯等。

D.2.3 气相色谱条件

D.2.3.1 温度：柱温起始温度220 ℃，保留时间13 min，终止温度260 ℃，保留时间20 min，升温速率20 ℃/min。

气化温度：270 ℃。

检测器温度：270 ℃。

D.2.3.2 载气：氮气。

上述操作条件系典型操作参数，可根据不同仪器特点，对给定的操作条件作适当调整，以期获得最佳效果。

D.3 内标溶液的制备

在100 mL容量瓶中，称取相应的内标物0.3 g～0.5 g（精确至0.000 2 g），用丙酮或无水乙醇溶解并定容至刻度摇匀备用。

D.4 标准溶液的制备

在一支50 mL容量瓶中准确称取与需测样品相当量的各种标准样品 m_1（精确至0.000 2 g），加入内标溶液5 mL，充分溶解后定容，闭塞摇匀，放入冰箱待用。

方法一：

D.5 样品溶液的制备

在一洁净的 50 mL 容量瓶中加入丙酮或无水乙醇 10 mL，将整瓶气雾剂充分摇匀，预喷几次，用带导管的喷头(导管的一头浸入丙酮或无水乙醇中)慢慢喷入约 10 g 药液(用减重法得出质量 m_2，精确至 0.001 g)可放入 55 ℃水浴中，将推进剂慢慢赶净后(直至无明显气泡)，加入内标溶液 5 mL 后用丙酮或无水乙醇定容至刻度摇匀备用。

D.6 测定

在 D.2.3 色谱条件下待仪器稳定后，连续用微量注射器注入标样溶液，直至相邻两针标准物与内标物的峰面积比变化小于 1.5%时，按标样溶液、样品溶液、样品溶液、标样溶液的顺序进样分析。

D.7 计算

将测得的样品溶液中的样品峰与内标峰面积比及两针标样溶液中两针内标峰与标样峰面积比分别进行平均，按式(D.1)和式(D.2)计算待测有效成分的质量分数 M_x。

校正因子：

$$f = A_2 \times \frac{m_{i2}}{m_{s2}} \times C_{标} \qquad \cdots\cdots (D.1)$$

待测成分的质量分数：

$$M_x = f \times \frac{m_{s1}}{m_{i1}} \times A_1 \times 100\% \qquad \cdots\cdots (D.2)$$

式中：

A_1——样品溶液中样品峰与内标峰面积比的平均值；

A_2——标样溶液中内标峰与标样峰面积比的平均值；

m_{s1}——样品溶液中内标物的质量，单位为克(g)；

m_{s2}——标样溶液中内标物的质量，单位为克(g)；

m_{i1}——样品溶液中样品的质量，单位为克(g)；

m_{i2}——标样溶液中标准物质的质量，单位为克(g)；

$c_{标}$——标准物质的含量，%。

结果判定：有效成分含量不合格，可在同批抽样产品中进行二次测试。如仍不合格，则该项判定为不合格。

方法二：

D.8 标准溶液的制备

在一支磨口试管中准确称取与需测样品相当量的各种标准样品(精确至 0.000 2 g)，再称取邻苯二甲酸二戊酯 0.015 g～0.025 g(精确至 0.000 2 g)，加入丙酮溶液 5 mL，充分溶解后，闭塞摇匀，放入冰箱待用。

D.9 样品的前处理

取一罐气雾剂样品，将其置于约－15 ℃低温箱中放置 4 h 取出，在罐的顶部开一个直径约 0.2 mm

的小孔，在 46 ℃水浴中放置 1 h，让抛射剂缓慢挥发掉，再将孔扩大，倒出料液。

D.10 样品液的制备

在一支磨口试管中准确称取气雾剂料液 10 g(精确至 0.000 2 g，视待测物质的量而定)，再称取邻苯二甲酸二戊酯 0.015 g～0.025 g，闭塞摇匀，待分析。

D.11 测定

在 D.2.3 色谱条件下待仪器稳定后，连续用微量注射器注入标样溶液，直至相邻两针标准物与内标物的峰面积比变化小于 1.5%时，按标样溶液、样品溶液、样品溶液、标样溶液的顺序进样分析。

D.12 计算

将测得的样品溶液中的样品峰与内标峰面积比及两针标样溶液中两针内标峰与标样峰面积比分别进行平均，按式(D.3)、式(D.4)和式(D.5)计算待测成分的质量分数 M_x。

校正因子：

$$f = A_2 \times \frac{m_{i2}}{m_{s2}} \times c_{标} \quad \cdots\cdots(D.3)$$

待测成分的质量分数：

$$M_x = f \times \frac{m_{s1}}{m_{i1}} \times A_1 \times 100\% \quad \cdots\cdots(D.4)$$

$$M_x = M_{x1} \times \frac{m_3}{m_1 - m_2} \quad \cdots\cdots(D.5)$$

式中：

A_1——样品溶液中样品峰与内标峰面积比的平均值；

A_2——标样溶液中内标峰与标样峰面积比的平均值；

m_{s1}——样品溶液中内标物的质量，单位为克(g)；

m_{s2}——标样溶液中内标物的质量，单位为克(g)；

m_{i1}——样品溶液中样品的质量，单位为克(g)；

m_{i2}——标样溶液中标准物质的质量，单位为克(g)；

$c_{标}$——标准物质的含量，%；

m_1——整罐气雾剂样品质量，单位为克(g)，精确至 0.001 g；

m_2——倒出料液后空罐质量，单位为克(g)，精确至 0.001 g；

m_3——药液的质量，单位为克(g)，精确至 0.001g；

M_{x1}——药液中待测成分的质量分数，%；

M_x——产品中待测成分的质量分数，%。

附　录　E
（规范性附录）
蚊香烟尘量测试方法

E.1　仪器设备

a)　蚊香烟尘量测试仪(见图 E.1)；
b)　不锈钢镊子；
c)　分析天平(分度值 0.1 mg)；
d)　干燥器(内装变色硅胶)。

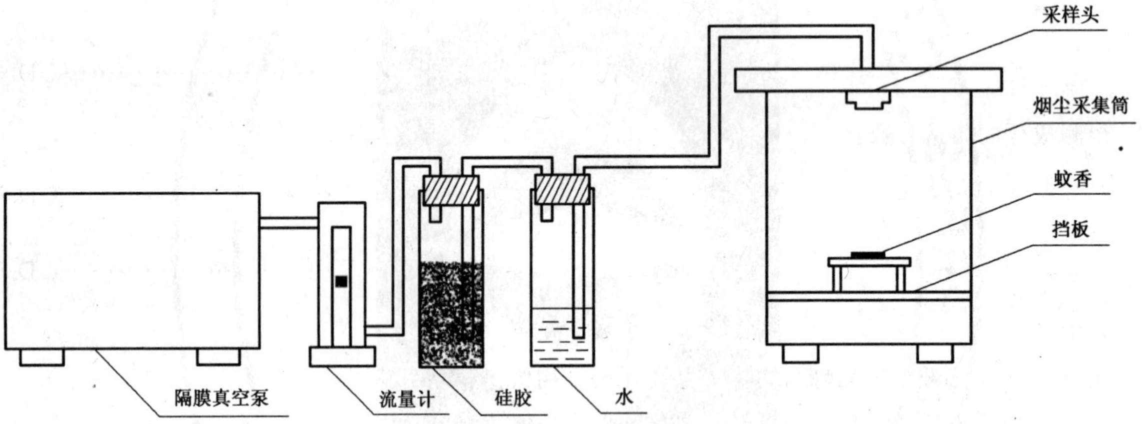

图 E.1　仪器设备示意图

E.2　滤纸

超细玻璃纤维滤纸直径 40 mm,微孔 0.3 μm。

E.3　步骤

将蚊香及滤纸在干燥器中放置 4 h 后开始试验。将采样头安装在采集筒上盖中心处,将超细玻璃纤维滤纸用分析天平称量,将滤纸固定在采样头上。从被测蚊香上截取一段蚊香作为被测样品,称量至(0.60±0.05)g。调节采样气体流量计至刻度 5 L/min,将被测蚊香样品点燃放在采样筒内,置于筒底中心位置使其对准采样头,采样滤纸距蚊香的高度为 10 cm,待被测蚊香样品燃尽后将滤纸取下放入干燥器内,1 h 后用分析天平称量。

同时用另一滤纸作采样筒内空白对照。

按式(E.1)进行烟尘量 X 的计算,以 mg/g 表示。

$$X = \frac{(m_2 - m_1) - (m_4 - m_3)}{m} \times 1\,000 \qquad \text{(E.1)}$$

式中：

m_1——采样前滤纸质量,单位为克(g)；

m_2——采样后滤纸质量,单位为克(g);

m_3——采样前对照滤纸质量,单位为克(g);

m_4——采样后对照滤纸质量,单位为克(g);

m——被测样品质量,单位为克(g)。

ICS 59.140.10
Y 45

GB

中华人民共和国国家标准

GB/T 24331—2009

制革用粉状铬鞣剂

Chrome powder for tanning

2009-09-30 发布　　2010-02-01 实施

中华人民共和国国家质量监督检验检疫总局
中国国家标准化管理委员会　发布

前　言

本标准由中国轻工业联合会提出。

本标准由全国皮革工业标准化技术委员会(SAC/TC 252)归口。

本标准起草单位:兄弟科技股份有限公司、中国皮革和制鞋工业研究院。

本标准主要起草人:夏德兵、蒋凯、沈丽丽。

制革用粉状铬鞣剂

1 范围

本标准规定了皮革工业用粉状铬鞣剂的产品分类、要求、试验方法、检验规则和标志、包装、运输、贮存。

本标准适用于以重铬酸钠为主原料，经葡萄糖或二氧化硫等还原，再配入助剂而制成的粉状铬鞣剂。

2 规范性引用文件

下列文件中的条款通过本标准的引用而成为本标准的条款。凡是注日期的引用文件，其随后所有的修改单(不包括勘误的内容)或修订版均不适用于本标准，然而，鼓励根据本标准达成协议的各方研究是否可使用这些文件的最新版本。凡是不注日期的引用文件，其最新版本适用于本标准。

GB/T 19940 粉状铬鞣剂 六价铬离子测定方法

QB/T 2412—1998 皮革用化学品技术通则

3 产品分类

产品按所添加助剂类型的不同及应用效果的不同分为标准型、蒙囿型、蒙囿交联型、蒙囿自碱化型四类。

4 要求

应符合表1规定。

表1 要求

序号	项目	指标			
		标准型	蒙囿型	蒙囿交联型	蒙囿自碱化型
1	碱式硫酸铬(以 Cr_2O_3 计)/%	≥24.0	≥23.0	≥22.0	≥19.0
2	Cr(Ⅵ)/(mg/kg)	≤2.0			
3	盐基度(B)/%	33±2	34±2	39±2	—
4	pH	2.0～4.0	2.0～4.0	2.5～4.0	2.5～4.5
5	水不溶物/%	≤0.5			—
6	Fe/(mg/kg)	≤100.0			
7	Hg/(mg/kg)	≤0.1			
8	As/(mg/kg)	≤1.0			
9	Pb/(mg/kg)	≤1.0			

5 试验方法

取样、测试通则应符合 QB/T 2412—1998 中第3章和第4章的规定。除非另有说明，在分析中仅使用确认为分析纯的试剂和蒸馏水或去离子水或相当纯度的水。

5.1 碱式硫酸铬含量(以 Cr_2O_3 计)的测定

5.1.1 原理

过氧化钠在碱性介质中将三价铬氧化为六价铬,采用碘量法,以淀粉指示剂,用硫代硫酸钠标准溶液滴定,即可计算出三氧化二铬含量。

5.1.2 试剂和材料

5.1.2.1 过氧化钠(固体)。

5.1.2.2 5%硫酸镍溶液:称取 5 g 硫酸镍,溶于 95 mL 蒸馏水中,摇匀。

5.1.2.3 20%碘化钾溶液:称取 20 g 碘化钾,溶于 80 mL 蒸馏水中,摇匀。

5.1.2.4 盐酸溶液:体积比为 1∶1,取 500 mL 盐酸,加 500 mL 蒸馏水,摇匀。

5.1.2.5 1%淀粉指示剂溶液:称取可溶性淀粉 1 g,加水 5 mL 搅匀后,缓缓倾入 100 mL 沸水中,搅匀,继续煮沸 2 min,冷却至室温,即得(本液应临用新配)。

5.1.2.6 硫代硫酸钠标准滴定溶液:$c(Na_2S_2O_3)=0.1$ mol/L。

5.1.3 程序

称取试样 3 g(精确至 0.000 1 g)于 50 mL 烧杯中,用少量温度为(40±1)℃的蒸馏水溶解后移入 100 mL 容量瓶中,并稀释至刻度,摇匀,得到试样溶液。

用移液管吸取 10 mL 试样溶液于 250 mL 碘量瓶中,加 1.5 g 过氧化钠(5.1.2.1)及 40 mL 蒸馏水,瓶口插入小漏斗,小火煮沸 5 min,取下冷却,再加 3 mL 硫酸镍溶液(5.1.2.2),继续煮沸小气泡成为大气泡(约 5 min),停止加热。将瓶冷却至室温,加 10 mL 盐酸溶液(5.1.2.4),用约 10 mL 蒸馏水清洗小漏斗内外壁,加 10 mL 碘化钾溶液(5.1.2.3),摇匀,盖塞,暗处静置 5 min,用蒸馏水洗涤瓶塞和瓶壁,至碘量瓶中溶液总体积约为 120 mL,用硫代硫酸钠标准滴定溶液(5.1.2.6)滴至稻草黄色时,加入淀粉指示剂(5.1.2.5)1 mL,继续滴至蓝色变为翠绿色为止,记录硫代硫酸钠标准滴定溶液的消耗体积。

5.1.4 结果的表述

碱式硫酸铬(以 Cr_2O_3 计)的含量按式(1)计算:

$$X_1=\frac{c_1V_1\times 0.025\ 33}{m\times(10/100)}\times 100\% \qquad \cdots\cdots(1)$$

式中:

X_1——碱式硫酸铬(以 Cr_2O_3 计)的含量,%;

c_1——硫代硫酸钠标准滴定溶液的浓度,单位为摩尔每升(mol/L);

V_1——硫代硫酸钠标准滴定溶液的消耗体积,单位为毫升(mL);

m——样品的质量,单位为克(g);

0.025 33——三氧化二铬的物质的量$\times 6^{-1}\times 10^{-3}$。

两次平行试验结果,绝对偏差小于等于 0.2%。

5.1.5 试验报告

试验测定值精确到小数点后两位,以两次测定结果的平均值作为报告结果,报告结果精确至小数点后一位。

5.2 Cr(Ⅵ)的测定

按 GB/T 19940 进行检验。

5.3 盐基度(B)的测定

5.3.1 原理

含水配位体的络合物发生水解,使三价铬离子与氢氧根结合,释放出氢离子,用氢氧化钠溶液滴定,同时加热促进水解,使之完全水解生成 $Cr(OH)_3$ 沉淀,以消耗的氢氧化钠的量可计算出原来与铬结合的羟基数，从而计算出盐基度。

5.3.2 试剂和材料

5.3.2.1 氢氧化钠标准滴定溶液：$c(NaOH)=0.1$ mol/L。

5.3.2.2 酚酞指示剂，1%乙醇溶液：取 1 g 酚酞，加 100 mL 无水乙醇使溶解。

5.3.3 程序

用移液管吸取 5.1.3 中的试样溶液 10 mL 于 250 mL 白瓷蒸发皿中，加蒸馏水 100 mL，酚酞指示剂(5.3.2.2)1 mL，用氢氧化钠标准滴定溶液(5.3.2.1)滴至溶液变微红，加热煮沸，红色消失，继续用氢氧化钠标准滴定溶液边滴定、边煮沸、边搅拌，至蒸发皿边泛红，并煮沸 3 min 不褪色即为终点，记下消耗氢氧化钠标准滴定溶液的体积。

5.3.4 结果的表述

盐基度(B)按式(2)计算：

$$X_2=\frac{c_1V_1-c_2V_2}{c_1V_1}\times 100\% \qquad \cdots\cdots(2)$$

式中：

X_2——试样盐基度(B)，%；

c_1——测 Cr_2O_3 时 $Na_2S_2O_3$ 标准滴定溶液的物质的量浓度，单位为摩尔每升(mol/L)；

V_1——测 Cr_2O_3 时消耗 $Na_2S_2O_3$ 标准滴定溶液的体积，单位为毫升(mL)；

c_2——氢氧化钠标准滴定溶液的物质的量浓度，单位为摩尔每升(mol/L)；

V_2——氢氧化钠标准滴定溶液的体积，单位为毫升(mL)。

两次平行试验结果，绝对偏差小于等于 1.0%。

5.3.5 试验报告

试验测定值精确到小数点后两位，以两次测定结果的平均值作为报告结果，报告结果精确至小数点后一位。

5.4 pH 的测定

5.4.1 装置

pH 计，精度 0.02。

5.4.2 程序

称取试样 4 g(精确至 0.1 g)置于 50 mL 烧杯中，量取(40±1)℃ 的蒸馏水 40 mL，搅拌溶解后，放置 10 min～15 min，冷却至室温，用 pH 计测定，连续测定两次，读数相差不应超过 0.1，取其两次读数的平均值为其 pH。

5.5 水不溶物的测定

5.5.1 装置

5.5.1.1 恒温烘箱。

5.5.1.2 微孔磨砂漏斗，3#，直径 40 mm。

5.5.2 程序

称取试样 2 g～3 g(精确至 0.000 1 g)于 100 mL 烧杯中，加(40±1)℃的蒸馏水 100 mL 保温溶解 1.5 h～2.0 h，并不时搅拌，装好恒重后的微孔磨砂漏斗，开启真空过滤，将烧杯中的残留物全部转移至漏斗里，然后用(40±1)℃的蒸馏水洗涤漏斗 3 次～5 次，在(105±1)℃温度下烘至两次称量质量相差不大于 0.2 mg，称量即得试样中的水不溶物质量。

5.5.3 结果的表述

水不溶物的含量按式(3)计算：

$$X_3=\frac{m}{m_0}\times 100\% \qquad \cdots\cdots(3)$$

式中：

X_3——水不溶物百分含量，%；

m——水不溶物质量，单位为克(g)；

m_0——称取试样总质量，单位为克(g)。

两次平行试验结果，绝对偏差小于等于 0.05%。

5.5.4 试验报告

试验测定值精确到小数点后两位，以两次测定结果的平均值作为报告结果，报告结果精确至小数点后一位。

5.6 Fe 含量的测定

5.6.1 装置

火焰原子吸收光谱仪，或其他适用的检测仪器。

5.6.2 试剂

5.6.2.1 硝酸：优级纯。

5.6.2.2 硝酸溶液：体积比为 1∶1，取 500 mL 硝酸(5.6.2.1)，加 500 mL 蒸馏水，摇匀。

5.6.2.3 1%硝酸溶液：取 10 mL 硝酸(5.6.2.1)，加水稀释至 1 000 mL。

5.6.2.4 铁标准溶液：100 mg/L，准确称取 0.100 0 g 纯铁丝(纯度不低于 99.9%)于 100 mL 烧杯中，加 20 mL 硝酸溶液(5.6.2.2)，加热溶解，移入 1 000 mL 容量瓶中，加水稀释至刻度，摇匀。

注：铁标准溶液亦可购买。

5.6.3 程序

5.6.3.1 试样溶液制备

称取试样 1 g～2 g(准确至 0.000 1 g)于 100 mL 烧杯中，用硝酸溶液(5.6.2.3)溶解后，全部移入 50 mL 容量瓶中，并用此硝酸溶液稀释至刻度，摇匀。

5.6.3.2 标准系列溶液的制备

准确移取铁标准溶液(5.6.2.4)0.0 mL、0.5 mL、1.0 mL、1.5 mL、2.0 mL 分别加入 5 个 50 mL 容量瓶中，用硝酸溶液(5.6.2.3)定容，摇匀，即得铁浓度为 0.0 mg/L、1.0 mg/L、2.0 mg/L、3.0 mg/L、4.0 mg/L标准系列溶液。

5.6.4 测定

5.6.4.1 仪器参考条件

测试波长	248.3 nm
灯电流	2 mA
狭缝	0.2 nm
乙炔流量	65 L/h
测量方式	标准曲线法，氘灯扣背景

5.6.4.2 浓度测定

设定好仪器的最佳条件，待仪器稳定后，以硝酸溶液(5.6.2.3)作空白，测定标准系列溶液吸光度，绘制标准曲线，再依次测定试样溶液吸光度。

5.6.5 结果的表述

铁含量按式(4)计算：

$$X_4 = \frac{c_1 - c_2}{1\,000 \times m} \times 50 \quad \cdots\cdots(4)$$

式中：

X_4——试样中的铁含量，单位为毫克每千克(mg/kg)；

c_1——试样被测溶液的浓度，单位为毫克每升(mg/L)；

c_2——试剂空白溶液的浓度,单位为毫克每升(mg/L);

m——试样质量,单位为克(g)。

两次平行试验结果的差值与算术平均值之比小于等于10%。

5.6.6 试验报告

试验测定值精确到小数点后两位,以两次测定结果的平均值作为报告结果,报告结果精确至小数点后一位。

5.7 Hg含量的测定

5.7.1 装置

火焰原子吸收光谱仪,配流动注射氢化物发生器,或其他适用的检测仪器。

5.7.2 试剂

5.7.2.1 氢氧化钠。

5.7.2.2 高锰酸钾。

5.7.2.3 硫酸。

5.7.2.4 混合酸:硫酸+硝酸+水,体积比为1∶1∶8,分别量取100 mL硫酸和100 mL硝酸,边加边搅拌,缓缓加入到800 mL蒸馏水中,摇匀。

5.7.2.5 硼氢化钾:含量大于98%。

5.7.2.6 1%硼氢化钾溶液:称取2 g硼氢化钾(5.7.2.5)于塑料瓶中,再加入0.2 g氢氧化钠(5.7.2.1),用少量水溶解,用水稀释至200 mL。保存使用期为一周。

5.7.2.7 1%盐酸溶液(载液):取10 mL盐酸,用水稀释至1 000 mL,摇匀。

5.7.2.8 4%硫酸溶液:取20 mL硫酸(5.7.2.3)缓缓倒入水中,用水稀释至500 mL,加入适量高锰酸钾(5.7.2.2),摇匀,以溶液颜色呈微紫色为准。

5.7.2.9 汞标准储备液:1 000 mg/L,精密称取0.135 4 g干燥过的二氯化汞于100 mL容量瓶中,加入混合酸(5.7.2.4)溶解后并稀释至刻度,摇匀。

注:汞标准储备液亦可购买。

5.7.2.10 汞标准溶液:1 mg/L,吸取1.0 mL汞标准储备液(5.7.2.9)于1 000 mL容量瓶中,加硫酸溶液(5.7.2.8)稀释至刻度,摇匀。

5.7.3 程序

5.7.3.1 试样溶液制备

称取试样1 g~2 g(准确至0.000 1 g)于100 mL烧杯中,用硫酸溶液(5.7.2.8)溶解后,全部移入50 mL容量瓶中,并用此硫酸溶液稀释至刻度,摇匀。

5.7.3.2 标准系列溶液制备

准确移取汞标准溶液(5.7.2.10)0.0 mL、0.5 mL、1.0 mL、2.0 mL、3.0 mL分别加入到5个100 mL容量瓶中,用硫酸溶液(5.7.2.8)定容,摇匀,即得汞浓度为0.0 μg/L、5.0 μg/L、10.0 μg/L、20.0 μg/L、30.0 μg/L标准系列溶液。

5.7.4 测定

5.7.4.1 仪器参考条件

原子化温度	室温
波长	253.7 nm
灯电流	5 mA
狭缝	0.5 nm
载气(氮或氩)流量	150 mL/min~180 mL/min
测量方式	标准曲线法,氘灯扣背景
读数方式	峰面积或峰高

5.7.4.2 浓度测定

设定好仪器的最佳条件，待仪器稳定后，以盐酸溶液(5.7.2.7)作载液，测定标准系列溶液的吸光度，绘制标准曲线，再测定试样溶液的吸光度，以硫酸溶液(5.7.2.8)作空白。

5.7.5 结果的表述

汞含量按式(5)计算：

$$X_5 = \frac{c_1 - c_2}{1\,000 \times m} \times 50 \qquad \cdots\cdots\cdots\cdots(5)$$

式中：

X_5——试样中汞含量，单位为毫克每千克(mg/kg)；

c_1——试样被测溶液的浓度，单位为微克每升(μg/L)；

c_2——试剂空白溶液的浓度，单位为微克每升(μg/L)；

m——试样质量，单位为克(g)。

两次平行试验结果的差值与算术平均值之比小于等于20%。

5.7.6 试验报告

试验测定值精确到小数点后两位，以两次测定结果的平均值作为报告结果，报告结果精确至小数点后一位。

5.8 As含量的测定

5.8.1 装置

火焰原子吸收光谱仪，配流动注射氢化物发生器，或其他适用的检测仪器。

5.8.2 试剂

5.8.2.1 抗坏血酸。

5.8.2.2 碘化钾。

5.8.2.3 硫酸溶液：体积比为1∶9，取10 mL浓硫酸，缓缓加入90 mL蒸馏水中。

5.8.2.4 氢氧化钠溶液：100 g/L，称取10 g氢氧化钠，加蒸馏水100 mL溶解。

5.8.2.5 1.5%硼氢化钾溶液：称取3 g硼氢化钾(5.7.2.5)于塑料瓶中，再加入0.6 g氢氧化钠(5.7.2.1)，用水溶解并稀释至200 mL，保存使用期为一周。

5.8.2.6 10%盐酸溶液：取100 mL盐酸，用蒸馏水稀释至1 000 mL，摇匀。

5.8.2.7 砷标准储备液：100 mg/L，精确称取于100 ℃干燥2 h以上的三氧化二砷(As_2O_3)0.132 0 g，加10 mL氢氧化钠溶液(5.8.2.4)溶解，用适量水转入1 000 mL容量瓶中，加硫酸溶液(5.8.2.3)25 mL，用水稀释至刻度，摇匀。

注：砷标准储备液亦可购买。

5.8.2.8 砷标准溶液：1 mg/L，吸取砷标准储备液(5.8.2.7)1.0 mL于100 mL容量瓶中，加入0.8 g碘化钾(5.8.2.2)和70 mL盐酸溶液(5.8.2.6)，置于电炉上加热至微沸，冷却后加入0.3 g抗坏血酸(5.8.2.1)，用盐酸溶液(5.8.2.6)稀释至刻度，摇匀。

注：此溶液贮存在棕色瓶中，避光，保存使用期为半年。

5.8.3 程序

5.8.3.1 试样溶液制备

称取试样1 g～2 g(准确至0.000 1 g)于100 mL烧杯中，用盐酸溶液(5.8.2.6)溶解后，全部移入50 mL容量瓶中，加入0.8 g碘化钾(5.8.2.2)和70 mL盐酸溶液(5.8.2.6)，置于电炉上加热至微沸，冷却后加入0.3 g抗坏血酸(5.8.2.1)，用盐酸溶液(5.8.2.6)稀释至刻度，摇匀。

同时按上述步骤作试剂空白。

5.8.3.2 标准系列溶液制备

移取砷标准溶液(5.8.2.8)0.0 mL、0.2 mL、0.4 mL、0.6 mL、0.8 mL、1.0 mL分别加入到100 mL

容量瓶中，用盐酸溶液(5.8.2.6)定容，即得砷浓度为 0.0 μg/L、2.0 μg/L、4.0 μg/L、6.0 μg/L、8.0 μg/L、10.0 μg/L 标准系列溶液。

5.8.4 测定

5.8.4.1 仪器参考条件

原子化温度	900 ℃
波长	193.7 nm
灯电流	5 mA
狭缝	0.5 nm
载气(氮或氩)流量	150 mL/min～180 mL/min
测量方式	标准曲线法，氘灯扣背景
读数方式	峰面积或峰高

5.8.4.2 浓度测定

设定好仪器的最佳条件，待仪器稳定后，以盐酸溶液(5.7.2.7)作载液，测定标准系列溶液的吸光度，绘制标准曲线，再测定试剂空白和试样溶液的吸光度。

5.8.5 结果的表述

砷含量按式(6)计算：

$$X_6 = \frac{c_1 - c_2}{1\,000 \times m} \times 50 \qquad \cdots\cdots (6)$$

式中：

X_6——试样中砷含量，单位为毫克每千克(mg/kg)；

c_1——试样被测溶液的浓度，单位为微克每升(μg/L)；

c_2——试剂空白溶液的浓度，单位为微克每升(μg/L)；

m——试样质量，单位为克(g)。

两次平行试验结果的差值与算术平均值之比小于等于 20%。

5.8.6 试验报告

试验测定值精确到小数点后两位，以两次测定结果的平均值作为报告结果，报告结果精确至小数点后一位。

5.9 Pb 含量的测定

5.9.1 装置

火焰原子吸收光谱仪，配流动注射氢化物发生器，或其他适用的检测仪器。

5.9.2 试剂

5.9.2.1 铁氰化钾(应为紫红色固体，如变为黄绿色或黄蓝色则不可用)。

5.9.2.2 1.5%硼氢化钾溶液：按 5.8.2.5 配制。

5.9.2.3 0.5%盐酸溶液：取 5 mL 盐酸，加入 4 g 铁氰化钾(5.9.2.1)，用水稀释至 1 000 mL，摇匀。

5.9.2.4 铅标准储备液：1 000 mg/L，准确称取 1.000 g 金属铅(99.99%)于 100 mL 烧杯中，分次加入少量硝酸(5.6.2.1)，加热溶解，总量不超过 37 mL，移入 1 000 mL 容量瓶中，加水稀释至刻度，摇匀。

注：铅标准储备液亦可购买。

5.9.2.5 铅标准溶液：1 mg/L，吸取铅标准储备液(5.9.2.4)1.0 mL 于 1 000 mL 容量瓶中，用盐酸溶液(5.9.2.3)稀释至刻度，摇匀。

5.9.3 程序

5.9.3.1 试样溶液制备

称取试样 1 g～2 g(准确至 0.000 1 g)100 mL 烧杯中，用盐酸溶液(5.9.2.3)溶解后，全部移入 50 mL容量瓶中，并用此盐酸溶液稀释至刻度。

5.9.3.2 标准系列溶液制备

移取铅标准溶液(5.9.2.4)0.0 mL、0.25 mL、0.5 mL、0.75 mL、1.0 mL 分别加入到 100 mL 容量瓶中,用盐酸溶液(5.9.2.3)稀释至刻度,即得铅浓度为 0.0 μg/L、2.5 μg/L、5.0 μg/L、7.5 μg/L、10.0 μg/L标准系列溶液。

5.9.4 测定

5.9.4.1 仪器参考条件

原子化温度	850 ℃
波长	283.3 nm
灯电流	3 mA
狭缝	1.2 nm
载气(氮或氩)流量	150 mL/min～180 mL/min
测量方式	标准曲线法,氘灯扣背景
读数方式	峰面积或峰高

5.9.4.2 浓度测定

设定好仪器的最佳条件,待仪器稳定后,以盐酸溶液(5.7.2.7)作载液,盐酸溶液(5.9.2.3)作空白,测定标准系列溶液的吸光度,绘制标准曲线,再测定试样溶液吸光度。

5.9.5 结果的表述

铅含量按式(7)计算:

$$X_7 = \frac{c_1 - c_2}{1\,000 \times m} \times 50 \qquad (7)$$

式中:

X_7——试样中铅含量,单位为毫克每千克(mg/kg);

c_1——试样被测溶液的浓度,单位为微克每升(μg/L);

c_2——试剂空白溶液的浓度,单位为微克每升(μg/L);

m——试样质量,单位为克(g)。

两次平行试验结果的差值与算术平均值之比小于等于 20%。

5.9.6 试验报告

试验测定值精确到小数点后两位,以两次测定结果的平均值作为报告结果,报告结果精确至小数点后一位。

6 检验规则

6.1 组批

以相同原料、相同工艺生产出来的同一品种、同一生产批号的产品组成一个检验批。

6.2 出厂检验

6.2.1 产品出厂前应逐批进行检验,检验合格方可出厂。

6.2.2 检验项目:碱式硫铬含量(以 Cr_2O_3 计)、盐基度、pH。

6.2.3 合格判定:三项指标全部合格,视为合格。

6.3 型式检验

6.3.1 有下列情况之一者,应进行型式检验。

a) 产品结构、工艺、材料有重大改变时;

b) 产品长期停产后恢复生产时;

c) 国家质量监督机构提出进行型式检验要求时;

d) 正常生产时,每季度进行一次型式检验。

6.3.2 抽样数量按 QB/T 2412—1998 中第 3 章的规定进行。

6.3.3 合格判定：所有指标全部合格，则判该产品合格。要求中如有一项(及以上)项目指标不合格，应重新加倍取样对不合格的项目进行复验。复验结果全部合格，则判该产品合格。

7 标志、包装、运输、贮存

7.1 标志

每件包装上应涂刷或贴有牢固的标志。

其内容包括：产品名称、型号、批号、生产日期、保质期、厂名、厂址、商标、净重、执行标准编号，并加盖生产厂检验合格的标记或附合格证。

7.2 包装

7.2.1 产品用聚氯乙烯塑料袋作内袋，外加塑料编织袋或纸塑复合袋。

7.2.2 包装袋应清洁、完好、防潮，耐长途运输。

7.2.3 装有产品的包装应密封。

7.3 运输

产品作为一般化工产品运输，运输途中，应有遮篷，严禁雨淋，防潮。

7.4 贮存

7.4.1 产品应贮存在通风干燥的库房内，贮存温度在 5 ℃～35 ℃，防曝晒，防冻，防潮。

7.4.2 在原包装(原装、原封、原标记完好无异状)内的产品，按规定条件贮运，自生产之日起计，保质期两年。

ICS 29.140.30
K 71

中华人民共和国国家标准

GB/T 24332—2009

毛细管超高压汞灯

Capillary ultra-high-pressure mercury vapor lamps

2009-09-30 发布

2010-02-01 实施

中华人民共和国国家质量监督检验检疫总局
中国国家标准化管理委员会
发布

前　言

本标准的附录 A、附录 B 为规范性附录。

本标准由中国轻工业联合会提出。

本标准由全国照明电器标准化技术委员会(SAC/TC 224)归口。

本标准起草单位:深圳市凯世光电科技有限公司、北京真空电子技术总公司。

本标准主要起草人:蔡志国、章晨、王晓州、张健青。

毛细管超高压汞灯

1 范围

本标准规定了印刷线路板(PCB)行业曝光用毛细管超高压汞灯的术语和定义、分类与命名、技术要求、试验方法、检验规则及标志、包装、运输和贮存。

本标准主要适用于印刷线路板(PCB)行业曝光用等领域的水冷式毛细管超高压汞灯。

2 规范性引用文件

下列文件中的条款通过本标准的引用而成为本标准的条款。凡是注日期的引用文件,其随后所有的修改单(不包括勘误的内容)或修订版均不适用于本标准,然而,鼓励根据本标准达成协议的各方研究是否可使用这些文件的最新版本。凡是不注日期的引用文件,其最新版本适用于本标准。

GB/T 191 包装标志运输和储存(GB/T 191—2008, ISO 780:1997,MOD)

GB/T 2828.1 计数抽样检验程序 第1部分:按接收质量限(AQL)检索的逐批检验抽样计划(GB/T 2828.1—2003,ISO 2859-1:1999,IDT)

GB/T 2829 周期检查计数抽样程序及表(适用于生产过程稳定性的检查)

GB/T 2900.65 电工术语 照明[GB/T 2900.65—2004,IEC 60050(845):1987,MOD]

QB 2274 电光源产品的分类及型号命名方法

3 术语和定义

GB/T 2900.65 确立的以及下列术语和定义适用于本标准。

3.1

毛细管超高压汞灯 capillary ultra-high-pressure mercury vapor lamps

是一种在很高电场强度下充汞的长弧毛细管线性光源,该灯功率负荷大,工作气压为高气压,有很强的辐射强度。

3.2

光通量 luminous flux

光源在单位时间内所发出的人眼感觉的光量称为光源的光通量,单位:lm(流明)。

3.3

紫外辐射通量 radiant flux

峰值波段在 365 nm 左右的,以辐射形式发射或传播的功率,单位:W。

3.4

紫外辐射照度 radiant irradiance

峰值波段在 365 nm 左右的,投射到单位面积上的紫外辐射通量除以该单位面积。单位:$\mu W/cm^2$。

3.5

额定值 rated value

灯在工作条件下规定的数值。

3.6

初始值 initial value

灯在老练之后所测的光、电特性数值。

3.7

寿命　life

一只成品灯从燃点至“烧毁”或灯的紫外辐射照度维持率(紫外辐射通量或紫外光通量的维持率)下降到本标准所规定值时的燃点累计次数。

3.8

紫外辐射通量维持率　radiant flux maintenance

灯在寿命期间内,紫外辐射通量与该灯初始紫外辐射通量之比,用百分数表示。

3.9

漏磁变压器　reference transformer

一种主磁路带有磁隙,并且具有带磁隙的分磁路,主磁路磁隙处局部磁饱和的程度控制了分磁路的磁通量,能给气体放电灯提供高于电源电压的开路电压,并且能给气体放电灯提供稳定的工作条件的特殊变压器。

3.10

弧长　arc length

弧光放电时的放电区长度。

4　分类与命名

4.1　灯的型号命名应符合 QB 2274 规定,如下:

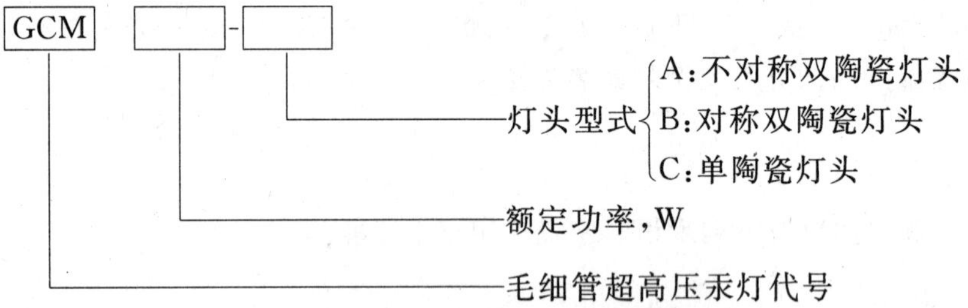

示例:GCM3000-A 表示 3 000 W 额定功率不对称双陶瓷灯头型毛细管超高压汞灯。
GCM3000-B 表示 3 000 W 额定功率对称双陶瓷灯头型毛细管超高压汞灯。
GCM3000-C 表示 3 000 W 额定功率单陶瓷灯头型毛细管超高压汞灯。

4.2　灯的型式及几何尺寸见图 1、图 2、图 3 及表 1、表 2、表 3。

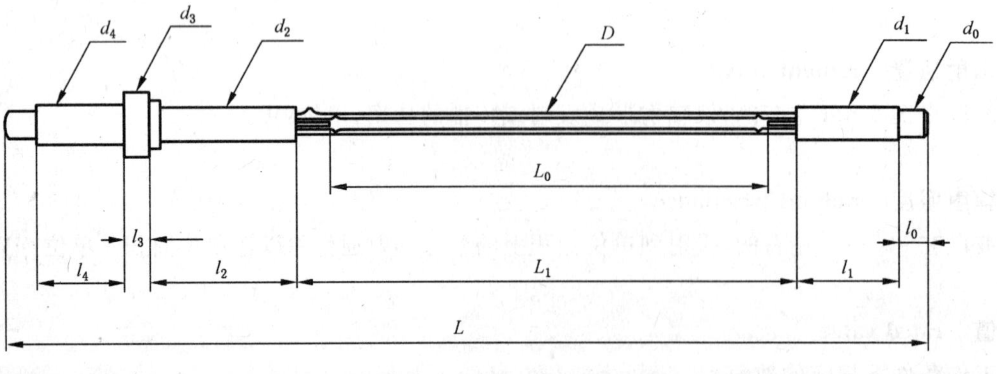

图 1　A 型灯头灯管型式图

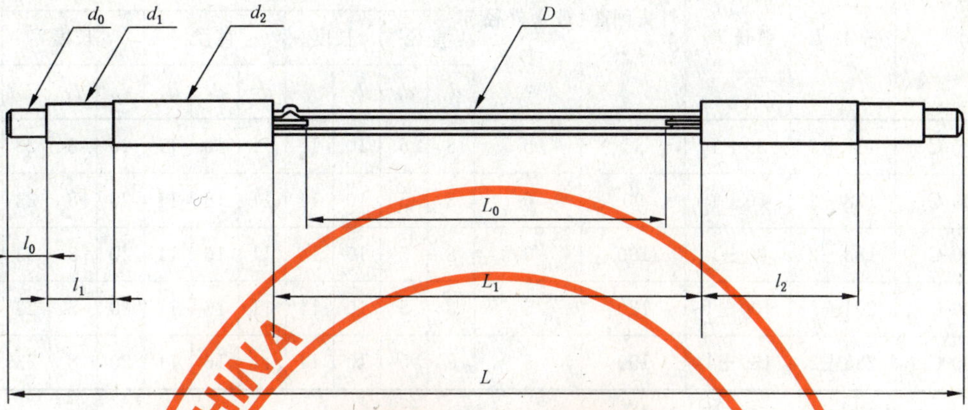

图 2　B 型灯头灯管型式图

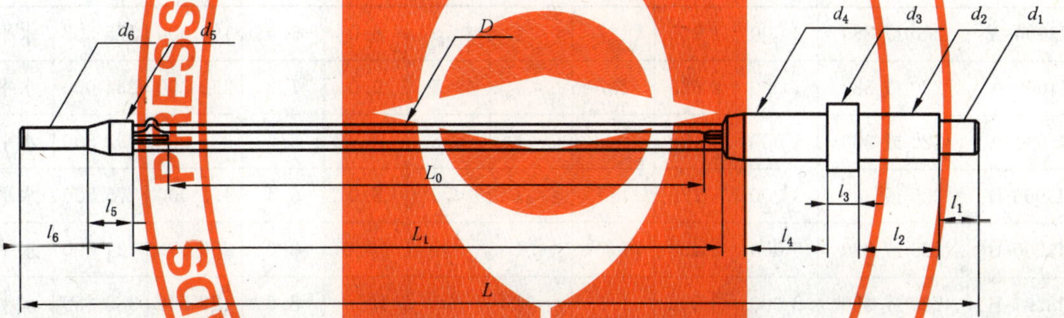

图 3　C 型灯头灯管型式图

表 1　灯的型号(A 型灯头)主要尺寸和灯头尺寸

单位为毫米

灯型号	全长 L	弧长 L_0	灯头间距 L_1	玻管外径 D	灯脚		灯头 1		灯头 2					
					直径	长度	直径	长度	直径			长度		
					d_0	l_0	d_1	l_1	d_2	d_3	d_4	l_2	l_3	l_4
GCM3000-A	265±2	90±1	107	6	8	10	10	35	10	20	12	70	8	28
GCM4000-A	285±2	125±1	140	6	8	10	10	35	10	20	12	55	8	28
GCM5000-A	290±2	140±1	155	6	8	10	10	35	10	20	12	45	8	28

表 2　灯的型号(B 型灯头)主要尺寸和灯头尺寸

单位为毫米

灯型号	全长 L	弧长 L_0	灯头间距 L_1	玻管外径 D	灯脚		灯头			
					直径 d_0	长度 l_0	直径		长度	
							d_1	d_2	l_1	l_2
GCM3000-B	253±2	80±1	104	6	7	10	10	11	18	42
GCM5000-B	253±2	95±1	114	6	7	10	10	11	18	42
GCM8000-B	290±2	140±1	153	6	7	10	10	11	18	42

表 3　灯的型号(C 型灯头)主要尺寸和灯头尺寸　　单位为毫米

灯型号	全长 L	弧长 L_0	灯头间距 L_1	玻管外径 D	灯脚				灯头 1						灯头 2	
					直径		长度		直径			长度			直径	长度
					d_1	d_6	l_1	l_6	d_2	d_3	d_4	l_2	l_3	l_4	d_5	l_5
GCM1500-C	137±2	39±1	56	6	8	5	10	10	11	16	11	20	8	23	8	9.5
GCM2000-C	178±2	70±1	90	6	8	5	10	14	11	16	11	20	8	23	8	10
GCM3000-C	183±2	80±1	100	6	8	5	10	14	11	16	11	20	8	23	8	10
GCM4000-C	204±2	100±1	120	6	8	5	10	14	11	16	11	20	8	23	8	10
GCM5000-C	235±2	130±1	150	6	8	5	10	14	11	16	11	20	8	23	8	10

4.3　灯的光电参数如表 4 所示。

表 4　灯的光电参数

型号	额定电压/V	额定功率/W	工作电压/V	工作电流[a]/A	启动时间[a]/s	稳定时间[a]/s	辐射照度/(mW/cm²)		光通量[a]/lm		燃点位置
							额定值	极限值	额定值	极限值	
GCM3000-A	220 或 380	3 000	1 960	1.7	<1	≤5	8.0	6.4	195 000	175 500	水平±5°
GCM4000-A	220 或 380	4 000	2 620	1.7	<1	≤5	9.0	7.2	260 000	234 000	水平±5°
GCM5000-A	220 或 380	5 000	3 180	1.7	<1	≤5	10.0	8.0	325 000	292 500	水平±5°
GCM3000-B	220 或 380	3 000	1 770	1.7	<1	≤5	8.0	6.4	195 000	175 500	水平±5°
GCM5000-B	220 或 380	5 000	2 400	1.7	<1	≤5	10.0	8.0	260 000	234 000	水平±5°
GCM8000-B	220 或 380	8 000	3 800	1.7	<1	≤5	10.0	8.0	422 500	380 250	水平±5°
GCM1500-C	220 或 380	1 500	1 160	1.3	<1	≤5	3.5	2.8	97 500	87 750	水平±5°
GCM2000-C	220 或 380	2 000	1 350	1.5	<1	≤5	6.0	4.8	130 000	117 000	水平±5°
GCM3000-C	220 或 380	3 000	1 960	1.7	<1	≤5	8.0	6.4	195 000	224 100	水平±5°
GCM4000-C	220 或 380	4 500	2 360	1.7	<1	≤5	9.5	7.6	260 000	234 000	水平±5°
GCM5000-C	220 或 380	5 000	2 950	1.7	<1	≤5	10.0	8.0	325 000	292 500	水平±5°

[a] 参考值,不考核。

5　技术要求

5.1　灯应按经规定程序批准的产品图样和技术文件制造,并符合该标准的要求。

5.2　灯管的外形尺寸应符合表 1、表 2 和表 3 的规定。

5.3　灯的管壳内外表面应洁净、平滑、不沾污、无影响光线辐射的缺陷。

5.4　灯脚与灯管引出部分焊接应牢固,无影响使用的缺陷,并保持灯脚防锈层的完整。

5.5　灯头、灯脚与管壳应处在同一轴线上,两端灯头、灯脚和管壳同轴度不应有明显偏离。

5.6　灯头本身的绝缘材料应能抗紫外老化和脆化,在灯寿命期间灯头的绝缘性能不应降低,绝缘材料不应破裂、鼓胀和皱缩。

5.7　灯头和管壳粘接应牢固,在 1 N·m 的扭力矩作用下,不应有松动现象。

5.8 灯不应有影响正常使用的装配上的缺陷。

5.9 灯在额定电压下燃点，在正常水冷却情况下(冷却水温为21 ℃～25 ℃，水流量＞5 L/min)，其额定寿命为8 000次。个别寿命不低于额定寿命的50%，灯管在寿命期间的辐射照度维持率不低于初始辐射照度的75%。

5.10 灯管的光电参数应符合表4的规定，其中，灯管的实际消耗初始功率与额定功率之差不大于15%。灯管的实际初始工作电压与额定工作电压之差不大于5%。

5.11 灯应具有良好的耐振性，经振动试验后，不应有脱焊和断裂现象以及影响灯正常使用的缺陷。

5.12 灯脚的底金属经潮湿试验后，防锈层不应有剥落和锈蚀现象。

5.13 灯需固定于带有冷却及防爆功能的装置内燃点，以防备灯可能发生的爆裂危险。该装置外观上不应有明显的裂纹、缺陷、气泡和杂质。该装置的厚度不低于1.5 mm，单层装置内径不低于与之相匹配的灯管外径的3倍，多层装置的最内层内径不低于与之相匹配的灯管外径的2倍。

6 试验方法

6.1 试验条件

6.1.1 交流供电电源的电压为正弦波，其谐波含量的总和不超过基波的3%。频率应能稳定在50 Hz±0.25 Hz，供电电源的电压稳定，其变化应不大于0.5%。

6.1.2 灯应配备与其相匹配的漏磁电抗变压器。

6.1.3 灯的点燃位置应符合表4的要求，其冷却水流量和水温度应符合5.9要求。

6.2 灯的主要尺寸(4.2)应用通用量具或标准量规进行检验。

6.3 灯的外观质量(5.3)、灯脚与灯管焊接质量(5.4)、灯头和管壳装配质量(5.7、5.8)以及灯的标志(8.1)均用外观法检验。

6.4 灯与灯头和管壳同轴度偏差(5.5)的检验，可将灯放在平面上，来回滚动，外观其灯头的同轴性。

6.5 灯头绝缘材料性能(5.6)，在寿命试验后，用外观法观察。

6.6 灯的光电参数(5.10)见附录A，用图A.1试验电路，用电压表和功率表测试电压和功率值，测试辐射照度见第A.1章，光通量测试在大型积分球内进行。

6.7 灯的寿命试验(5.9)应在额定电压下进行，在灯启动后，工作不小于25 s，关闭时间10 s～20 s后，再启动，即可测试寿命试验数据，辐射照度和光通量维持率也可按此法测试。

6.8 灯的耐振性(5.11)可将灯固定在振动台上，在工作频率为20 Hz，振幅为1 mm(单振幅)的正弦定频振动条件下，与灯轴线平行和垂直两个方向上都振动10 min后，先用外观法检测，再通过检验灯能否正常工作。

6.9 灯的潮湿试验(5.12)是将灯放入温度为40 ℃±2 ℃，相对湿度为(93±2)%的潮湿箱内48 h后，用外观法检验。

6.10 带有冷却及防爆功能的装置(5.13)，用外观法检验合格后再应用通用量具或标准量规进行检验。

7 检验规则

7.1 交收试验

7.1.1 交收试验抽样采用GB/T 2828.1的一次正常检查抽样方案的规定进行。

7.1.2 交收试验抽样检查顺序及检查水平(IL)和合格质量水平AQL值应按表5中规定进行。

交收试验不合格时该批灯应进行100%重检，剔除不合格品后再次提交试验，但应使用加严检查并附有产品报废数量及原因和简单说明。若再提交批仍不合格，则不应再次提交试验，此时应分析原因提出改进措施和处理该批产品的办法。

表 5 交收试验的项目和合格判定条件

组 号	类 别	序 号	试 验 项 目	章条		检查水平 IL	AQL
				技术要求	试验方法		
Ⅰ	C	1	灯的主要尺寸和灯头尺寸	4.2	6.2	Ⅰ	6.5
		2	灯脚和灯管焊接质量	5.4	6.3		
		3	灯头、灯脚和管壳的同轴性	5.5	6.4		
		4	灯头材料质量	5.6	6.5		
		5	灯装配质量	5.8			
		6	灯标志质量	8.1	6.3		
Ⅱ	B	7	灯功率	4.3	6.6	Ⅱ	4
		8	光通量	4.3	6.6		
		9	辐射照度	4.3	6.6		
		10	灯工作电压	4.3	6.6		
		11	灯管壳的表面质量	5.3	6.3		
		12	灯头与管壳的固定牢固度	5.7	6.3		
		13	带有冷却及防爆功能的装置	5.13	6.10		

7.2 例行试验

7.2.1 例行试验应在交收试验合格的批中随机抽取。

7.2.2 例行试验每年进行一次，但在更改结构工艺、原材料或停产六个月以上又恢复生产时也应进行。

7.2.3 例行试验前应对样品按交收试验项目(包装除外)进行全数检查，若发现不合格品时应以合格换取，同时分析不合格品的原因，记入试验报告，但不做例行试验结果的鉴定依据。

7.2.4 例行试验抽样检查采用 GB/T 2829 的二次抽样方案。

7.2.5 例行试验项目的分组顺序及判别水平(JL)不合格质量水平(RQL)和判定数组(Ac,Re)应按表 6中的规定进行。

表 6 例行试验项目及合格判定条件

组 号	类 别	序 号	试 验 项 目	章条		JL	RQL	判定数组	
				技术要求	试验方法				
Ⅰ	C	1	灯寿命和辐射照度维持率	5.9	6.7	Ⅲ	80	0	2
		2	灯头寿终的牢固度	5.7	6.3			1	2
Ⅱ	B	3	灯的耐振性能	5.11	6.8	Ⅲ	80	0	2
		4	灯的潮湿性能	5.12	6.9			1	2

7.2.6 若例行试验合格，经交收试验合格的批，作为合格产品可以出厂或入库，若入库超过一年再出厂，则应重新进行交收试验。

7.2.7 若例行试验不合格，产品停止交收。若将已验收而未出厂的产品停止出厂，已出厂的产品，双方协商解决。此时应分析原因提出处理方法，并在生产中采取措施直到新的例行试验合格才能恢复交收。

8 标志、包装、运输和贮存

8.1 标志

8.1.1 每只灯上应有清晰牢固的标志，应标明：

——型号规格；

——商标。

8.1.2 灯的包装盒上应有清晰牢固的标志，应标明：

——产品名称；

——型号规格；

——标准编号；

——商标；

——制作单位名称、地址；

——制作日期；

——贮存有效期。

8.1.3 灯的外包装上应有清晰牢固的标志，应标明：

——收发货单位名称和地址；

——产品名称；

——型号规格；

——标准编号；

——净重、毛重；

——外形尺寸；

——制作单位名称、地址；

——制作日期、贮存有效期；

——符合GB/T 191规定的“向上”、“小心轻放”、“怕湿”等标志。

8.2 包装

8.2.1 检验合格的灯应单只包装于防震的专用纸盒内，并附有产品合格证及使用说明书。

8.2.2 外包装用瓦楞纸箱，应具有良好的防震、防湿性能。

每只灯用小包装盒包装，然后再用包装箱集装。包装应安全可靠。

8.3 运输

产品运输过程中应防止雨雪淋袭和强烈的震动。

8.4 贮存

灯应贮存在5 ℃～35 ℃，相对湿度不超过85%的干燥、通风的室内，空气中不应含有腐蚀性气体。

附　录　A
（规范性附录）
紫外线辐射照度的测试方法

A.1　辐射照度的测量系统

A.1.1　辐射照度的测量系统如图 A.1。

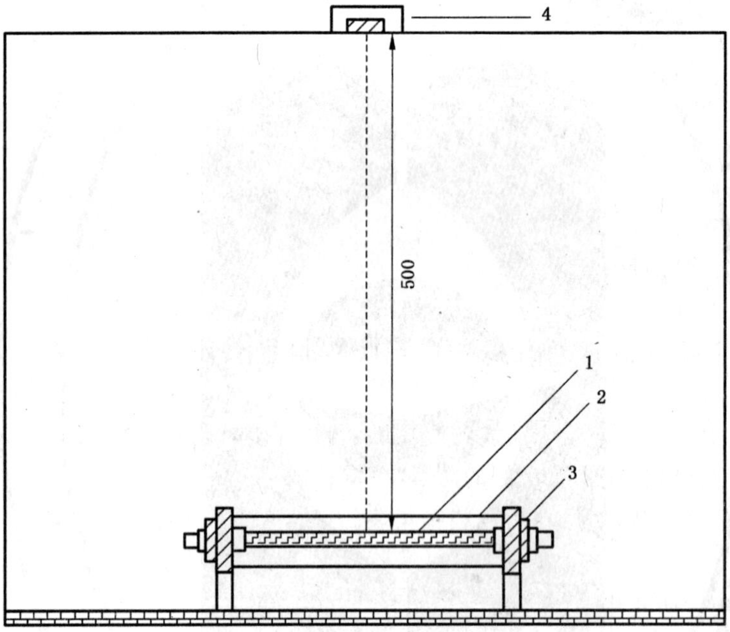

1——灯；
2——带有冷却及防爆功能的装置(不同类型的灯管采用与之匹配的装置)；
3——带有冷却及防爆功能的装置套件(不同类型的灯管采用与之匹配的套件)；
4——紫外探头。

图 A.1　辐射照度的测试系统图

辐射照度的测量需在如图 A.1 系统的光度测试机上进行。测量时，灯以及辐射照度探头要精确的安装在测量机内，灯和探头的距离为 500 mm。如图 A.1 所示。测试箱内表面及表面部件应涂黑。

A.1.2　辐射照度计：使用由国家认可的计量部门标定，中心波长为 365 nm 紫外线辐射照度计测定。

A.1.3　试验电路：成品灯应在图 A.2 所示的电路中进行试验。

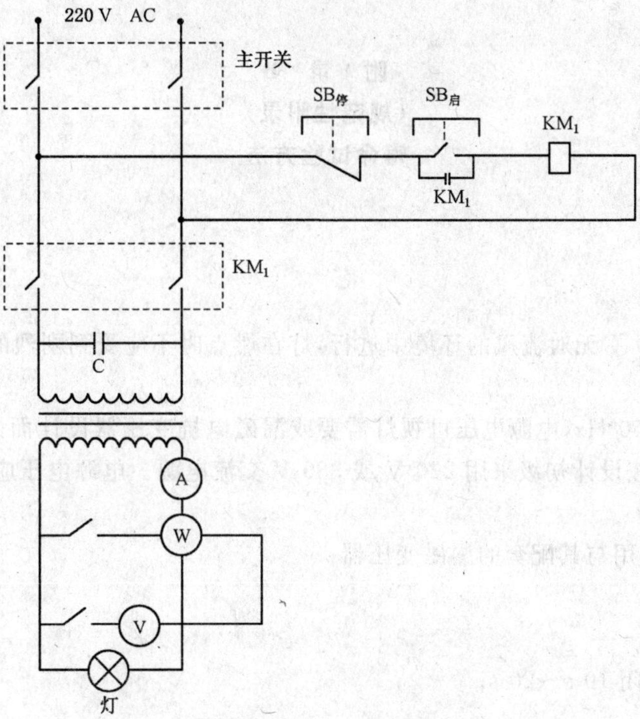

图 A.2 辐射照度测试电路图

A.2 测试条件

A.2.1 供电电源

电源频率应稳定在 50 Hz±0.5 Hz,电源电压为额定供电电压,电压波动应不大于±0.5%。

A.2.2 冷却水条件

冷却水温为 21 ℃～25 ℃,水流量＞5 L/min。

A.2.3 测试环境

测试时的环境温度应保持在 25 ℃±1 ℃。

A.3 测量步骤

A.3.1 将受试灯管固定并水冷却,按照灯的特性连接试验电路。

A.3.2 将辐射照度计固定,使照度计的接收平面的法线与被测灯管中部(几何中心)的水平法线相重合,灯点燃位置为水平±5°,灯的发光面与辐射照度计探头接收面平行。

A.3.3 按图 A.2 接通受试灯管的电源使灯正常燃点,待灯稳定后,读取辐射照度计的读数。

附 录 B
（规范性附录）
寿命试验方法

B.1 测试条件

B.1.1 试验环境

试验应在 15 ℃～50 ℃无对流风的环境中进行，灯在燃点时不应受到剧烈的振动和碰撞。

B.1.2 供电电源

电源频率应稳定在 50 Hz，电源电压可视灯需要或漏磁电抗变压器设计而采用 220 V 或 380 V 的交流电。漏磁变压器可按设计初级采用 220 V 或 380 V 交流电源。电源电压应保持稳定。

B.1.3 寿命电抗变压器

测试不同的灯管，选用与其配套的漏磁变压器。

B.2 燃点时间控制

灯燃点 25 s 之后关闭 10 s～20 s。

B.3 试验方法和电路

灯的寿命试验方法和试验电路按照附录 A 的要求。

B.4 寿命计算方法

单只灯的寿命按灯从燃点开始时至紫外辐射通量维持率下降至本标准规定值时的点燃累计次数计算。

ICS 29.140.30
K 71

中华人民共和国国家标准

GB/T 24333—2009

金属卤化物灯(钠铊铟系列)性能要求

Metal halide lamps ($NaI-TlI-InI_3$ series)—Performance requirements

2009-09-30 发布　　2010-02-01 实施

中华人民共和国国家质量监督检验检疫总局
中国国家标准化管理委员会　发布

前言

本标准部分内容和格式参考 IEC 61167:1998《金属卤化物灯》。

本标准附录 A 为资料性附录。

本标准由中国轻工业联合会提出。

本标准由全国照明电器标准化技术委员会(SAC/TC 224)归口。

本标准起草单位:飞利浦亚明照明有限公司、欧司朗(中国)照明有限公司、杭州时代照明电器有限公司、佛山市华全电气照明有限公司、普罗斯电器(江苏)有限公司、国家电光源质量监督检验中心(上海)。

本标准主要起草人:郭剑峰、黄佩、张俊斌、蔡建龙、区志杨、倪新达、俞安琪、关仕敬、柯柏权。

金属卤化物灯(钠铊铟系列)性能要求

1 范围

本标准规定了钠铊铟系列金属卤化物灯的产品型号、主要尺寸、技术要求、试验方法、检验规则、标志、包装、运输和贮存。

本标准适用于功率为 250 W～2 000 W 钠铊铟系列金属卤化物灯(以下简称灯)。符合本标准的灯同时也应符合 GB 19652—2005,当采用符合本标准中规定要求的镇流器和触发器时,在额定电源电压的 92%～106%、环境温度为－20 ℃～40 ℃的范围内能正常启动和燃点。灯泡的燃点位置见灯参数表的规定。

2 规范性引用文件

下列文件中的条款通过本标准的引用而成为本标准的条款。凡是注日期的引用文件,其随后所有的修改单(不包括勘误的内容)或修订版均不适用于本标准,然而,鼓励根据本标准达成协议的各方研究是否可使用这些文件的最新版本。凡是不注日期的引用文件,其最新版本适用于本标准。

GB/T 191 包装储运图示标志(GB/T 191—2008,ISO 780:1997,MOD)

GB/T 2423.10 电工电子产品环境试验 第 2 部分:试验方法 试验 Fc:振动(正弦)(GB/T 2423.10—2008,IEC 60068-2-6:1995,IDT)

GB/T 2828.1 计数抽样检验程序 第 1 部分:按接收质量限(AQL)检索的逐批检验抽样计划(GB/T 2828.1—2003,ISO 2859-1:1999,IDT)

GB/T 2829 周期检查计数抽样程序及表(适用于生产过程稳定性的检查)

GB/T 2900.65 电工术语 照明[GB/T 2900.65—2004,IEC 60050(845):1987,MOD]

GB/T 13434—2008 放电灯(荧光灯除外)特性测量方法

GB/T 15042 灯用附件 放电灯(管形荧光灯除外)用镇流器 性能要求(GB/T 15042—2008,IEC 60923:2006,MOD)

GB 19652—2005 放电灯(荧光灯除外)安全要求(IEC 62035:2003,IDT)

QB 2274 电光源产品的分类和型号命名方法

3 术语和定义

GB/T 2900.65 确立的以及下述术语和定义适用于本标准。

3.1

标称值 nominal value

用于命名或识别灯的近似量值。

3.2

额定值 rated value

由制造商或销售商宣称的或由本标准规定的在规定条件下工作时灯特性的量值。

3.3

初始值 initial readings

灯老炼前的启动特性,老炼 100 h 后所测得的光电特性值。

3.4

光通维持率　lumen maintenance

灯在其寿命期间一给定时间的光通量与其初始光通量之比，此期间灯在规定的条件下燃点。

注：此比率通常用百分比表示。

3.5

基准镇流器　reference ballast

符合 GB/T 15042 的一种专用镇流器。为检验镇流器提供比较标准，为筛选基准灯及检验在标准化条件下正常生产的灯而设计的专用电感镇流器。

3.6

校准电流　calibration current

用来校准基准镇流器的电流值。

3.7

特定有效紫外辐射功率　specific effective radiant UV power

灯的相对于其光通量的紫外辐射的有效功率，单位：mW/klm。

3.8

初始光效　iniatial luminous efficacy

初始光通量与初始功率之比。

3.9

温升时间　warm-up time

经老练 100 h 后的灯，在额定电压下通电达到稳定光通量 90％时所允许的最大时间。

3.10

平均寿命　average life

灯的光通维持率达到本标准要求并能继续燃点至 50％的灯达到单只灯寿命时的累计时间。

3.11

脉冲宽度　pulse width

触发脉冲在其峰值 90％高度处的宽度。

4　分类与命名

4.1　分类

按玻壳形式分为 ED 型、T 型。

4.2　规格系列

灯按功率分类，分为中功率(250 W、400 W)和大功率(1 000 W、2 000 W)。

4.3　型号

灯的型号应符合 QB 2274 的规定。

4.3.1　型号表示规则

灯的型号由四部分组成：型号第一部分表示灯的代号(JLZ 代表金属卤化物灯)，第二部分表示灯的功率，第三部分表示钠铊铟系列，第四部分为补充部分，可以采用玻壳的型号(如 ED 型、T 型)或灯的燃点位置(如“BU”表示灯头在上燃点，“U”代表任意燃点，如水平燃点可省略)或触发要求(如“S”表示不必外接触发器；如外接触发器可省略)等其他信息，各生产厂家可自行选择和取舍，如果有两种或者多种内容同时出现，中间用符号隔开。

4.3.2 型号示例

JLZ 250-NTY · T · BU · S

- S——不外接触发器
- BU——燃点时,灯头在上
- T——灯为 T 型玻壳
- NTY——灯为钠铊铟灯系列
- 250——灯的额定功率
- JLZ——金属卤化物灯

4.4 灯的规格、外形尺寸

灯的规格、外形尺寸应符合图 1、图 2 及 9.2 相应规格灯的参数表的要求。

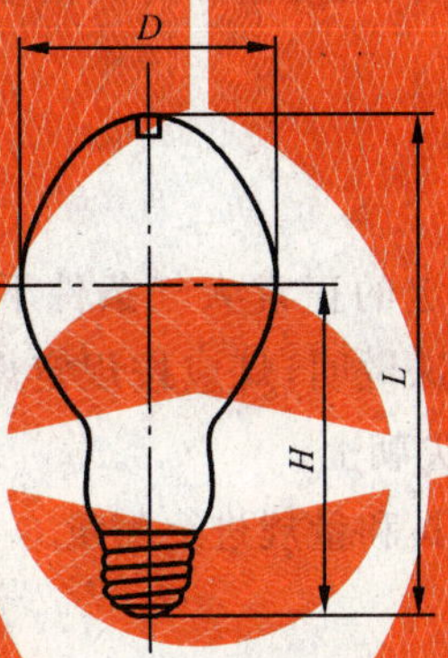

图 1

图 2

5 要求

5.1 灯的外观、尺寸和灯头

5.1.1 灯的玻壳应洁净、透明,无影响使用的缺陷。

5.1.2 灯的引出线与灯头焊接应牢固光滑,焊点不应明显破坏灯头的防锈层,且不应妨碍灯旋入相应型号的符合标准的灯座内。

5.1.3 灯头与电弧管应处在同一轴线上,电弧管内两电极尖端连线与灯头轴线的最大偏差(同轴度)不超过3°。

5.1.4 灯应具有完好的结构,不应有影响正常使用的装配上的缺陷。

5.1.5 尺寸和灯头要求应符合灯的参数表要求。

5.2 灯的启动和温升特性应符合灯参数表的规定。

5.3 灯的光电特性

5.3.1 灯的电参数应符合灯参数表给出的要求。

5.3.2 灯初始光效应符合9.2中相应灯的参数表的要求,极限值为额定值的90%。

灯的初始光通量可由制造商或销售商标称,但其实测值应低于标称值的90%。

5.4 灯的颜色特性:灯的显色指数至少应符合相应灯参数表规定值－3的要求。

5.5 灯的光通维持率和寿命应符合灯参数表的要求。

5.6 灯应具有良好的耐振性能。经振动试验后,内部结构不应有松动、脱焊及损坏现象,并能正常启动和燃点。

5.7 为确保可靠启动和正常工作,镇流器、触发器和灯具的参数应符合灯参数表的要求。灯具的额外的要求见附录A。

6 试验方法

6.1 除另有规定外,所有试验都应在规定的正常大气条件下进行,即:温度(25±5)℃,相对湿度小于65%、无对流风的环境。试验时,若无特殊说明,灯应按规定燃点,其中ED型玻壳灯均为垂直燃点,灯头在上;T型玻壳灯应水平燃点±5°,烧尖朝上。

6.2 灯的尺寸和灯头(5.1.5)用通用量具和量规进行测量。

6.3 玻壳质量(5.1.1)用目测法检验。

6.4 引出线与灯头焊接质量(5.1.2)用目测法检验。

6.5 同轴度(5.1.3)用专用仪器或实样对比法检验。

6.6 灯的装配质量(5.1.4)用目测法和专用装置进行检验。

6.7 灯的启动和温升特性(5.2),其测试线路和方法见GB/T 13434—2008。

6.8 灯的光电特性(5.3.2)和颜色(5.4)测试方法见GB/T 13434—2008。

6.9 灯的光通维持率和寿命(5.5)测试方法见GB/T 13434—2008。采用工作镇流器和50 Hz交流电源,其电压波动应不大于±2%。寿命试验中,灯应按规定燃点时,电源每昼夜应关闭两次,每次不少于1 h。电源关闭的时间不计入燃点寿命内。在光通维持率试验中,因偶然机械损坏和错误燃点损坏的灯应不计算在试验结果内。试验进行到规定时间时再测量光通量,并计算光通维持率。

6.10 灯的标志质量(8.1),按照GB 19652—2005中4.2.1的方法进行检查。

6.11 灯的振动试验(5.6)按GB/T 2423.10的规定进行。试验前样品外观检查应符合5.1要求,样品用刚性连接固定在振动台上,试验为定频试验,频率20 Hz、振幅1 mm(单振幅),持续时间为在两个互相垂直的轴线上各振动10 min。

7 检验规则

7.1 规则

为了检验灯是否符合本标准的规定,应由制造商对灯进行交收检验和例行检验。

7.2 交收检验

7.2.1 交收检验的灯是从合格的提交批中均匀抽取,检验按GB/T 2828.1的规定进行,其检验项目、检查水平及合格质量水平应符合表1的规定。

表 1 交收检验的项目及合格判定条件

序号	试验项目	技术要求	试验方法	检查水平	AQL	
					单项要求	全部项要求
1	标志	8.1	6.10	S-2	2.5	6.5
2	玻壳质量	5.1.1	6.3		—	
3	引出线与灯头的焊接牢固度	5.1.2	6.4			
4	装配质量	5.1.4	6.6			
5	灯主要尺寸	5.1.5	6.2			
6	同轴度	5.1.3	6.5			
7	灯电压	5.3	6.8	S-1	6.5	—
8	初始光效/光通量					
9	显色指数	5.4				
10	启动特性	5.2	6.7			
11	温升要求					

7.2.2 若交收检验不合格，则该批产品应由制造厂隔离后进行100%的检验。剔除不合格品后可再次提交验收，再次交收检验只允许进行一次，并附有该批产品挑剔后不合格品的数量及原因的简要说明。若再次提交批经检验后仍不合格，则应停止交收，此时，应分析原因，提出改进措施和处理该批产品的办法。

7.3 例行检验

7.3.1 例行检验周期应为每年一次。当灯的结构、工艺过程或材料的变更可能影响到灯的性能，或当灯生产中断了三个月以上而又恢复生产时，都要进行例行检验。

7.3.2 例行检验的产品应按GB/T 2829的要求，从交收检验合格的灯中均匀的抽取。例行检验前，所有样本单位应按交收检验项进行100%检查。若发现不合格品，则以合格品换取，同时应分析原因，记入例行检验报告中，但不作为例行检验结果的鉴定依据。

7.3.3 例行检验的项目及判别水平应符合表2的规定。

表 2 例行检验的项目与合格判定条件

序号	检验项目	技术要求	试验方法	抽样方案	判别水平	RQL	n	判定数值	
								Ac	Re
1	耐振性能	5.6	6.11	按GB/T 2829 二次抽样方案	Ⅱ	65	3 3	0 1	2 2
2	光通维持率	5.5	6.9	按GB/T 2829 一次抽样方案	Ⅱ	65	5	1	2
3	平均寿命			每个规格不少于三个，按照定义判别					

7.3.4 例行检验若不合格，则认为该批灯不合格，此时应分析原因，提出处理办法和采取有效措施后，方可恢复生产与验收。

8 标志、包装、运输和贮存

8.1 在每个灯上应有下列清晰和牢固的标志。

a) 来源标志,可以是商标、制造商标志或销售商的名称等;

b) 灯的型号或功率及灯的有关光电和颜色特性;

c) 制造日期(年、季或月)。

灯的包装应牢固并具有良好的耐振性能。每只包装盒应附有产品说明书和合格证。

8.2 每个包装盒表面应注明:

a) 制造商商标及名称、地址;

b) 灯的名称和型号;

c) 灯头型号;

d) 产品标准编号。

8.3 在外包装箱上,除应符合 8.2 的规定外,还应注明:

a) 灯数量;

b) 包装日期;

c) 符合 GB/T 191 规定的包装储运图示标志。

灯运输时,应防止挤压、雨雪淋湿和强烈的振动。

灯应贮存在相对湿度不超过 85%的干燥通风且没有腐蚀性气体的室内。

9 灯的参数表

9.1 灯参数表的编号方法

第一组数字表示本标准的编号,其前面标有字母 GB/T,即 GB/T 24333。

第二组数字表示相应灯规格代号。

第三组数字表示灯参数表的版次。仅对已经进行过修订的参数表才有新版次的号码。

例如:灯的参数表 GB/T 24333-××-1 已作修改,那么新的编号为 GB/T 24333-××-2。

9.2 灯参数表

灯参数表清单和参数表

技术参数表活页号	额定功率/W	玻壳类型	灯头类型	启动类型
GB/T 24333-250T-1	250	T 型	E40	外触发
GB/T 24333-250BU-1	250	ED 型	E40	外触发
GB/T 24333-400T-1	400	T 型	E40	外触发
GB/T 24333-400BU-1	400	ED 型	E40	外触发
GB/T 24333-400BU. S-1	400	ED 型	E40	内触发
GB/T 24333-1000T-1	1 000	T 型	E40	外触发
GB/T 24333-1000T76-1	1 000	T 型	E40	外触发
GB/T 24333-1000BU-1	1 000	ED 型	E40	外触发
GB/T 24333-2000T. S-1	2 000	T 型	E40	内触发
GB/T 24333-2000T-1	2 000	T 型	E40	外触发

钠铊铟系列金属卤化物灯参数表

标称功率	灯头	玻壳	触发类型
250 W	E40	T46	外触发

尺寸/mm			
总长 L(max)	外径 D(max)	光中心高度 H[a]	有效弧长[a]
257	47	155±5	31±3

启动和温升特性				
项　目		额定值	最小值	最大值
启动电压	V	—	—	198
启动时间	s	—	—	10
温升时间	min	—	—	3

电特性				
项　目		额定值	最小值	最大值
功率	W	250	—	—
灯电压	V	128	113	143
电流	A	2.15	—	—

基准镇流器特性				
频率/Hz	额定电压/V	校准电流/A	电压/电流比/Ω	功率因数
50	220	2.15	71±0.5%	0.075±0.005

镇流器设计参数	
最大短路电流/A	最小开路电压/V
4.26	198

触发器参数			
脉冲幅值/kV	波形	脉冲宽度/μs	脉冲频率/Hz
0.56～0.75	正弦波	≥260	≥50

GB/T 24333-250T-1

钠铊铟系列金属卤化物灯参数表

灯具设计参数	
玻壳允许最大温度　℃	550
灯头允许最大温度　℃	250
燃点位置	水平
灯允许的最大特定有效紫外线辐射功率　mW/klm	2

光特性和寿命参数					
初始光效/(lm/W)	相关色温[a]/K	显色指数 Ra	2 000 h 光通维持率/%	5 000 h 光通维持率/%	平均寿命/h
78	4 500	65	90	80	20 000

[a] 为参考值。

GB/T 24333-250T-1

钠铊铟系列金属卤化物灯参数表

标称功率	灯头	玻壳	触发类型
250 W	E40	ED90	外触发

尺寸/mm			
总长 L(max)	外径 D(max)	光中心高度 H[a]	有效弧长[a]
228	91	—	34±3

启动和温升特性				
项　目		额定值	最小值	最大值
启动电压	V	—	—	198
启动时间	s	—	—	10
温升时间	min	—	—	3

电特性				
项　目		额定值	最小值	最大值
功率	W	253	—	—
灯电压	V	128	113	143
电流	A	2.15	—	—

基准镇流器特性				
频率/Hz	额定电压/V	校准电流/A	电压/电流比/Ω	功率因数
50	220	2.15	71±0.5%	0.075±0.005

镇流器设计参数	
最大短路电流/A	最小开路电压/V
4.26	198

触发器参数			
脉冲幅值/kV	波形	脉冲宽度/μs	脉冲频率/Hz
0.56～0.75	正弦波	≥260	≥50

GB/T 24333-250BU-1

钠铊铟系列金属卤化物灯参数表

灯具设计参数		
玻壳允许最大温度	℃	350
灯头允许最大温度	℃	250
燃点位置		垂直灯头朝上
灯允许的最大特定有效紫外线辐射功率	mW/klm	2

光特性和寿命参数					
初始光效/(lm/W)	相关色温[a]/K	显色指数 Ra	2 000 h 光通维持率/%	5 000 h 光通维持率/%	平均寿命/h
68	4 500	65	90	80	20 000

[a] 为参考值。

钠铊铟系列金属卤化物灯参数表

标称功率	灯头	玻壳	触发类型
400 W	E40	T46	外触发

尺寸/mm			
总长 L(max)	外径 D(max)	光中心高度 H[a]	有效弧长[a]
286	47	168±5	35±5

启动和温升特性				
项　目		额定值	最小值	最大值
启动电压	V	—	—	198
启动时间	s	—	—	10
温升时间	min	—	—	3

电特性				
项　目		额定值	最小值	最大值
功率	W	390	—	—
灯电压	V	125	110	140
电流	A	3.4	—	—

基准镇流器特性				
频率/Hz	额定电压/V	校准电流/A	电压/电流比/Ω	功率因数
50	220	3.25	45±0.5%	0.075±0.005

镇流器设计参数	
最大短路电流/A	最小开路电压/V
6.83	198

触发器参数			
脉冲幅值/kV	波形	脉冲宽度/μs	脉冲频率/Hz
0.56～0.75	正弦波	≥260	≥50

GB/T 24333-400T-1

钠铊铟系列金属卤化物灯参数表

灯具设计参数		
玻壳允许最大温度	℃	600
灯头允许最大温度	℃	250
燃点位置		水平
灯允许的最大特定有效紫外线辐射功率	mW/klm	2

光特性和寿命参数					
初始光效/(lm/W)	相关色温[a]/K	显色指数 Ra	2 000 h 光通维持率/%	5 000 h 光通维持率/%	平均寿命/h
85	4 500	65	90	80	20 000

[a] 为参考值。

钠铊铟系列金属卤化物灯参数表

标称功率	灯头	玻壳	触发类型
400 W	E40	ED120	外触发

尺寸/mm			
总长 L(max)	外径 D(max)	光中心高度 H[a]	有效弧长[a]
292	122	—	42±5

启动和温升特性				
项　　目		额定值	最小值	最大值
启动电压	V	—	—	198
启动时间	s	—	—	10
温升时间	min	—	—	3

电特性				
项　　目		额定值	最小值	最大值
功率	W	390	—	—
灯电压	V	125	110	140
电流	A	3.4	—	—

基准镇流器特性				
频率/Hz	额定电压/V	校准电流/A	电压/电流比/Ω	功率因数
50	220	3.25	45±0.5%	0.075±0.005

镇流器设计参数	
最大短路电流/A	最小开路电压/V
6.83	198

触发器参数			
脉冲幅值/kV	波形	脉冲宽度/μs	脉冲频率/Hz
0.56～0.75	正弦波	≥260	≥50

GB/T 24333-400BU-1

钠铊铟系列金属卤化物灯参数表

灯具设计参数	
玻壳允许最大温度　℃	350
灯头允许最大温度　℃	250
燃点位置	垂直灯头朝上
灯允许的最大特定有效紫外线辐射功率　mW/klm	2

光特性和寿命参数					
初始光效/(lm/W)	相关色温[a]/K	显色指数 Ra	2 000 h 光通维持率/%	5 000 h 光通维持率/%	平均寿命/h
78	4 500	65	90	80	20 000

[a] 为参考值。

GB/T 24333-400BU-1

钠铊铟系列金属卤化物灯参数表

标称功率	灯头	玻壳	触发类型
400 W	E40	ED120	内触发

尺寸/mm			
总长 L(max)	外径 D(max)	光中心高度 H[a]	有效弧长[a]
292	122	—	42±5

启动和温升特性				
项　目		额定值	最小值	最大值
启动电压	V	—	—	198
启动时间	s	—	—	10
温升时间	min	—	—	3

电特性				
项　目		额定值	最小值	最大值
功率	W	390	—	—
灯电压	V	125	110	140
电流	A	3.4	—	—

基准镇流器特性				
频率/Hz	额定电压/V	校准电流/A	电压/电流比/Ω	功率因数
50	220	3.25	45±0.5%	0.075±0.005

镇流器设计参数	
最大短路电流/A	最小开路电压/V
6.83	198

GB/T 24333-400BU.S-1

钠铊铟系列金属卤化物灯参数表

灯具设计参数	
玻壳允许最大温度　℃	350
灯头允许最大温度　℃	250
燃点位置	垂直灯头朝上
灯允许的最大特定有效紫外线辐射功率　mW/klm	2

光特性和寿命参数					
初始光效/(lm/W)	相关色温[a]/K	显色指数 Ra	2 000 h 光通维持率/%	5 000 h 光通维持率/%	平均寿命/h
78	4 500	65	90	80	20 000

a　为参考值。

GB/T 24333-400BU.S-1

钠铊铟系列金属卤化物灯参数表

标称功率	灯头	玻壳	触发类型
1 000 W	E40/80×50	T65	外触发

尺寸/mm			
总长 L(max)	外径 D(max)	光中心高度 H[a]	有效弧长[a]
382	65	240±8	80±6

启动和温升特性				
项　　目		额定值	最小值	最大值
启动电压	V	—	—	198
启动时间	s	—	—	10
温升时间	min	—	—	3

电特性				
项　　目		额定值	最小值	最大值
功率	W	985	—	—
灯电压	V	130	115	145
电流	A	8.25	—	—

基准镇流器特性				
频率/Hz	额定电压/V	校准电流/A	电压/电流比/Ω	功率因数
50	220	7.5	18.5±0.5%	0.04±0.002

镇流器设计参数	
最大短路电流/A	最小开路电压/V
15.75	198

触发器参数			
脉冲幅值/kV	波形	脉冲宽度/μs	脉冲频率/Hz
0.56～0.75	正弦波	≥140	≥50

GB/T 24333-1000T-1

钠铊铟系列金属卤化物灯参数表

灯具设计参数	
玻壳允许最大温度 ℃	600
灯头允许最大温度 ℃	300
燃点位置	水平
灯允许的最大特定有效紫外线辐射功率 mW/klm	2

光特性和寿命参数					
初始光效/(lm/W)	相关色温[a]/K	显色指数 Ra	2 000 h 光通维持率/%	5 000 h 光通维持率/%	平均寿命/h
82	4 500	60	85	75	10 000

[a] 为参考值。

GB/T 24333-1000T-1

钠铊铟系列金属卤化物灯参数表

标称功率	灯头	玻壳	触发类型
1 000 W	E40	T76	外触发

尺寸/mm			
总长 L(max)	外径 D(max)	光中心高度 H[a]	有效弧长[a]
345	77	220±5	47±7

启动和温升特性				
项　目		额定值	最小值	最大值
启动电压	V	—	—	198
启动时间	s	—	—	10
温升时间	min	—	—	3

电特性				
项　目		额定值	最小值	最大值
功率	W	1 050	—	—
灯电压	V	125	115	145
电流	A	9.1	—	—

基准镇流器特性				
频率/Hz	额定电压/V	校准电流/A	电压/电流比/Ω	功率因数
50	220	10.3	16.8±0.5%	0.060±0.002

镇流器设计参数	
最大短路电流/A	最小开路电压/V
—	198

触发器参数			
脉冲幅值/kV	波形	脉冲宽度/μs	脉冲频率/Hz
4～5	正弦波	≥1	≥100

GB/T 24333-1000T76-1

钠铊铟系列金属卤化物灯参数表

灯具设计参数		
玻壳允许最大温度	℃	550
灯头允许最大温度	℃	250
燃点位置		水平±30°
灯允许的最大特定有效紫外线辐射功率	mW/klm	2

光特性和寿命参数					
初始光效/(lm/W)	相关色温[a]/K	显色指数 Ra	2 000 h 光通维持率/%	5 000 h 光通维持率/%	平均寿命/h
92	3 500	60	85	80	9 000

[a] 为参考值。

GB/T 24333-100076-1

钠铊铟系列金属卤化物灯参数表

标称功率	灯头	玻壳	触发类型
1 000 W	E40	ED165	外触发

尺寸/mm			
总长 L(max)	外径 D(max)	光中心高度 H[a]	有效弧长[a]
380	167	—	47±7

启动和温升特性				
项　目		额定值	最小值	最大值
启动电压	V	—	—	198
启动时间	s	—	—	10
温升时间	min	—	—	3

电特性				
项　目		额定值	最小值	最大值
功率	W	1 050	—	—
灯电压	V	125	110	140
电流	A	9.5	—	—

基准镇流器特性				
频率/Hz	额定电压/V	校准电流/A	电压/电流比/Ω	功率因数
50	220	10.3	16.8±0.5%	0.060±0.002

镇流器设计参数	
最大短路电流/A	最小开路电压/V
—	198

触发器参数			
脉冲幅值/kV	波形	脉冲宽度/μs	脉冲频率/Hz
4～5	正弦波	≥1	≥100

GB/T 24333-1000BU-1

钠铊铟系列金属卤化物灯参数表

灯具设计参数	
玻壳允许最大温度 ℃	400
灯头允许最大温度 ℃	250
燃点位置	垂直灯头朝上±45°
灯允许的最大特定有效紫外线辐射功率 mW/klm	2

光特性和寿命参数					
初始光效/(lm/W)	相关色温[a]/K	显色指数 Ra	2 000 h 光通维持率/%	5 000 h 光通维持率/%	平均寿命/h
88	3 800	60	85	80	9 000

[a] 为参考值。

GB/T 24333-1000BU-1

钠铊铟系列金属卤化物灯参数表

标称功率	灯头	玻壳	触发类型
2 000 W	E40	T100	内触发

尺寸/mm			
总长 L(max)	外径 D(max)	光中心高度 H[a]	有效弧长[a]
430	102	265±6	112±12

启动和温升特性				
项　目		额定值	最小值	最大值
启动电压	V	—	—	310
启动时间	s	—	—	10
温升时间	min	—	—	3

电特性				
项　目		额定值	最小值	最大值
功率	W	2 000	—	—
灯电压	V	240	215	265
电流	A	9	—	—

基准镇流器特性				
频率/ Hz	额定电压/ V	校准电流/ A	电压/电流比/ Ω	功率因数
50	380	8.0	28±0.5%	0.040±0.002

镇流器设计参数	
最大短路电流/ A	最小开路电压/ V
16.8[a]	342

GB/T 24333-2000T-S-1

钠铊铟系列金属卤化物灯参数表

灯具设计参数		
玻壳允许最大温度	℃	550
灯头允许最大温度	℃	250
燃点位置		水平±60°
灯允许的最大特定有效紫外线辐射功率	mW/klm	2

光特性和寿命参数					
初始光效/(lm/W)	相关色温[a]/K	显色指数 Ra	2 000 h 光通维持率/%	5 000 h 光通维持率/%	平均寿命/h
95	4 000	60	85	80	9 000

[a] 为参考值。

GB/T 24333-2000T. S-1

钠铊铟系列金属卤化物灯参数表

标称功率	灯头	玻壳	触发类型
2 000 W	E40	T100	内触发

尺寸/mm			
总长 L(max)	外径 D(max)	光中心高度 H[a]	有效弧长[a]
430	102	265±6	102±22

启动和温升特性				
项　目		额定值	最小值	最大值
启动电压	V	—	—	198
启动时间	s	—	—	10
温升时间	min	—	—	3

电特性				
项　目		额定值	最小值	最大值
功率	W	2 000	—	—
灯电压	V	120	135	105
电流	A	19	—	—

基准镇流器特性				
频率/Hz	额定电压/V	校准电流/A	电压/电流比/Ω	功率因数
50	220	15.0[1]	9.25±0.5%[1]	0.040±0.002

镇流器设计参数	
最大短路电流/A	最小开路电压/V
15.75[a]	198

触发器参数			
脉冲幅值/kV	波形	脉冲宽度/μs	脉冲频率/Hz
0.56～0.75	正弦波	≥140	≥50

GB/T 24333-2000T-1

钠铊铟系列金属卤化物灯参数表

灯具设计参数		
玻壳允许最大温度	℃	550
灯头允许最大温度	℃	250
燃点位置		水平±30°
灯允许的最大特定有效紫外线辐射功率	mW/klm	2

光特性和寿命参数					
初始光效/(lm/W)	相关色温[a]/K	显色指数 Ra	2 000 h 光通维持率/%	5 000 h 光通维持率/%	平均寿命/h
86	4 400	60	85	80	9 000

a 为参考值。

[1] 使用两个 1 000 W 高压汞灯的基准镇流器并联，参看 IEC 60188:2001 中数据页 60188-IEC-170-1 或 GB/T 21093—2007 中数据页 21093-GB/T-170-1。

GB/T 24333-2000T-1

附　录　A
（资料性附录）
灯具设计资料

A.1　灯的最大外形

根据灯的最大外形来指导灯具的设计，同时灯头的置换是基于灯泡玻壳的最大尺寸。

灯的机械要求应符合本标准，以这些灯的最大外形作为设计基础使灯在灯具中有一个自由的空间。

A.2　灯的替换

灯具设计应确保能正确地替换灯管，也需考虑到紫外线辐射因素。

参 考 文 献

[1] GB/T 21093—2007 高压汞灯 性能要求(IEC 60188:2001,NEQ)

ICS 55.040
A 82

中华人民共和国国家标准

GB/T 24334—2009

聚偏二氯乙烯(PVDC)自粘性食品包装膜

Polyvinylidene chloride (PVDC) cling wrap film for food-packaging

2009-09-30 发布 2009-12-01 实施

中华人民共和国国家质量监督检验检疫总局
中国国家标准化管理委员会 发布

前　言

本标准由中国标准化研究院提出并归口。

本标准起草单位：广东省汕头市金丛包装材料有限公司、浙江省巨化股份有限公司电化厂、国家包装产品质量监督检验中心（济南）、广东省汕头市质量计量监督检测所。

本标准主要起草人：陈明泉、陈繁荣、周强、王兴东、黄继彬、吴玉华、陈旭霞。

聚偏二氯乙烯(PVDC)自粘性食品包装膜

1 范围

本标准规定了聚偏二氯乙烯(PVDC)自粘性食品包装膜(以下简称"薄膜")的术语和定义、要求、试验方法、检验规则、标识、包装、运输和贮存等。

本标准适用于以偏二氯乙烯-氯乙烯共聚树脂为原料,经吹塑制成的具有自粘性的薄膜。该薄膜主要用于冷藏、冷冻食品的保鲜包装和微波炉加热食品的覆盖。

2 规范性引用文件

下列文件中的条款通过本标准的引用而成为本标准的条款。凡是注日期的引用文件,其随后所有的修改单(不包括勘误的内容)或修订版均不适用于本标准,然而,鼓励根据本标准达成协议的各方研究是否可使用这些文件的最新版本。凡是不注日期的引用文件,其最新版本适用于本标准。

GB/T 1037—1988 塑料薄膜和片材透水蒸气性试验方法 杯式法

GB/T 1038 塑料薄膜和薄片气体透过性试验方法 压差法

GB/T 1040.3 塑料 拉伸性能的测定 第3部份:薄膜和薄片的试验条件

GB/T 2410 透明塑料透光率和雾度的测定

GB/T 2918 塑料试样状态调节和试验的标准环境

GB/T 5009.60 食品包装用聚乙烯、聚苯乙烯、聚丙烯成型品卫生标准的分析方法

GB/T 5009.122 食品容器、包装材料用聚氯乙烯树脂及成型品中残留1,1-二氯乙烷的测定

GB/T 5009.156 食品用包装材料及其制品的浸泡试验方法通则

GB/T 6388 运输包装收发货标志

GB/T 6672 塑料薄膜和薄片厚度测定 机械测量法

GB/T 6673 塑料薄膜和薄片长度和宽度的测定

GB/T 7141 塑料热老化试验方法

GB 15204 食品容器、包装材料用偏氯乙烯-氯乙烯共聚树脂卫生标准

GB/T 17030 食品包装用聚偏二氯乙烯(PVDC)片状肠衣膜

3 术语和定义

下列术语和定义适用于本标准。

3.1

自粘性 self-cling

薄膜本身具有的相互粘着性。

3.2

开卷性 open-wrapping

使用时薄膜由膜卷中引出的难易程度。

3.3

耐热温度 heat-resisting temperature

薄膜在一定加热条件下出现破裂或穿孔时的温度。

4 要求

4.1 规格及偏差

单卷产品的规格及偏差应符合表1。

表1 规格及偏差

序号	项目	规格	极限偏差
1	宽度/mm	100,300,600,900,1100	±2
2	厚度/mm	0.009,0.010,0.011,0.012	±0.002
3	长度/m	6～600	不允许有负偏差
注：特殊规格可按合同规定执行。			

4.2 外观

4.2.1 薄膜透明，色泽正常，无异嗅；无气泡、穿孔、破裂；允许有轻微的活褶；膜卷端面整齐，纸芯边缘大于膜边端面1 mm。

4.2.2 薄膜每卷长度30 m内不允许断头。超过30 m～600 m每卷不超过3个断头，每段长度不少于30 m。

4.2.3 薄膜不允许有尺寸大于1.0 mm的颗粒（碳化物和未完全熔化晶点）；尺寸0.3 mm～1.0 mm的颗粒不多于20个/m^2；颗粒不多于2个/(10 cm×10 cm)。

4.3 物理性能

物理性能应符合表2。

表2 物理性能

序号	检验项目	指标
1	拉伸强度/MPa	纵向≥30
		横向≥30
2	断裂伸长率/%	纵向≥20
		横向≥20
3	自粘性(剪切剥离强度)/(N/cm^2)	≥0.8
4	雾度/%	≤2.0
5	透光率/%	≥85
6	氧气透过量/[cm^3/(m^2·24 h·0.1 MPa)]	≤85
7	水蒸气透过量/[g/(m^2·24 h)]	≤12
8	耐热温度/℃	≥140
9	开卷性	5 s内完全剥开

4.4 卫生指标

4.4.1 薄膜的偏二氯乙烯、氯乙烯单体残留量应符合GB 15204中的规定。

4.4.2 薄膜的蒸发残渣、高锰酸钾消耗量、重金属含量应符合GB/T 17030中的规定。

5 试验方法

5.1 取样方法

从供检验的膜卷外层剥去2 m后，取卷内中间缠绕平整的膜段作为检验试样膜。

5.2 试样状态调整和试验的环境

试样状态调节和试验环境，按 GB/T 2918 的规定，环境温度 23 ℃±2 ℃，相对湿度 50%±5%，状态调节时间不得小于 4 h，并在此条件下进行试验。

5.3 规格的测定

5.3.1 厚度的测定

按 GB/T 6672 的规定进行，用精度为 1 μm 的厚度测量仪测定。

5.3.2 宽度和长度的测定

按 GB/T 6673 的规定进行。

5.4 外观检验

5.4.1 薄膜的色泽、透明度、气味、气泡、穿孔、破裂等，在自然光线下用感官检查。

5.4.2 碳化物和未完全熔化晶点的尺寸，用 10 倍的刻度放大镜进行检查，从最大尺寸颗粒数起，依次计算 1 m^2 和 10 cm×10 cm 薄膜内所含颗粒的数目。

5.5 物理性能的测定

5.5.1 拉伸强度和断裂伸长率的测定

按 GB/T 1040.3 的规定进行。试样采用长条形，长度至少为 150 mm，宽度为 15 mm，试样标距(100±1)mm，夹具间距 120 mm，拉伸速度为(200±25)mm/min。

5.5.2 自粘性(剪切剥离强度)的测定

5.5.2.1 试样的制备

从试样上沿纵向裁取 100 mm×25 mm 的试样 10 条，每两条为一组。将每组试样在长度方向上首尾搭接，第 1 条尾部和第 2 条首部相互搭接，搭接部位长度为 15 mm、宽度为 25 mm，将搭接好的试样铺在光滑的平面上，用直径 40 mm、长度 100 mm、质量 300 g 的橡胶滚轱在试样搭接部位往复拖动滚压 5 次，使搭接处紧密结合，不得留有气泡。将制好的试样在试验环境条件下放置 20 min，然后进行测试。

5.5.2.2 试验方法

参照 GB/T 1040.3 的规定，把每组试样的两端夹在拉力机上拉伸，拉伸速度为(200±25)mm/min，测出两条试样分离所需要的力，自粘性按式(1)计算：

$$P=\frac{F}{a\cdot b}\times 100 \qquad \cdots\cdots(1)$$

式中：

P——自粘性(剪切剥离强度)，单位为牛顿每平方厘米(N/cm^2)；

F——试样分离所需要的力，单位为牛顿(N)；

a——搭接长度，单位为毫米(mm)；

b——搭接宽度，单位为毫米(mm)。

取五组试样测试结果的算术平均值。

5.5.3 雾度和透光率的测定

按 GB/T 2410 的规定进行。

5.5.4 氧气透过量的测定

按 GB/T 1038 的规定进行。

5.5.5 水蒸气透过量的测定

按 GB/T 1037—1988 方法 A 的规定进行。

5.5.6 耐热温度的测定

5.5.6.1 试验设备和器具

试验设备：带有观察窗的温度自动控制电热箱，技术条件符合 GB/T 7141 的规定。测温计最小读数 0.5 ℃。

试验器具：直径150 mm，深度60 mm的陶瓷圆形平盘。

5.5.6.2 试样的制备

截取300 mm×300 mm的薄膜，双手拉展覆盖到陶瓷圆形平盘上，靠薄膜的自粘性把盘口密封，并在盘口形成绷紧的平整的膜面。将试样盘放入电热箱中央，试样膜面要尽量靠近测温计。

5.5.6.3 试验方法

先接通电热箱电源，把电热箱温度升高到100 ℃，然后将试样放入电热箱中，再调节电热箱升温速度在(3.0～5.0)℃/min。观察盘口膜面变化，一直到膜面出现破裂或穿孔时为止，此时电热箱的温度即薄膜的耐热温度。试验进行5次，取算术平均值。

5.6 开卷性的测定

5.6.1 试样的制备

沿纵向裁取50 mm宽、150 mm长的试样6条，每两条为一组，相对贴合。按照5.5.2.1规定的方法处理。

5.6.2 试验方法

如图1所示，将试样的一端固定，另一端用胶带纸固定上负荷4 g重的重物，缓慢放下重物，让其自然剥离，用秒表测量试样剥离贴合100 mm长度所需要的时间。取三组试样的测定结果算术平均值。

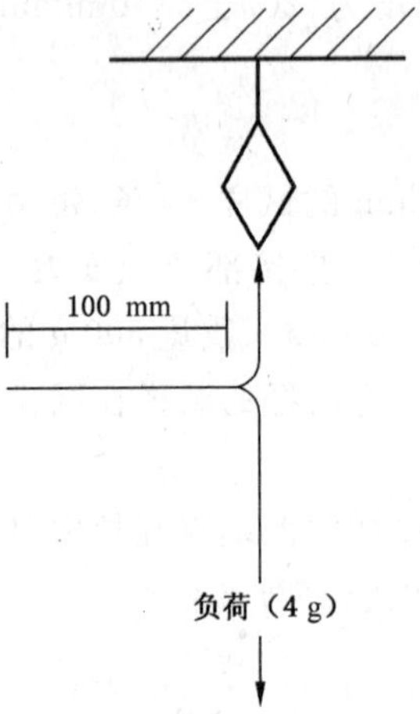

图1 开卷性试验示意图

5.7 卫生指标的测定

5.7.1 偏二氯乙烯、氯乙烯单体残留量的检验按GB/T 5009.122规定进行。

5.7.2 蒸发残渣、高锰酸钾消耗量、重金属含量的检验按GB/T 5009.60和GB/T 5009.156规定进行。

6 检验规则

6.1 组批

检验以批为单位，使用同一批号的树脂，在相同生产工艺条件下吹制的同一厚度薄膜为一批，最大批量不超过10 t。

6.2 检验分类

6.2.1 出厂检验

每批产品应进行出厂检验，检验项目为本标准要求中的4.1、4.2和4.3表2中的1、2、3、8、9项。

6.2.2 型式检验

有下列情况之一时，应进行型式检验，检验项目为本标准要求中的全部项目。

a) 新产品试制定型鉴定时；

b) 正常生产时,每12个月检验1次;

c) 停产6个月以上恢复生产或老产品转厂生产时;

d) 生产材料及工艺有较大改变,可能影响产品性能时;

e) 出厂检验结果与上次型式检验有较大差异时;

f) 国家质量监督机构提出要求时。

6.3 抽样

6.3.1 从同一批中任取10卷进行规格及偏差、外观项目的检验。

6.3.2 从同一批中任取1卷进行物理性能项目的检验。

6.3.3 从同一批中任取1卷进行卫生指标的检验。

6.4 判定规则

6.4.1 规格及偏差、外观的项目,任何一项达不到标准要求者,则判定该卷产品为不合格。10卷产品的合格率不小于90%,则判定该批产品规格及偏差、外观为合格;若达不到的,应取双倍数量的样品复检,若合格率不小于90%,则判定该批产品合格,否则为不合格。

6.4.2 物理性能各项检测结果符合本标准规定,则判定该批的物理性能合格;若有不合格项,经双倍取样复测仍不合格,则判定该批的物理性能为不合格。

6.4.3 卫生指标检测结果若有不合格项,则判定该批产品为不合格。

6.4.4 若6.4.1、6.4.2、6.4.3所有项目检验合格,则判定该批产品合格。

7 标识、包装、运输及贮存

7.1 标识

7.1.1 每个产品包装上应有标识,标明产品名称、材质、商标、规格、生产日期、保质期和生产厂家的名称、地址、电话、执行标准及使用方法与注意事项等,并附产品合格证。

7.1.2 产品外包装应有标识,标明产品名称、规格、生产日期、生产厂家的名称、执行标准、防热、防雨淋、防日晒、轻拿轻放等专用标识并符合GB/T 6388的规定。

7.1.3 专用于微波炉加热使用的薄膜,应标明"可供微波炉使用"、耐热温度。

7.2 包装

7.2.1 产品分为内包装、外包装。

7.2.2 内包装分为筒装和盒装。

筒装:外套用塑料膜密封包装。

盒装:膜卷装入带有切割功能的盒子。

7.2.3 外包装采用瓦楞纸箱或其他合适的材料包装。

7.3 运输

产品在运输中应轻拿轻放,防止重压和碰撞造成包装损伤,防止日晒和雨淋,不得与有毒有害物品混装共运。

7.4 贮存

产品应贮存在清洁、通风、阴凉、干燥的常温室内,远离高温,不得与有毒有害物品共贮。产品自生产之日起保质期为5年。

ICS 91.120.25
P 15

中华人民共和国国家标准

GB/T 24335—2009

建(构)筑物地震破坏等级划分

Classification of earthquake damage to buildings and special structures

2009-09-30 发布　　2009-12-01 实施

中华人民共和国国家质量监督检验检疫总局
中国国家标准化管理委员会　发布

前　言

本标准由中国地震局提出。

本标准由全国地震标准化技术委员会(SAC/TC 225)归口。

本标准起草单位:中国地震局工程力学研究所。

本标准主要起草人:张令心、孙柏涛、孙景江、郭恩栋、林均岐、戴君武、刘洁平。

引 言

本标准是在国内外各类建(构)筑物破坏等级划分方法及标准研究成果基础上制定的。由于多数构筑物震害经验少,其破坏等级划分方法研究尚不成熟,本标准目前只给出了烟囱和水塔两种构筑物破坏等级划分的规定。

建(构)筑物地震破坏等级划分

1 范围

本标准规定了建(构)筑物地震破坏等级划分的原则和方法。

本标准适用于地震现场震害调查、灾害损失评估、烈度评定、建(构)筑物安全鉴定,以及震害预测和工程修复等工作。

2 术语和定义

下列术语和定义适用于本标准。

2.1

承重构件 structural member

以承受体系的竖向和侧向荷载(如风和地震荷载)为主的构件。

2.2

非承重构件 non-structural member

不承受体系荷载的构件,如(框架结构、钢筋混凝土柱单层厂房的)围护墙、自承重墙,女儿墙、装饰设备等。

2.3

建(构)筑物震害程度 damage degree of buildings(special structures)

地震时建(构)筑物遭受破坏的轻重程度。

3 基本规定

3.1 建(构)筑物类型

3.1.1 建筑物类型包括:砌体房屋;底部框架房屋;内框架房屋;钢筋混凝土框架结构;钢筋混凝土剪力墙(或筒体)结构;钢筋混凝土框架-剪力墙(或筒体)结构;钢框架结构;钢框架-支撑结构;砖柱排架结构厂房;钢、钢筋混凝土柱排架结构厂房;排架结构空旷房屋;木结构房屋;土、石结构房屋。

3.1.2 构筑物类型包括:烟囱、水塔。

3.2 建(构)筑物破坏等级划分原则

以承重构件的破坏程度为主,兼顾非承重构件的破坏程度,并考虑修复的难易和功能丧失程度的高低为划分原则。

3.3 建(构)筑物破坏等级划分步骤

按照下列步骤划分建(构)筑物破坏等级:

a) 将建(构)筑物按结构类型分类;

b) 区分建(构)筑物的承重构件和非承重构件,分别评定它们的破坏程度;

c) 综合各个构件的破坏程度、修复的难易程度和结构使用功能的丧失程度,评定建(构)筑物的破坏等级。

3.4 建(构)筑物破坏等级划分基本标准

3.4.1 Ⅰ级:基本完好。

3.4.2 Ⅱ级:轻微破坏。

3.4.3 Ⅲ级:中等破坏。

3.4.4 Ⅳ级:严重破坏。

3.4.5 Ⅴ级:毁坏。

3.5 破坏数量用语含义

3.5.1 个别:宜取10%以下。

3.5.2 部分:宜取10%~50%之间。

3.5.3 多数:宜取50%以上。

3.6 破坏程度用语含义

3.6.1 细微裂缝

由地震引起的肉眼能够看得清楚的裂缝,对砌体墙和柱,一般发生在灰缝或抹灰层表面上。对混凝土构件,一般发生在表面上。

3.6.2 轻微裂缝

混凝土构件裂缝宽不大于0.5 mm,砌体构件裂缝宽不大于1.5 mm。这种裂缝对构件的承载能力无明显影响。

3.6.3 明显裂缝

在钢筋混凝土构件上,裂缝宽大于0.5 mm,表层脱落,裂缝已深入到内层,钢筋已外露。在砌体墙上,裂缝宽大于1.5 mm,砌体已濒临断裂或裂缝几乎贯通墙厚。

3.6.4 严重裂缝

在混凝土构件上,裂缝宽大于1.0 mm,钢筋明显外露,表层严重脱落,裂缝已深入到内层或贯通。在砌体墙上,裂缝宽大于3.0 mm,砌体断裂或裂缝已贯通到墙厚。

3.6.5 濒临倒塌

结构中各构件已失去承载能力,处于一触即塌的状态。钢筋混凝土构件破坏处的混凝土已酥碎,钢筋严重弯曲,产生了较大的变形;砌体墙产生了多道明显的贯通裂缝,近于酥散状态;砌体柱受压区的砌块酥碎脱落,或柱体断裂。

4 建筑物破坏等级划分的宏观描述

4.1 砌体房屋

4.1.1 Ⅰ级

主要承重墙体基本完好,屋盖和楼盖完好;个别非承重构件轻微损坏,如个别门窗口有细微裂缝等;结构使用功能正常,不加修理可继续使用。

4.1.2 Ⅱ级

承重墙无破坏或个别有轻微裂缝,屋盖和楼盖完好;部分非承重构件有轻微损坏,或个别有明显破坏,如屋檐塌落、坡屋面溜瓦、女儿墙出现裂缝、室内抹面有明显裂缝等;结构基本使用功能不受影响,稍加修理或不加修理可继续使用。

4.1.3 Ⅲ级

多数承重墙出现轻微裂缝,部分墙体有明显裂缝,个别墙体有严重裂缝;个别屋盖和楼盖有裂缝;多数非承重构件有明显破坏,如坡屋面有较多的移位变形和溜瓦、女儿墙出现严重裂缝、室内抹面有脱落等;结构基本使用功能受到一定影响,修理后可使用。

4.1.4 Ⅳ级

多数承重墙有明显裂缝,部分有严重破坏,如墙体错动、破碎、内或外倾斜或局部倒塌;屋盖和楼盖有裂缝,坡屋顶部分塌落或严重移位变形;非承重构件破坏严重,如非承重墙体成片倒塌、女儿墙塌落等;或整体结构明显倾斜;结构基本使用功能受到严重影响,甚至部分功能丧失,难以修复或无修复价值。

4.1.5 Ⅴ级

多数墙体严重破坏,结构濒临倒塌或已倒塌;结构使用功能不复存在,已无修复可能。

4.2 底部框架房屋

4.2.1 Ⅰ级

底部框架的梁、柱完好，底部墙体有轻微裂缝；上部砌体承重墙完好，个别非承重构件轻微损坏，如个别门窗口、非承重墙体有轻微裂缝等；结构使用功能正常，不加修理可继续使用。

4.2.2 Ⅱ级

底部框架个别梁、柱有细微裂缝，底部墙体有轻微裂缝；上部个别承重墙有轻微裂缝，部分非承重构件有轻微损坏，或个别有明显破坏，如部分屋檐塌落、坡屋面溜瓦、女儿墙出现裂缝、室内抹面有明显裂缝等；结构基本使用功能不受影响，稍加修理或不加修理可继续使用。

4.2.3 Ⅲ级

底部框架多数梁、柱有轻微裂缝，部分有明显裂缝，个别梁、柱端头混凝土剥落，底部部分墙体有明显裂缝，个别有严重裂缝；上部多数承重墙有轻微裂缝，部分墙体有明显裂缝，个别墙体有严重裂缝，多数非承重构件有明显破坏，如多数非承重墙体有明显裂缝、个别有严重裂缝、女儿墙出现严重裂缝、室内抹面有脱落等；结构基本使用功能受到一定影响，修理后可使用。

4.2.4 Ⅳ级

底部框架梁、柱破坏严重，多数梁、柱端头混凝土剥落，主筋外露，个别柱主筋压屈，底部多数墙体有明显裂缝或外闪；上部承重墙多数出现明显裂缝或外闪，非承重构件破坏严重，如非承重墙体成片倒塌、女儿墙塌落等；或整体结构明显倾斜；结构基本使用功能受到严重影响，甚至部分功能丧失，难以修复或无修复价值。

4.2.5 Ⅴ级

底部框架梁、柱、墙和上部承重墙丧失抗震能力，房屋部分或全部倒塌；结构使用功能不复存在，已无修复可能。

4.3 内框架房屋

4.3.1 Ⅰ级

承重墙体完好；内框架柱、梁完好；个别非承重墙体轻微裂缝；结构使用功能正常，不加修理可继续使用。

4.3.2 Ⅱ级

部分承重墙体轻微裂缝或个别明显裂缝；个别内框架柱、梁出现细微裂缝；部分非承重墙体明显裂缝；其他部分非承重构件有轻微损坏，或个别有明显破坏，如女儿墙出现裂缝等；结构基本使用功能不受影响，稍加修理或不加修理可继续使用。

4.3.3 Ⅲ级

部分承重墙体明显裂缝；部分内框架柱、梁轻微裂缝，个别有明显裂缝；多数非承重墙体有明显裂缝、个别有严重裂缝；其他多数非承重构件有明显破坏，如女儿墙出现严重裂缝、室内抹面有脱落等；结构基本使用功能受到一定影响，修理后可使用。

4.3.4 Ⅳ级

多数承重墙体严重破坏或局部倒塌；部分内框架梁、柱主筋压屈、混凝土酥碎崩落；部分楼、屋盖塌落；非承重构件破坏严重，如非承重墙体成片倒塌、女儿墙塌落等；或整体结构明显倾斜；结构基本使用功能受到严重影响，甚至部分功能丧失，难以修复或无修复价值。

4.3.5 Ⅴ级

多数墙体倒塌，部分内框架梁和板塌落；结构使用功能不复存在，已无修复可能。

4.4 钢筋混凝土框架结构

4.4.1 Ⅰ级

框架梁、柱构件完好；个别非承重构件轻微损坏，如个别填充墙内部或与框架交接处有轻微裂缝，个别装修有轻微损坏等；结构使用功能正常，不加修理可继续使用。

4.4.2 Ⅱ级

个别框架梁、柱构件出现细微裂缝；部分非承重构件有轻微损坏，或个别有明显破坏，如部分填充墙内部或与框架交接处有明显裂缝等；结构基本使用功能不受影响，稍加修理或不加修理可继续使用。

4.4.3 Ⅲ级

多数框架梁、柱构件有轻微裂缝，部分有明显裂缝，个别梁、柱端混凝土剥落；多数非承重构件有明显破坏，如多数填充墙有明显裂缝，个别出现严重裂缝等；结构基本使用功能受到一定影响，修理后可使用。

4.4.4 Ⅳ级

框架梁、柱构件破坏严重，多数梁、柱端混凝土剥落、主筋外露，个别柱主筋压屈；非承重构件破坏严重，如填充墙大面积破坏，部分外闪倒塌；或整体结构明显倾斜；结构基本使用功能受到严重影响，甚至部分功能丧失，难以修复或无修复价值。

4.4.5 Ⅴ级

框架梁、柱破坏严重，结构濒临倒塌或已倒塌；结构使用功能不复存在，已无修复可能。

4.5 钢筋混凝土剪力墙（或筒体）结构

4.5.1 Ⅰ级

剪力墙构件完好；个别非承重构件轻微损坏，如个别填充墙内部或与主体结构交接处有轻微裂缝，个别装修有轻微破坏等；结构使用功能正常，不加修理可继续使用。

4.5.2 Ⅱ级

个别剪力墙表面出现细微裂缝，甚至局部出现了轻微的混凝土剥落现象；部分非承重构件有轻微损坏，或个别有明显破坏，如部分填充墙内部或与主体结构交接处有明显裂缝，玻璃幕墙上个别玻璃碎落等；结构基本使用功能不受影响，稍加修理或不加修理可继续使用。

4.5.3 Ⅲ级

多数剪力墙出现轻微裂缝，部分出现明显裂缝，个别墙端部混凝土剥落；多数非承重构件有明显破坏，如多数填充墙有明显裂缝，个别出现严重裂缝，玻璃幕墙支撑部分变形较大等；结构基本使用功能受到一定影响，修理后可使用。

4.5.4 Ⅳ级

多数剪力墙出现了明显裂缝，个别剪力墙出现了严重裂缝，裂缝周围大面积混凝土剥落，部分墙体主筋屈曲；非承重构件破坏严重，如填充墙大面积破坏，部分外闪倒塌；或整体结构明显倾斜；结构基本使用功能受到严重影响，甚至部分功能丧失，难以修复或无修复价值。

4.5.5 Ⅴ级

多数剪力墙严重破坏，结构濒临倒塌或已倒塌；结构使用功能不复存在，已无修复可能。

4.6 钢筋混凝土框架-剪力墙（或筒体）结构

4.6.1 Ⅰ级

框架梁、柱构件及剪力墙构件完好；个别非承重构件轻微损坏，如个别填充墙内部或与主体结构交接处有轻微裂缝，个别装修有轻微损坏等；结构使用功能正常，不加修理可继续使用。

4.6.2 Ⅱ级

个别框架梁、柱构件或个别剪力墙表面出现细微裂缝，甚至局部出现了轻微的混凝土剥落现象；部分非承重构件有轻微损坏，或个别有明显破坏，如部分填充墙内部或与主体结构交接处有明显裂缝，玻璃幕墙上个别玻璃碎落等；结构基本使用功能不受影响，稍加修理或不加修理可继续使用。

4.6.3 Ⅲ级

多数框架梁、柱构件或剪力墙出现轻微裂缝，部分出现明显裂缝，个别梁、柱或剪力墙端部混凝土剥落；多数非承重构件有明显破坏，如多数填充墙有明显裂缝，个别出现严重裂缝，玻璃幕墙支撑部分变形较大等；结构基本使用功能受到一定影响，修理后可使用。

4.6.4 Ⅳ级

多数框架梁、柱构件或剪力墙出现了明显裂缝，个别出现了严重裂缝，裂缝周围大面积混凝土剥落，部分墙体主筋屈曲；非承重构件破坏严重，如填充墙大面积破坏，部分外闪倒塌；或整体结构明显倾斜；结构基本使用功能受到严重影响，甚至部分功能丧失，难以修复或无修复价值。

4.6.5 Ⅴ级

多数框架梁、柱构件及剪力墙严重破坏，结构濒临倒塌或已倒塌；结构使用功能不复存在，已无修复可能。

4.7 钢框架结构

4.7.1 Ⅰ级

框架梁、柱构件完好；个别非承重构件轻微损坏，如个别填充墙内部或与框架交接处有轻微裂缝，个别装修有轻微损坏等；结构使用功能正常，不加修理可继续使用。

4.7.2 Ⅱ级

个别框架梁、柱节点连接处出现轻微变形或焊缝处出现细微裂缝；部分非承重构件有轻微损坏，或个别有明显破坏，如部分填充墙内部或与框架交接处有明显裂缝，玻璃幕墙上个别玻璃碎落等；结构基本使用功能不受影响，稍加修理或不加修理可继续使用。

4.7.3 Ⅲ级

部分框架梁、柱构件节点连接处出现永久变形，个别焊接节点处出现贯穿焊缝的明显裂缝或个别螺栓节点连接处出现螺栓断裂或螺栓孔洞增大现象；多数非承重构件有明显破坏，如多数填充墙有明显裂缝，个别出现严重裂缝，玻璃幕墙支撑部分变形较大等；结构基本使用功能受到一定影响，修理后可使用。

4.7.4 Ⅳ级

多数框架梁、柱构件严重破坏，导致结构产生明显的永久变形，部分梁、柱构件翼缘屈曲、焊缝断裂、节点处出现明显的永久变形或节点严重破坏；非承重构件破坏严重，如填充墙大面积破坏，部分外闪倒塌；或整体结构明显倾斜；结构基本使用功能受到严重影响，甚至部分功能丧失，难以修复或无修复价值。

4.7.5 Ⅴ级

多数框架梁、柱构件严重破坏，或部分关键梁、柱构件及节点破坏导致结构出现了危险的永久位移，结构濒临倒塌或已倒塌；结构使用功能不复存在，已无修复可能。

4.8 钢框架-支撑结构

4.8.1 Ⅰ级

框架梁、柱构件及支撑完好；个别非承重构件轻微损坏，如个别填充墙内部或与框架交接处有轻微裂缝，个别装修有轻微损坏等；结构使用功能正常，不加修理可继续使用。

4.8.2 Ⅱ级

个别框架梁、柱节点连接处出现轻微变形或焊缝处出现细微裂缝；个别钢支撑出现轻微的拉伸变形和/或个别细长型支撑构件出现屈曲，螺栓支撑连接处出现轻微变形；部分非承重构件有轻微损坏，或个别有明显破坏，如部分填充墙内部或与框架交接处有明显裂缝，玻璃幕墙上个别玻璃碎落等；结构基本使用功能不受影响，稍加修理或不加修理可继续使用。

4.8.3 Ⅲ级

部分框架梁、柱构件节点连接处出现永久变形，个别焊接节点处出现贯穿焊缝的明显裂缝或个别螺栓节点连接处出现螺栓断裂或螺栓孔洞增大现象；部分钢支撑出现轻微拉伸变形和/或支撑发生屈曲，个别发生支撑屈曲；多数非承重构件有明显破坏，如多数填充墙有明显裂缝，个别出现严重裂缝等，玻璃幕墙支撑部分变形较大；结构基本使用功能受到一定影响，修理后可使用。

4.8.4 Ⅳ级

多数框架梁、柱构件及支撑破坏严重，导致结构产生了严重的永久变形，部分梁、柱构件翼缘屈曲、焊缝断裂、节点处出现明显的永久变形或节点严重破坏；多数支撑出现了屈曲或断裂现象；非承重构件破坏严重，如填充墙大面积破坏，部分外闪倒塌；或整体结构明显倾斜；结构基本使用功能受到严重影响，甚至部分功能丧失，难以修复或无修复价值。

4.8.5 Ⅴ级

多数框架梁、柱构件及支撑破坏严重，或部分关键梁、柱和支撑构件及节点破坏导致结构出现了危险的永久移位，结构濒临倒塌或已倒塌；结构使用功能不复存在，已无修复可能。

4.9 砖柱排架结构厂房

4.9.1 Ⅰ级

主要承重构件和支撑系统完好；屋盖系统完好；个别非承重构件轻微损坏，如围护墙有细微裂缝，个别屋面瓦松动或滑落等；结构使用功能正常，不加修理可继续使用。

4.9.2 Ⅱ级

柱无破坏或个别有细微裂缝；部分屋面连接部位松动；部分非承重构件有轻微损坏，或个别有明显破坏，如围护墙有轻微裂缝，山墙上部有轻微裂缝等；结构基本使用功能不受影响，稍加修理或不加修理可继续使用。

4.9.3 Ⅲ级

多数柱有轻微裂缝，部分柱有明显裂缝；部分屋面板错动，屋架倾斜，屋面支撑系统变形明显，或个别屋面板塌落；多数非承重构件有明显破坏，如围护墙有严重裂缝，山墙尖部向内或外倾或局部坠落等；结构基本使用功能受到一定影响，修理后可使用。

4.9.4 Ⅳ级

多数砖柱有严重裂缝，部分砖柱有酥碎、错动的破坏；屋盖局部塌落；非承重构件破坏严重，如围护墙或山墙大面积倒塌等；或整体结构明显倾斜；结构基本使用功能受到严重影响，甚至部分功能丧失，难以修复或无修复价值。

4.9.5 Ⅴ级

多数柱根部压碎并倾斜或倒塌；屋面大面积塌落或全部塌落；整个建筑濒于倒塌或已全部倒塌；结构使用功能不复存在，已无修复可能。

4.10 钢、钢筋混凝土柱排架结构厂房

4.10.1 Ⅰ级

主要承重构件和支撑系统完好；屋盖系统完好，或个别大型屋面板松动；个别非承重构件轻微损坏，如个别围护墙有细微裂缝等；结构使用功能正常，不加修理可继续使用。

4.10.2 Ⅱ级

柱完好或个别柱出现细微裂缝；部分屋面连接部位松动，个别天窗架有轻微损坏；部分非承重构件有轻微损坏，或个别有明显破坏，如山墙和围护墙有裂缝等；结构基本使用功能不受影响，稍加修理或不加修理可继续使用。

4.10.3 Ⅲ级

多数柱有轻微裂缝，部分柱有明显裂缝，柱间支撑弯曲；部分屋面板错动，屋架倾斜，屋面支撑系统变形明显，或个别屋面板塌落；多数非承重构件有明显破坏，如多数围护墙有明显裂缝，个别出现严重裂缝等；结构基本使用功能受到一定影响，修理后可使用。

4.10.4 Ⅳ级

多数钢筋混凝土柱破坏处表层脱落，内层有明显裂缝或扭曲，钢筋外露、弯曲，个别柱破坏处混凝土酥碎，钢筋严重弯曲，产生较大变位或已折断；钢柱翼缘扭曲，变位较大；屋盖局部塌落；非承重构件破坏严重，如山墙和围护墙大面积倒塌等；或整体结构明显倾斜；结构基本使用功能受到严重影响，甚至部分功能丧失，难以修复或无修复价值。

4.10.5 Ⅴ级

多数钢筋混凝土柱破坏处混凝土酥碎，钢筋严重弯曲；钢柱严重扭曲，产生较大变位或已折断；屋面大部分塌落或全部塌落，山墙和围护墙倒塌；整体结构濒临倒塌或已倒塌；结构使用功能不复存在，已无修复可能。

4.11 排架结构空旷房屋

4.11.1 Ⅰ级

承重墙和排架柱完好；屋面系统完好；个别非承重构件轻微损坏，如大厅与前、后厅个别连接处出现轻微裂缝等；结构使用功能正常，不加修理可继续使用。

4.11.2 Ⅱ级

承重墙和排架柱基本完好或个别出现轻微裂缝；部分屋面连接部位松动；部分非承重构件有轻微损坏，或个别有明显破坏，如大厅与前、后厅个别连接处出现轻微裂缝；结构基本使用功能不受影响，稍加修理或不加修理可继续使用。

4.11.3 Ⅲ级

多数承重墙、柱有轻微裂缝，部分出现明显裂缝；部分屋面板错动，屋架倾斜，屋面支撑系统变形明显，或个别屋面板塌落；多数非承重构件有明显破坏，如大厅与前、后厅连接处墙出现明显裂缝，纵墙出现轻微水平裂缝，山尖墙局部开裂，舞台口承重悬墙出现严重裂缝等；结构基本使用功能受到一定影响，修理后可使用。

4.11.4 Ⅳ级

多数承重墙、柱有明显裂缝，部分有严重裂缝；屋盖局部塌落；非承重构件破坏严重，如纵墙出现明显的水平裂缝，山墙局部倒塌等；或整体结构明显倾斜；结构基本使用功能受到严重影响，甚至部分功能丧失，难以修复或无修复价值。

4.11.5 Ⅴ级

承重墙破坏、散落，柱破坏严重，丧失抗震能力；纵墙外闪倒塌，山墙倒塌；整体结构濒临倒塌或已倒塌；结构使用功能不复存在，已无修复可能。

4.12 木结构房屋

4.12.1 Ⅰ级

木架和墙完好；个别非承重构件轻微损坏，如内间壁墙或出屋顶小烟囱有轻微损坏，屋面溜瓦等；结构使用功能正常，不加修理可继续使用。

4.12.2 Ⅱ级

木架基本完好；部分非承重构件有轻微损坏，或个别有明显破坏，如山墙开裂，屋面瓦滑动等；结构基本使用功能不受影响，稍加修理或不加修理可继续使用。

4.12.3 Ⅲ级

木架轻微损坏或轻度歪斜；部分非承重构件有明显破坏，如山墙严重裂缝，山尖局部倒塌，屋脊装饰物震落，部分屋面瓦滑落等；结构基本使用功能受到一定影响，修理后可使用。

4.12.4 Ⅳ级

木架出现严重变形或歪斜；多数非承重构件有明显破坏，如山墙及后墙严重倒塌，端跨局部塌落等；或整体结构明显倾斜；结构基本使用功能受到严重影响，甚至部分功能丧失，难以修复或无修复价值。

4.12.5 Ⅴ级

木柱榫头拔出，房屋严重倾斜或倾倒；结构已濒临倒塌或全部倒塌；结构使用功能不复存在，已无修复可能。

4.13 土、石结构房屋

4.13.1 Ⅰ级

主要承重墙基本完好；屋面或拱顶完好；个别非承重构件轻微损坏，如个别门、窗口有细微裂缝，屋面溜瓦等；结构使用功能正常，不加修理可继续使用。

4.13.2 Ⅱ级

承重墙无破坏或个别有轻微裂缝；屋盖和拱顶基本完好；部分非承重构件有轻微损坏，或个别有明显破坏，如部分非承重墙有轻微裂缝，个别有明显裂缝，山墙轻微外闪，屋面瓦滑动等；结构基本使用功能不受影响，稍加修理或不加修理可继续使用。

4.13.3 Ⅲ级

多数承重墙出现轻微裂缝，部分墙体有明显裂缝，个别墙体有严重裂缝，窑洞拱体多处开裂；个别屋盖和拱顶有明显裂缝；部分非承重构件有明显破坏，如墙体抹面多处脱落，部分屋面瓦滑落等；结构基本使用功能受到一定影响，修理后可使用。

4.13.4 Ⅳ级

多数承重墙有明显裂缝，部分有严重破坏，如墙体错动、破碎、内或外倾斜或局部倒塌；屋面或拱顶隆起或塌陷；局部倒塌；或整体结构明显倾斜；结构基本使用功能受到严重影响，甚至部分功能丧失，难以修复或无修复价值。

4.13.5 Ⅴ级

多数墙体严重断裂或倒塌，屋盖或拱顶严重破坏和塌落；结构已濒临倒塌或全部倒塌；结构使用功能不复存在，已无修复可能。

5 常用构筑物破坏等级划分的宏观描述

5.1 烟囱

5.1.1 Ⅰ级

烟囱完好；结构使用功能正常，不加修理可继续使用。

5.1.2 Ⅱ级

烟囱出现细微裂缝；结构基本使用功能不受影响，稍加修理或不加修理可继续使用。

5.1.3 Ⅲ级

烟囱出现多处轻微裂缝，个别有明显裂缝，或轻微错位，或局部酥裂鼓肚；结构基本使用功能受到一定影响，修理后可使用。

5.1.4 Ⅳ级

烟囱筒身有较严重的开裂、错位或酥裂鼓肚等破坏；或顶部虽掉头而余下部分却无明显裂缝和其他破坏；结构基本使用功能受到严重影响，甚至部分功能丧失，难以修复或无修复价值。

5.1.5 Ⅴ级

顶部掉头，筒身折断，或倒塌；结构使用功能不复存在，已无修复可能。

5.2 水塔

5.2.1 Ⅰ级

水塔完好，结构使用功能正常，不加修理可继续使用。

5.2.2 Ⅱ级

筒式水塔在门、窗角处出现轻微裂缝；支架式水塔的支架结构有细微裂缝或变形；结构基本使用功能不受影响，稍加修理或不加修理后可继续使用。

5.2.3 Ⅲ级

筒式水塔的筒身出现水平、斜裂缝，门、窗角处有明显裂缝，无明显错位发生；支架式水塔的支架结构出现明显裂缝或变形；结构基本使用功能受到一定影响，修理后可使用。

5.2.4 Ⅳ级

筒式水塔的筒身出现多道严重环向裂缝和斜裂缝，环缝间砌体错位，或筒身局部倒塌；支架式水塔的支架结构发生较大变形或屈曲，或水柜保温层脱落；结构基本使用功能受到严重影响，甚至部分功能丧失，难以修复或无修复价值。

5.2.5 Ⅴ级

支架或支筒倒塌，水柜落地；结构使用功能不复存在，已无修复可能。

参考文献

[1] GB/T 18208.3—2000 地震现场工作 第3部分:调查规范

[2] 李树桢.地震灾害评估 中国地震灾害损失预测研究专辑(三).地震出版社,1996

[3] 尹之潜.地震灾害及损失预测方法 中国地震灾害损失预测研究专辑(四).地震出版社,1996

[4] FEMA 356, Prestandard and Commentary for the Sesmic Rehabilitation of Buildings. Federal Emergency Management Agency, Washington, D. C., 2000

[5] Risk Management Solutions, Inc. Development of a Standardized Earthquake Loss Estimation Methodology, Volume Ⅱ. Prepared for: National Institute of Building Sciences, September 7, 1994

ICS 91.120.25
P 15

GB

中华人民共和国国家标准

GB/T 24336—2009

生命线工程地震破坏等级划分

Classification of earthquake damage to lifeline engineering

2009-09-30 发布 2009-12-01 实施

中华人民共和国国家质量监督检验检疫总局
中国国家标准化管理委员会 发布

前　言

本标准由中国地震局提出。

本标准由全国地震标准化技术委员会(SAC/TC 225)归口。

本标准起草单位:中国地震局工程力学研究所。

本标准主要起草人:郭恩栋、孙柏涛、刘如山、林均岐、张令心、孙景江、戴君武。

引　言

本标准是在国内外生命线工程结构和设备的地震破坏等级划分方法及标准研究成果基础上制定的。由于目前部分生命线工程结构和设备的震害经验少，震害等级划分研究尚不成熟，本标准没有给出其地震破坏等级划分的规定。

生命线工程地震破坏等级划分

1 范围

本标准规定了生命线工程地震破坏等级划分的原则和方法。

本标准适用于地震现场震害调查、灾害损失评估、烈度评定，以及震害预测和工程修复等工作。

2 规范性引用文件

下列文件中的条款通过本标准的引用而成为本标准的条款。凡是注日期的引用文件，其随后所有的修改单(不包括勘误的内容)或修订版均不适用于本标准，然而，鼓励根据本标准达成协议的各方研究是否可使用这些文件的最新版本。凡是不注日期的引用文件，其最新版本适用于本标准。

GB/T 24335 建(构)筑物地震破坏等级划分

3 术语和定义

下列术语和定义适用于本标准。

3.1

生命线工程 lifeline engineering

维系城镇与区域经济、社会功能的基础设施与工程系统。主要包括交通系统、供(排)水系统、输油系统、燃气系统、电力系统、通讯系统、水利工程等工程系统。

3.2

生命线工程设备 equipment of lifeline engineering

各生命线工程中的机械设备、电气设备、监控设备、专用设备等的总称。

4 基本规定

4.1 生命线工程地震破坏等级评定原则

以结构构件的破坏程度、功能丧失程度为主，并考虑修复的难易程度进行评定。

4.2 生命线工程地震破坏等级评定程序

4.2.1 对于各生命线工程结构和设施、设备，检查和判明结构构件和非结构构件的破坏程度以及破坏比例。

4.2.2 按照本标准第5章至第12章中关于各生命线工程结构和设施、设备各个破坏等级的宏观描述综合评定破坏等级。

4.3 建(构)筑物地震破坏等级划分

生命线工程系统中的各类建筑物、构筑物的地震破坏等级划分应符合GB/T 24335的规定。

4.4 生命线工程地震破坏等级分级

生命线工程地震破坏等级划分为五级：

a) Ⅰ级：基本完好；

b) Ⅱ级：轻微破坏；

c) Ⅲ级：中等破坏；

d) Ⅳ级：严重破坏；

e) Ⅴ级：毁坏。

4.5　破坏数量用语含义

4.5.1　个别：宜取10%以下。

4.5.2　部分：宜取10%～50%之间。

4.5.3　多数：宜取50%以上。

4.6　破坏程度用语含义

4.6.1　破损：设施或设备遭受地震作用后，需修理或更换附属构件或零部件后能继续使用。

4.6.2　损坏：设施或设备遭受地震作用后，需要进行大修或更换主要部件或零部件后才能继续使用或已无修复价值。

4.7　裂缝开裂程度用语含义

4.7.1　细裂缝：出现在表面的微裂缝隙。

4.7.2　明显裂缝：波及内部但非贯通缝隙。

4.7.3　贯通裂缝：贯通截面厚度方向的缝隙。

4.8　泄漏程度用语含义

4.8.1　渗漏：内部介质外渗，其状态为介质仅在漏的部位沿外壁表面逐渐扩散或溢出。

4.8.2　泄漏：内部介质外泄，其状态为介质在漏的部位呈滴状溢出（液体）或小量连续喷出（气体）。

4.8.3　喷漏：内部介质外喷，其状态为介质在漏的部位呈连续不断外流的柱状或片状的喷出（液体）或大量连续喷出（气体）。

5　生命线工程设备

5.1　生命线工程设备的破坏可以“台、件”为单位进行评定。

5.2　根据破坏程度，其破坏等级应划分为：

a)　Ⅰ级：设备本体及主要零部件无破损，个别附属零部件破损，设备基础完好，不必修理仍能继续使用；

b)　Ⅱ级：设备本体无破损，个别主要零部件破损，部分附属零部件损坏，设备基础有细裂缝，需一般性修理后才能继续使用；

c)　Ⅲ级：设备本体无破损，部分主要零部件及附属零部件损坏，设备基础不均匀下沉、出现明显裂缝，需要修理或更换零部件后才能继续使用；

d)　Ⅳ级：设备本体有破损，多数主要零部件和附属零部件损坏，设备基础移位、下沉并出现明显裂缝，需要进行大修后才能恢复其功能；

e)　Ⅴ级：设备本体损坏，已失去修复价值，应更换。

6　交通系统

6.1　道路

6.1.1　道路破坏应以“路段”为单位进行评定。

6.1.2　根据破坏程度，其破坏等级应划分为：

a)　Ⅰ级：路面、路堤未受破损或破损甚微，可通行；

b)　Ⅱ级：路肩、挡土墙、垒面、路堑有细裂缝，路面轻微下陷或隆起，出现细裂缝或小于15 cm的下沉，造成一定的行车障碍，仍可通行；

c)　Ⅲ级：路面出现一定程度的下陷或隆起，如小的不均匀塌陷。斜坡崩坏，石头滚落，虽可通行，需谨慎行车，需要进行修复后才能通行；

d)　Ⅳ级：路面出现大的不均匀沉陷、明显裂缝、隆起，通行困难，需限制通行，需要进行大修后才能通行；

e)　Ⅴ级：路面出现大的断裂和错位，有大于50 cm的沉陷或悬空，或路堤发生崩塌，或由于崩塌、滑坡岩土堵塞路面，已无法行车，需重建。

6.2 桥梁

6.2.1 桥梁结构应以“座”为单位评定破坏等级。

6.2.2 根据破坏程度，其破坏等级应划分为：

a) Ⅰ级：结构构件完好，桥面无明显变形，个别非结构构件可有破损，不需修理可继续使用；

b) Ⅱ级：桥台、桥面、桥墩、桥拱、桥塔、主梁等的混凝土部件表面出现细裂缝，局部表面混凝土剥落，支撑连接部位轻微变形，不需修理或稍加修理即可通行；

c) Ⅲ级：桥墩混凝土出现明显裂缝，梁移位，梁端混凝土出现明显裂缝，拱脚有明显裂缝，桥塔结构轻微变形，墩台轻微移动，出现明显裂缝，引桥下沉，支座与梁连接的螺栓部分剪断，震后需限制通行（限速、限载），需要进行加固修复后才能正常通行；

d) Ⅳ级：桥墩混凝土出现贯通裂缝、剥落，梁、拱出现贯通裂缝或破碎，桥塔结构变形，悬索或拉索（杆）锚具出现滑动，墩台滑移、断裂或严重倾斜，基础破坏明显。需要进行大修后才能通行；

e) Ⅴ级：落梁、塌拱、墩台折断、倒塔、断索等现象已经发生或随时可能发生，整个桥梁已不能使用，需重建。

6.3 隧道

6.3.1 隧道结构应以“座”为单位评定破坏等级。

6.3.2 根据破坏程度，其破坏等级应划分为：

a) Ⅰ级：隧道衬砌表面有细裂缝，但无衬砌或围岩材料掉落现象及可能性，可正常使用；

b) Ⅱ级：隧道入口处的地面轻微下陷，隧道衬砌表面出现稀疏的细裂缝，局部衬砌或围岩材料掉落，稍加修理后能恢复正常使用；

c) Ⅲ级：隧道衬砌出现许多细裂缝，多处衬砌或围岩材料掉落，隧道入口处的地面下陷明显，妨碍通行，需要进行修复后才能正常使用；

d) Ⅳ级：隧道衬砌广泛出现明显裂缝，大块衬砌或围岩材料脱落，隧道入口地面严重下陷，隧道已不能使用，需要进行大修后才能正常使用；

e) Ⅴ级：隧道衬砌结构错位、断裂，部分断面隧道结构坍塌，需重建。

6.4 铁道线路

6.4.1 铁道线路应以“路段”为单位评定破坏等级。

6.4.2 根据破坏程度，其破坏等级应划分为：

a) Ⅰ级：路基和轨道均无明显变形，能正常使用；

b) Ⅱ级：由于地表不均匀沉陷或水平变形导致局部路基和轨道轻度脱离或变形，稍加修理后能正常使用；

c) Ⅲ级：由于地表明显的不均匀沉陷或水平变形导致路基严重变形，局部沉陷，轨道变形明显，并与路基脱离，已不能正常使用，需要进行轨道和路基维修后才能正常使用；

d) Ⅳ级：由于较大的地表不均匀沉陷或水平变形、地裂缝等，导致一定长度内的整段轨道出现蛇形弯曲变形、移位，需要进行大修后才能正常使用；

e) Ⅴ级：由于塌陷、滑坡、地裂缝等场地破坏导致很大长度内的整段路基的变形、移位、塌陷，轨道变形、移位、悬空、断裂等，需重建。

7 供水系统

7.1 水池或水处理池

7.1.1 水池或水处理池应以“座”为单位评定破坏等级。

7.1.2 根据破坏程度，其破坏等级应划分为：

a) Ⅰ级：基本无震损，或个别构件有细裂缝，功能正常；

b) Ⅱ级：个别构件出现变形或明显裂缝，池壁出现渗漏，需要进行维护；

c) Ⅲ级：部分构件发生倾斜、下沉或出现明显裂缝，池壁多处渗漏，需要进行维修；

d) Ⅳ级：多数构件发生倾斜、下沉或出现贯通裂缝，局部坍塌，池壁喷漏，需要进行大修后才能恢复正常功能；

e) Ⅴ级：整座水池坍塌，储水漏光，需重建。

7.2 水处理厂

7.2.1 水处理厂应以“座”为单位评定破坏等级。

7.2.2 根据破坏程度，其破坏等级应划分为：

a) Ⅰ级：水厂中的水处理设施、设备等均无明显破损，水厂功能正常；

b) Ⅱ级：个别设备有破损，如氯化罐轻微破坏，或化学药品罐轻微损坏。沉淀池、清水池等轻微破坏，水厂功能短时间丧失(小于1 d)。水质受到影响，需进行检修；

c) Ⅲ级：部分设备有破损，如氯化罐或化学药品罐中等破坏。沉淀池、清水池等中等破坏，水厂功能丧失可达3 d。水质已经下降，需要进行维修才能恢复正常功能；

d) Ⅳ级：多数水处理设施、设备遭到严重破坏，连接不同的水池或化学单元的管道发生破裂、泄漏，导致水厂立即停产，需要进行大修后才能恢复正常功能；

e) Ⅴ级：各类设施、设备及管道均遭到破坏，需重建。

7.3 取水井站及供水泵站

7.3.1 取水井站及供水泵站的破坏应以“座”为单位评定破坏等级。

7.3.2 根据破坏程度，其破坏等级应划分为：

a) Ⅰ级：机械和电力设备无明显破损，建筑物基本完好，井(泵)站功能正常；

b) Ⅱ级：个别机械和电力设备有轻微破坏，建筑物轻微破坏，泵站的功能短时间(1 d以内)中断。需进行检修；

c) Ⅲ级：部分机械和电力设备中等破坏，或建筑物中等破坏，泵站的功能丧失可达3 d。需要进行维修后才能恢复正常功能；

d) Ⅳ级：井、泵设备严重破坏，或建筑物严重破坏，需要进行大修或更换一些设备后才能恢复正常功能；

e) Ⅴ级：机械设备、电力设备和泵设备均毁坏，建筑物毁坏，需重建。

7.4 供水管网

7.4.1 供水管网破坏可以“位于一个独立区域内的网络”为单位评定破坏等级。

7.4.2 根据破坏程度，其破坏等级应划分为：

a) Ⅰ级：管道基本无破损，管网功能正常；

b) Ⅱ级：管道局部出现小的渗漏点，平均每10 km渗漏点数小于2，管网系统功能基本正常，供水量下降幅度小于10%。需要进行管网维护；

c) Ⅲ级：管道出现接口断裂等破坏现象，导致管道泄漏，平均每10 km泄漏点数介于2和5之间，震后破损的管段需要通过关闭阀门等手段减少水的流失。管网功能大部分保持，供水量下降幅度可达30%。需要进行管网维修；

d) Ⅳ级：管道断裂、泄漏或喷漏，平均每10 km泄(喷)漏点数介于6和12之间，管道基本失去输水能力，管网功能大部分丧失，无法正常运行，需经抢修方能恢复部分功能。需要进行大修后才能恢复正常功能；

e) Ⅴ级：包括主干管道在内的管道均发生破裂、泄漏或喷漏，平均每10 km泄(喷)漏点数超过12，管道完全失去输水能力，管网功能完全丧失。一定区域管网需要重建。

8 输油系统

8.1 炼油厂

8.1.1 炼油厂应以"座"为单位进行破坏等级评定。

8.1.2 根据破坏程度,其破坏等级应划分为:

a) Ⅰ级:各类设施基本无破损,功能正常;

b) Ⅱ级:塔类设施、管道及阀门设施轻微破坏,炼油厂的功能可能短时间(小于1 d)中断,需进行维护;

c) Ⅲ级:部分设施设备中等破坏,炼油厂的功能丧失可达3 d,需要进行维修;

d) Ⅳ级:多数设施设备出现中等破坏现象,少数严重破坏。需要进行大修后才能恢复正常功能;

e) Ⅴ级:多数设施设备均遭到严重破坏,部分毁坏,需重建。

8.2 输油泵站

8.2.1 输油泵站应以"站点"为单位评定破坏等级。

8.2.2 根据破坏程度,其破坏等级应划分为:

a) Ⅰ级:各类设施基本无破损,功能正常;

b) Ⅱ级:个别设备和管道轻微破坏,建筑物轻微破坏,需进行维护;

c) Ⅲ级:部分设备和管道轻微破坏,但未渗漏,或建筑物中等破坏,需要进行维修;

d) Ⅳ级:泵严重破坏,管道泄漏,或建筑物严重破坏,需要进行大修后才能正常使用;

e) Ⅴ级:多数设备和管道严重破坏,部分毁坏,建筑物毁坏,需重建。

8.3 油库

8.3.1 油库的地震破坏应以"座"为单位评定破坏等级。

8.3.2 根据破坏程度,其破坏等级应划分为:

a) Ⅰ级:各类设施基本完好,功能正常;

b) Ⅱ级:储油罐轻微破坏,油库的功能可能短时间(小于1 d)丧失;

c) Ⅲ级:部分设备中等破坏,储油罐中等破坏,油库的功能丧失可达3 d;

d) Ⅳ级:储油罐严重破坏,或架空管道严重破坏,需要进行大修后才能正常使用;

e) Ⅴ级:所有架空管道毁坏,或油罐毁坏,需重建。

8.4 输油管道

8.4.1 输油管道的地震破坏可以"整条管道"为单位评定破坏等级。

8.4.2 根据破坏程度,其破坏等级应划分为:

a) Ⅰ级:管道基本无破损,功能正常;

b) Ⅱ级:管道局部出现渗漏,平均每10 km渗漏点数小于2,输油功能基本正常。需进行管网维护;

c) Ⅲ级:管道出现破裂、泄漏,平均每10 km泄漏点数介于2和5之间,输油功能基本丧失。需要进行抢修;

d) Ⅳ级:管道出现大的断裂、泄漏或喷漏,平均每10 km泄(喷)漏点数介于6和12之间,输油功能丧失。需要进行大修后才能正常使用;

e) Ⅴ级:输油管道平均每10 km泄(喷)漏点数大于12,需重建。

9 燃气系统

9.1 门站

9.1.1 门站的破坏应以"站点"为单位评定破坏等级。

9.1.2 根据破坏程度,其破坏等级应划分为:

a) Ⅰ级：各类设施、设备均无破损，建筑物基本完好；

b) Ⅱ级：各类设施、设备基本完好，建筑物轻微破坏，需进行维护；

c) Ⅲ级：个别机械和电气设备轻微破坏，或建筑物中等破坏，需进行维修；

d) Ⅳ级：泵设备严重破坏，建筑物严重破坏，必须经大修方能正常使用；

e) Ⅴ级：多数设备毁坏，建筑物毁坏，需重建。

9.2 储气罐

9.2.1 储气罐的破坏应以“个”为单位评定破坏等级。

9.2.2 根据破坏程度，其破坏等级应划分为：

a) Ⅰ级：罐体无破损，支承构件完好或有轻微变形。

b) Ⅱ级：罐体无破损，支承构件轻微破坏，需进行维护。

c) Ⅲ级：罐体局部发生轻微变形，支承结构破损，需进行维修。

d) Ⅳ级：罐体局部发生屈曲或明显变形，支承结构有损坏，必须经大修方能正常使用。

e) Ⅴ级：罐体破裂、漏气，支承结构倒塌或失稳，需重建。

9.3 输气管线

9.3.1 输气管线的破坏可以“位于一个独立区域内的网络”为单位评定破坏等级。

9.3.2 根据破坏程度，其破坏等级应划分为：

a) Ⅰ级：管道基本无破损，功能正常；

b) Ⅱ级：管道局部出现小的漏气点，平均每 10 km 泄漏点数小于 2，输气功能基本正常。需进行管道维护；

c) Ⅲ级：管道破裂、漏气，平均每 10 km 泄漏点数介于 2 和 5 之间，输气功能基本丧失。需进行抢修；

d) Ⅳ级：管道断裂并严重泄漏，平均每 10 km 泄漏点数介于 5 和 12 之间，输气功能丧失。必须经大修方能正常使用；

e) Ⅴ级：输气管道平均每 10 km 泄漏点数大于 12，需重建。

10 电力系统

10.1 发电厂

10.1.1 发电厂的破坏应以“座”为单位评定破坏等级。

10.1.2 根据破坏程度，其破坏等级应划分为：

a) Ⅰ级：发电设备及建筑物基本无破损，功能正常；

b) Ⅱ级：发电设备轻微变形，局部破损，或建筑物轻微破坏，稍加修理能正常运行；

c) Ⅲ级：设备柜、仪表架等移位、变形，锅炉和压力容器中等破坏，或建筑物中等破坏，需要进行维修；

d) Ⅳ级：发电设备严重破坏，或建筑物严重破坏，需要进行大修后才能恢复正常功能；

e) Ⅴ级：多数发电设备毁坏，或建筑物毁坏，需重建。

10.2 变(配)电站

10.2.1 变电站的破坏应以“座”为单位评定破坏等级。

10.2.2 根据破坏程度，其破坏等级应划分为：

a) Ⅰ级：设备基本完好，建筑物基本完好。功能基本正常；

b) Ⅱ级：个别隔离开关和断路器破损，或建筑物轻微破坏。经检修可迅速恢复正常功能；

c) Ⅲ级：部分隔离开关、断路器和变压器破损，或建筑物中等破坏，功能基本丧失需要一定时间的检修才能恢复正常功能；

d) Ⅳ级：多数隔离开关、断路器、变压器、电流(压)互感器和避雷器等设备严重破坏，或建筑物严重破坏，功能丧失。需要进行大修后才能恢复正常功能；

e) Ⅴ级：多数设备毁坏，建筑物毁坏，须重建。

10.3 输电线路

10.3.1 输电线路的地震破坏应以“整条线路”为单位评定破坏等级。

10.3.2 根据破坏程度，其破坏等级应划分为：

a) Ⅰ级：线路无宏观震害，正常供电；

b) Ⅱ级：输电线路出现塔架或线杆破损现象，平均每 10 km 破损处数小于 2，仍能供电。需要进行线路维护；

c) Ⅲ级：输电线路出现塔架或线杆倾斜、破损以及绝缘子破损现象，局部线杆折断、塔架倒伏，平均每 10 km 破损处数介于 2 和 5 之间。需要进行检修后才能正常供电；

d) Ⅳ级：部分塔架、线杆倾斜、倒伏、折断，线路被拉断，平均每 10 km 损坏处数介于 5 和 12 之间。需要进行大修后才能恢复正常功能；

e) Ⅴ级：多数塔架、线杆破坏，线路多处被拉断，平均每 10 km 损坏处数大于 12，输电线路需要重新架设。

11 通信系统

11.1 中心控制室

11.1.1 中心控制室的破坏应以“个”为单位评定破坏等级。

11.1.2 根据破坏程度，其破坏等级应划分为：

a) Ⅰ级：通信设备无震损，建筑物基本完好；

b) Ⅱ级：通信设备无明显破损，建筑物轻微破坏，需要进行设备维护；

c) Ⅲ级：部分通信设备移位，建筑物中等破坏，需进行设备检修和房屋排险加固后才能恢复正常功能；

d) Ⅳ级：多数通信设备倾斜、移位，功能失效，建筑物严重破坏，必须经大修方能恢复正常功能；

e) Ⅴ级：多数通信设备毁坏，建筑物毁坏，需要重建。

11.2 通信线路

11.2.1 通信线路的破坏应以“整条线路”为单位评定破坏等级。

11.2.2 根据破坏程度，其破坏等级应划分为：

a) Ⅰ级：线路无宏观震害，正常运行；

b) Ⅱ级：局部传输明线出现线杆倾斜现象，但线路未断，10 km 破损处数小于 2。稍加检修能恢复正常；

c) Ⅲ级：传输明线出现线杆倾斜、倒伏现象，局部线杆折断，线路拉断，地下线缆由于变形过大而断裂，10 km 破坏处数介于 2 和 5 之间。需要进行检修才能恢复正常功能；

d) Ⅳ级：出现线杆折断、倒伏，明线拉断、地下电缆断裂等破坏现象，10 km 破坏处数介于 5 和 12 之间。需要进行大修后才能正常使用；

e) Ⅴ级：线杆倾斜、倒伏、折断及断线等破坏现象多发，地下电缆遭到严重破坏，10 km 破坏处数大于 12。需要重建。

12 水利工程

12.1 土石坝

12.1.1 土石坝的破坏应以“座”为单位评定破坏等级。

12.1.2 根据破坏程度，其破坏等级应划分为：

a) Ⅰ级：宏观上无震害；

b) Ⅱ级：有宽度小于5 mm的纵向裂缝，宏观上无沉降，需要简单处理；

c) Ⅲ级：有多条宽度大于5 mm的纵向裂缝，宏观上可看出沉降，有横向裂缝，需要进行整修和加固；

d) Ⅳ级：坝体产生了滑裂，坝坡局部隆起、凹陷或滑坡，需要进行大修和加固；

e) Ⅴ级：坝体大面积滑坡，坝基失稳，坝体陷落，甚至垮坝，需要重建。

参 考 文 献

[1] GB/T 18208.3—2000 地震现场工作 第三部分:调查规范

[2] SH/T 3135—2003 石油化工工程地震破坏鉴定标准

[3] 李树桢.地震灾害评估 中国地震灾害损失预测研究专辑(三).地震出版社,1996

[4] Risk Management Solutions, Inc. Development of a Standardized Earthquake Loss Estimation Methodology, Volume Ⅱ, Prepared for: National Institute of Building Sciences, September 7, 1994